计算机基础与实训教材系列

中文版 Premiere Pro CS3 多媒体制作实用教程

卢锋 编著

清华大学出版社
北 京

内 容 简 介

本书由浅入深、循序渐进地介绍了 Adobe 公司最新推出的非线性编辑软件——中文版 Premiere Pro CS3 的操作方法和使用技巧。全书共分 10 章，分别介绍了非线性编辑的基础知识、软件的各个窗口和面板的使用、素材的采集和管理、基本的编辑技巧、在视频中使用切换效果、制作视频动画、添加视频特效、视频合成、编辑字幕、添加音频以及进行影片的输出等内容。

本书内容丰富，结构清晰，语言简练，图文并茂，具有很强的实用性和可操作性，是一本适合于大中专院校、职业院校及各类社会培训学校的优秀教材，也是广大初、中级电脑用户的自学参考书。

本书对应的电子教案和习题答案可以到 http://www.tupwk.com.cn/edu 网站下载。配书光盘中包含了书中实例的源文件和相关素材。

图书在版编目(CIP)数据

中文版 Premiere Pro CS3 多媒体制作实用教程/卢锋 编著. —北京：清华大学出版社，2009.9
(计算机基础与实训教材系列)
ISBN 978-7-302-20954-6

Ⅰ. 中…　Ⅱ. 卢…　Ⅲ. 图形软件，Premiere Pro CS3—教材　Ⅳ. TP391.41

中国版本图书馆 CIP 数据核字(2009)第 160377 号

责任编辑：胡辰浩(huchenhao@263. net)　袁建华
装帧设计：孔祥丰
责任校对：成凤进
责任印制：李红英
出版发行：清华大学出版社　　**地　址**：北京清华大学学研大厦 A 座
http://www. tup. com. cn　　**邮　编**：100084
社　总　机：010-62770175　　**邮　购**：010-62786544
投稿与读者服务：010-62776969，c-service@tup. tsinghua. edu. cn
质　量　反　馈：010-62772015，zhiliang@tup. tsinghua. edu. cn
印 刷 者：北京密云胶印厂
装 订 者：三河市新茂装订有限公司
经　销：全国新华书店
开　本：190×260　**印　张**：20.5　**字　数**：551 千字
附光盘 1 张
版　次：2009 年 9 月第 1 版　　**印　次**：2009 年 9 月第 1 次印刷
印　数：1～5000
定　价：33.00 元

本书如存在文字不清、漏印、缺页、倒页、脱页等印装质量问题，请与清华大学出版社出版部联系调换。联系电话：(010)62770177 转 3103　　产品编号：030697-01

编审委员会

计算机基础与实训教材系列

丛书序

计算机已经广泛应用于现代社会的各个领域，熟练使用计算机已经成为人们必备的技能之一。因此，如何快速地掌握计算机知识和使用技术，并应用于现实生活和实际工作中，已成为新世纪人才迫切需要解决的问题。

为适应这种需求，各类高等院校、高职高专、中职中专、培训学校都开设了计算机专业的课程，同时也将非计算机专业学生的计算机知识和技能教育纳入教学计划，并陆续出台了相应的教学大纲。基于以上因素，清华大学出版社组织一线教学精英编写了这套“计算机基础与实训教材系列”丛书，以满足大中专院校、职业院校及各类社会培训学校的教学需要。

一、丛书书目

本套教材涵盖了计算机各个应用领域，包括计算机硬件知识、操作系统、数据库、编程语言、文字录入和排版、办公软件、计算机网络、图形图像、三维动画、网页制作以及多媒体制作等。众多的图书品种可以满足各类院校相关课程设置的需要。

◉　已出版的图书书目

《计算机基础实用教程》	《中文版 Excel 2003 电子表格实用教程》
《计算机组装与维护实用教程》	《中文版 Access 2003 数据库应用实用教程》
《五笔打字与文档处理实用教程》	《中文版 Project 2003 实用教程》
《电脑办公自动化实用教程》	《中文版 Office 2003 实用教程》
《中文版 Photoshop CS3 图像处理实用教程》	《JSP 动态网站开发实用教程》
《Authorware 7 多媒体制作实用教程》	《Mastercam X3 实用教程》
《中文版 AutoCAD 2009 实用教程》	《Director 11 多媒体开发实用教程》
《AutoCAD 机械制图实用教程(2009 版)》	《中文版 Indesign CS3 实用教程》
《中文版 Flash CS3 动画制作实用教程》	《中文版 CorelDRAW X3 平面设计实用教程》
《中文版 Dreamweaver CS3 网页制作实用教程》	《中文版 Windows Vista 实用教程》
《中文版 3ds Max 9 三维动画创作实用教程》	《电脑入门实用教程》
《中文版 SQL Server 2005 数据库应用实用教程》	《中文版 3ds Max 2009 三维动画创作实用教程》
《中文版 Word 2003 文档处理实用教程》	《Excel 财务会计实战应用》
《中文版 PowerPoint 2003 幻灯片制作实用教程》	《中文版 Premiere Pro CS3 多媒体制作实用教程》

◉ 即将出版的图书书目

《Oracle Database 11g 实用教程》	《中文版 Pro/ENGINEER Wildfire 5.0 实用教程》
《中文版 Premiere Pro CS4 多媒体制作实用教程》	《ASP.NET 3.5 动态网站开发实用教程》
《Java 程序设计实用教程》	《中文版 Office 2007 实用教程》
《Visual C#程序设计实用教程》	《中文版 Word 2007 文档处理实用教程》
《网络组建与管理实用教程》	《中文版 Excel 2007 电子表格实用教程》
《AutoCAD 建筑制图实用教程（2009 版）》	《中文版 PowerPoint 2007 幻灯片制作实用教程》
《中文版 Photoshop CS4 图像处理实用教程》	《中文版 Access 2007 数据库应用实例教程》
《中文版 Illustrator CS4 平面设计实用教程》	《中文版 Project 2007 实用教程》
《中文版 Flash CS4 动画制作实用教程》	《中文版 CorelDRAW X4 平面设计实用教程》
《中文版 Dreamweaver CS4 网页制作实用教程》	《中文版 After Effects CS4 视频特效实用教程》
《中文版 Indesign CS4 实用教程》	

二、丛书特色

1、选题新颖，策划周全——为计算机教学量身打造

本套丛书注重理论知识与实践操作的紧密结合，同时突出上机操作环节。丛书作者均为各大院校的教学专家和业界精英，他们熟悉教学内容的编排，深谙学生的需求和接受能力，并将这种教学理念充分融入本套教材的编写中。

本套丛书全面贯彻“理论→实例→上机→习题”4 阶段教学模式，在内容选择、结构安排上更加符合读者的认知习惯，从而达到老师易教、学生易学的目的。

2、教学结构科学合理，循序渐进——完全掌握“教学”与“自学”两种模式

本套丛书完全以大中专院校、职业院校及各类社会培训学校的教学需要为出发点，紧密结合学科的教学特点，由浅入深地安排章节内容，循序渐进地完成各种复杂知识的讲解，使学生能够一学就会、即学即用。

对教师而言，本套丛书根据实际教学情况安排好课时，提前组织好课前备课内容，使课堂教学过程更加条理化，同时方便学生学习，让学生在学习完后有例可学、有题可练；对自学者而言，可以按照本书的章节安排逐步学习。

3、内容丰富、学习目标明确——全面提升“知识”与“能力”

本套丛书内容丰富，信息量大，章节结构完全按照教学大纲的要求来安排，并细化了每一章内容，符合教学需要和计算机用户的学习习惯。在每章的开始，列出了学习目标和本章重点，

便于教师和学生提纲挈领地掌握本章知识点，每章的最后还附带有上机练习和习题两部分内容，教师可以参照上机练习，实时指导学生进行上机操作，使学生及时巩固所学的知识。自学者也可以按照上机练习内容进行自我训练，快速掌握相关知识。

4、实例精彩实用，讲解细致透彻——全方位解决实际遇到的问题

本套丛书精心安排了大量实例讲解，每个实例解决一个问题或是介绍一项技巧，以便读者在最短的时间内掌握计算机应用的操作方法，从而能够顺利解决实践工作中的问题。

范例讲解语言通俗易懂，通过添加大量的“提示”和“知识点”的方式突出重要知识点，以便加深读者对关键技术和理论知识的印象，使读者轻松领悟每一个范例的精髓所在，提高读者的思考能力和分析能力，同时也加强了读者的综合应用能力。

5、版式简洁大方，排版紧凑，标注清晰明确——打造一个轻松阅读的环境

本套丛书的版式简洁、大方，合理安排图与文字的占用空间，对于标题、正文、提示和知识点等都设计了醒目的字体符号，读者阅读起来会感到轻松愉快。

三、读者定位

本丛书为所有从事计算机教学的老师和自学人员而编写，是一套适合于大中专院校、职业院校及各类社会培训学校的优秀教材，也可作为计算机初、中级用户和计算机爱好者学习计算机知识的自学参考书。

四、周到体贴的售后服务

为了方便教学，本套丛书提供精心制作的 PowerPoint 教学课件(即电子教案)、素材、源文件、习题答案等相关内容，可在网站上免费下载，也可发送电子邮件至 wkservice@vip.163.com 索取。

此外，如果读者在使用本系列图书的过程中遇到疑惑或困难，可以在丛书支持网站(http://www.tupwk.com.cn/edu)的互动论坛上留言，本丛书的作者或技术编辑会及时提供相应的技术支持。咨询电话：010-62796045。

前言

Adobe 公司的 Adobe Creative Suite 3 中文版自发布以来，备受媒体和用户的关注，这一系列高度集成、行业领先的设计和开发工具为所有的创意流程做出了革命性的贡献。非线性编辑软件 Adobe Premiere Pro CS3 是其重要的组成部分。利用 Premiere，用户可以轻松地捕捉数码视频，并通过使用多轨的影像与声音合成来制作 Microsoft Video for Windows(.avi)和 QuickTime Movies(.mov)等动态影像格式。通过与 Adobe After Effects CS3 Professional 和 Photoshop CS3 软件的集成，可扩大用户的创意选择空间。还可以将内容传输到 DVD、蓝光光盘、Web 和移动设备。

本书从教学实际需求出发，合理安排知识结构，从零开始、由浅入深、循序渐进地讲解 Premiere Pro CS3 的基本知识和使用方法。全书共分 10 章，主要内容如下：

第 1 章介绍了非线性编辑的基础知识以及 Adobe Premiere Pro CS3 的工作界面。

第 2 章介绍了在 Premiere Pro CS3 中如何对素材进行采集、导入和管理。

第 3 章介绍了使用 Premiere Pro CS3 进行影视编辑的基本技巧。

第 4 章介绍了在 Premiere Pro CS3 中如何应用视频切换效果。

第 5 章介绍了如何应用运动效果在影视作品中添加富有动感、令人眼花缭乱的画面。

第 6 章介绍了在 Premiere Pro CS3 中使用视频特效所得到的各种具体效果。

第 7 章介绍了在 Premiere Pro CS3 中进行视频合成的技巧，运用抠像和叠加技术制作出各种奇妙的画面。

第 8 章介绍了使用字幕编辑器中的工具和模板进行字幕编辑的技巧。

第 9 章介绍了在 Premiere Pro CS3 中编辑音频的方法。

第 10 章介绍了在 Premiere Pro CS3 中进行作品输出的设置。

本书图文并茂，条理清晰，通俗易懂，内容丰富，在讲解每个知识点时都配有相应的实例，方便读者上机实践。同时在难于理解和掌握的部分内容上给出相关提示，让读者能够快速地提高操作技能。此外，本书配有大量综合实例和练习，让读者在不断的实际操作中更加牢固地掌握书中讲解的内容。

本书是多人智慧的结晶，除封面署名的作者外，参加本书编辑和制作的人员还有张建辉、梁迎春、王向阳、贺宏博、陈江华、彭淑芬、郭海保、肖广文、谢珍连、孙勇、赵瑞杰、刘骄、罗贤智、谭波、曹亮、吕洪、李清玉和李明柱等。在编写本书的过程中参考了相关文献，在此向这些文献的作者深表感谢。由于作者水平有限，书中难免有错误与不足之处，恳请专家和广大读者批评指正。我们的信箱是 huchenhao@263.net，电话：010-62796045。

作者

2009 年 6 月

推荐课时安排

章 名	重 点 掌 握 内 容	教 学 课 时
第 1 章 Premiere Pro 基础	1. Premiere Pro CS3 的功能 2. Premiere Pro CS3 的特点 3. Premiere Pro CS3 的界面 4. Premiere Pro CS3 的菜单命令	2 学时
第 2 章 项目与素材管理	1. 项目参数设置 2. 采集设置 3. 导入文件和文件夹 4. 使用容器 5. 使用脱机文件	2 学时
第 3 章 影片剪辑技巧	1. 查看素材 2. 素材的复制和粘贴 3. 分离素材 4. 素材编组 5. 序列嵌套 6. 渲染和预览影片	3 学时
第 4 章 视频切换效果	1. 查找切换效果 2. 应用视频切换效果 3. 设置默认视频切换效果 4. 使用效果控制面板设置	3 学时
第 5 章 运动效果	1. 【运动】效果选项 2. 设置运动路径 3. 控制运动速度 4. 控制图像大小比例 5. 设置旋转效果	2 学时
第 6 章 视频特效	1. 视频特效基础知识 2. 查找视频特效 3. 添加视频特效 4. 清除视频特效 5. 设置视频特效随时间变化	3 学时

(续表)

章 名	重 点 掌 握 内 容	教 学 课 时
第 7 章 视频合成	1. 透明度和叠加 2. 设置透明度 3. 键控技术 4. 蒙板透明 5. 应用蒙板	3 学时
第 8 章 制作字幕	1. 字幕编辑器窗口 2. 设置字幕的文本属性 3. 字幕样式效果 4. 字幕路径 5. 添加几何图形 6. 字幕模板	3 学时
第 9 章 混合音频	1. 音频基本概念 2. 音频轨道 3. 调整音频持续时间和播放速度 4. 调整音频增益 5. 音频切换效果 6. 音频特效	2 学时
第 10 章 影片输出	1. 导出影片设置 2. 导出单帧画面 3. 导出区域视频片段为序列图像 4. 使用 Adobe Media Encoder	2 学时

目  CONTENTS

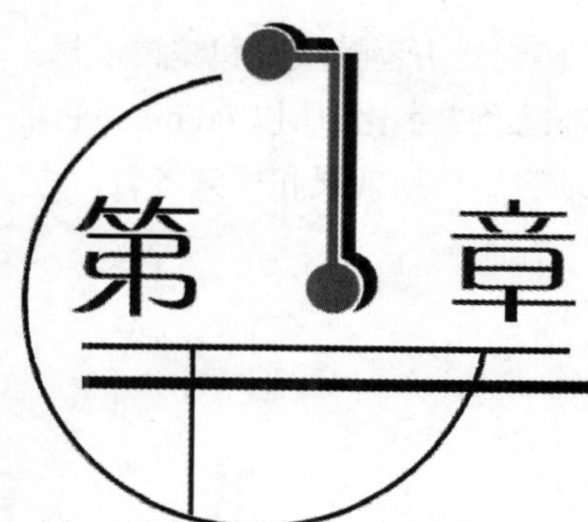

第1章 Premiere Pro 基础

学习目标

Premiere Pro CS3 是 Adobe 公司推出的一款视频编辑软件，它功能强大、易于使用，为制作数字视频作品提供了完整的创作环境。不管是视频专业人士还是业余爱好者，使用 Premiere Pro CS3 都可以编辑出自己满意的视频作品。本章通过对 Premiere Pro CS3 的功能、系统要求和界面的简单介绍，带领用户走进全新的视频编辑天地。

本章重点

- Premiere Pro CS3 的功能
- Premiere Pro CS3 的特点
- Premiere Pro CS3 的界面
- Premiere Pro CS3 的菜单命令

1.1 初识 Premiere Pro CS3

Premiere Pro CS3 融视频和音频处理为一体，功能十分强大，无论对于专业人士还是新手都是一个非常有用的工具。对于有过电影和视频制作经验的人士而言，Premiere Pro CS3 提供了一个熟悉而且方便的编辑环境；对于没有编辑经验的人来说，Premiere Pro CS3 使得非线性编辑变得简单实用。在所有的非线性交互式编辑软件中，Premiere Pro CS3 堪称佼佼者，Premiere 首创的时间线编辑和剪辑项目管理等概念，已经成为事实上的工业标准。

使用 Premiere Pro CS3 时，所有的作品元素都数字化到磁盘中。【项目】窗口中的图标代表了作品中的各个元素，无论它是一段视频素材、声音素材，还是一幅静帧图像。【时间线】窗口中的图标代表最终作品对素材的排放顺序。【时间线】窗口中主要的是视频和音频轨道，当需要使用视频素材、声音素材或静帧图像时，只需在【项目】窗口中选中它并拖动到【时间线】中的一个轨道上即可。编辑作品时，可以依次将作品中的素材放置或拖动到不同的轨道上。要调整编

辑内容，可以在 Premiere Pro CS3 的【素材源】监视器、【节目】监视器中逐帧查看和编辑素材。也可以在【素材源】监视器窗口中设置出点和入点。因为所有素材都已经数字化，所以 Premiere Pro CS3 能够快速调整所编辑的最终作品。此外，还可以为作品轻松地应用切换效果和视频特效，进行字幕和动画设计等。

1.1.1 Premiere Pro CS3 的功能

Premiere Pro CS3 既可以用于非线性编辑，也可以用于建立 Adobe Flash Video、Quick Time 、Real Media 或者 Windows Media 影片。

使用 Premiere Pro CS3 可以实现以下功能。

- 视频和音频的剪辑。
- 字幕叠加：叠加透明图片，如 PSD、自带字幕软件、可外挂字幕插件。
- 音频、视频同步：调整音频、视频不同步的问题。
- 格式转换：除了不能对 RM 文件导入，对其他文件均可进行格式转换，可生成 MPEG(标准 VCD 格式)、RM 格式、WMV 格式、AVI 格式(支持各种压缩)等。
- 添加、删除音频和视频(配音或画面)。
- 多层视频、音频合成。
- 加入视频转场特效。
- 音频、视频的修整：给音频、视频做各种调整，添加各种特效。
- 使用图片、视频片段做电影。
- 导入数字摄影机中的影音段进行编辑。

Premiere Pro CS3 核心技术是将视频文件逐帧展开，然后以帧为精度进行编辑，并且可以实现与音频文件的同步，这些功能的处理体现了非线性编辑软件的特点和功能。

Adobe Premiere Pro CS3 主要用于在计算机上进行影片的制作。在过去的几十年里，与电影制作技术相关的几乎所有技术，如镜头、录音和照明等都有了极大的改进。现在可以实现使用新的镜头和胶片在低照明度环境下进行拍摄，使用彩色胶片随机快照得到完全逼真的彩色图像。在所有的技术进步中，有两项技术是具有革命性的发展的：其一是高级摄像机的发展，另外一个是视频技术的发展。前者使得摄像机向轻便且具有高质量的同步录音方面进行发展，使得拍摄实时性较强的新闻片和故事片成为可能；后者的发展促进了在计算机上进行影片编辑的技术进步。

计算机上的数字视频和 Premiere Pro CS3 消除了传统编辑过程中耗时的制作过程。使用 Premiere Pro CS3 时，不必到处寻找磁带，或者将它们放入磁带机和从中移走它们。使用计算机制作影片显著的优点就是将胶片的内容制作成为数字化的文件输入计算机之后，只要对文件进行操作，就可以对内容进行添加、删除和应用效果等处理，制作完成后，还可以再输出到胶片上，这样就减少了在制作过程中损坏或者耗费大量昂贵的胶片的可能性。

1.1.2　Premiere Pro CS3 的特点

Adobe Premiere Pro CS3 以其优异的性能和广阔的发展前景，能够满足各种用户的不同需求，成为了一把打开影片创作之门的金钥匙。用户可以利用它随心所欲地对各种视频图像和动画进行编辑，添加音频，创建网页上播放的动画并对视频格式进行转换等。

Adobe Premiere Pro CS3 具有如下一些特点。

- 非线性编辑和后期处理：Adobe Premiere Pro CS3 中可以提供多达 99 条的视频和音频轨道，以帧为精度精确编辑视频和音频并使其同步。与传统的编辑方式相比，Adobe Premiere Pro CS3 极大简化了非线性编辑的过程。另外，Adobe Premiere Pro CS3 提供了多种过渡和过滤效果，并可进行运动设置，从而可以实现在许多传统的编辑设备中无法实现的效果。
- 实时功能强化：上百种音频、视频特效的参数调整、运动的设置、不透明度和转场等，都能够在 DV 显示器和计算机屏幕上实时显示出效果。实时的画面反馈，使用户能够快速地修改调整，提高了工作效率。还能够录制音频、视频信号，实时播放到【时间线】窗口的音频轨道。
- 兼容性广泛：Premiere Pro CS3 有着广泛的硬件支持，能够识别 avi、mov、mpg、和 wmv 等许多视频和图像文件，为用户制作节目提供了广泛选择素材的可能。它还可以将制作的节目直接刻录成 DVD，生成流媒体形式或者回录到 DV 磁带。只要用户计算机中安装了相关的编码解码器，就能够输入、生成相关格式的文件。另外，Premiere Pro CS3 文件能够以工业开放的交换模式 AAF(AdvanceDAuthoring Format)输出，用于进行其他专业产品的工作。
- 界面更加专业：从 Premiere Pro CS3 的工作界面来看，会发现许多界面被整合了。转场、键选择窗口都合并到了特效窗口，更加符合专业习惯。现在这两种特效的使用不再受局限，不仅可以应用到任何视轨，而且对一个视频素材也可以多次使用。而特效控制窗口中则直接固定了原来的运动、不透明度的设置，并且可以调整其他应用特效参数。
- 工具进一步专业化、功能进一步增多：Premiere Pro CS3 提供了波形示波器和矢量示波器这些专业化的工具，让用户能够实时检查视频信号的亮度和色度是否超标，使其符合电视技术规范。因此，结合新增的高级颜色校正特效，还可以方便地校正色调、饱和度、亮度以及其他色彩要素。

1.1.3　Premiere Pro CS3 的系统要求

编辑视频需要较高的计算机资源支持，因此配置用于视频编辑的计算机时，需要考虑硬盘的容量和转速、内存的容量和处理器的主频高低等硬件因素。这些硬件因素会影响视频文件保

存的容量、处理和渲染输出视频文件时的运算速度。以下是安装和使用 Premiere Pro CS3 的系统要求。

- Intel Pentium 4(DV 需要 2GHz 处理器；HDV 需要 3.4GHz 处理器)、Intel Centrino、Intel Xeon(HD 需要 2.8GHz 双核处理器)或 Intel Core™ Duo(或兼容)处理器；AMD 系统需要支持 SSE2 的处理器。
- Microsoft Windows XP Professional 或 Home Edition Service Pack 2 或 Windows Vista Home Premium、Business、Ultimate 或 Enterprise (已经过认证，支持 32 位版本)。
- DV 制作需要 1GB 内存；HDV 和 HD 制作需要 2GB 内存。
- 10GB 可用硬盘空间(在安装过程中需要额外的可用空间)。
- DV 和 HDV 编辑需要专用的 7200 RPM 硬盘；HD 需要条带化的磁盘阵列存储空间(RAID0)；最好是 SCSI 磁盘子系统。
- 1280×1024 显示器分辨率，32 位视频卡；Adobe 建议使用支持 GPU 加速回放的图形卡。
- MicrosoftDirectX 或 ASIO 兼容声卡。
- 对于 SD/HD 工作流程，需要经 Adobe 认证的卡来捕捉并导出到磁带。
- DVD-ROM 驱动器。
- 制作蓝光光盘需要蓝光刻录机。
- 制作 DVD 需要 DVD+/-R 刻录机。
- 如果 DV 和 HDV 要捕捉、导出到磁带，并传输到 DV 设备上，则需要 OHCI 兼容的 IEEE 1394 端口。
- 使用 QuickTime 功能需要 QuickTime 7 软件。
- 产品激活需要 Internet 或电话连接。
- Adobe Stock Photos 和其他服务需要宽带 Internet 连接。

1.2 Premiere Pro CS3 的工作界面

本节将简要介绍 Premiere Pro CS3 工作界面中各主要组件的功能，从而使用户熟悉 Premiere Pro CS3 的工作界面，便于以后更好地学习和使用 Premiere Pro CS3。

Premiere 是具有交互式界面的软件，其工作界面中存在着多个工作组件。用户可以方便地通过菜单和面板相互配合使用，直观地完成视频编辑。

Premiere Pro CS3 工作界面中的面板不仅可以随意控制关闭和开启，而且还能任意组合和拆分。用户可以根据自身的习惯来定制工作界面。图 1-1 是 Premiere Pro CS3 启动后默认的工作界面。

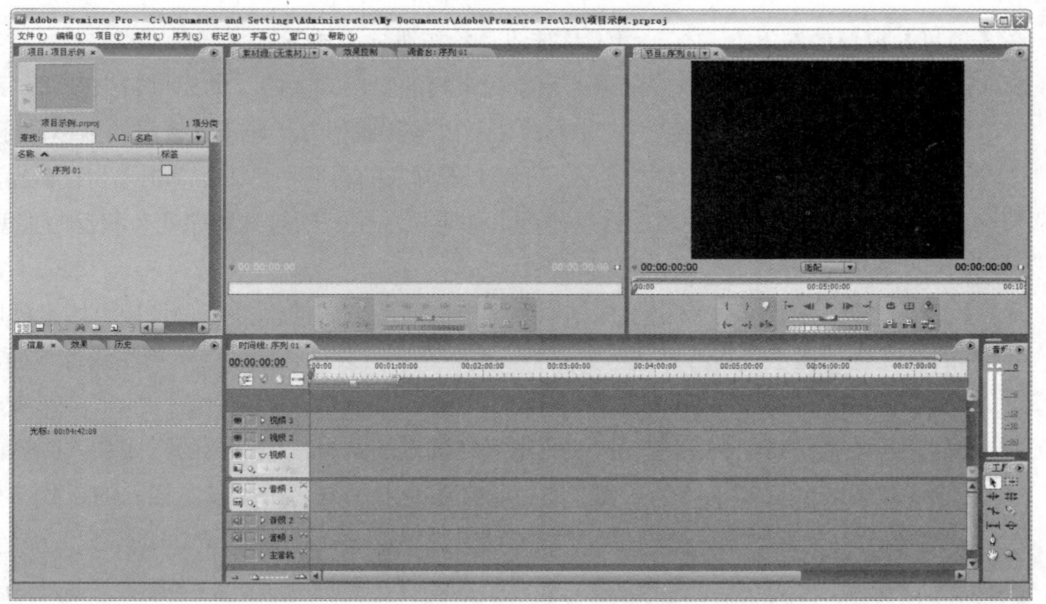

图 1-1　Premiere Pro CS3 的工作界面

1.2.1 【项目】窗口

【项目】窗口一般用来储存【时间线】窗口编辑合成的原始素材。在【项目】窗口的当前页的标签上显示了项目名，【项目】窗口分为上下两个部分，下半部分显示的是原始的素材，上半部分显示的是下半部分选中的素材的一些信息。在下半部分选中一个素材，那么在上半部分显示的是该素材的信息，这些信息包括该视频的分辨率、持续时间、帧率和音频的采样频率、声道等。同时，在上半部分还可以显示当前所在文件夹的位置和该文件夹中所有素材的数目。如果该素材是视频素材或者音频素材，还可以单击播放按钮进行预览播放。如图 1-2 所示。

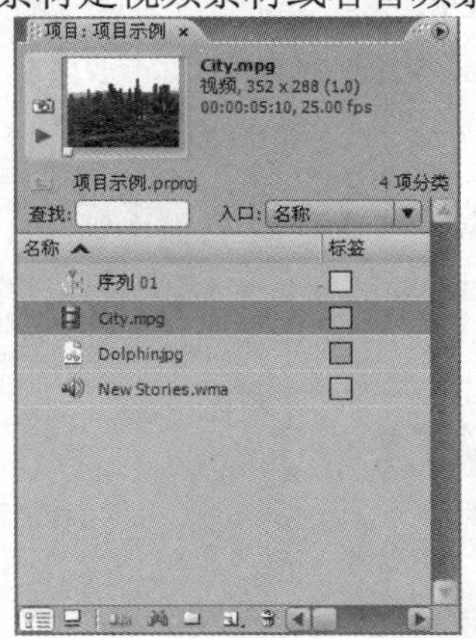

图 1-2　【项目】窗口

知识点

选择一段素材，在【项目】窗口素材库上方的素材预览面板中单击播放按钮 预览图像，或拖动预览图像窗口中的滚动条 预览图像到最具代表性的单帧上，单击标识帧按钮，素材的缩略图变为当前快照的图像。如果没有使用标识帧按钮，则素材的缩略图为素材的入点图像。

在【项目】窗口的左下方，有一组工具按钮，各按钮含义如下。

- 【列表视图】按钮：该按钮是控制原始素材的显示方式的。如果单击该按钮，那么【项目】窗口中的素材将以列表的方式显示出来，这种方式显示该素材的名称、标题、视频入点等参数。在该显示方式下，可以单击相应的属性栏，比如单击【名称】栏，那么这些素材将按照名称的顺序进行排列，如果再单击，则排列顺序变为相反的类型(也就是降序变为升序，升序则变为降序)。
- 【图标】按钮：该按钮也是控制原始素材的显示方式的，只是它是让原始素材以图标的方式进行显示。在这种显示方式下，用一个图标表示该素材，然后在图标下面，显示了该素材的名称和持续时间。
- 【自动匹配到序列】按钮：该按钮用于把选定的素材按照特定的方式加入到当前选定的【时间线】窗口中。单击该按钮，将会出现对话框，用于设置插入的方式，如图 1-3 所示。

知识点

【排序】：当选择了多个素材，同时自动插入【时间线】窗口时，用于设置插入的排列顺序。

【放置为】、［方法］：用于设置插入方法。

【素材重叠】：素材之间的重叠，可以手动输入数字，单位可以选择为 Frames(帧)或 Seconds(秒)，默认是 30 帧。

【切换转场】：该组复选框用于选择在插入多个素材的情况下，是否需要在每两个音频和每两个视频之间插入默认的过渡效果。

【忽略选项】：该组复选框用于选择是否忽略视频或者音频。如果选择了忽略音频，那么在插入素材的过程中，不把音频加入：如果选择了忽略视频，则在插入素材的过程中，不把视频加入。

图 1-3 【自动匹配到序列】对话框

- 【查找】按钮：该按钮用于按照【名称】、【标签】、【注释】、【标记】或【出入点】等在【项目】窗口中定位素材，就如同在 Windows 的文件系统中搜索文件一样。单击该按钮打开如图 1-4 所示对话框。

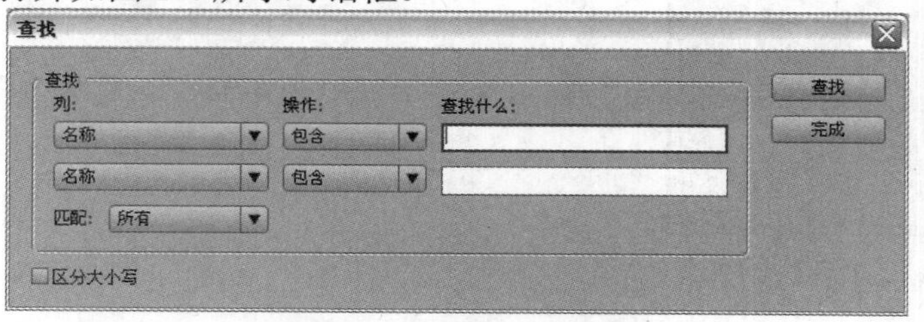

图 1-4 【查找】对话框

知识点

【列】：用于选择查找的关键字段，可以是【名称】、【标签】、【媒体类型】、【入点】等。其下拉菜单如图 1-5 所示。

【操作】：用于选择操作符，可以是【包含】等。其下拉菜单如图 1-6 所示。

【查找什么】：用于输入关键字。

【匹配】：用于选择逻辑关系，可以是【所有】。

【区分大小写】：选择是否和大小写相关。

在这些项目都选择或者填写完毕后，单击【查找】按钮就可以进行定位。

✔ 名称
标签
媒体类型
帧速率
媒体开始
媒体结束
媒体持续时间
视频入点
视频出点
视频持续时间
音频入点
音频出点
音频持续时间
创建日期
视频信息
音频信息
视频使用
音频使用
磁带名称
描述
注释
日志记录
媒体文件路径
采集设置
状态
脱机属性
场景
拍摄/记录
客户
有效

✔ 包含
开始于
结束于
精确匹配

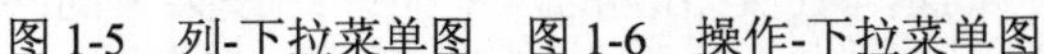

图 1-5　列-下拉菜单图　　图 1-6　操作-下拉菜单图

- 【容器】按钮：该按钮用于在当前素材管理路径下存放素材的文件夹，可以手动输入文件夹的名称。
- 【新建分类】按钮：该按钮用于在当前文件夹创建一个新的序列、脱机文件、字幕、标准彩色条、视频黑场、彩色场、通用倒计时片头。在该菜单中选择用新建的项目即可。
- 【清除】按钮：该按钮用于将素材从【项目】窗口中清除。

1.2.2　监视器窗口

在监视器窗口中，可以进行素材的精细调整，比如进行色彩校正和剪辑素材。默认的监视器窗口由两个窗口组成，左边是【素材源】窗口，用于播放原始素材；右边是【节目】窗口，对【时间线】窗口中的不同序列内容进行编辑和浏览。在【素材源】窗口中，素材的名称显示在左上方的标签页上，单击该标签页的下拉按钮，可以显示当前已经加载的所有素材，可以从中选择素材在【素材源】窗口中进行预览和编辑。在【素材源】窗口和【节目】窗口的下方，都有一系列按钮，两个窗口中的这些按钮基本相同，它们用于控制窗口的显示，并完成预览和剪辑的功能。

监视器窗口如图 1-7 所示。

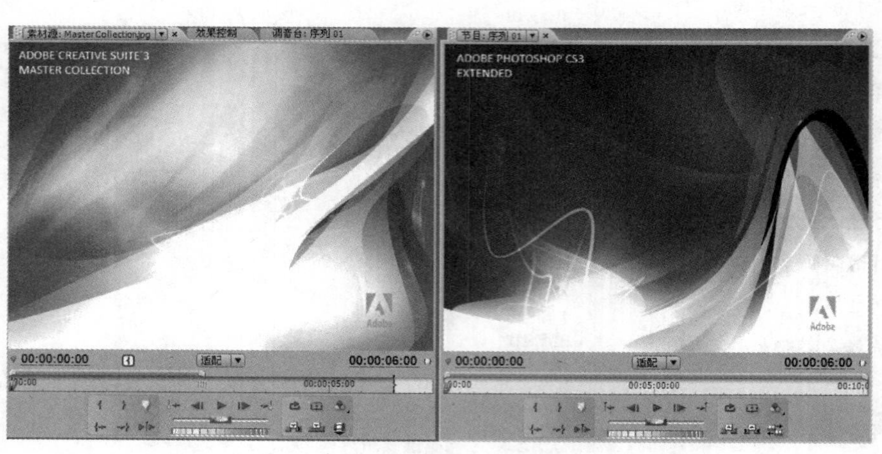

图 1-7　监视器窗口

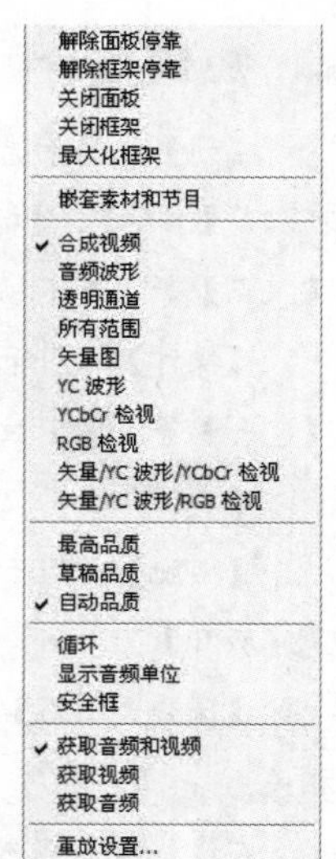

图 1-8　窗口操作菜单

单击【素材源】窗口右上方的三角形按钮，可以出现一个菜单，如图 1-8 所示。该菜单综合了对源素材窗口的大多数操作。单击【节目】窗口右上方的三角形按钮，也可以出现一个菜单，它们基本上是相同的，下面介绍该菜单的各项功能。

- 【解除面板停靠】、【解除框架停靠】、【关闭面板】、【关闭框架】、【最大化框架】：这几项是所有框架面板都有的选项，用于对框架面板的操作。
- 【合成视频】、【音频波形】、【透明通道】、【所有范围】、【矢量图】、【YC 波形】、【YCbCr 检视】、【RGB 检视】、【矢量 / YC 波形 / YCbCr 检视】、【矢量 / YC 波形 / RGB 检视】：这几项只能选择一项，表示当前在窗口中如何显示素材或者节目，这些显示模式基本上都是专业级广播工具。
- 【最高品质】、【草稿品质】、【自动品质】：这 3 项中只能选择一项，用于决定显示画面的品质。
- 【循环】：循环播放。
- 【显示音频单位】：时间单位采用基于音频的单位。
- 【安全框】：电视机在播放时通常会放大视频并把超出屏幕边缘的部分给剪掉，这称为过扫描。过扫描的量并不是固定的，因而用户需要将视频图像中一些重要的情节和字幕放在成为安全框的范围内，用户可以通过选择该项来观察监视器中【素材源】窗口或【节目】窗口的安全框，选择该项后，在窗口中会出现两个矩形框，里面一个框表示字幕素材的安全区域，外面一个框表示视频图像的安全区域。
- 【获取音频和视频】：使用插入工具把素材的选定片段插入【时间线】窗口中时，同时插入音频和视频。
- 【获取视频】：插入过程中只插入视频。

◉ 【获取音频】：插入过程中只插入音频。

【获取音频和视频】、【获取视频】、【获取音频】，这 3 个命令是【素材源】窗口所特有的。

以上这些命令基本上都能在【素材源】窗口下部找到对应的按钮。而关于这些按钮的功能，将在后面做具体的介绍。

【素材源】窗口在同一时刻只能显示一个单独的素材，如果将【项目】窗口中的全部或部分素材都加入其中，可以在【项目】窗口中选中这些素材，直接使用鼠标拖动到【素材源】窗口中即可。在【素材源】窗口的标题栏上单击下拉按钮，可以选择需要显示的素材。

【节目】窗口每次只能显示一个单独序列的节目内容，如果要切换显示的内容，可以在节目窗口的左上方标签页中选择所需要显示内容的序列。在监视器窗口中，【素材源】窗口和【节目】窗口都有相应的控制工具按钮，而且两个窗口的按钮基本上类似，都可进行预览、剪辑等操作。

窗口左上方的数字表示当前编辑线所在的时间位置，右上方的数字表示在相应窗口中使用入点、出点剪辑的片段的长度(如果当前未用入点、出点标记，则是整个素材或者节目的长度)。各按钮功能如下。

◉ 【设置入点】：单击该按钮，对【素材源】或者【节目】设置入点，用于剪辑。在当前位置处，指定为入点，时间指示器相应位置出现，快捷键是 I。当按住 Alt 键时再单击该按钮，可以清除已经设置的入点。

◉ 【设置出点】：单击该按钮，对【素材源】或者【节目】设置出点，在入点和出点之间的片段，将被用于插入(或者抽出)时间线。在当前位置处，指定为出点，时间指示器相应位置出现，快捷键是 O，当按住 Alt 键时再单击该按钮，可以清除已设置的出点。

◉ 【设置无编号标记】：标记点用于标记关键帧，标记点既可以用数字标识，也可以不标识，设置无编号标记就是设置一个标记点，但不用数字标识，快捷键是 Num Lock+*。

◉ 【跳转到前一标记】：单击该按钮，编辑位置跳转到前一标记点。该按钮只在【素材源】窗口中有。

◉ 【跳转到前一编辑点】：单击该按钮，将编辑线快速移动到前一个需要编辑的位置。该按钮只在【节目】窗口中有。

◉ 【逐帧退】：每单击一次该按钮，编辑线就回退一帧，快捷键是【左箭头】。

◉ 【播放／停止开关】：单击一次该按钮，播放对应窗口中的素材或者节目，然后按钮变为停止按钮，然后单击该按钮，就停止播放素材或者节目。快捷键是【空格键】。

◉ 【逐帧进】：每单击一次该按钮，编辑线就前进一帧，快捷键是【右箭头】。

◉ 【跳转到下一标记】：单击该按钮，跳转到下一个标记点，该按钮只在【素材源】窗口中有。

◉【跳转到下一编辑点】：单击该按钮，将编辑线快速移动到后一个需要编辑的位置。该按钮只在【节目】窗口中有。

◉【循环】：单击该按钮，选中循环播放模式，在【素材源】窗口播放的素材或者【节目】窗口播放的节目进行循环播放。再次单击该按钮，可取消循环播放模式。

◉【安全框】：单击该按钮，就会选中安全边框模式，在播放窗口中就会出现安全边框，再次单击该按钮，可取消安全边框的显示。

◉【输出】：选择输出的模式。单击该按钮右下方的箭头，可以在出现的选择菜单中选择显示的模式和品质。比较重要的是显示模式。可以选择的输出模式有：【合成视频】、【音频波形】、【透明通道】、【所有范围】、【矢量图】、【YC 波形】、【YCbCr 检视】、【RGB 检视】、【矢量 / YC 波形 / YCbCr 检视】、【矢量 / YC 波形 / RGB 检视】。

◉【跳转到入点】：单击该按钮，编辑线快速跳转到设置的入点，快捷键是 Q。

◉【跳转到出点】：单击该按钮，编辑线快速跳转到设置的出点，快捷键是 W。

◉【播放入点到出点】：单击该按钮，将播放从入点到出点的素材片段或者节目片段。按下 Alt 键，该按钮将变成【循环播放】。

◉ 快速搜索控制滑条：移动控制滑条可以方便地预览素材，一般用来快速定位编辑线。

◉【插入】：将当前【素材源】窗口中的素材从入点到出点的片段插入到【时间线】，处于编辑线后的素材均会向右移。如编辑线所处位置处于目标轨道中的素材之上，那么将会把原素材分为两段，新素材直接插入其中，原素材的后半部分将会紧接着插入的素材。快捷键是逗号【,】。该按钮为【素材源】窗口所特有。

◉【提升】：可以在【时间线】窗口中指定的轨道上，将当前由入点和出点确定的片段从编辑轨道中抽出，与之相邻的片段不会改变位置，快捷键是分号【;】。该按钮为【节目】窗口中所特有。

◉【覆盖】：将【素材源】窗口中由入点和出点确定的素材片段插入到当前【时间线】的编辑线处，其他片段与之在时间上重叠的部分都会被覆盖。若编辑线处于目标轨道中的素材上，那么加入的新素材将会覆盖原素材，凡是处于新素材长度范围内的原素材都将被覆盖。快捷键是句号【.】。该按钮只有【素材源】窗口中有。

◉【提取】：将【时间线】窗口中由入点和出点取定的节目片段抽走，其后的片段前移，填补空缺，而且对于其他未锁定轨道上位于该选择范围内的素材，也同样进行删除。快捷键是单引号【'】。该按钮是【节目】窗口中所特有的。

◉【切换并获取视音频】、【切换并获取视频】、【切换并获取音频】：这 3 个按钮是单选的关系，每次只能显示其中的一个，通过它们下方的下拉箭头进行选择。这些按钮为【素材源】窗口中所特有。

- 【修整监视器】：单击该按钮，将弹出【修整】窗口，用于对【时间线】上的切换效果进行精细的修整，该按钮为【节目】窗口所特有。

在【节目】监视器窗口中，可以创建一个独立的【参考】监视器窗口。如图 1-9 所示。虽然在【节目】窗口中，也能显示所有在【参考】窗口中显示的内容(可通过【输出】按钮选择)，但是在实际编辑过程中，在【节目】窗口中进行预览，在【参考】窗口中使用一些专业的广播工具，就会使得编辑变得更加专业。

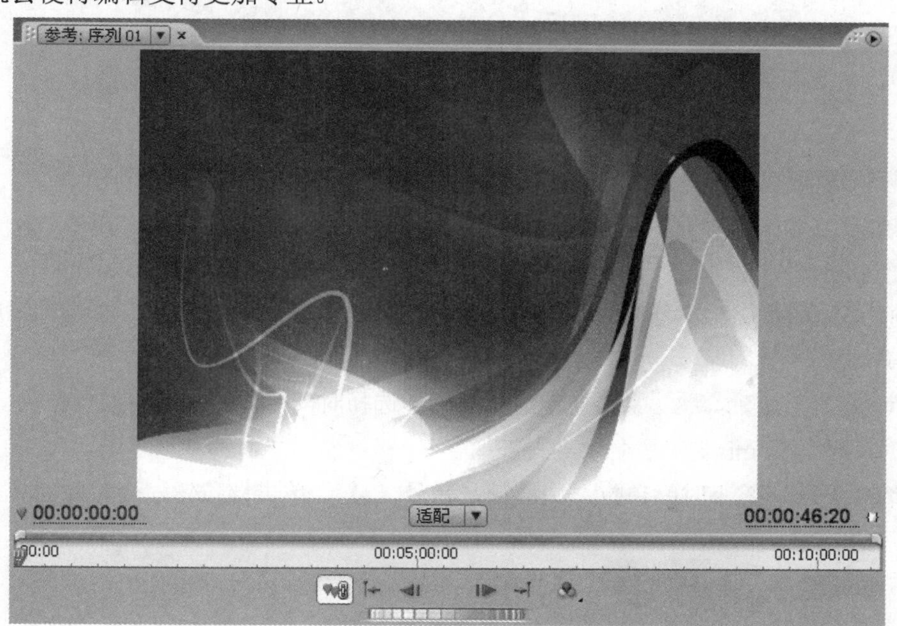

图 1-9　【参考】监视器

【参考】监视器窗口的控制按钮相对【节目】窗口要少。在【参考】窗口中没有播放按钮，只能一帧一帧进行播放(或者使用滑动条拖动)，而且【参考】窗口的按钮基本上在【节目】窗口中都有，重复部分不再介绍。

【嵌套到节目监视器】：该按钮用于在【参考】监视器窗口和【节目】窗口中保持编辑线位置的一致。按下该按钮，可以使【参考】窗口中编辑线的位置与【节目】窗口中编辑线位置相同。

1.2.3　【时间线】窗口

在 Premiere Pro CS3 中，【时间线】窗口是非线性编辑器的核心窗口，在【时间线】窗口中，从左到右以电影播放时的次序显示所有该电影中的素材，视频、音频素材中的大部分编辑合成工作和特技制作都是在该窗口中完成的。【时间线】窗口如图 1-10 所示。

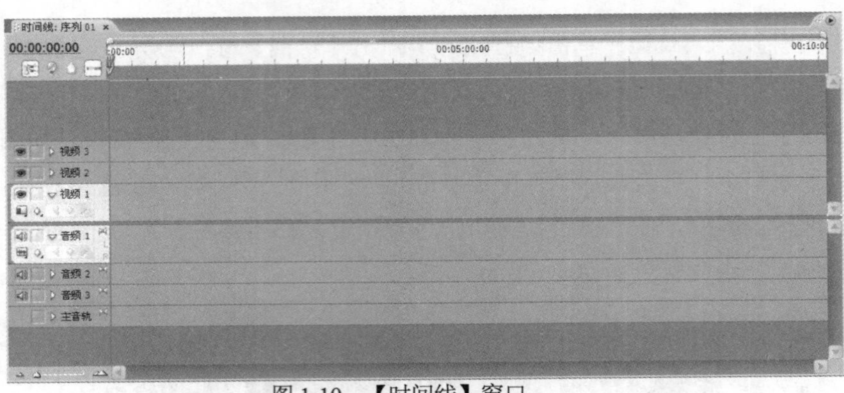

图 1-10 【时间线】窗口

- 视频轨道(可以有多个视频轨道，视频 1，视频 2，…依此类推)。
- 音频轨道(可以同时有多个音频轨道，音频 1，音频 2…依此类推，在最后还有一个主混合轨道)。
- 【放大】，放大时间单位，快捷键是等号【=】，单击该按钮，会将时间单位放大一个等级。
- 时间单位滑动条，拖动滑动条用于选择时间单位，最小时间单位为 1 帧，最大时间单位为 min。
- 【缩小】，缩小时间单位，快捷键是减号【-】，单击该按钮，会将时间单位缩小一个等级。
- 【开关轨道输出】、，选择是否将对应轨道视频、音频输出。
- 【添加 / 删除关键帧】，包括设置关键点，转到前(后)一个关键点。
- 【显示关键帧】，用于选择是否需要显示关键帧。
- 【折叠 / 展开轨道】、，用于选择是否需要展开轨道显示，显示轨道(音频或者视频)的全部内容。
- 【设定显示风格】、，设置视频或者音频轨道内素材的显示模式。视频的显示模式有【显示头和尾】、【仅显示开头】、【显示全部帧】和【仅显示名称】；音频的显示模式有【显示波形】和【仅显示名称】。
- 【轨道锁定开关】，用于对相应的轨道进行锁定。
- 编辑线位置 00:00:00:00，显示编辑线在标尺上的时间位置。
- 【吸附】，用于将素材的边缘对齐。
- 【设置 Encore 章节标记】，用于设置输出的 Encore 制作 DVD 的章节标记。
- 【设置无编号标记】，用于设置一个无编号的标记。
- 【激活或禁用预览】，可用于指示各个视频的开始点和结束点以及该视频是否渲染过，一般未渲染为红色，渲染后为绿色。
- 时间标尺 00:00:05:00，用于表示电影中各帧的时间顺序，时间刻度可以由 1 帧到 5 分钟。

- 编辑线▌，用于确定当前编辑的位置。
- 工作区域条▬，只是工作区域的起止点和持续时间，导出时只导出工作区域内的片段，而不是这个时间线。
- 工作区域标识◣、◥，标记工作区域的起点和结束点。

1.2.4 【效果】面板

在默认的工作区中【效果】面板通常位于程序界面的左下角。如果没有看到，可以选择【窗口】|【效果】命令，打开该面板，如图 1-11 所示。

在【效果】面板中，放置了 Premiere Pro CS3 中所有的视频和音频的特效和转场切换效果。通过这些可以从视觉和听觉上改变素材的特性。单击【效果】面板左上方的三角形按钮，打开【效果】面板的菜单，如图 1-12 所示。

图 1-11 【效果】面板

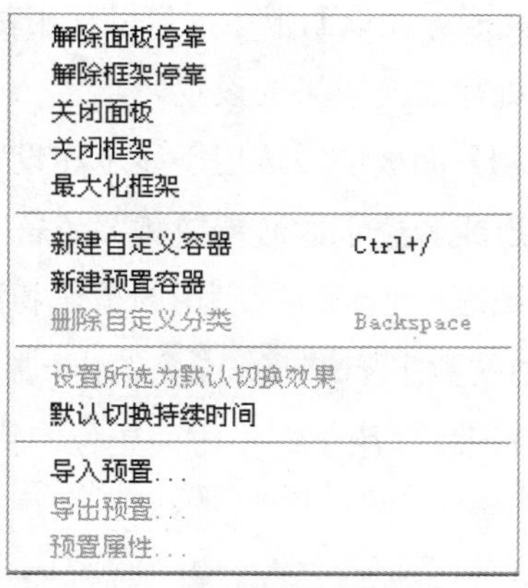

图 1-12 【效果】面板菜单

- 【新建自定义容器】：手动建立文件夹，可以把一些自己常用的效果拖到该文件夹里，这样使得效果管理起来更加方便，使用起来也更加简单。
- 【新建预置容器】：在【预置】文件夹中手动建立文件夹，可以把一些自己常用的效果设置保存到该文件夹里，使用起来也更加简单。
- 【删除自定义分类】：此命令用于删除手动建立的文件夹。
- 【设置所选为默认切换效果】：此命令用于设置选择的切换效果为默认的过渡特效。

◉ 【默认切换持续时间】：此命令将打开系统设置文件夹，可以设置默认过渡特效的持续时间。

【效果】面板中，在上部的【包含】文本框 包含: 用于输入关键字，快速定位效果的位置，输入“闪”，那么很快就可以找到在名称中包含“闪”的特效，例如【闪电】。

【效果】面板右下方的按钮【新建文件夹】按钮，用于新建自定义文件夹；【删除】按钮用于删除新建立的自定义文件夹。关于这些视频／音频特效、视频／音频过渡的详细含义和用法，将在 4.3、6.3、9.3 和 9.4 节中作详细介绍。

1.2.5 【效果控制】面板

【效果控制】面板显示了【时间线】窗口中选中的素材所采用的一系列特技效果，可以方便地对各种特技效果进行具体设置，以达到更好的效果，如图 1-13 所示。

在 Premiere Pro CS3 中，【效果控制】面板的功能更加丰富和完善，增设了【时间重置】为固定效果。【运动】(Motion)特效和【透明度】(Opacity)特效的效果设置，基本上都在【效果控制】面板中完成。在该面板中，可以使用基于关键帧的技术来设置【运动】效果和【透明度】效果，还能够进行过渡效果的设置。

【效果控制】面板的左边用于显示和设置各种特效，右边用于显示【时间线】窗口中选定素材所在的轨道或者选定过渡特效相关的轨道。

面板下方还有一小部分控制用的按钮和滑动条。

◉ 最左边的数字 00:00:00:00：用于显示当前编辑线在时间标尺上的位置。

◉ 缩小按钮：用于缩小时间单位，快捷键是减号【-】，单击该按钮，会将时间单位缩小一个等级。

◉ 时间单位滑动条：拖动滑动条用于选择时间单位，最小时间单位为 1 帧，最大时间单位为 5 分钟。

◉ 放大按钮：放大时间单位，快捷键是等号【=】，单击该按钮，会将时间单位放大一个等级。

◉ 播放音频按钮：只播放当前素材的音频。

◉ 循环按钮：固定音频循环播放。

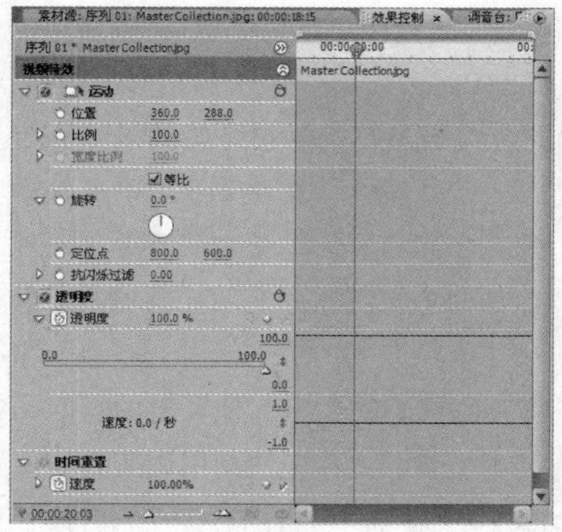

图 1-13 【效果控制】面板

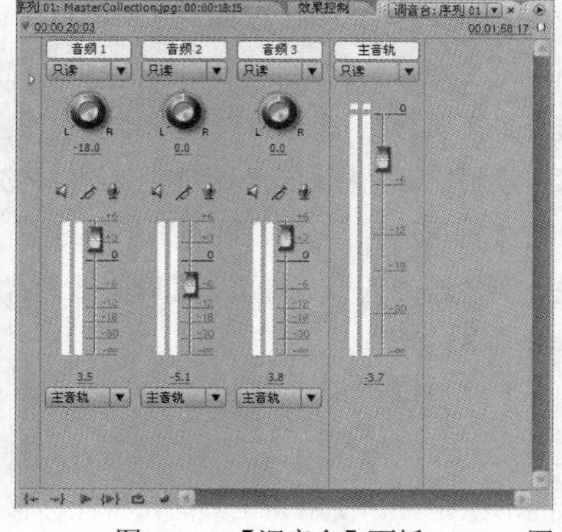

图 1-14 【调音台】面板

图 1-15【工具栏】面板

1.2.6 【调音台】面板

在 Premiere Pro CS3 中，可以对声音的大小和音阶进行调整。调整的位置既可以在【效果控制】面板中，也可以在【调音台】面板中。【调音台】面板如图 1-14 所示。

【调音台】面板是 Premiere 一个非常方便好用的工具。在该窗口中，可以方便地调节每个轨道声音的音量、均衡/摇摆等。Premiere Pro CS3 支持 5.1 环绕立体声，所以，在【调音台】面板中，还可以进行环绕立体声的调节。

在默认音频轨道中，【音频 1】、【音频 2】和【音频 3】都是普通的立体声轨道，【主混合】是主控制轨道。执行【窗口】|【调音台】命令，就会弹出【调音台】面板。

在【调音台】面板中，对每个轨道都可以进行单独的控制。在默认情况下，每个轨道都默认使用【主混合】轨道进行总的控制。可以在【调音台】面板的下方列表框中进行选择。在 Premiere Pro CS3 中，可以使用音频子混合轨道(可以通过【添加轨道】命令建立)对某些音轨进行单独控制。例如，将【音频 3】轨道改成由【子混合 1】轨道控制。由于【子混合 1】是环绕立体声轨道，对【音频 3】的均衡 / 摇摆的控制面板就改变为新的形状。在【调音台】面板中，还可以设置【静音 / 单独演奏】的播放效果。

1.2.7 【工具栏】面板

【工具栏】面板中的工具为用户编辑素材提供了足够用的功能，如图 1-15 所示。

- 【选择】工具：使用该工具可以选择或移动素材，并可以调节素材关键帧、为素材设置入点和出点。当光标变为时，可以向右或向左缩短(或拉长)素材，快捷键是 V。在

该方式下，还可以进行范围选择，在【时间线】窗口中，一直按下鼠标左键，然后拖动，鼠标将圈定一个矩形，在矩形范围内的素材全部被选中。

- 【轨道选择】工具：该工具选择单个轨道上从第一个被选择的素材开始到该轨道结尾处的所有素材。将光标移动到轨道上有素材的位置，光标变为单箭头形状，单击鼠标左键即可完成轨道选择。如果同时按住 Shift 键，那么光标的形状将变为双箭头，此时就可以进行多轨迹的选择，可选择【时间线】窗口中所有被选择素材之后的素材。该工具的快捷键是 A。
- 【波纹编辑】工具：该工具调整一个素材的长度，不影响轨道上其他素材的长度。选择该工具后，在能够使用该工具的位置，光标的形状是；而在无法使用该工具的位置，光标的形状是。使用该工具时，将光标移动到需要调整的素材的边缘，然后按下鼠标左键，向左或向右拖动鼠标，整个素材的长度将发生相应的改变，而与该素材相邻的素材的长度并不变。该工具的快捷键是 B。为了适应各素材之间的过渡关系，其他相邻的素材的位置有所变化，但其长度都没变。
- 【旋转编辑】工具：该工具用来调节某个素材和其相邻的素材长度，以保持两个素材和其后所有的素材长度不变。在能够使用该工具的位置，光标的形状是；而在无法使用该工具的位置，光标的形状是。使用该工具的时候，将鼠标移动到需要调整的素材的边缘，然后按下鼠标左键，向左或者向右拖动鼠标。如果某个素材增加了一定的长度，那么相邻的素材就会减小相应的长度。该工具的快捷键是 N。把两段素材放在一起，使用该工具在两素材之间调整后，整体的长度不变，只是一段素材的长度变长，另一段素材的长度变短。
- 【比例缩放】工具：用该工具可以调整素材的播放速度。使用该工具时，将鼠标移动到需要调整的素材边缘，拖动鼠标，选定素材的播放速度将会随之改变(只要有足够的空间)。拉长整个素材会减慢播放速度，反之，则会加快播放速度。该工具的快捷键是 X。
- 【剃刀】工具：该工具将一个素材切成两个或多个分离的素材。使用时，将光标移动到素材的分离点处，然后单击鼠标左键，原素材即被分离。该工具的快捷键是 C。如果同时按住 Shift 键，此时为多重剃刀工具，使用该工具，可以将分离位置处所有轨道(除锁定的轨道外)上的素材进行分离。
- 【滑动】工具：该工具用来改变素材的入点和出点，但不影响【时间线】窗口的其他素材。使用该工具时，把鼠标移动到需要改变的素材上，按下鼠标左键，然后拖动鼠标，前一素材的出点、后一素材的入点以及拖动的素材在整个项目中的入点和出点位置将随之改变，而被拖动的素材的长度和整个项目的长度不变。该工具的快捷键是 U。
- 【错落】工具：该工具用来改变前一素材的出点和后一素材的入点，保持选定素材长度不变。使用该工具的时候，将光标移动到需要调整的素材上，按住鼠标左键，然后

拖动鼠标，素材的出点和入点也将随之变化，其他素材的出点和入点不变。该工具的快捷键是 Y。

- 【钢笔】工具：该工具用来设置素材的关键帧，快捷键是 Y。
- 【手形把握】工具：该工具用来滚动时间线中窗口的内容，以便于编辑一些较长的素材。使用该工具时，将鼠标移动到时间线窗口，然后按住鼠标左键并拖动，可以滚动时间线窗口到需要编辑的位置。该工具的快捷键是 H。
- 【缩放】工具：该工具用来调节片段显示的时间间隔。使用放大工具可以缩小时间单位，使用缩小工具(按住 Alt 键)可以放大时间单位。该工具可以画方框，然后将方框选定的素材充满时间线窗口，时间单位也发生相应的变化。该工具的快捷键是 Z。

1.2.8 【信息】面板

【信息】面板显示了所选剪辑或过渡的一些信息，如图 1-16 所示。该面板中显示的信息随媒体类型和当前活动窗口等因素而不断变化。如果素材在【项目】窗口中，那么【信息】窗口将显示选定素材的名称、类型(视频、音频或者图像等)、长度等信息；如果该素材在【时间线】窗口中，还能显示素材在时间标尺上的入点和出点。同时，素材的媒体类型不同，显示的信息也有差异。例如，当选择【时间线】窗口中的一段音频，或者【项目】窗口中的一个视频剪辑时，该控制面板中将显示完全不同的信息。

1.2.9 【历史】面板

【历史】面板与 Adobe 公司其他产品中的【历史】面板一样，记录了从打开 Premiere Pro CS3 后的所有的操作命令，如图 1-17 所示，最多可以记录 99 个操作步骤。

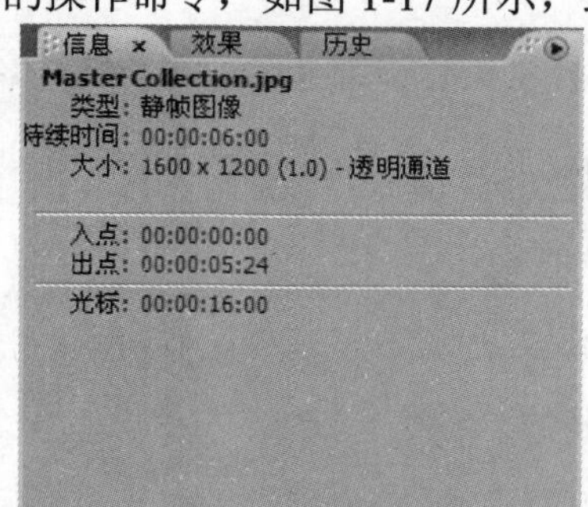

图 1-16 【信息】面板

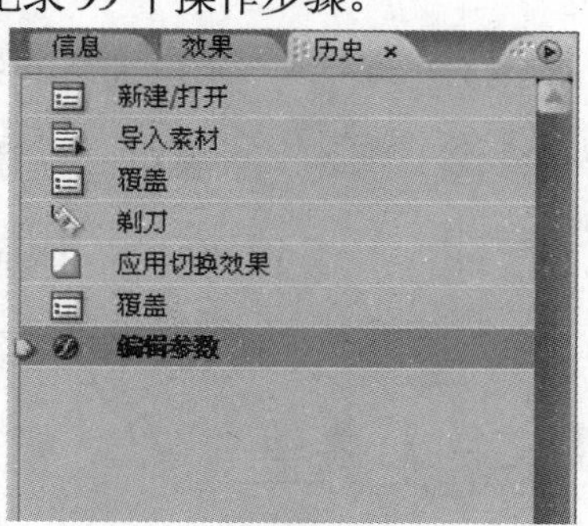

图 1-17 【历史】面板

用户可以在该面板中查看以前的操作，并且可以回退到先前的任意状态。比如在【时间线】窗口中加入了一个素材、手动调整了素材的持续时间、对该素材使用了特技、进行复制、移动等操作，这些步骤都会记录在【历史】面板中。如果要回退到加入素材前的状态，只需要在【历史】面板中找到加入素材对应的命令，用鼠标左键单击即可。

历史面板的使用，有以下一些规定：

- ⊙ 影响整个节目的全局性改变，如对控制面板、窗口或环境参数所作的改变，都不是对项目本身所作的改变，也就不会增加到历史面板的记录中。
- ⊙ 一旦关闭并重新打开项目，先前的编辑步骤将不再能从历史面板中得到。
- ⊙ 打开一个字幕窗口，在该窗口中产生的步骤就不会出现在历史面板中。
- ⊙ 最初的步骤显示在列表的顶部，而最新的步骤则显示在底部。
- ⊙ 列表中显示的每种步骤也包括了改变项目时所用的工具或命令名称及代表它们的图标。某些操作会为受它影响的每个窗口产生一个步骤信息，这些步骤是相连的，Premiere 将它们作为一个单独的步骤对待。
- ⊙ 选择一个步骤将使其下面的所有步骤变灰显示，表示如果从该步骤重新开始编辑，下面列出的所有改变都将被删除。
- ⊙ 选择一个步骤后再改变项目，将删除选定步骤之后的所有步骤。

要在【历史】面板中上下移动，可拖动面板上的滚动条或者从【历史】面板菜单中选择【单步后退】或【单步前进】命令。

要删除一种项目步骤，应先选择该步骤，然后从【历史】面板菜单中选择【删除】命令并在弹出的确认对话框中单击【确定】按钮。

要清除历史控制面板中的所有步骤，可以从【历史】面板菜单中选择【清除历史记录】命令。

1.3 Premiere Pro CS3 的菜单命令

Premiere Pro CS3 一共有 9 个下拉式菜单命令，下面分别进行详细介绍。菜单如图 1-18 所示。

文件(F) 编辑(E) 项目(P) 素材(C) 序列(S) 标记(M) 字幕(T) 窗口(W) 帮助(H)

图 1-18 Premiere Pro CS3 的菜单

1.3.1 【文件】菜单

【文件】菜单主要用于打开或存储文件(或项目)等操作，如图 1-19 所示。

1. 【新建】命令

此命令用来新建项目、序列和字幕等。鼠标移至新建命令，弹出下拉菜单如图 1-20 所示。

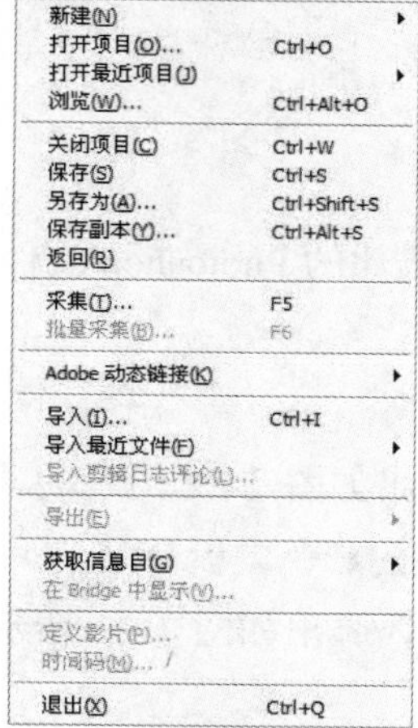

图 1-19 【文件】菜单

图 1-20 【新建】命令下的子菜单

- 【项目】：新建项目用于组织和管理节目所使用的源素材和合成序列。此命令用来建立一个新的项目，其快捷命令是 Ctrl + N。项目是一个 Premiere 电影作品的蓝本，它相当于电影或者电视制作中的分镜头剧本，是一个 Premiere 影视剧的分镜头剧本。一个项目主要由视频文件、音频文件、动画文件、影视格式文件、静态图像、序列静态图像和字幕文件等素材文件组成。
- 【序列】：新建序列用于编辑和加工素材。此命令用于创建一个新的序列，序列拥有独自的时间标尺，可以在一个序列中进行电影文件的编辑。一个序列可以作为另外一个序列的素材，序列之间可以相互嵌套。一个序列中，可以有多条音频和视频轨道，而作为别的序列的素材，只相当于一条音频轨道和一条视频轨道，这样就极大地方便了复杂项目的编辑。
- 【容器】：新建包含节目内部的文件夹，可以包含各种素材以及子文件夹。
- 【脱机文件】：在打开节目时，Premiere Pro CS3 可以自动为找不到的素材创建脱机文件；也可以在编辑节目的过程中新建脱机文件，作为一个尚未存在的素材的替代品。新建【脱机文件】会弹出如图 1-21 所示的对话框。

  【包含】：选择该脱机文件包含视频或音频。

  【磁带名】：脱机文件的磁带名。

  【文件名】：脱机文件的文件名。

  【描述】：关于脱机文件的描述。

  【场景】：脱机文件的场景。

  【拍摄/记录】：脱机文件的拍摄记录。

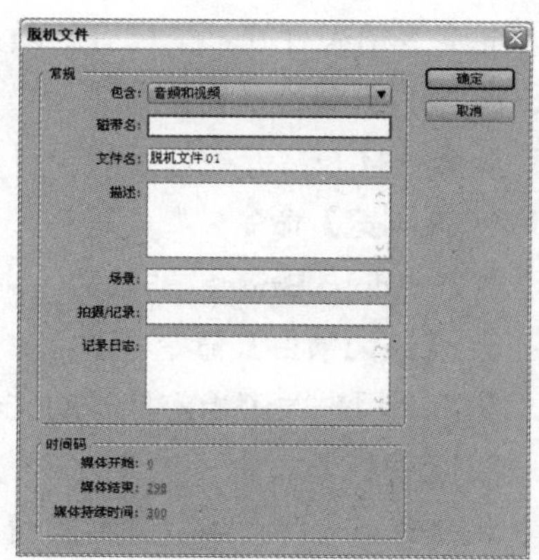

图 1-21　新建【脱机文件】

【记录日志】：脱机文件的备注。

【媒体开始】：媒体文件的起始时间。

【媒体结束】：媒体文件的结束时间。

【媒体持续时间】：媒体文件的持续时间。

- 【字幕】：新建字幕，激活【字幕编辑器】窗口。
- 【Photoshop 文件】：新建一个匹配项目帧尺寸和纵横比的 Photoshop 文件。
- 【彩条】：新建标准彩条图像文件。
- 【黑场视频】：新建黑场视频文件。
- 【彩色蒙板】：激活新建一个【彩色蒙板】窗口，弹出如图 1-22 所示的【颜色拾取】界面，选取需要的颜色后会接着弹出对话框为新创建的彩色蒙板命名。
- 【通用倒计时片头】：新建一个通用倒计时片头文件，弹出如图 1-23 所示【通用倒计时片头设置】对话框，可以根据需要进行设置。
- 【透明视频】：新建一个透明视频。

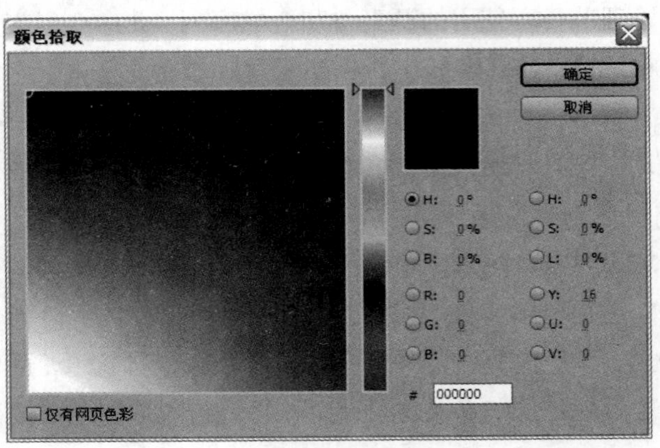

图 1-22　新建【彩色蒙板】

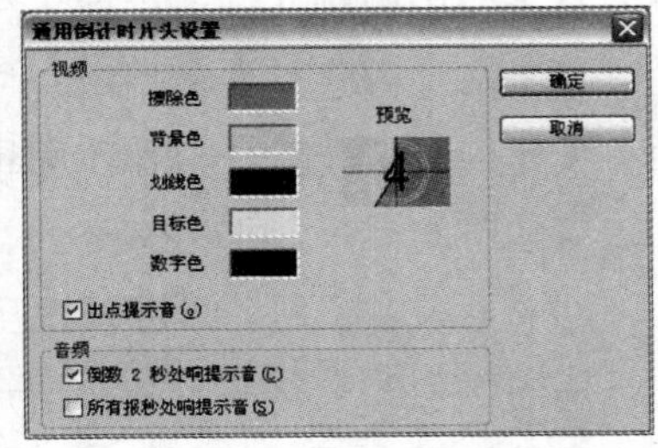

图 1-23　【通用倒计时片头设置】对话框

2. 【打开项目】命令

此命令用来打开一个已有的项目文件。快捷键是 Ctrl + O。

3. 【打开最近项目】命令

此命令打开最近被打开的项目。鼠标移至该菜单，会弹出最近被打开的项目列表。

4. 【浏览】命令

打开 Adobe Bridge 进行文件浏览，快捷键是 Ctrl + Alt + O。

5. 【关闭项目】命令

此命令用来关闭当前打开的文件或者项目，快捷键为 Ctrl + W。

6. 【保存】命令

此命令用来保存当前编辑的窗口，保存为相应的文件，快捷键为 Ctrl + S。

7. 【另存为】命令

此命令用来将当前编辑的窗口保存为另外的文件，快捷键为 Ctrl + Shift + S。

8. 【保存副本】命令

此命令用来保存当前项目的副本文件，快捷键为 Ctrl + Alt + S。

9. 【返回】命令

将最近一次编辑的文件或者项目恢复原状。

10. 【采集】命令

此命令将打开【采集】窗口，用于采集视频或音频。

11. 【批量采集】命令

此命令用于批量采集视频或音频。

12. 【Adobe 动态链接】命令

新建或者导入 Adobe After Effects 合成，此功能必须是系统中已安装了 Adobe Production Premium CS3 才能使用。

13. 【导入】命令

此命令用于为当前项目输入所需要的素材文件(包括视频、音频、图像、动画等)，选择该项后，系统将弹出【导入】对话框。

14. 【导入最近文件】命令

此命令用于导入最近使用的文件。

15. 【导入剪辑日志评论】命令

此命令用于导入剪辑日志评论。

16. 【导出】命令

此命令用来输出当前制作的电影片断。从该菜单的下一级菜单中可以看出，可以把【时间线】窗口中选定序列的工作区域导出为影片、单帧、音频、字幕，可以输出到磁带，或者输出到 Encore，或者输出到 EDL，也可以使用 Adobe Media Encoder，输出成其他多种视频格式。

17. 【获取信息自】命令

此命令用来获取文件的属性或者选择的内容的属性。此命令的下级菜单如图 1-24 所示。

- 【文件】：系统将让用户选择文件，在选定文件后，系统将对选定的文件进行分析，然后输出分析的结果。
- 【选择】：此命令将显示在【项目】窗口或者【时间线】窗口选定的素材的属性。

18. 【在 Bridge 中显示】命令

在 Adobe Bridge 中预览素材。

文件(F)...
选择(S)... Ctrl+Shift+H

图 1-24 【获取信息自】子菜单

19. 【定义影片】命令

此命令用于设置素材的一些属性。

20. 【时间码】命令

此命令用于设定素材的时间码等信息，有助于素材管理。

21. 【退出】命令

此命令用来退出 Premiere Pro CS3 的系统界面。

1.3.2 【编辑】菜单

【编辑】菜单提供了常用的编辑命令。例如撤消、重做、复制文件等操作，如图 1-25 所示。

1. 【撤消】命令

此命令用来取消上一步操作。

2.【重做】命令

此命令用来重复上一步操作。

3.【剪切】命令

此命令用来剪切选中的内容，然后将其粘贴到其他地方去。

4.【复制】命令

此命令用来复制选中的内容，然后将其粘贴到其他地方去。

5.【粘贴】命令

此命令用来把刚刚复制或者剪切的内容粘贴到相应的地方。

图 1-25 【编辑】菜单

6.【粘贴插入】命令

此命令用来把刚刚复制或者剪切的内容粘贴到合适的位置。

7.【粘贴属性】命令

此命令通过复制和粘贴操作将用于片段的效果、透明度、运动等属性粘贴到另外的片段。

8.【清除】命令

此命令用来清除所选中的内容。

9.【波纹删除】命令

此命令删除【时间线】窗口中选定的素材和空隙，其他未锁定的剪辑片段会移动过来填补空隙。

10.【副本】命令

此命令用来制作片断的副本。

11.【选择所有】命令

此命令用来全部选定当前窗口里面的内容。

12.【取消所有选择】命令

此命令用来取消刚刚全部选定的内容。

13.【查找】命令

此命令用来在【项目】窗口中查找定位素材。

14.【标签】命令

此命令用于改变素材在【项目】窗口中列表显示时标签的值或者改变在【时间线】窗口中显示的颜色。此命令的下级菜单如图 1-26 所示。

- 【选择标签组】：此命令用于选中【项目】窗口列表显示时所有与当前选中素材一样标签的素材。
- 【蓝色】：素材的标签显示为蓝色。
- 【青色】：素材的标签显示为青色。
- 【绿色】：素材的标签显示为绿色。
- 【紫色】：素材的标签显示为紫色。
- 【粉红色】：素材的标签显示为粉红色。
- 【灰色】：素材的标签显示为灰色。
- 【淡紫色】：素材的标签显示为红淡紫色。
- 【橙色】：素材的标签显示为橙色。

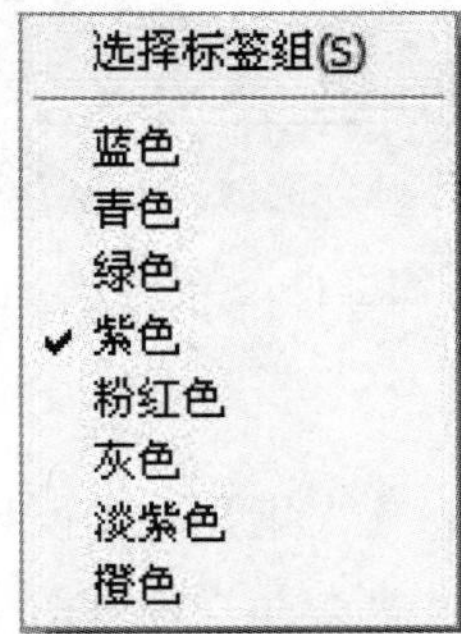

图 1-26　标签子菜单

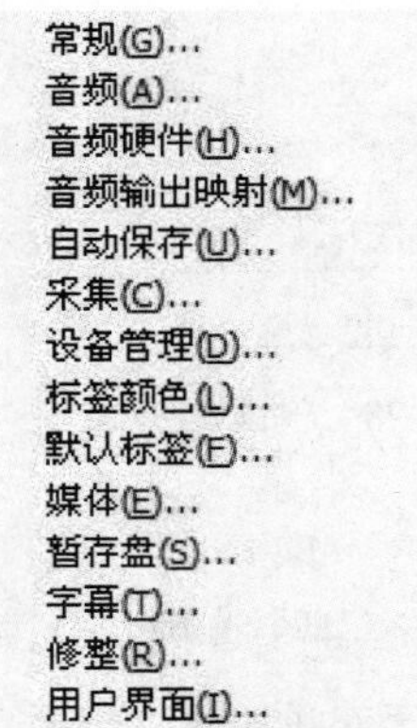

图 1-27　参数子菜单

15.【编辑原始素材】命令

此命令用来将编辑进行初始化，打开产生素材的应用程序。

16.【在 Adobe Soundbooth 中编辑】命令

转到 Adobe Soundbooth 中编辑所选音频。

17.【在 Adobe Photoshop 中编辑】命令

转到 Adobe Photoshop 中编辑所选图片。

18.【自定义键盘】命令

此命令用于对 Premiere Pro CS3 系统的快捷键进行设置。手动设置快捷键可以改变系统中所有的快捷键，使之变成用户希望的方式，这样更方便了用户在 Premiere Pro CS3 中的编辑。

19.【参数】命令

此命令用来进行编辑参数的选择，进行各种参数的设置。如图 1-27 所示。关于参数的具体设置将在 2.1.2 和 2.2.3 节中详细介绍。

1.3.3 【项目】菜单

【项目】菜单用于工作项目的设置及对工程素材库的一些操作，如图 1-28 所示。【项目】下拉式菜单的主要作用是管理项目以及【项目】窗口中的素材，还包括预览制作的影视作品以及查找功能。下面分别介绍项目下拉菜单中的各种命令。

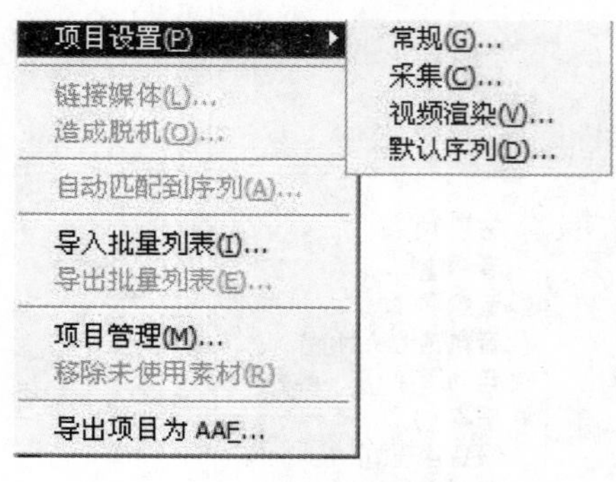

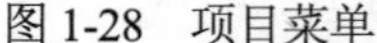

图 1-28 项目菜单

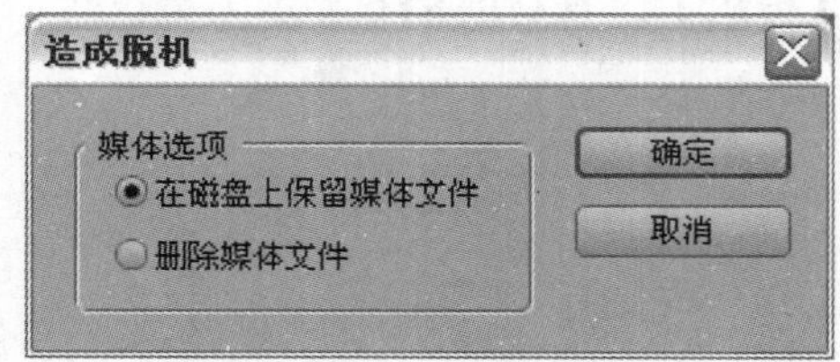

图 1-29 造成脱机界面

1.【项目设置】命令

此命令的子菜单中有 4 个选项，分别为：【常规】、【采集】、【视频渲染】和【默认序列】。这些选项分别用于对项目的基本属性、视频(或音频)的采集、预览和序列的默认属性进行设置。

2.【链接媒体】命令

把离线文档链接到对应的媒体文件中。

3.【造成脱机】命令

把导入的素材和硬盘上的实际文件断开链接，素材将成为脱机文件。执行该命令，将弹出如图 1-29 所示对话框。

- 【在磁盘上保留媒体文件】：只断开链接，硬盘上的文件继续存在。
- 【删除媒体文件】：断开链接，硬盘上的对应文件同时删除。

只要硬盘上的文件仍然存在，就可以用链接媒体命令来建立与媒体文件的链接，当然也可以把该脱机文件链接到其他文件上。

4.【自动匹配到序列】命令

此命令用来使时间线中的片断自动排列。

5.【导入批量列表】命令

此命令用于导入批处理文件。

6.【导出批量列表】命令

此命令用于导出批处理文件。

7.【项目管理】命令

此命令用于对项目的优化管理，执行该命令，将弹出如图 1-30 所示对话框。

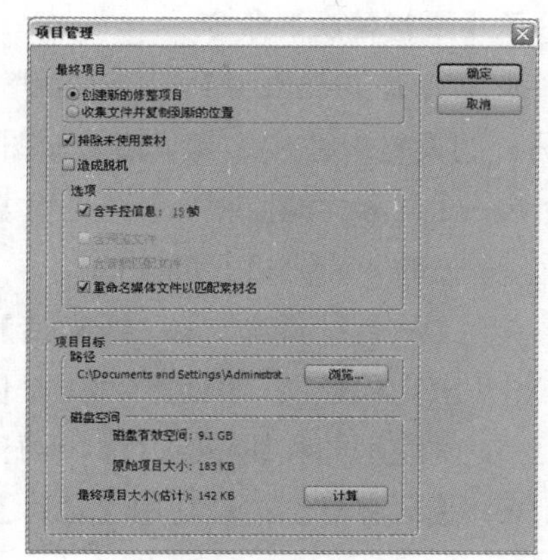

图 1-30　项目管理

8.【移除未使用素材】命令

此命令用于移除【项目】窗口中未使用的素材。

9.【导出项目为 AAF】命令

此命令用于导出项目为 AAF 文件。

1.3.4　【素材】菜单

【素材】菜单是 Premiere 中最为重要的菜单，剪辑影片的大多数命令都在这个菜单中，如图 1-31 所示。

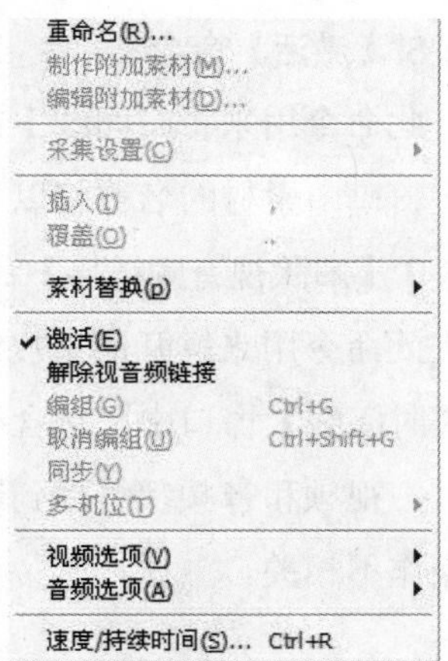

图 1-31　素材菜单

1.【重命名】命令

此命令用于改变【项目】窗口或【时间线】窗口中素材的名称。此命令的快捷键是 Ctrl + N。

2.【制作附加素材】命令

此命令用于将【素材源】窗口的素材设置出入点，创建附加素材并命名后出现在【项目】窗口中。以不同于源素材的绿底图标标记。

3.【编辑附加素材】命令

此命令用于重新设置附加素材的入点和出点。

4.【采集设置】命令

此命令用于对采集视频或音频的属性进行设置。

5.【插入】命令

此命令用来将素材插入到【时间线】窗口中当前编辑线所指示的位置处。

6.【覆盖】命令

此命令用来将素材覆盖【时间线】窗口中当前编辑线所指示的位置的素材。

7.【素材替换】命令

此命令是 Premiere Pro CS3 新增的命令。如果时间线上某个素材不合适，此命令可以完成用另外的素材来替换。其子菜单如图 1-32 所示。

- 【从素材源监视器】：是用【素材源】监视器里当前显示的素材来完成替换，时间上是按照入点来进行匹配的。
- 【从素材源监视器，匹配帧】：这个方式，也是用【素材源】监视器里当前显示的素材来完成替换。但是时间上是以当前时间指示(即【素材源】监视器当中的蓝色图标，时间线里的红线)来进行帧匹配，忽略入点。
- 【从容器】：是使用【项目】窗口中当前被选中的素材来完成替换(每次只能选一个)。

图 1-32　素材替换

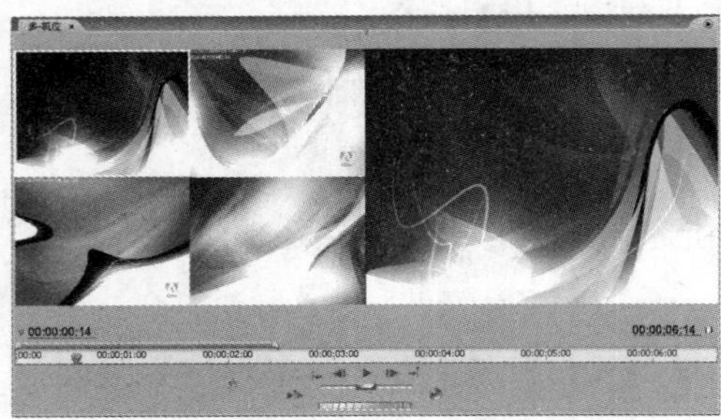
图 1-33　多-机位窗口

8.【激活】命令

此命令用来将时间线上的素材激活，然后进行下一步操作，如果没有激活，那么在【时间线】窗口中素材的名称将以灰色显示，而且素材不被包含在影片中。

9.【解除视音频链接】命令

此命令用来解开原来被锁定的音频和视频。因为一般把【项目】窗口中的影片或序列插入到【时间线】窗口中，包含视频和音频，而且该视频和音频建立了链接，进行拖动、分割等操作时，视频和音频都将受到影响。【解除音视频链接】命令将断开这种链接，使得视频与音频的操作不相关。

10.【编组】命令

此命令用来把选定的多个素材设成一个组，进行拖动、删除等操作时，一个组的动作都是一致的。此命令的快捷键是 Ctrl + G。

11.【取消编组】命令

此命令用来把一个组内的多个素材重新打开，避免进行拖动、删除等操作时，产生一致的动作。此命令的快捷键是 Ctrl + Shift + G。这种组的关系和一个素材的视频与音频之间的链接关系是不一样的，一个素材在插入【时间线】窗口时，产生的视频和音频是有链接的关系的，只要没有解除链接，那么进行分段(比如用【剃刀】工具)等操作时，视频和音频都将被分段；然而，如果把该视频与音频解除链接，然后再群组，虽然在鼠标拖动素材的时候，音频和视频是同时被移动的，但是如果用【剃刀】工具分段，视频和音频是不会同时产生作用的。

12.【同步】命令

此命令用来将选择不同轨道的片段根据选择的入点、出点、时间码、已编号素材标记等方式对齐。

13.【多-机位】命令

此命令用来对嵌套序列应用多机位编辑，如图 1-33 所示。

14.【视频选项】命令

此命令用来设置素材视频的各种参数。该命令的子菜单如图 1-34 所示。

- 【帧定格】：用于选择一个素材中的入点、出点或 0 标记点的帧画面，然后在整个素材的延时内，都显示该帧画面。
- 【场选项】：用于视频素材的场选项设置。
- 【帧融合】：用于改变素材速度或输出不同帧速率时，使帧与帧之间产生融合，防止图像抖动。
- 【画面大小与当前画幅比例适配】：用于自动将序列中的素材缩放到序列设置的帧尺寸。

15.【音频选项】命令

此命令用来设置素材的音频的各种参数。该命令的子菜单如图 1-35 所示。

帧定格(F)...
场选项(O)...
✔ 帧融合(B)
画面大小与当前画幅比例适配(S)

图 1-34 【视频选项】子菜单

音频增益(A)...
源声道映射(S)...
强制为单声道(B)
渲染并替换(R)
提取音频(X)

图 1-35 【音频选项】子菜单

- 【音频增益】：可以执行此命令设置音频的增益，由此来控制音频的大小，设置对话框，0dB(分贝)表示使用原素材的大小。
- 【强制为单声道】：此命令将把音频设为单声道。

◎ 【渲染并替换】：此命令将把选中的音频进行渲染，然后用输出的剪辑代替原来的音频片段。

16.【速度/持续时间】命令

此命令用来显示或者修改素材的持续时间和播放速度，快捷键为 Ctrl + R。执行此命令，打开窗口如图 1-36 所示。

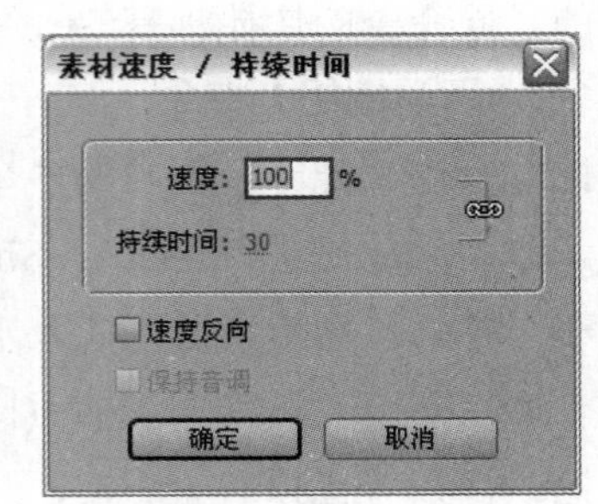

图 1-36 【素材速度/持续时间】对话框

◎ 【速度】：用于设置播放的速度。设置的速度如果大于 100%，为快进；如果小于 100%，则为慢镜头。

◎ 【持续时间】：用来设置素材的延时，按照【小时：分钟：秒：帧】的格式设置。

◎ 【速度反向】：选择该项表示播放的时候为倒播。

◎ 【保持音调】：用于给音频定音。

1.3.5 【序列】菜单

【序列】菜单用于对序列的操作，如图 1-37 所示。下拉菜单的主要功能是对素材片断进行编辑，并最终生成电影。下面分别介绍【序列】下拉菜单中的各种命令。

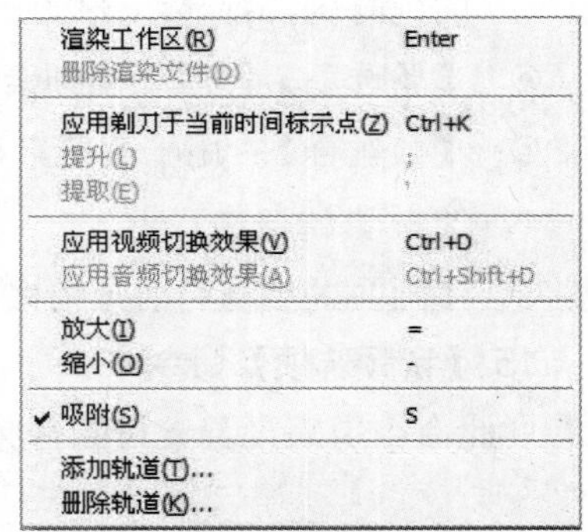

图 1-37 【序列】菜单

1.【渲染工作区】命令

此命令用来对工作区内的素材进行预览生成电影。快捷键为 Enter 键。

2.【删除渲染文件】命令

此命令用来把预览工作区生成的文件删除。

3.【应用剃刀工具于当前时间标示点】命令

此命令用来对编辑线上的素材进行剪切编辑。

4.【提升】命令

可以把【时间线】窗口中选定的轨道上由入点和出点确定的片段从轨道中抽出，与之相邻的片段不改变位置。

5.【提取】命令

将【时间线】窗口中由入点和出点取定的节目片段抽走，其后的片段前移，填补空缺，而且对于其他未锁定轨道上位于该选择范围内的素材，也同样进行删除。

6.【应用视频切换效果】命令

此命令将用默认的过渡特效来进行视频间的过渡。

7.【应用音频切换效果】命令

此命令将用默认的过渡特效来进行音频间的过渡。

8.【放大】命令

此命令用来对当前【时间线】上的素材片断进行放大处理。

9.【缩小】命令

此命令用来对当前【时间线】上的素材片断进行缩小放大处理。

10.【吸附】命令

此命令用来使编辑线和素材的边缘吸附。

11.【添加轨道】命令

此命令用来在【时间线】窗口中添加音视频轨道。

12.【删除轨道】命令

此命令用来删除【时间线】上的音视频轨道。

1.3.6　【标记】菜单

【标记】菜单包含了设置标记点的命令，如图 1-38 所示。标记下拉菜单主要用于对素材或者时间线设置标志点。

1.【设置素材标记】命令

此命令用来设置素材的标记。

2.【跳转素材标记】命令

此命令用来使编辑位置转到某个素材标记。

3.【清除素材标记】命令

此命令用来清除已经设置的某个素材标记。

4.【设置序列标记】命令

此命令用来设置序列标记。

5.【跳转序列标记】命令

此命令用来指向序列标记。

6.【清除序列标记】命令

此命令用来清除已经设置的序列标记。

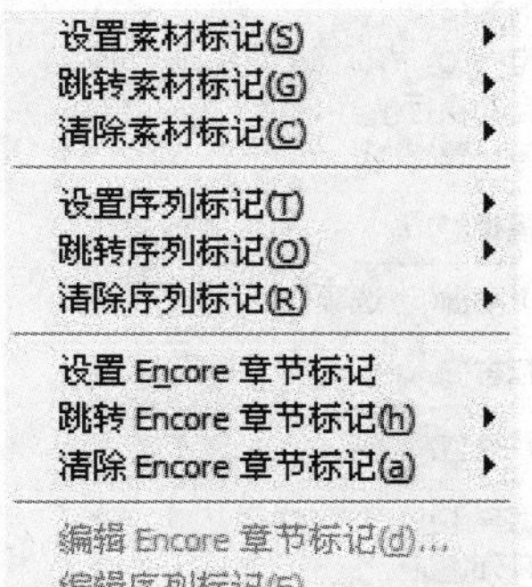

图 1-38　标记菜单

7.【设置 Encore 章节标记】命令

此命令用来设置 Encore 章节标记。

8.【跳转 Encore 章节标记】命令

此命令用来指向 Encore 章节标记。

9.【清除 Encore 章节标记】命令

此命令用来清除已经设置的 Encore 章节标记。

10.【编辑 Encore 章节标记】命令

此命令用来编辑 Encore 章节标记。

11.【编辑序列标记】命令

此命令用来设置编辑时间线的标记。

1.3.7 其他菜单

1.【字幕】菜单

该菜单用于字幕的设计，包括设置字体、尺寸、对齐、填充等方式以及创建图形元素等操作，如图 1-39 所示。

2.【窗口】菜单

该菜单包括控制显示/关闭窗口和面板的命令，如图 1-40 所示。打勾的窗口表示正显示在界面中。

3.【帮助】菜单

该菜单使用户阅读 Premiere Pro CS3 的使用帮助，还可以链接到 Adobe 的网站，寻求在线帮助等，如图 1-41 所示。

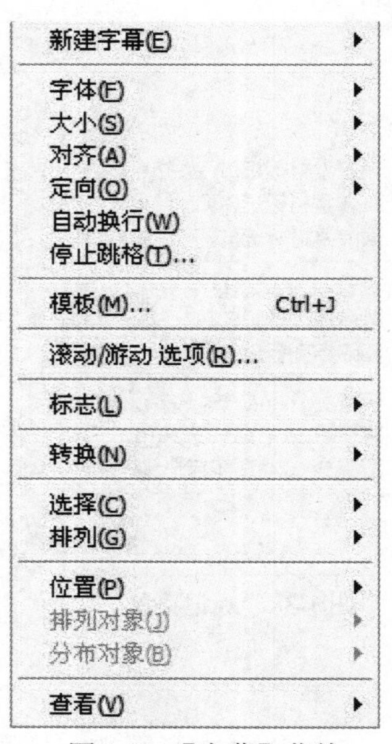

图 1-39 【字幕】菜单

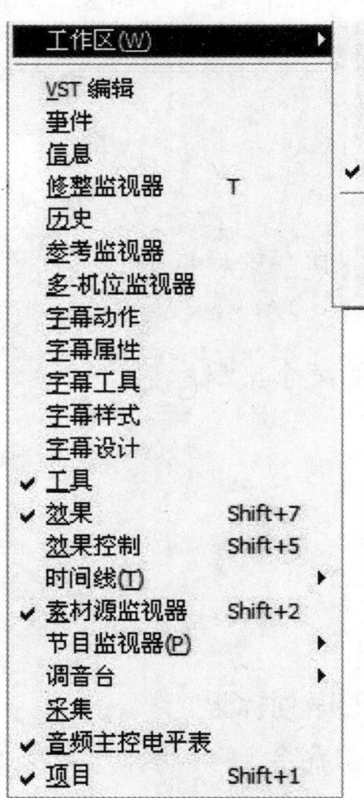

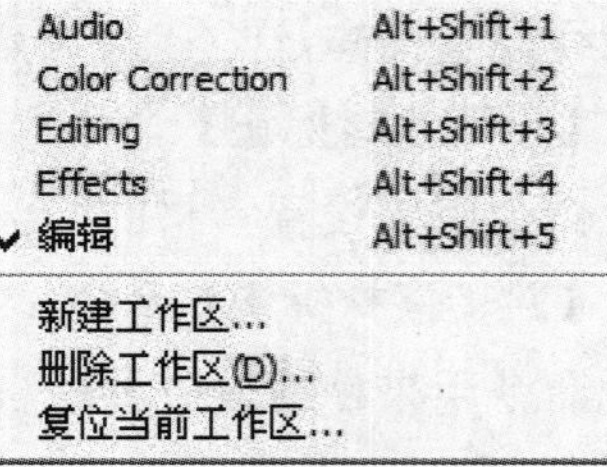

图 1-40 【窗口】菜单

Adobe Premiere Pro 帮助(P)... F1
键盘(K)...
在线支持(O)...
Registration...
Activate...
Deactivate...
Updates...
关于 Adobe Premiere Pro(A)...

图 1-41 【帮助】菜单

1.4 数字视频处理基础知识

从动画诞生的那时起，人们就不断探求一种能够存储、表现和传播动态画面信息的方式。在经历了电影和模拟信号电视之后，数字视频技术迅速发展起来，伴随着不断扩展的应用领域，其技术手段也不断成熟。

1.4.1 帧和场

20 世纪最后十年，无论是广播电视还是电影行业，都在数字化的大潮中驶过。的确，由于数字技术的发展和广泛应用，不仅使这一领域引入了全新的技术和概念，而且也给这一领域的节目制作、传输和播出都带来了革命性变化。数字技术的发展速度已经超乎于一般人的预料和想象。

像电影一样，视频是由一系列的单独图像(称之为帧)组成，并放映到观众面前的屏幕上。因为人脑可以暂时保留单独的图像，所以每秒钟放映若干张图像就会产生动态的画面效果。典型的帧速率范围是 24~30 帧/秒，这样才会产生平滑和连续的效果。在正常情况下，一个或者多个音频轨迹与视频同步，并为影片提供声音。

帧速率也是描述视频信号的一个重要概念，帧速率是指每秒钟刷新的图片的帧数，也可以理解为图形处理器，每秒钟能够刷新几次。对于 PAL 制式电视系统，帧速率为 25 帧，而对于 NTSC 制式电视系统，帧速率为 30 帧。虽然这些帧速率足以提供平滑的运动，但它们还没有高到足以使视频显示避免闪烁的程度。根据实验，人的眼睛可觉察到以低于 1/50 秒速度刷新图像中的闪烁。然而，要把帧速率提高到这种程度，就要求显著增加系统的频带宽度。这是相当困难的。为了避免这样的情况，全部电视系统都采用了隔行扫描方法。

大部分的广播视频采用两个交换显示的垂直扫描场构成每一帧画面，这叫做交错扫描场。交错视频的帧由两个场构成，其中一个扫描帧的全部奇数场，称为奇场或上场；另一个扫描帧的全部偶数场，称为偶场或下场。场以水平分隔线的方式隔行保存帧的内容，在显示时首先显示第一个场的交错间隔内容，然后再显示第二个场来填充第一个场留下的缝隙。每一帧包含两个场，场速率是帧速率的二倍。这种扫描的方式称为隔行扫描，与之相对应的是逐行扫描，每一帧画面由一个非交错的垂直扫描场完成。计算机操作系统就是以非交错形式显示视频的。

1.4.2 NTSC、PAL 和 SECAM

基带视频是一种简单的模拟信号，由视频模拟数据和视频同步数据构成，用于接收端正确地显示图像。信号的细节取决于应用的视频标准或者【制式】——NTSC(National Television Standards Committee，美国全国电视标准委员会)、PAL(Phase Alternate Line，逐行倒相)以及 SECAM (SEquential Couleur Avec Memoire，顺序传送与存储彩色电视系统，法国采用的一种电视制式)。

在 PC 领域，由于使用的制式不同，存在不兼容的情况。就拿分辨率来说，有的制式每帧有 625 线(50Hz)，有的则每帧只有 525 线(60Hz)。后者是北美和日本采用的标准，统称为 NTSC。通常，一个视频信号是由一个视频源生成的，比如摄像机、VCR 或者电视调谐器等。为传输图像，视频源首先要生成一个垂直同步信号(VSYNC)。这个信号会重设接收端设备(PC 显示器)，保证新图像从屏幕的顶部开始显示。发出 VSYNC 信号之后，视频源接着扫描图像的第一行。完成后，视频源又生成一个水平同步信号，重设接收端，以便从屏幕左侧开始显示下一行。并针对图像的每一行，都要发出一条扫描线，以及一个水平同步脉冲信号。

另外，NTSC 标准还规定视频源每秒钟需要发送 30 幅完整的图像(帧)。假如不作其他处理，闪烁现象会非常严重。为解决这个问题，每帧又被均分为两部分，每部分 262.5 行。一部分全是奇数行，另一部分则全是偶数行。显示时，先扫描奇数行，再扫描偶数行，就可以有效地改善图像显示的稳定性，减少闪烁。目前世界上彩色电视主要有 3 种制式，即 NTSC、PAL 和 SECAM 制式，3 种制式目前尚无法统一。我国采用的是 PAL-D 制式。

1.4.3 RGB 和 YUV

对一种颜色进行编码的方法统称为【颜色空间】或【色域】。用最简单的话说，世界上任何一种颜色的“颜色空间”都可定义成一个固定的数字或变量。RGB(红、绿、蓝)只是众多颜色空间的一种。采用这种编码方法，每种颜色都可用 3 个变量来表示——红色、绿色以及蓝色的强度。记录及显示彩色图像时，RGB 是最常见的一种方案。但是，它缺乏与早期黑白显示系统的良好兼容性。因此，众多电子电器厂商普遍采用的做法是，将 RGB 转换成 YUV 颜色空间，以维持兼容，再根据需要换回 RGB 格式，以便在电脑显示器上显示彩色图形。

YUV(亦称 YCrCb)是被欧洲电视系统所采用的一种颜色编码方法(属于 PAL)。YUV 主要用于优化彩色视频信号的传输，使其向后兼容老式黑白电视。与 RGB 视频信号传输相比，它最大的优点在于只需占用极少的带宽(RGB 要求 3 个独立的视频信号同时传输)。其中 Y 表示明亮度(Luminance 或 Luma)，也就是灰阶值；而 U 和 V 表示的则是色度(Chrominance 或 Chroma)，作用是描述影像色彩及饱和度，用于指定像素的颜色。【亮度】是通过 RGB 输入信号来创建的，方法是将 RGB 信号的特定部分叠加到一起。【色度】则定义了颜色的两个方面——色调与饱和度，分别用 Cr 和 Cb 来表示。其中，Cr 反映了 RGB 输入信号红色部分与 RGB 信号亮度值之间的差异。而 Cb 反映的是 RGB 输入信号蓝色部分与 RGB 信号亮度值之同的差异。

1.4.4 数字视频的采样格式及数字化标准

模拟视频的数字化包括不少技术问题，如电视信号具有不同的制式而且采用复合的 YUV 信号方式，而计算机工作在 RGB 空间；电视机是隔行扫描，计算机显示器大多逐行扫描；电视图像的分辨率与显示器的分辨率也不尽相同等。因此，模拟视频的数字化主要包括色彩空间的转换、

光栅扫描的转换以及分辨率的统一。

模拟视频一般采用分量数字化方式，先把复合视频信号中的亮度和色度分离，得到 YUV 或 YIQ 分量，然后用 3 个模 / 数转换器对 3 个分量分别进行数字化，最后再转换成 RGB 空间。

1. 数字视频的采样格式

根据电视信号的特征，亮度信号的带宽是色度信号带宽的两倍。因此其数字化时可采用幅色采样法，即对信号的色差分量的采样率低于对亮度分量的采样率。用 Y：U：V 来表示 YUV 三分量的采样比例，则数字视频的采样格式分别有 4:1:1、4:2:2 和 4:4:4 三种。电视图像既是空间的函数，也是时间的函数，而且又是隔行扫描式，所以其采样方式比扫描仪扫描图像的方式要复杂得多。分量采样时采到的是隔行样本点，要把隔行样本组合成逐行样本，然后进行样本点的量化，YUV 到 RGB 色彩空间的转换等，最后才能得到数字视频数据。

2. 数字视频标准

为了在 PAL、NTSC 和 SECAM 电视制式之间确定共同的数字化参数，国家无线电咨询委员会(CCIR)制定了广播级质量的数字电视编码标准，称为 CCIR 601 标准。在该标准中，对采样频率、采样结构、色彩空间转换等都作了严格的规定，主要有：采样频率为 f s＝13.5MHz；分辨率与帧率；根据 f s 的采样率，在不同的采样格式下计算出数字视频的数据量。

这种未压缩的数字视频数据量对于目前的计算机和网络来说无论是存储或传输都是不现实的，因此在多媒体中应用数字视频的关键问题是数字视频的压缩技术。

3. 视频序列的 SMPTE 表示单位

通常用时间码来识别和记录视频数据流中的每一帧，从一段视频的起始帧到终止帧，其间的每一帧都有一个惟一的时间码地址。根据动画和电视工程师协会 SMPTE(Society of Motion Picture anDTelevision Engineers)使用的时间码标准，其格式是小时：分钟：秒：帧或 hours：minutes：seconds：frames。一段长度为 00：01：24：15 的视频片段的播放时间为 1 分钟 24 秒 15 帧，如果以每秒 30 帧的速率播放，则播放时间为 1 分钟 24.5 秒。

根据电影、录像和电视工业中使用帧率的不同，各有其对应的 SMPTE 标准。由于技术的原因 NTSC 制式实际使用的帧率是 29.97fps，而不是 30fps，因此在时间码与实际播放时间之间有 0.1% 的误差。为了解决这个误差问题，设计出丢帧(drop-frame)格式，也即在播放时每分钟要丢 2 帧(实际上是有两帧不显示而不是从文件中删除)，这样可以保证时间码与实际播放时间的一致。与丢帧格式对应的是不丢帧(nondrop-frame)格式，它忽略时间码与实际播放帧之间的误差。

1.4.5 视频压缩编码

视频压缩的目标是在尽可能保证视觉效果的前提下减少视频数据率。视频压缩比一般指压缩后的数据量与压缩前的数据量之比。由于视频是连续的静态图像，因此其压缩编码算法与静态图像的压缩编码算法有某些共同之处，但是运动的视频还有其自身的特性，因此在压缩时还应考虑其运动特性才能达到高压缩的目标。在视频压缩中常需用到以下的一些基本概念。

1. 有损和无损压缩

在视频压缩中有损(Lossy)和无损(Lossless)的概念与静态图像中基本类似。无损压缩即压缩前和解压缩后的数据完全一致。多数的无损压缩都采用 RLE 行程编码算法。有损压缩意味着解压缩后的数据与压缩前的数据不一致。在压缩的过程中要丢失一些人眼和人耳所不敏感的图像或音频信息，而且丢失的信息不可恢复。几乎所有高压缩的算法都采用有损压缩，这样才能达到低数据率的目标。丢失的数据率与压缩比有关，压缩比越小，丢失的数据越多，解压缩后的效果一般越差。此外，某些有损压缩算法采用多次重复压缩的方式，这样还会引起额外的数据丢失。

2. 帧内和帧间压缩

帧内(Intraframe)压缩也称为空间压缩(Spatial compression)。当压缩一帧图像时，仅考虑本帧的数据而不考虑相邻帧之间的冗余信息，这实际上与静态图像压缩类似。帧内一般采用有损压缩算法，由于帧内压缩时各个帧之间没有相互关系，所以压缩后的视频数据仍以帧为单位进行编辑。帧内压缩一般达不到很高的压缩。

采用帧间(Interframe)压缩是基于许多视频或动画的连续前后两帧具有很大的相关性，或者说前后两帧信息变化很小的特点。也即连续的视频其相邻帧之间具有冗余信息，根据这一特性，压缩相邻帧之间的冗余量就可以进一步提高压缩量，减小压缩比。帧间压缩也称为时间压缩(Temporal compression)，它通过比较时间轴上不同帧之间的数据进行压缩。帧间压缩一般是无损的。帧差值(FrameDifferencing)算法是一种典型的时间压缩法，它通过比较本帧与相邻帧之间的差异，仅记录本帧与其相邻帧的差值，这样可以大大减少数据量。

3. 对称和不对称编码

对称性(symmetric)是压缩编码的一个关键特征。对称意味着压缩和解压缩占用相同的计算处理能力和时间，对称算法适合于实时压缩和传送视频，如视频会议应用就以采用对称的压缩编码算法为好。而在电子出版和其他多媒体应用中，一般是把视频预先压缩处理好，然后再播放，因此可以采用不对称(asymmetric)编码。不对称或非对称意味着压缩时需要花费大量的处理能力和时间，而解压缩时则能较好地实时回放，也即以不同的速度进行压缩和解压缩。一般来说，压缩一段视频的时间比回放(解压缩)该视频的时间要多得多。例如，压缩一段 3 分钟的视频片段可能需要十几分钟的时间，而该片段实时回放时间只有 3 分钟。

1.4.6 非线性编辑

1. 非线性编辑的概念

非线性编辑是相对传统上以时间顺序进行线性编辑而言，传统线性视频编辑是按照信息记录

顺序，从磁带中重放视频数据来进行编辑，需要较多的外部设备，如放像机、录像机、特技发生器、字幕机，工作流程十分复杂。非线性编辑借助计算机来进行数字化制作，几乎所有的工作都在计算机里完成，不再需要那么多的外部设备，对素材的调用也是瞬间实现，不用反反复复在磁带上寻找，突破单一的时间顺序编辑限制，可以按各种顺序排列，具有快捷简便、随机的特性。非线性编辑只要上传一次，就可以“为所欲为”，直到满意为止，无论多少次的编辑，信号质量始终不会变低，所以节省了设备、人力，提高了效率。

2. 非线性编辑系统的硬件结构

非线性编辑系统技术的重点在于处理图像和声音信息。这两种信息具有数据量大、实时性强的特点。实时的图像和声音处理需要有高速的处理器、宽带数据传输装置、大容量的内存和外存等一系列的硬件环境支持。普通的 PC 机难于满足上述要求，经压缩后的视频信号要实时地传送仍很困难，因此，提高运算速度和增加带宽需要另外采取措施。这些措施包括采用数字信号处理器 DSP、专门的视音频处理芯片及附加电路板，以增强数据处理能力和系统运算速度。在电视系统处于数字岛(电视演播室设备所经历的单件设备的数字化阶段)时期，帧同步机、数字特技发生器、数字切换台、字幕机、磁盘录像机和多轨 DAT(数字录音磁带)技术已经相当成熟，而借助当前的超大规模集成电路技术，这些数字视频功能已可以在标准长度的板卡上实现。非线性编辑系统板卡上的硬件能直接进行视音频信号的采集、编解码、重放，甚至直接管理素材硬盘，计算机则提供 GUI(图形用户界面)、字幕、网络等功能。同时，计算机本身也在迅速发展，PC 机软硬件的发展已能使操作系统直接支持视音频操作。

3. 视频压缩技术

在非线性编辑系统中，数字视频信号的数据量非常庞大，必须对原始信号进行必要的压缩。常见的数字视频信号的压缩方法有 M-JPEG、MPEG 和 DV 等。

⊙ M-JPEG 压缩格式

目前非线性编辑系统绝大多数采用 M-JPEG 图像数据压缩标准。1992 年，ISO(国际标准化组织)颁布了 JPEG 标准。这种算法用于压缩单帧静止图像，在非线性编辑系统中得到了充分的应用。JPEG 压缩综合了 DCT 编码、游程编码、霍夫曼编码等算法，既可以做到无损压缩，也可以做到质量完好的有损压缩。完成 JPEG 算法的信号处理器在 20 世纪 90 年代发展很快，可以做到以实时的速度完成运动视频图像的压缩。这种处理法称为 Motion-JPEG(M-JPEG)。在录入素材时，M-JPEG 编码器对活动图像的每一帧进行实时帧内编码压缩，在编辑过程中可以随机获取和重放压缩视频的任一帧，很好地满足了精确到帧的后期编辑要求。

Motion-JPEG 虽然已大量应用于非线性编辑中，但 Motion-JPEG 与前期广泛应用的 DV 及其衍生格式(DVCPRO 25、50 和 Digital-S 等)，以及后期在传输和存储领域广泛应用的 MPEG-2 都无法进行无缝连接。因此，在非线性编辑网络中应用的主要是 DV 体系和 MPEG 格式。

⊙ DV 体系

1993 年，包括索尼、松下、JVC 以及飞利浦等几十家公司组成的国际集团联合开发了具有较好质量、统一标准的家用数字录像机格式，称为 DV 格式。从 1996 年开始，各公司纷纷推出各自的产品。DV 格式的视频信号采用 4:2:0 取样、8bit 量化。对于 625/50 制式，一帧记录 576 行。每行的样点数：Y 为 720，Cr、Cb 各为 360，且隔行传输。视频采用帧内约 5:1 数据压缩，视频数据率约 25Mbit/s。DV 格式可记录 2 路(每路 48kHz 取样、16bit 量化)或 4 路(32kHz 取样、12bit 量化)无数据压缩的数字声音信号。

DVCPRO 格式是日本松下公司在家用 DV 格式基础上开发的一种专业数字录像机格式，用于标准清晰度电视广播制式的模式有两种，称为 DVCPRO 25 模式和 DVCPRO 50 模式。在 DVCPRO 25 模式中，视频信号采用 4:1:1 取样、8bit 量化，一帧记录 576 行，每行有效样点，Y 为 720，Cr、Cb 各为 180，数据压缩也为 5:1，视频数据率亦为 25Mbit/s。在 DVCPRO 50 模式中，视频信号采用 4:2:2 取样、8bit 量化，一帧记录 576 行，每行有效样点，Y 为 720，Cr、Cb 各为 360，采用帧内约 3:3:1 数据压缩，视频数据率约为 50Mbit/s。DVCPRO 25 模式可记录 2 路数字音频信号，DVCPRO 50 模式可记录 4 路数字音频信号，每路音频信号都为 48kHz 取样、16bit 量化。

DVCPRO 格式带盒小、磁鼓小、机芯小，这种格式的一体化摄录机体积小、重量轻，在全国各地方电视台都用得非常多。因此，在建设电视台的非线性编辑网络时，DVCPRO 是非编系统硬件必须支持的数据输入和压缩格式。

◉ MPEG 压缩格式

MPEG 是 Motion Picture Expert Group(运动图像专家组)的简称。开始时，MPEG 是视频压缩光盘(VCD、DVD)的压缩标准。MPEG-1 是 VCD 的压缩标准，MPEG-2 是 DVD 的压缩标准。现在，MPEG-2 系列已经发展成为 DVB(数字视频广播)和 HDTV(高清晰度电视)的压缩标准。非编系统采用 MPEG-2 为压缩格式将给影视制作、播出带来极大方便。MPEG-2 压缩格式与 Motion-JPEG 最大的不同在于它不仅有每帧图像的帧内压缩(JPEG 方法)，还增加了帧间压缩，因而能够获得比较高的压缩比。在 MPEG-2 中，有 I 帧(独立帧)、B 帧(双向预测帧)和 P 帧(前向预测帧)3 种形式。其中 B 帧和 P 帧都要通过计算才能获得完整的数据，这给精确到帧的非线性编辑带来了一定的难度。现在，基于 MPEG-2 的非线性编辑技术已经成熟，对于网络化的非编系统来说，采用 MPEG2-IBP 作为高码率的压缩格式，将会极大减少网络带宽和存储容量，对于需要高质量后期合成的片段可采用 MPEG2-I 格式。MPEG2-IBP 与 MPEG2-I 帧混编在技术上也已成熟。

4. 数据存储技术

由于非线性编辑要实时地完成视音频数据处理，系统的数据存储容量和传输速率也非常重要。通常单机的非编系统需应用大容量硬盘、SCSI 接口技术，对于网络化的编辑，其在线存储系统还需使用 RAID 硬盘管理技术，以提高系统的数据传输速率。

◉ 大容量硬盘

硬盘的容量大小决定了它能记录多长时间的视音频节目和其他多媒体信息。以广播级 PAL 制电视信号为例，压缩前，1s 视音频信号的总数据量约为 32MB，进行 3:1 压缩后，1min 视音频信号的数据量约为 600MB，1h 视音频节目需要约 36GB 的硬盘容量。近年来硬盘技术发展很快，一个普通家用电脑的硬盘就可以达到 80GB，通常专业使用的硬盘容量在 300GB 左右，因此，现有的硬盘容量完全能够满足非线性编辑的需要。

◉ SCSI 接口技术

数据传输率也称为【读写速率】或【传输速率】，一般以 MB/s 表示。它代表在单位时间内存储设备所能读写的数据量。在非线性编辑系统中，硬盘的数据传输率是最薄弱的环节。普通硬盘的转速还不能满足实时传输视音频节目的需要。为了提高数据传输率，计算机使用了 SCSI 接口技术。SCSI 是 Small Computer System Interface(小型计算机系统接口)的简称。目前 SCSI 总线支持 32bit 的数据传输，并具有多线程 I/O 功能，可以从多个 SCSI 设备中同时存取数据。这种方式明显加快了计算机的数据传输速率，如果使用两个硬盘驱动器并行读取数据，则所需文件的传输时间是原来的 1/2。目前 8 位的 SCSI 最大数据传输率为 20MB/s，16 位的 Ultra Wide SCSI(超级宽 SCSI)为 40MB/s，最快的 SCSI 接口 Ultra 320 最大数据传输率能达到 320MB/s。SCSI 接口加上与其相配合的高速硬盘，能满足非线性编辑系统的需要。

对非线性编辑系统来说，硬盘是目前最理想的存储媒介，尤其是 SCSI 硬盘，其传输速率、存储容量和访问时间都优于 IDE 接口硬盘。SCSI 的扩充能力也比 IDE 接口强。增强型 IDE 接口最多可驱动 4 个硬盘，SCSI-I 规范支持 7 个外部设备，而 SCSI-II 一般可连接 15 个设备，Ultra 2 以上的 SCSI 可连接 31 个设备。

◉ RAID 管理技术

网络化的编辑对非编系统的数据传输速率提出了更高的要求。处于网络中心的在线存储系统通常由许多硬盘组成硬盘阵列。系统要同时传送几十路甚至上百路的视音频数据就需要应用 RAID 管理电路。该电路把每一个字节中的位分配给几个硬盘同时读写，提高了速度，整体上等效于一个高速硬盘。这种 RAID 管理方式不占用计算机的 CPU 资源，也与计算机的操作系统无关，传输速率可以做到 100Mb/s 以上，并且安全性能较高。

5. 图像处理技术

在非线性编辑系统中，用户可以制作丰富多彩的【数字视频特技】(Digital Video Effects，DVE)效果。数字视频特技有硬件和软件两种实现方式。软件方式以帧或场为单位，经计算机的中央处理器(CPU)运算获得结果。这种方式能够实现的特技种类较多，成本低，但速度受 CPU 运算速度的限制。硬件方式制作数字特技采用专门的运算芯片，每种特技都有大量的参数可以设定和调整。在质量要求较高的非编系统中，数字特技是由硬件或软件协助硬件完成的，一般能实现部分特技的实时生成。

电视节目镜头的组接可分为【混合】、【扫换(划像)】、【键控】和【切换】4 大类。多层数字图像的合成实际上是图像的代数运算的一种。它在非线性编辑系统中的应用有两大类，即全画面合成与区域选择合成。在电视节目后期制作中，前者称为【叠化】，后者在视频特技中用于【扫换】和【抠像】。多层画面合成中的层是随着新型数字切换台的出现而引入的。视频信号经数字化后在帧存储器中进行处理才能使层得到实现。所谓的层实际上就是帧存，所有的处理包括【划像】、【色键】、【亮键】、【多层淡化叠显】等数字处理都是在帧存中进行的。数字视频混合器是非线性编辑系统中多层画面叠显的核心装置，主要提供【叠化】、【淡入淡出】、【扫换】和【键控】合成等功能。

随着通用和专用处理器速度的提高，图像处理技术和特级算法的改进，以及 MMX(Multimedia Extensions，多媒体扩展)技术的应用，许多软件特技可以做到实时或准实时。随着由先进的 DSP 技术和硬件图像处理技术所设计的特技加速卡的出现，软件特技处理时间加快了 8~20 倍。软件数字特技由于特技效果丰富、灵活、可扩展性强，更能发挥制作人员的创意，因此，在图像处理中的应用越来越多。

6. 图文字幕叠加技术

字幕是编辑中不可缺少的一部分。在传统的电视节目制作中，字幕总是叠加在图像的最上一层。字幕机是串接在系统最后一级上的。在非线性编辑中，插入字幕有硬件和软件两种方式。软件字幕是利用作图软件的原理把字幕作为图形键处理，生成带 Alpha 键的位图文件，将其调入编辑轨对某一层图像进行抠像贴图，完成字幕功能。 硬件字幕的硬件构成通常由一个图形加速器和一个图文帧存组成。图形加速器主要用于对单个像素、专用像素和像素组等图形部件的管理，它具有绘制线段、圆弧和显示模块等高层次图形功能，因而明显减轻了由于大量的图形管理给 CPU 带来的压力。图形加速器的效率和功能直接影响图文字幕的速度和效果。叠加字幕的过程是将汉字从硬盘的字库中调到计算机内存中，以线性地址写入图文帧存，经属性描述后输出到视频混合器的下游键中，将视频图像合成后输出。

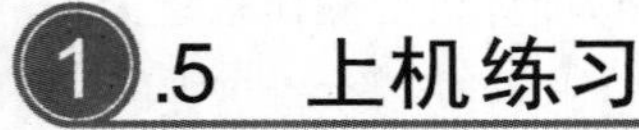

1.5 上机练习

本章上机实验主要通过安装 Premiere Pro CS3 和制作简单的影片学习 Premiere Pro CS3 的基本工作流程。

1.5.1 Premiere Pro CS3 的安装

(1) 打开 Premiere Pro CS3 的安装文件所在的文件夹，双击 Pr 的图标运行 setup.exe，进入安装初始化，如图 1-42 所示。

(2) 初始化完成后，Premiere Pro CS3 会进行系统检查，如果安装时系统正在运行与安装程序相冲突的应用程序，安装程序会列出需要关闭的程序，关闭所有列出的应用程序后，单击【重试】按钮继续进行安装，进入【许可协议】的界面，如图 1-43 所示。

图 1-42　安装初始化

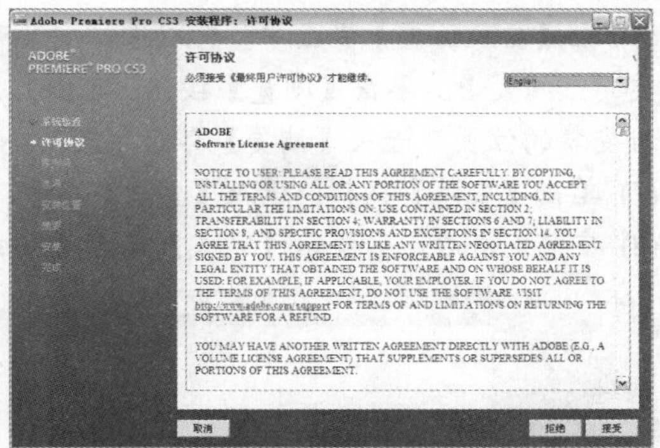

图 1-43　许可协议

(3) 查看【许可协议】界面中显示的协议后，选择【接受】按钮，打开【序列号】界面，如图 1-44 所示。

(4) 在【序列号】界面中，输入产品序列号或者选择【安装试用版软件】，单击【下一步】按钮，打开【安装选项】界面，如图 1-45 所示。

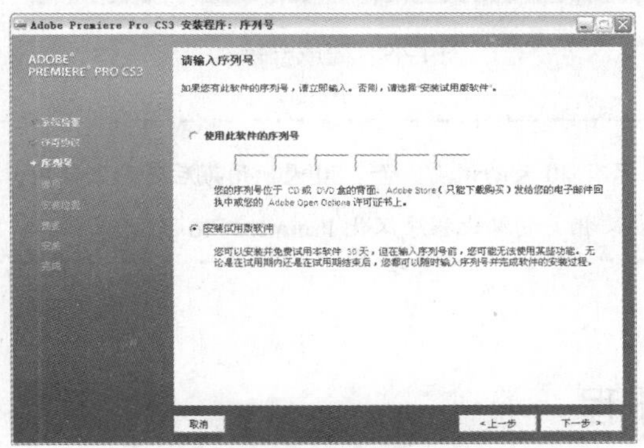

图 1-44　输入序列号

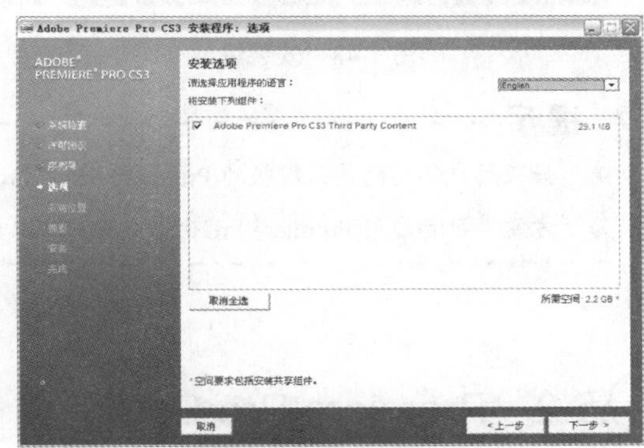

图 1-45　安装选项

(5) 在【安装选项】界面中，可以选择安装程序语言和组件，并显示安装需要的空间大小。单击【下一步】按钮，打开【安装位置】界面，如图 1-46 所示。

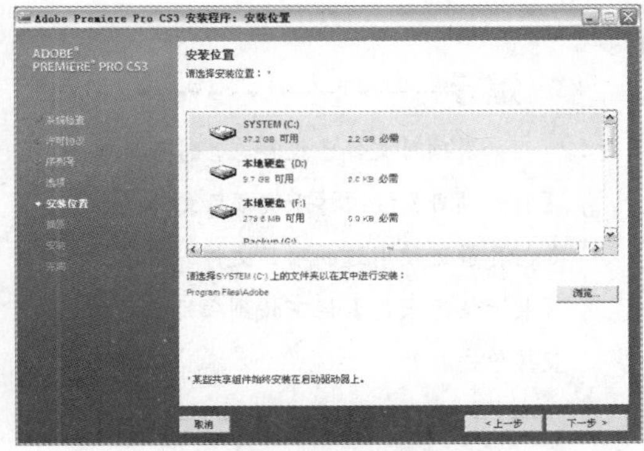

图 1-46　安装位置

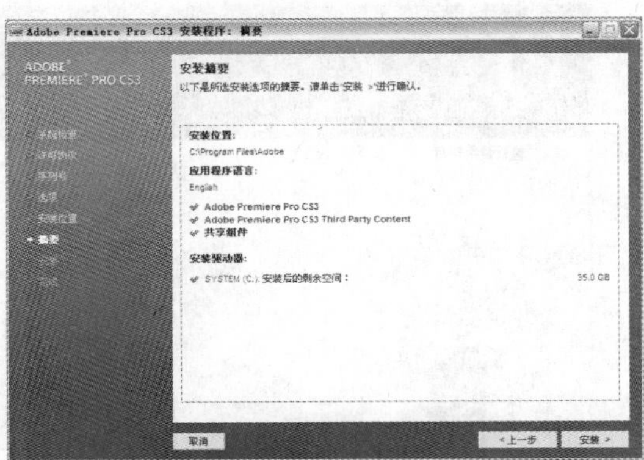

图 1-47　安装摘要

(6) 在【安装位置】界面中，可以选择安装程序到哪一个硬盘分区，同时会显示各个硬盘分区需要的空间大小。单击【浏览】按钮，可以打开【选择位置】界面选择其他安装程序的位置，选择好安装的位置，进入【摘要】界面，显示安装的各种信息，如图 1-47 所示。

(7) 单击【安装】按钮，进入【安装】界面，可以看到安装的进度，如图 1-48 所示。

(8) 安装完成后，会提示【完成】或者【完成并重新启动】选项，如图 1-49 所示。

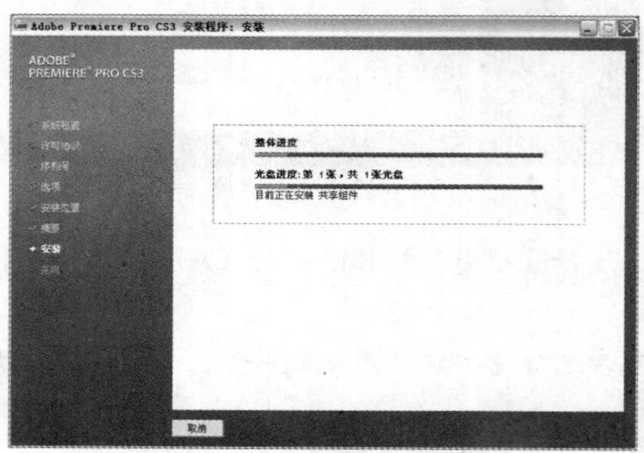

图 1-48 安装进度

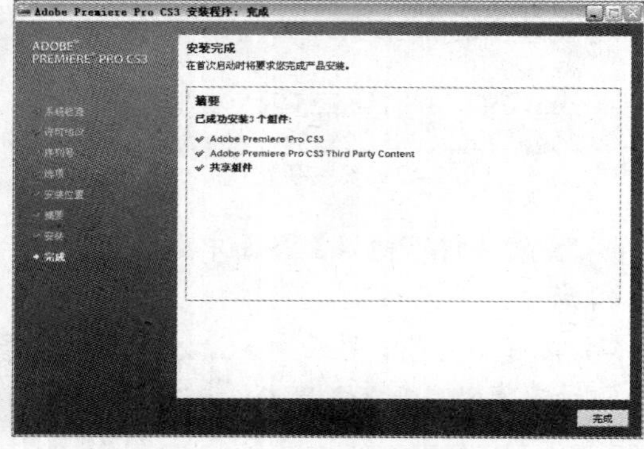

图 1-49 完成安装

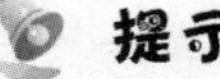

提示

如果用户使用的是试用版的 Premiere Pro CS3，那么只有 30 天的试用。超过 30 天使用期后将无法使用。为了方便学习和应用 Premiere Pro CS3，用户可以自行安装相关的汉化程序汉化 Premiere Pro CS3。

1.5.2 Premiere Pro CS3 的工作流程

(1) 运行 Premiere Pro CS3，打开欢迎界面，如图 1-50 所示。在该界面下，单击【新建项目】按钮，打开【新建项目】对话框。

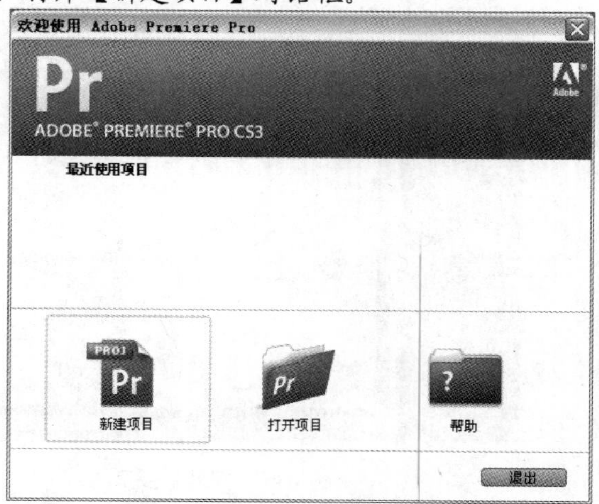

图 1-50 欢迎界面

提示

如果项目文件已经存在，则可以单击【打开项目】按钮打开该项目文件；如果要打开最近使用过的项目文件，还可以在【最近使用项目】栏下找到项目名称后，直接单击打开。

计算机基础与实训教材系列

(2) 在该对话框中单击【自定义设置】标签，打开【自定义设置】选项卡，选择【编辑模式】为【桌面编辑模式】，【时间基准】为【25.00 帧/秒】，【画幅大小】为【352 宽 288 高】，【像素纵横比】为【方形像素(1.0)】，【场】为【无场(逐行扫描)】，【显示格式】为【帧】。然后，选择项目存储位置，输入项目名称“简单影片”后，单击【确定】按钮即可创建【简单影片】项目文件。如图 1-51 所示。

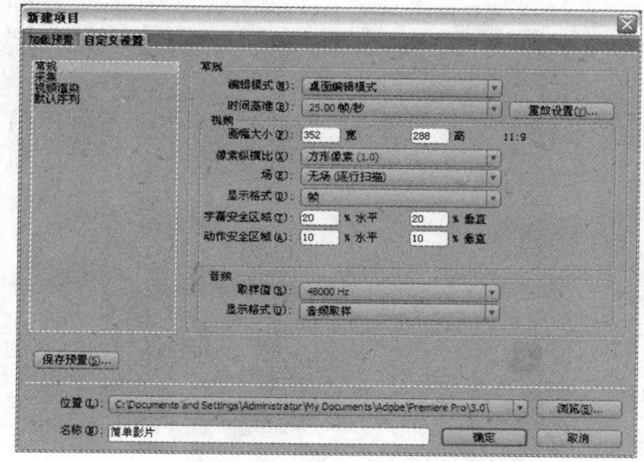

图 1-51　设置项目

知识点

单击左下角的【保存预设】按钮，可以保存当前的项目设置，下次要进行同样的设置时，可以在【加载预置】选项卡中直接调用。

(3) 进入程序主界面后，选择【文件】|【导入】命令打开【导入】对话框。在该对话框中选择【简单影片】文件夹下的 Sea_1.mpg、Sea_2.mpg、Sea_3.mpg 和 sound.mp3 文件，如图 1-52 所示。选择完成后，单击【打开】按钮，导入到【项目】窗口中，如图 1-53 所示。

图 1-52　导入文件

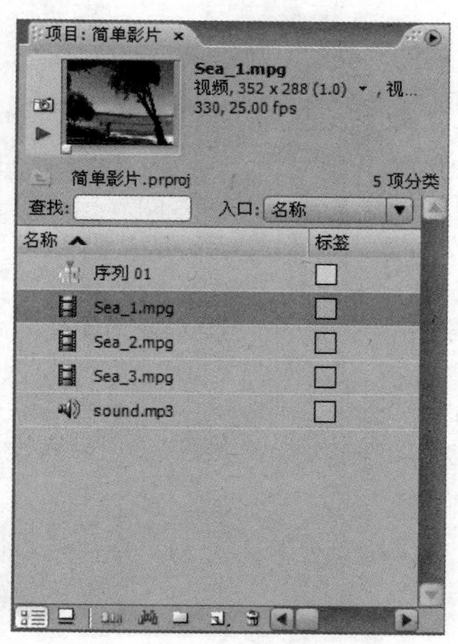

图 1-53　导入到【项目】窗口

(4) 完成导入操作后，选择【文件】|【保存】命令，保存项目文件。

提示

在操作过程中，随时进行文件保存操作是个好习惯。

(5) 选择【项目】窗口中的 Sea_1.mpg 素材文件，按住鼠标左键并将其拖动到【时间线】窗口中的【视频 1】轨道上后释放，如图 1-54 所示。

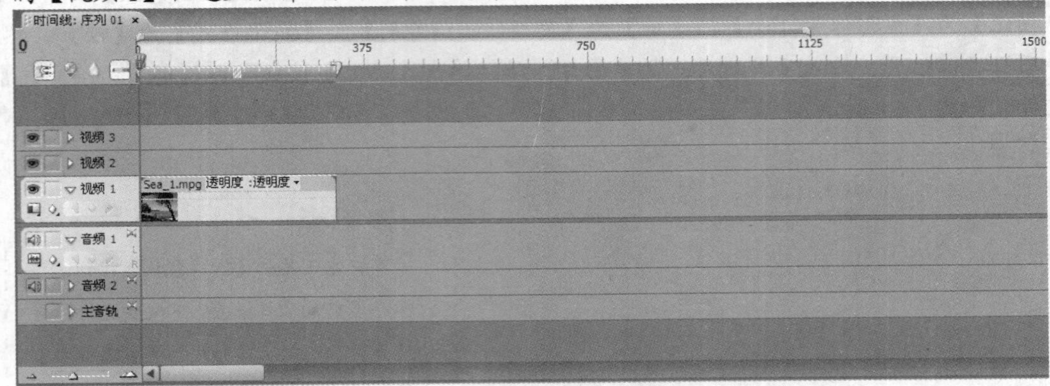

图 1-54　拖动 Sea_1.mpg 素材文件到【视频 1】轨道上

(6) 将时间线指针移动到 300 帧处，如图 1-55 所示。在【工具】面板中，选择【剃刀】工具，如图 1-56 所示。将【剃刀】移动到时间线指针处单击，将 Sea_1.mpg 素材剪开。

图 1-55　将时间线指针移动到 300 帧处

图 1-56　选择【剃刀】工具

(7) 在【工具】面板中，选择【选择】工具，选中时间线指针右侧的 Sea_1.mpg 素材，按下 Delete 键将其剪去。然后在【项目】窗口中选择 Sea_2.mpg 素材文件，按住鼠标左键并将其拖动到【时间线】窗口中的【视频 2】轨道上，使其入点与 Sea_1.mpg 素材的出点对齐后释放，如图 1-57 所示。

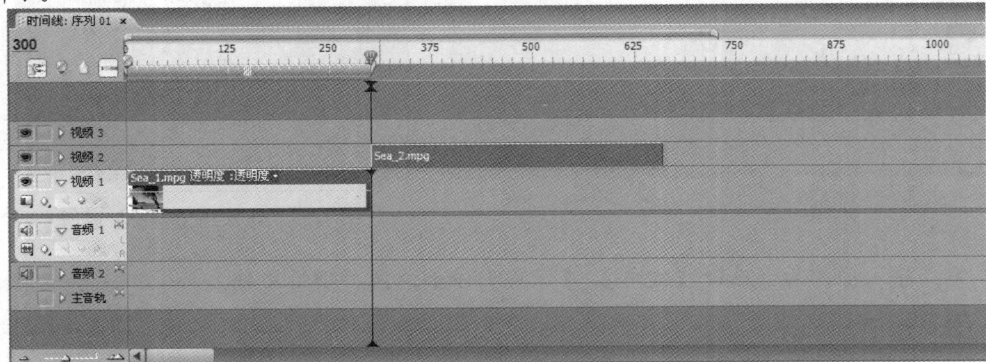

图 1-57　拖动 Sea_2.mpg 素材文件到【视频 2】轨道上对齐

(8) 使用同样的方法，将时间线指针移动到 550 帧处，使用【剃刀】工具，将 Sea_2.mpg 素材剪开。清除右侧的 Sea_2.mpg 素材，然后在【项目】窗口中选择 Sea_3.mpg 素材文件，按住鼠标左键并将其拖动到【时间线】窗口中的【视频 1】轨道上，使其入点与 Sea_2.mpg 素材的出点对齐后释放，如图 1-58 所示。

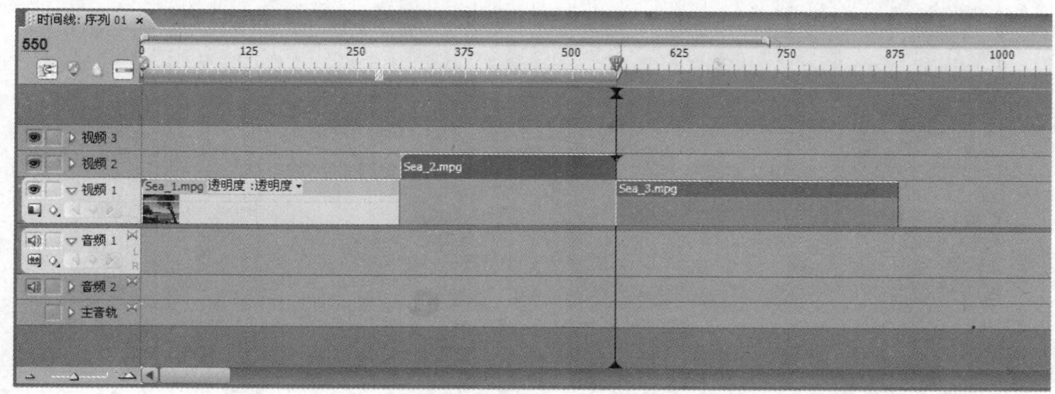

图 1-58　拖动 Sea_3.mpg 素材文件到【视频 1】轨道上

(9) 选择【文件】|【新建】|【字幕】命令，打开【新建字幕】对话框。在该对话框中输入字幕名称“海之韵”后，单击【确定】按钮，打开【字幕编辑器】窗口，如图 1-59 所示。

图 1-59　【字幕编辑器】窗口

(10) 在【字幕编辑器】窗口中，输入字幕文字“海之韵”，应用【汉仪凌波】样式，调整【字体大小】为 50.0。调整完毕后关闭【字幕编辑器】窗口。刚刚编辑好的字幕文件就像其他素材一样出现在【项目】窗口。

(11) 选择【项目】窗口中的【海之韵】字幕文件，并将其拖动到【时间线】窗口中的【视频

3】轨道上后释放，将鼠标移动到字幕文件出点处，等箭头变成形状后，按住鼠标左键，将其向右拖动，使其出点与 Sea_3.mpg 素材的出点对齐后释放，如图 1-60 所示。这样就将字幕文件的持续时间变成与整个工作区一样长。

图 1-60　添加字幕到【时间线】窗口

(12) 打开【效果】面板，选择【视频特效】|【变换】|【水平翻转】效果，将其应用到【时间线】窗口中的【视频 2】轨道的 Sea_2.mpg 素材文件上，如图 1-61 所示。

图 1-61　应用【水平翻转】效果到 Sea_2.mpg 素材上

(13) 在【效果】面板中，选择【视频切换效果】|【叠化】|【叠化】效果，将其分别应用到【时间线】窗口中的 Sea_1.mpg 和 Sea_2.mpg 素材文件的尾部上，如图 1-62 所示。

图 1-62　应用【叠化】效果到 Sea_1.mpg 和 Sea_2.mpg 素材文件的尾部上

(14) 选择【项目】窗口中的 sound.mp3 音频文件，双击该文件打开【素材源】监视器窗口，浏览该素材。将时间指针拖动到 550 帧处，单击【设置入点】按钮，将此处作为音频素材的入点，如图 1-63 所示。然后将该音频素材拖动到【时间线】窗口中的【音频 1】轨道上，如图 1-64 所示。

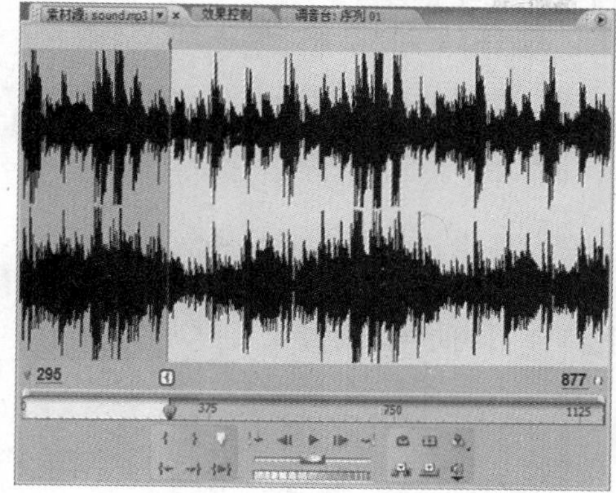

图 1-63　设置音频素材的入点

图 1-64　将音频素材拖动到【音频 1】轨道上

(15) 编辑完成后，选择【序列】|【渲染工作区】命令，对影片进行渲染，弹出对话框将显示渲染的进程，如图 1-65 所示。

(16) 渲染完成后，选择【文件】|【导出】|【影片】命令，打开【导出影片】对话框，此时可以对输出的影片进行设置，如图 1-66 所示。输出影片后即可播放该影片，如图 1-67 所示。

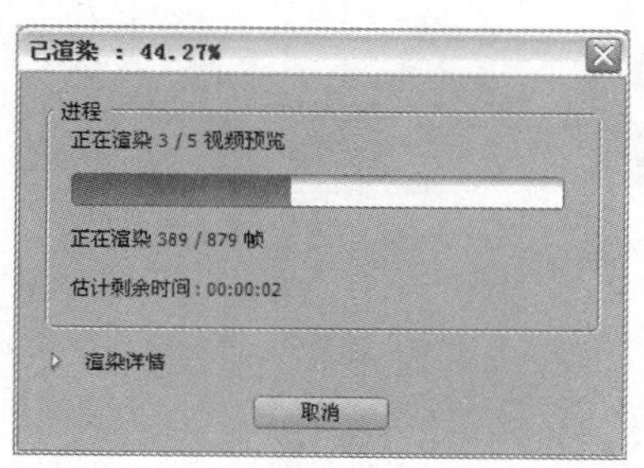

图 1-65　渲染工作区

图 1-66　输出影片

图 1-67　观看影片

1.6 习题

1. 在【时间线】窗口中视频素材有哪 4 种不同显示模式可供选择？

2. 素材替换有哪些方式？

3. 哪个工具可以用来调节某个素材和其相邻的素材长度，并且保持两个素材和其后所有的素材长度不变？

4. 历史面板最多可以记录多少个操作步骤？

5. 【帧】是什么单位？

6. 目前世界上彩色电视主要采用哪 3 种制式？我国使用的是哪一种？

7. 什么是有损压缩和无损压缩？

8. 简要叙述 Premiere 的基本工作流程。

第2章 项目与素材管理

学习目标

在动手进行视频编辑之前，良好地对项目和素材进行管理可以使得编辑效率大大提高，达到事半功倍的效果。本章将详细介绍在 Premiere Pro CS3 中如何创建项目和设置项目的参数、采集素材，以及如何导入素材和对文件进行组织和管理。同时详细讲述 Premiere Pro CS3 所支持输入的文件格式，讲解脱机文件的实际应用。通过本章的学习，读者可以逐步掌握视频编辑的基本能力和正确的工作流程。

本章重点

- 项目参数设置
- 采集设置
- 导入文件和文件夹
- 使用容器
- 使用脱机文件

2.1 项目的创建和设置

项目(Project)是一种单独的 Premiere 文件，包含了序列以及组成序列的素材(视频片段、音频文件、静态图像以及字幕等)。项目存储了关于序列和参考的信息，比如采集设置、切换和音频混合。项目文件还包含了所有编辑结果的数据。

2.1.1 新建项目

成功启动 Premiere Pro CS3 后，会出现如图 2-1 所示的欢迎界面。在此可以单击【新建项目】按钮创建一个新的项目文件，也可以单击【打开项目】按钮打开已有的项目文件。

图 2-1　新建或打开项目

知识点

当用户已使用过 Premiere Pro CS3 编辑项目后，会在【最近使用项目】栏目中显示用户最近使用过的最多 5 个项目文件的路径，以名称列表的形式显示。用户只需单击要打开的项目文件名，就可以快速打开该项目并进行编辑。

单击【新建项目】按钮，会打开如图 2-2 所示的【新建项目】对话框。在【加载预置】选项卡中包含了很多常用的标准设置，比如 DV-PAL、DV-NTSC、HDV 等，Premiere Pro CS3 还新增加了对移动设备的支持，一般根据不同的设备条件做出不同选择。

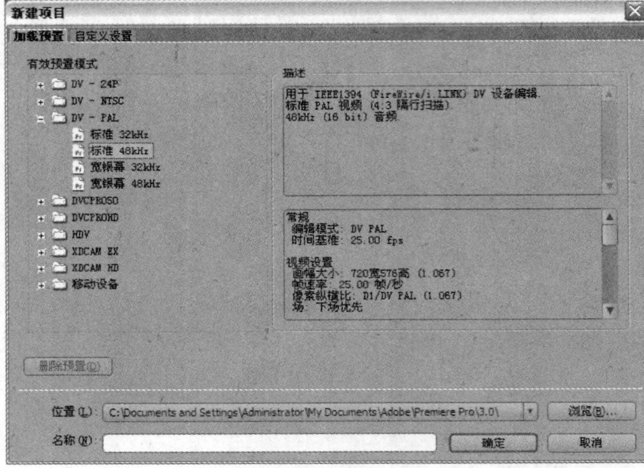

图 2-2　【加载预置】选项卡

提示

在 Premiere Pro CS3 升级后的版本中，还增加了 DVCPRO50、DVCPROHD、XDCAM EX 和 XDCAM HD 等预设。

2.1.2　项目参数的自定义设置

在【新建项目】对话框中，除了选择【加载预置】选项卡中的模式外，还可以对项目的参数进行自定义的设置。单击【自定义设置】标签可以进入【自定义设置】选项卡，如图 2-3 所示。

提示

在进行自定义的设置之前，可以在【加载预置】选项卡中先选中一个与自定义最接近的模式，以便修改。

在【自定义设置】选项卡中可以看到，左侧菜单中有着 4 个栏目，分别是【常规】、【采集】、【视频渲染】和【默认序列】。下面将对各栏目的参数意义做详细的介绍。

1. 常规

- ⊙ 【编辑模式】：用于设置项目在【时间线】窗口中的视频模式。

  另外，视频采集卡或者其他视频硬件也会提供专门的编辑模式，这样可以最大限度地发挥其硬件性能而增加新的编辑模式。一般制作用于计算机上播放的视频，会选择【桌面编辑模式】。

- ⊙ 【时间基准】：用于设置项目在时间线面板中素材剪辑使用的时间基准，Premiere 会用它计算精确的每秒时间数值。

  【时间基准】是根据新项目加载的不同编辑模式设置的，如果【编辑模式】为 DV-NTSC 或 DV-PAL，【时间基准】的值与预设模式相匹配不可更改；如果是【桌面编辑模式】，可以根据需要选择相应的时间基准。另外，用户可以单击【时间基准】选项后的【重放设置】按钮，在打开的【重放设置】对话框中设置在 DV 摄像机、其他相连接的设备或者桌面上实时重放，如图 2-4 所示。

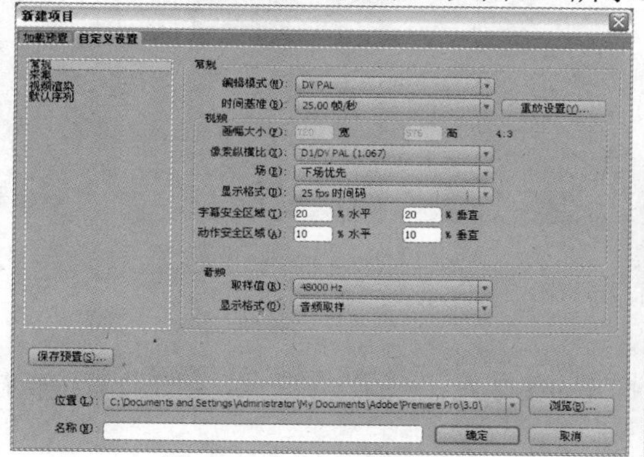

图 2-3　【自定义设置】选项卡

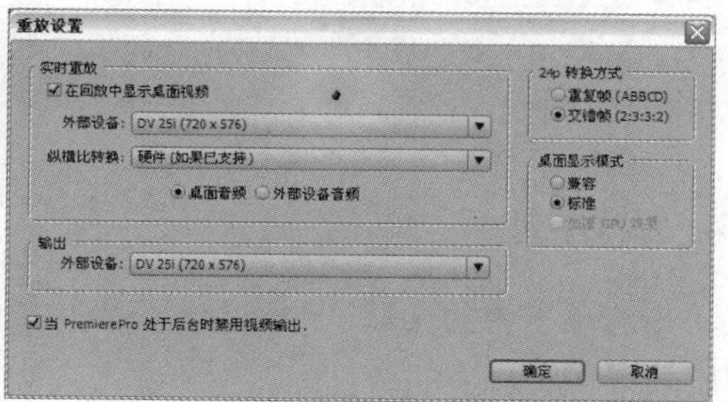

图 2-4　【重放设置】对话框

- ⊙ 【视频】：该栏目下有许多参数，分别用于设置画幅的大小(即帧的尺寸)、像素纵横比(像素宽高比)、场的方式(无场、下场优先、上场优先)以及在【时间线】窗口中视频的时间显示模式(根据【时间基准】的不同会有不同的选择)。
- ⊙ 【音频】：用于设置音频的取样值(采样频率)以及在【时间线】窗口中音频的时间显示模式。

2. 采集

单击选项卡中的【采集】栏目，可以打开如图 2-5 所示的选项区域，用于设置 Premiere 采集视频的格式。

- ⊙ DV 采集：利用数码摄像机进行采集。
- ⊙ HDV 采集：高清数码摄像采集。高清视频的分辨率主要是 1280×720 和 1920×1080，一般采取 1080/50i 表示。

3. 视频渲染

单击选项卡中的【视频渲染】栏目，可以打开如图 2-6 所示的选项区域，用于设置编辑视频时使用的压缩格式，主要的参数作用如下。

- ⊙ 【文件格式】：在该选项下拉列表框中选择一种视频压缩算法。
- ⊙ 【压缩】：用于设置项目编辑时使用的视频编码解码器。单击【配置】按钮，可以对选择的视频编码解码器做进一步的设置。
- ⊙ 【色彩深度】：用于设置编辑视频所使用的颜色数目。其下拉列表中的选项会随所选择的压缩格式的变化而变化。
- ⊙ 【优化静帧】：用于优化视频画面。

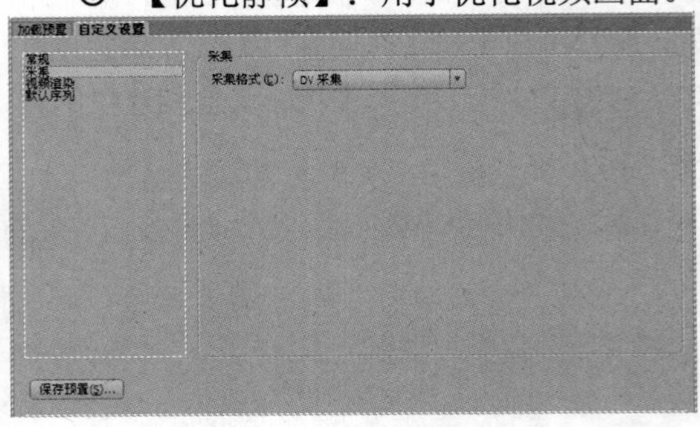

图 2-5 【采集】栏

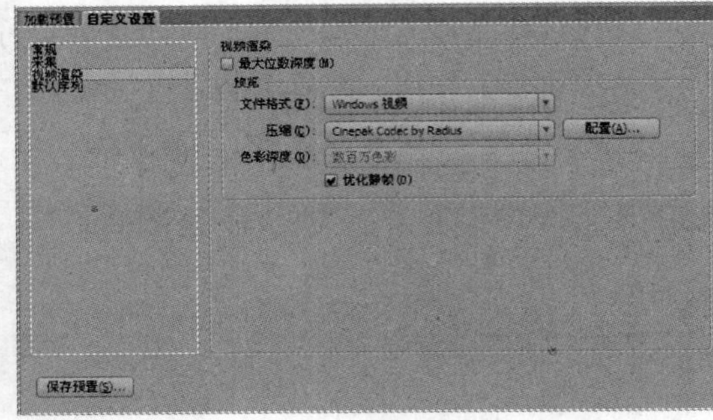

图 2-6 【视频渲染】栏

4. 默认序列

单击选项卡中的【默认序列】栏目，可以打开如图 2-7 所示的选项区域，用于设置编辑初始时使用的视音频轨道的数目。

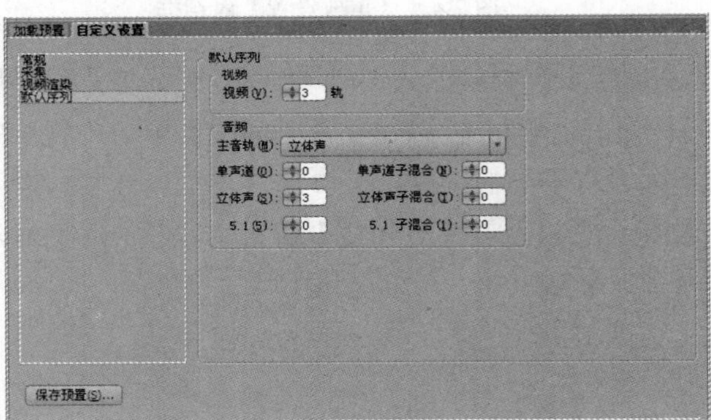

图 2-7 【默认序列】栏

提示

视音频轨道的数目并不是此时就固定下来了，在编辑时还可根据需要进行增加或者删除。

- ⊙ 【视频】：用于设置默认序列中视频剪辑轨道的数量。
- ⊙ 【主音轨】：用于设置音频主控制器的声道方式，有【单声道】、【立体声】和【5.1 声道】方式。
- ⊙ 【单声道】：用于设置单声道模式的音频轨道数量。
- ⊙ 【单声道子混合】：用于设置单声道模式的子音频轨道数量。

- 【立体声】：用于设置立体声模式的音频轨道数量。
- 【立体声子混合】：用于设置立体声模式的子音频轨道数量。
- 【5.1】：用于设置 5.1 声道模式的音频轨道数量。
- 【5.1 子混合】：用于设置 5.1 声道模式的子音频轨道数量。

【例 2-1】创建一个名为【项目素材管理】的项目文件，对其进行自定义设置，然后将其保存为预置设置。

(1) 启动 Premiere Pro CS3，在欢迎界面单击【新建项目】按钮，进入【新建项目】对话框。在【加载预置】选项卡中展开 DV-PAL 文件夹，选择【标准 48kHz】，在【名称】文本框中输入“项目素材管理”，如图 2-8 所示。

(2) 单击【自定义设置】选项卡可以进入自定义设置面板，在【常规】栏目下，选择【编辑模式】为【桌面编辑模式】，【时间基准】为【25.00 帧/秒】，设置【画幅大小】为【352 宽 288 高】，【像素纵横比】为【方形像素(1.0)】，【场】为【无场(逐行扫描)】，【显示格式】为【帧】，其他设置不变，如图 2-9 所示。

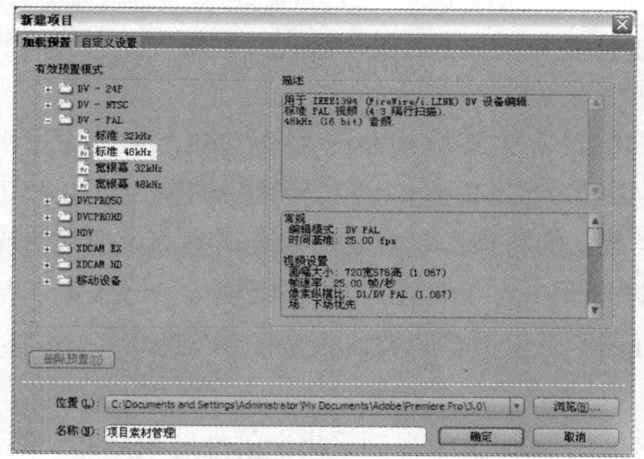

图 2-8　新建项目【项目素材管理】

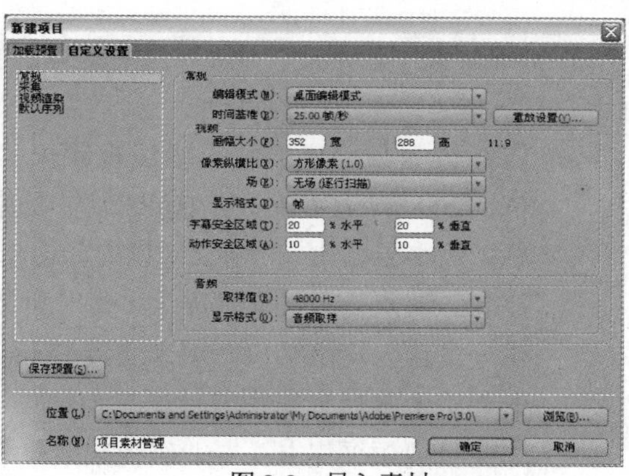

图 2-9　导入素材

(3) 单击左下角的【保存预置】按钮，弹出【保存设置】对话框，如图 2-10 所示。在【名称】文本框中输入“网络视频”，并在【描述】中输入“25.00 帧/秒，352*288 高，方形像素，无场，按帧显示”，然后单击【确定】按钮。

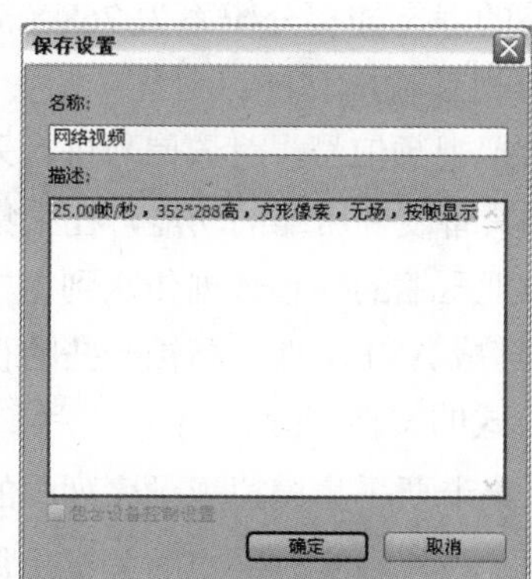

图 2-10　【保存设置】对话框

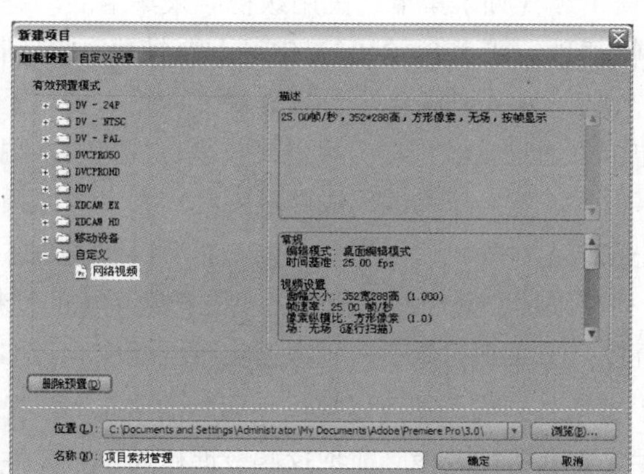

图 2-11　【自定义】中的预置设置

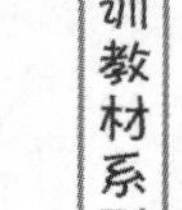

(4) 单击【加载预置】标签，打开该选项卡，可以看到在【自定义】文件夹中出现了【网络视频】项，如图 2-11 所示。

2.2 视音频采集

视频采集是视频编辑中的一个重要环节。制作一部成功的影片，采集的视频质量相当重要，要想获取高质量的视频，硬件则是先决条件。

对于硬件的要求，首先需要一张视频采集卡，它与采集质量的好坏密切相关，然后就是一台电脑，用于保存和编辑采集的视频、音频文件。

2.2.1 采集卡简介

视频采集卡一般分为广播级视频采集卡、专业级视频采集卡、民用级视频采集卡。它们的区别主要是采集的图像指标不同。

- 广播级视频采集卡：广播级视频采集卡的最高采集分辨率一般为 768 × 576(均方根值)/720 × 576(CCIR-601 值)PAL 制 25 帧每秒，或 640 × 480/720 × 480 NTSC 制 30 帧每秒，最小压缩比一般在 4:1 以内。这一类产品的特点是采集的图像分辨率高，视频信噪比高。缺点是视频文件庞大，每分钟数据量至少为 200MB。广播级模拟信号采集卡都带分量输入输出接口，用来连接 BetaCam 摄/录像机。此类设备是视频采集卡中最高档的，用于电视台制作节目。
- 专业级视频采集卡：专业级视频采集卡的级别比广播级视频采集卡的性能稍微低一些。分辨率两者是相同的，但专业级视频采集卡的压缩比稍微大一些，其最小压缩比一般在 6：1 以内。输入输出接口为 AV 复合端子与 S 端子。此类产品适用于广告公司、多媒体公司制作节目及多媒体软件。
- 民用级视频采集卡：民用级视频采集卡的动态分辨率一般最大为 384 × 288 PAL 制 25 帧每秒，或 320×240 NTSC 制 30 帧每秒(个别产品的静态捕捉分辨率为 768 × 576)。输入端子为 AV 复合端子与 S 端子，绝大多数不具有视频输出功能。

在电脑上通过视频采集卡可以接收来自视频输入端的模拟视频信号，对该信号进行采集、量化成数字信号，然后压缩编码成数字视频。大多数视频卡都具备硬件压缩的功能，在采集视频信号时首先在卡上对视频信号进行压缩，然后再通过 PCI 接口把压缩的视频数据传送到主机上。一般的 PC 视频采集卡采用帧内压缩的算法把数字化的视频存储成 AVI 文件，高档一些的视频采集卡还能直接把采集到的数字视频数据实时压缩成 MPEG-1 格式的文件。

由于模拟视频输入端可以提供不间断的信息源，视频采集卡要采集模拟视频序列中的每帧图像，并在采集下一帧图像之前把这些数据传入 PC 系统。因此，实现实时采集的关键是每一帧所需的处理时间。如果每帧视频图像的处理时间超过相邻两帧之间的相隔时间，则要出现数据的丢

失，即丢帧现象。采集卡都是把获取的视频序列先进行压缩处理，然后再存入硬盘，也就是说视频序列的获取和压缩是在一起完成的，免除了再次进行压缩处理的不便。不同档次的采集卡具有不同质量的采集压缩性能。

2.2.2 采集的注意事项

由于采集视频和视频编辑的运算会占用大量的计算机系统资源，因此用户必须正确地设置计算机中相关的参数选项，以确保成功地进行采集视频和视频编辑。下面就介绍一些关于采集视频和编辑视频设置数码摄像机和优化计算机的技巧。

- 如果想要更好地成批采集和设置摄像机设备的控制性能，那么必须校正 DV 磁带上的时间码。想要进行此操作，可以在拍摄影像前使用标准回放(SP)模式，然后从磁带的开始到结尾不间断地拍摄一段空白的视频，如盖上镜头盖录制等。
- 在使用 Premiere 进行视频采集操作时，最好关闭所有其他的应用程序，并且还应关闭自动启动的软件，如屏幕保护等。这样可以避免采集视频时发生中断。
- 如果用户的计算机系统中有两个以上的硬盘分区，那么用户可以将 Premiere 安装在系统盘(通常是 C 盘)，再将采集视频保存在其他分区中，如 D 盘等。
- 设置系统的虚拟内存为内存容量的两倍。
- 启用硬盘的 DMA 功能。
- 禁用用于视频采集视频硬盘的【启用磁盘上的写入缓存】功能。

要启用硬盘的 DMA，可以通过如下步骤进行操作。

(1) 单击 Windows 的【开始】菜单，选择【设置】|【控制面板】命令，打开【控制面板】窗口，如图 2-12 所示。

(2) 在该窗口中，双击【性能和维护】图标，打开【性能和维护】窗口，如图 2-13 所示。在该窗口中，双击【系统】图标，打开【系统属性】对话框，如图 2-14 所示。

图 2-12 【控制面板】窗口

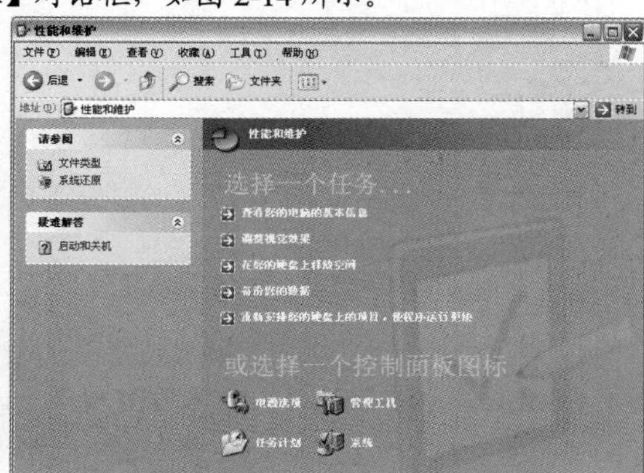

图 2-13 【性能和维护】窗口

(3) 在该对话框中，单击【硬件】标签，打开【硬件】选项卡，如图 2-15 所示。然后单击该选项卡中的【设备管理器】按钮，打开【设备管理器】对话框，如图 2-16 所示。

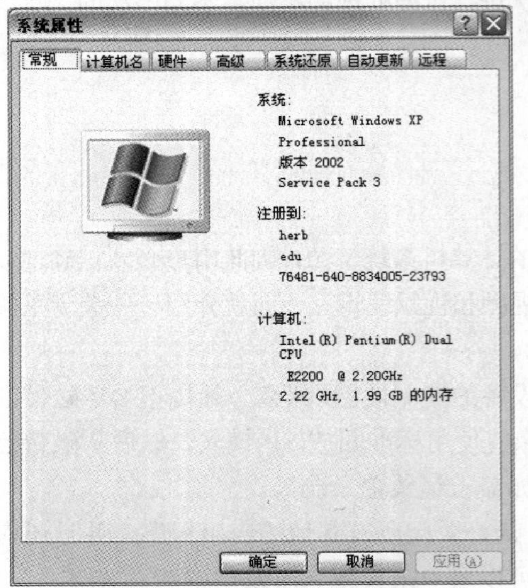

图 2-14 【系统属性】对话框

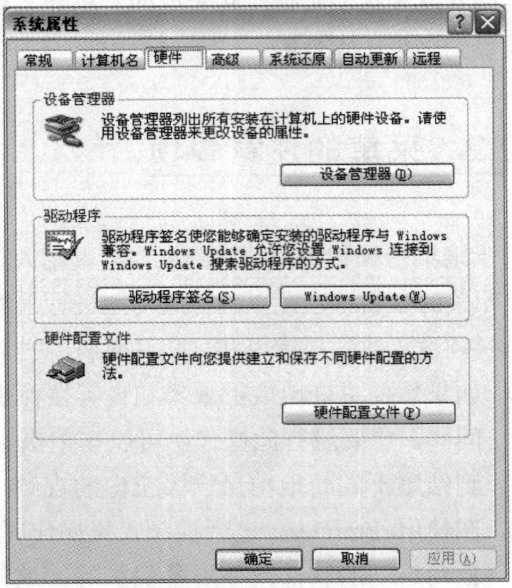

图 2-15 【硬件】选项卡

(4) 在该对话框中，选择【IDE ATA/ATAPI 控制器】|【主要 IDE 通道】选项，单击右键，从打开的快捷菜单中选择【属性】命令，打开【主要 IDE 通道 属性】对话框，如图 2-17 所示。

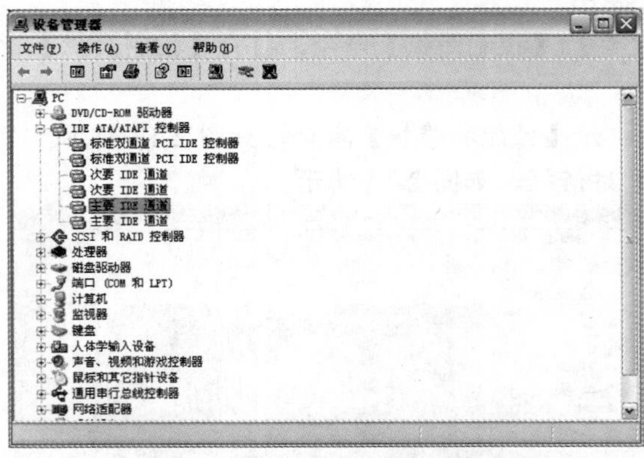

图 2-16 【设备管理器】对话框

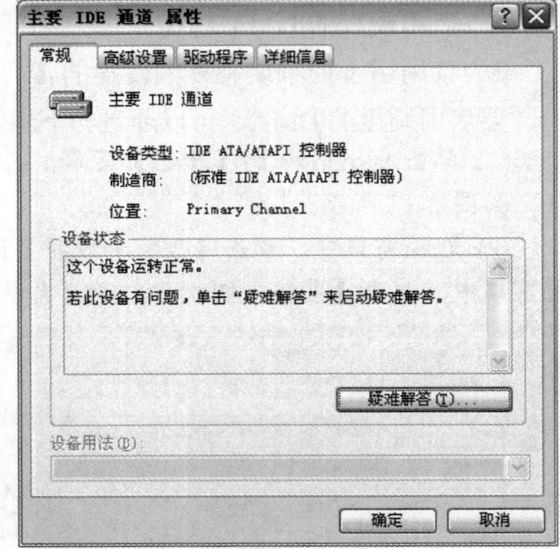

图 2-17 【主要 IDE 通道 属性】对话框

(5) 在该对话框中，打开【高级设置】选项卡。然后分别在两个【传送模式】下拉列表框中选择【DMA(若可用)】选项，如图 2-18 所示。设置完成后，单击【确定】按钮即可。

图 2-18　设置【传送模式】选项

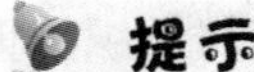

提示

使用相同的操作方法设置【IDE ATA/ATAPI 控制器】|【次要 IDE 通道】选项。启用 DMA 可以避免采集视频时可能发生的丢帧现象。

想要禁用用于视频采集视频硬盘的【启用磁盘上的写入缓存】功能，可以通过如下步骤进行操作。

打开如图 2-16 所示的【设备管理器】对话框，选择【磁盘驱动器】里用户采集视频使用的硬盘名称，如图 2-19 所示。然后在选择的选项上单击右键，从打开的快捷菜单中选择【属性】命令，打开该硬盘的属性对话框。在该对话框的【策略】选项卡中，禁用【启用磁盘上的写入缓存】复选框，如图 2-20 所示。设置完成后，单击【确定】按钮即可。

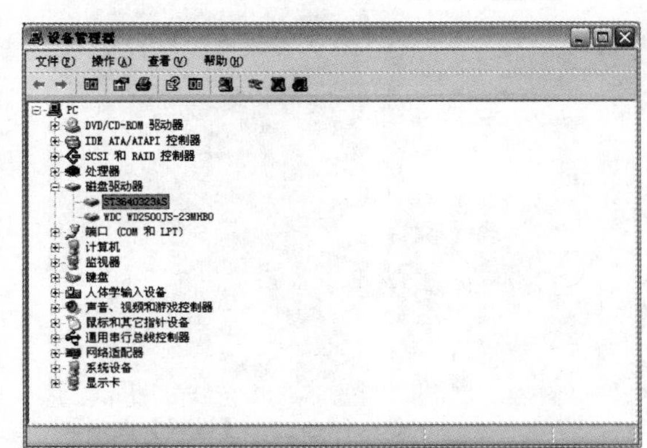

图 2-19　选择【磁盘驱动器】里采集视频使用的硬盘名称

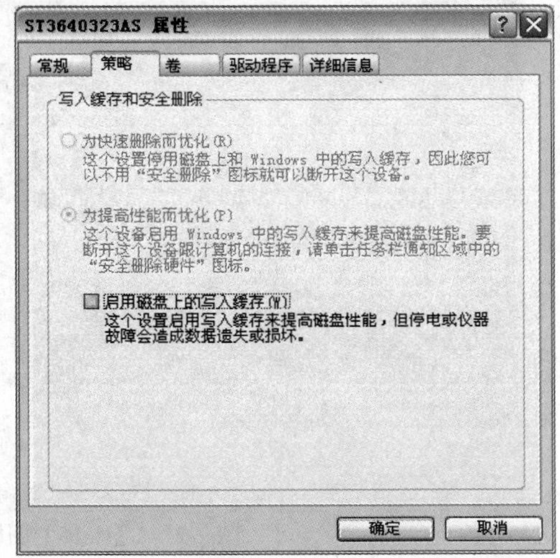

图 2-20　禁用【启用磁盘上的写入缓存】复选框

2.2.3 采集设置

采集视频素材是项目素材组织的重要功能之一。Premiere Pro CS3 的采集视频功能，只需通过【采集】面板和【项目】面板进行简单操作，其功能不但专业化，同时也大大提高了使用效率。在进行视频采集前，先来了解视频采集需要进行哪些参数设置。

执行菜单栏中的【文件】|【采集】命令，打开如图 2-21 所示的【采集】面板。

【采集】面板右侧是【记录】选项卡，该选项卡由 4 个区域构成，分别是【设置】、【素材数据】、【时间码】和【采集】。各项意义如下。

- 【设置】：【采集】下拉列表可以选择需要采集的文件类型，包括【音频和视频】、【音频】、【视频】；【记录素材到】列表框用于确定采集后素材要存放的位置。
- 【素材数据】：该区域的参数主要是为采集到的素材命名，并建立描述文件以及备注信息等。
- 【时间码】：该区域的参数主要是确定入点、出点，以及素材的延时信息。
- 【采集】：该区域的参数主要是设定采集开始、结束的信息以及采集类型等参数。

单击【设置】标签，打开【设置】选项卡。如图 2-22 所示，可以看到该选项卡分为【采集设置】、【采集位置】和【设备控制】3 个区域。单击【采集设置】区域中的【编辑】按钮，打开如图 2-5 所示的【项目设置】对话框的【采集】栏，在【采集格式】的下拉列表中选择采集的视频类型。

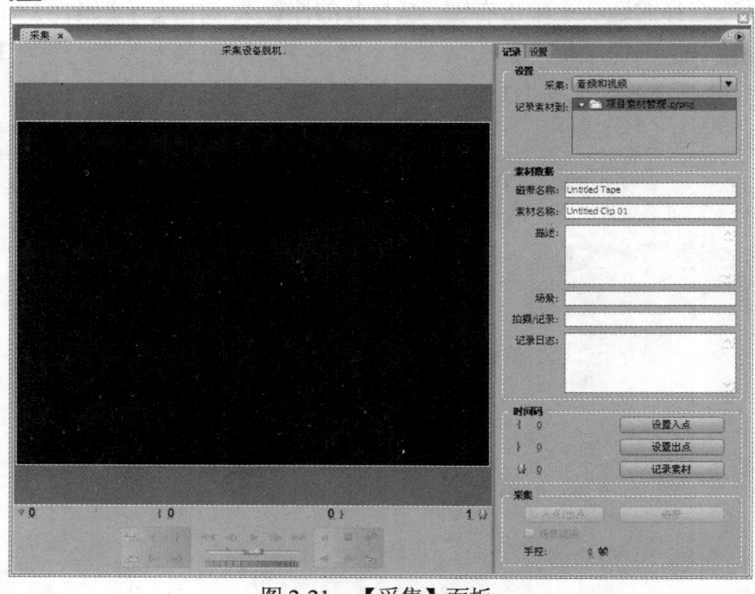

图 2-21 【采集】面板

图 2-22 【设置】选项卡

设置完成后，单击【确定】按钮回到【采集】对话框。

【采集位置】区域中有两个选项：视频和音频存储位置的选择。可以通过单击【浏览】按钮更改存储路径，如图 2-23 所示。

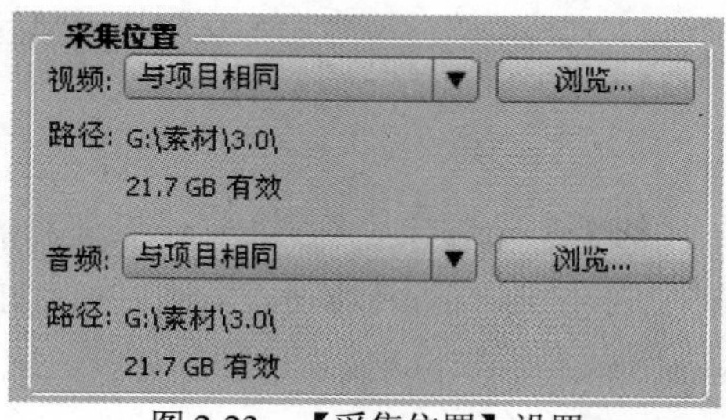

图 2-23 【采集位置】设置

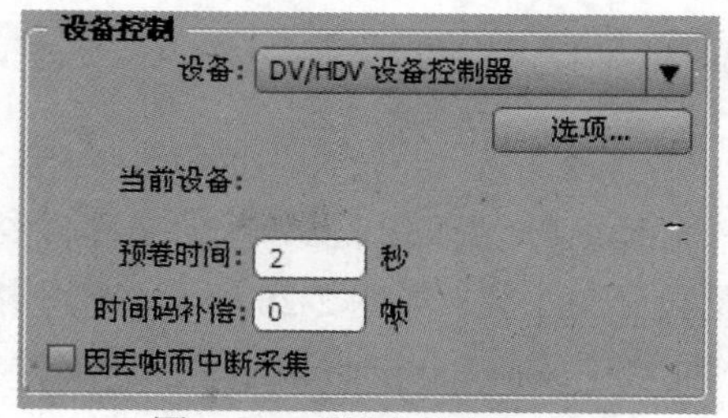

图 2-24 【设备控制】设置

【采集位置】区域下方是【设备控制】区域，如图 2-24 所示。各项参数如下。

- 【设备】：控制采集设备的参数。单击【选项】按钮，可以打开【DV/HDV 设备控制设置】对话框，可以看到 DV 的品牌与型号设置，选择后，【检查状态】选项中将提示连接的状态，如图 2-25 所示。
- 【预卷时间】：在控制设备时，指定视频采集在入点之前保留的时间，使设备倒带速度达到同步。该参数的默认设置是 5 秒，具体设置取决于摄像机的类型。
- 【时间码补偿】：在控制设备时，调整视频上的时间标记，使之符合原始录像带中正确的帧。
- 【因丢帧而中断采集】：选中该复选框，采集时一旦出现丢失帧的情况，采集过程将会自动停止。

设置完成后，就可以进行 DV 采集工作了。在采集的过程中，为了保证画面质量，最好关掉其他的程序。

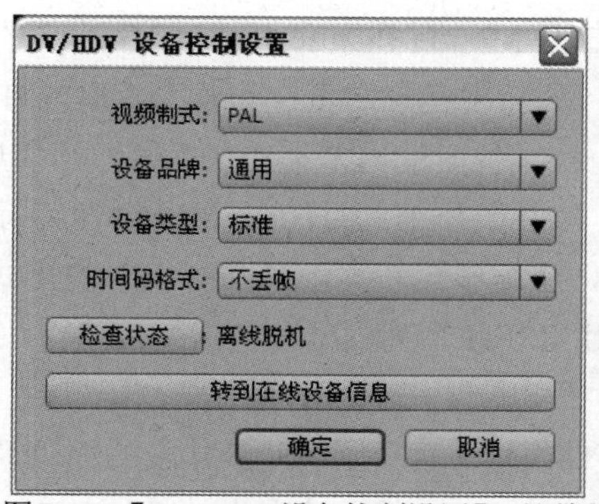

图 2-25 【DV/HDV 设备控制设置】对话框

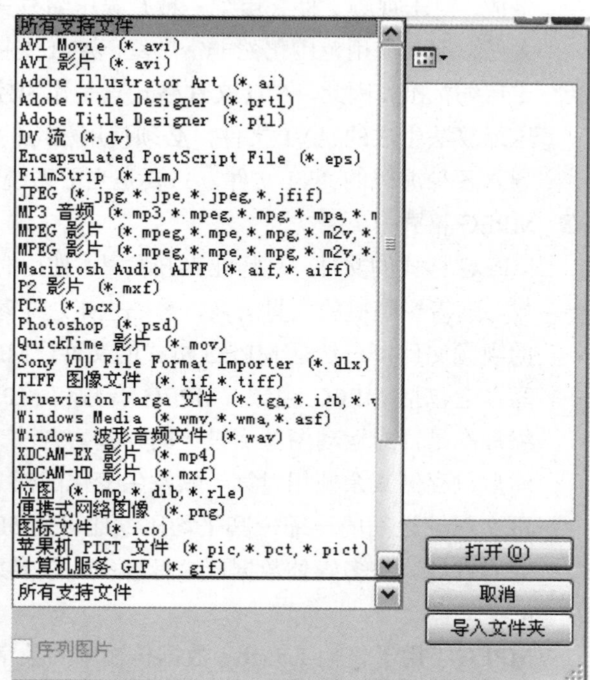

图 2-26 Premiere 支持的文件格式

2.3 导入素材

Premiere Pro CS3 可以导入的文件有多种格式，包括了几乎所有常用的视频、音频和静帧图像以及项目文件等。如图 2-26 所示。视频格式主要有 avi、mpg、mov、wmv、asf、flm、dlx，音频格式主要有 wav、mp3、wma，图像文件主要有 bmp、jpg、gif、ai、png、psd、eps、ico、pcx、tga、tif 等，项目文件格式有 ppj、prproj、aaf、aep、edl、plb 等。

2.3.1 常用文件格式简介

下面对一些常用的文件格式作一个简单的介绍。

- AVI 格式

  AVI 是音频视频交错(Audio Video Interleaved)的英文缩写，它是 Microsoft 公司开发的一种符合 RIFF 文件规范的数字音频与视频文件格式，原先用于 Microsoft Video for Windows (简称 VFW)环境，现在已被多数操作系统直接支持。AVI 格式常应用在多媒体光盘上，用于保存电视、电影等各种影像信息。不过，有时它也会出现于 Internet 中，用于提供用户欣赏新影片的精彩片段。

  AVI 格式是将语音和影像同步组合在一起的文件格式，允许视频和音频交错在一起同步播放，对于视频文件采用了一种有损压缩方式，但压缩比较高，因此尽管画面质量不是太好，但其应用范围仍然非常广泛。AVI 支持 256 色和 RLE 压缩，但 AVI 文件并未限定压缩标准，因此，AVI 文件格式只是作为控制界面上的标准，不具有兼容性，用不同压缩算法生成的 AVI 文件，必须使用相应的解压缩算法才能播放出来。Premiere 能够导入各种编码的 AVI 文件，只要是当前系统能够播放的 AVI 文件均能够被导入。

- MPEG 格式

  MPEG 格式的文件，是行业界开发早，使用时间长，并且早已认定为视频标准的视频文件。随着影碟机的大量普及，影碟也走进千家万户，VCD、SVCD、DVD，它们所采用的视频文件，自然是 MPEG 格式的文件。MPEG 是 Motion Picture Experts Group 的缩写，它包括 MPEG 视频、MPEG 音频和 MPEG 系统(视音频同步)3 个部分。MPEG 压缩标准是针对运动图像而设计的，基本方法为：在单位时间内采集并保存第一帧信息，然后只存储其余帧相对第一帧发生变化的部分，以达到压缩的目的。 MPEG 压缩标准可实现帧之间的压缩，其平均压缩比可达 50:1，压缩率比较高，且又有统一的格式，兼容性好。在多媒体数据压缩标准中，较多采用 MPEG 系列标准，包括 MPEG-1、2、4 等。

  MPEG-1 用于传输 1.5Mb/s 数据传输率的数字存储媒体。运动图像及其伴音的编码经过 MPEG-1 标准压缩后，视频数据压缩率为 1/100~1/200，音频压缩率为 1/6.5。MPEG-1 提供每秒 30 帧 352×240 分辨率的图像，当使用合适的压缩技术时，具有接近家用视频

制式(VHS)录像带的质量。

MPEG-2 主要针对高清晰度电视(HDTV)的需要，传输速率为 10Mb/s，与 MPEG-1 兼容，适用于 1.5~60Mb/s 甚至更高的编码范围。MPEG-2 有每秒 30 帧 720×480 的分辨率，是 MPEG-1 播放速度的 4 倍。它适用于高要求的广播和娱乐应用程序，如 DSS 卫星广播和 DVD，MPEG-2 是家用视频制式(VHS)录像带分辨率的两倍。

MPEG-4 标准是超低码率运动图像和语言的压缩标准，用于传输速率低于 64Mb/s 的实时图像传输，它不仅可覆盖低频带，也向高频带发展。较之前两个标准而言，MPEG-4 为多媒体数据压缩提供了一个更为广阔的平台。它更多定义的是一种格式、一种架构，而不是具体的算法。它可以将各种各样的多媒体技术充分结合进来，包括压缩本身的一些工具、算法，也包括图像合成、语音合成等技术。

◉ ASF 格式

ASF 是微软公司 Windows Media 的核心，英文全名为 Advanced Stream Format。ASF 是一种包含音频、视频、图像以及控制命令脚本的数据格式，最大的优点是文件体积小，可以在网络上传输。这种格式是通过 MPEG-4 作为核心而开发的，主要是用于在线播放的流媒体，所以质量上比其他的文件稍微差一些。但不考虑网络传播，而用最好的质量来压缩，比起 VCD 格式的 MPEG-1 还要稍微好些，但体积却更有优势。

◉ WMV 格式

和 ASF 格式一样，WMV 也是微软的一种流媒体格式，英文全名为 Windows Media Video。和 ASF 格式相比，WMV 是前者的升级版本。WMV 格式的体积非常小，因此很适合在网上播放和传输。在文件质量相同的情况下，WMV 格式的视频文件比 ASF 拥有更小的体积。从 WMV7 开始，微软的视频方面开始脱离 MPEG 组织，并且与 MPEG-4 不兼容，成为了独立的一个编解码系统。

◉ QuickTime(MOV)格式

QuickTime(MOV)是 Apple 计算机公司开发的一种音频、视频文件格式，用于保存音频和视频信息，具有先进的视频和音频功能，被包括 Apple Mac OS、Microsoft Windows 95/98/NT 在内的所有主流电脑平台支持。QuickTime 文件格式支持 25 位彩色，支持 RLE、JPEG 等领先的集成压缩技术，提供 150 多种视频效果，并配有提供了 200 多种 MIDI 兼容音响和设备的声音装置。新版的 QuickTime 进一步扩展了原有功能，包含了基于 Internet 应用的关键特性，能够通过 Internet 提供实时的数字化信息流、工作流与文件回放功能，此外，QuickTime 还采用了一种称为 QuickTime VR (简作 QTVR)技术的虚拟现实(Virtual Reality，VR)技术，用户通过鼠标或键盘的交互式控制，可以观察某一地点周围 360 度的景象，或者从空间任何角度观察某一物体。QuickTime 以其领先的多媒体技术和跨平台特性、较小的存储空间要求、技术细节的独立性以及系统的高度开放性，得到业界的广泛认可，目前已成为数字媒体软件技术领域的事实上的工业标准。Premiere 中要导入 QuickTime 文件，必须先在系统中装有 QuickTime 播放器。

◉ WAV 格式

是微软公司开发的一种声音文件格式，它符合 RIFF(Resource Interchange File Format 资源交换文件格式)文件规范，用于保存 WINDOWS 平台的音频信息资源，被 Windows 平台及其应用程序所支持。WAV 格式支持 MSADPCM、CCITT A LAW 等多种压缩算法，支持多种音频位数、采样频率和声道，标准格式的 WAV 文件和 CD 格式一样，也是 44.1K 的采样频率，速率 88K/秒，16 位量化位数。

◉ MP3 格式

所谓的 MP3 指的是 MPEG 标准中的音频部分，也就是 MPEG 音频层。MPEG3 音频编码具有 10:1~12:1 的高压缩率，同时基本保持低音频部分不失真，但是牺牲了声音文件中 12KHz 到 16KHz 高音频这部分的质量来换取文件的尺寸，相同长度的音乐文件，用 mp3 格式来储存，一般只有 wav 文件的 1/10，而音质要次于 CD 格式或 WAV 格式的声音文件。由于 MP3 文件同样存在着不同的编码，且不同软件在转换生成 MP3 文件时会采取不同的算法，所以不一定是所有的 MP3 文件都能够被 Premiere 导入，这不是 MP3 文件本身的问题，而是转换软件导致。解决的方法就是换另外一个软件再转一遍。

◉ Windows Bitmap 格式

Windows Bitmap 格式，是微软公司为其 Windows 环境设置的标准图像格式，文件扩展名是.bmp。随着 Windows XP 的出现，bmp 文件也开始具备 Alpha 通道信息。但要注意的是，并不是所有的软件都能够导出和读取这种格式的 bmp 文件。例如，Flash 和 Photoshop 都可以输出带 Alpha 通道的 bmp 文件，但这种 bmp 文件就不能被 combustion 和 After Effects 识别。

◉ TGA 格式

TGA 格式，是 Truevision 公司为其支持图像的捕捉以及该公司的图形卡而设计的一种图像文件格式，其全称为 Targa 文件格式，文件扩展名是.tga。要在 Premiere 中输出 tga 文件需要系统中安装有 QuickTime。TGA 文件也可以附带 Alpha 通道信息，且能够被各种视频软件识别，不像 bmp 格式一样存在兼容性的问题。

◉ JPEG 格式

JPEG，是 Joint Photographic Experts Group(联合摄影师专家小组)首字母的缩写，是 Internet 上广为通用的格式之一，文件扩展名是.jpg 或者.jpeg。JPEG 格式的文件采取压缩编码的方式。在各种图形格式转换软件中均提供了 JPEG 转换选项。

◉ PSD 格式

PSD 格式，Adobe Photoshop 自己专用的图形文件格式。是目前唯一支持所有可用图像模式(位图、灰度、双色调、索引颜色、RGB、CMYK、Lab 和多通道)、参考线、alpha 通道、专色通道和图层(包括调整图层、文字图层和图层效果)的格式，因而在各个领域都得到了广泛的运用。PSD 强大的图层处理功能使得它不仅在平面设计上无人能敌，在影视制作上也大显身手。Flash、Premiere、After Effets 均提供了对 psd 文件格式的良好支持。

◉ GIF 格式

GIF，是目前唯一能够动的图形文件格式，全称是 Graphic Interchange Format，即图形交换格式。文件扩展名是.gif。原本是由 CompuServe 使用的格式，于 1987 年推出，现在包括 87a 和 89a 两个版本。因为最多支持 256 种颜色，所以文件尺寸非常小，并且能够表现动态的画面，现在是 Internet 上使用最为广泛的标准格式之一。

◉ TIF 格式

TIF 格式，带标记的图像文件格式，是 Tagged Image File Format 的缩写，广泛运用于印刷排版，文件扩展名是.tif 或者.tiff。因为它在不同的硬件之间修改和转换十分容易，所以成为 PC 和 Macintosh 之间相互连接最好的格式。文件的可改性、多格式性和可扩展性是 TIF 文件的 3 个突出特点。目前各种图形处理软件和排版软件均提供了对 TIF 文件的良好支持。

◉ PNG 格式

PNG 格式，全称为 Portable Network Graphics(可携带网络图形格式)，是为了适应网络数据传输而设计的一种图像文件格式，用于取代格式较为简单、专利限制较为严格的 GIF 文件格式，而且在某种程度上，还可以取代格式较为复杂的 TIF 文件，它的文件扩展名是.png。

◉ AI 格式

AI，Adobe Illustrator 的文件格式，同样附带 Alpha 通道信息。Illustrator 作为著名的设计软件，成为广大艺术家最常用的软件之一，Premiere 理所当然地提供了对 ai 文件的良好支持。

2.3.2　导入文件和文件夹

在 Premiere 中导入素材文件，最常见的方法是将其单独导入，导入的素材在 Premiere 的【项目】窗口中是以个体形式独立存在的。

导入素材需要打开【导入】对话框，方法有 3 种，分别是：

◉ 执行【文件】|【导入】菜单命令。

◉ 在键盘上按 Ctrl + I 快捷键。

◉ 用鼠标双击【项目】窗口中的空白位置。

这将直接打开【导入】对话框，如图 2-27 所示。然后从中选择相应的素材文件即可实现素材的导入。

在选择素材文件时，可以通过按住 Ctrl 键或 Shift 键的方式，同时选择多个素材文件导入至【项目】窗口中。

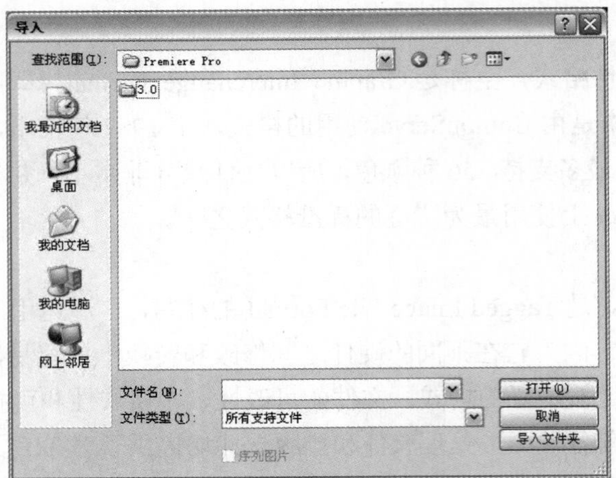

图 2-27 【导入】对话框

提示

如果需要导入素材的文件夹中存在大量文件不好查找，可以在【导入】对话框中单击【文件类型】下拉菜单，选择某种特定的文件格式，以便查找。

从【导入】对话框中还可以看出，Premiere 不仅能够导入各种格式的文件，还可以将一整个文件夹导入。

在该对话框中选择一个文件夹，然后单击【导入文件夹】按钮即可将该文件夹中所有 Premiere 支持的文件都导入到【项目】窗口。如图 2-28 所示。

完成导入操作的同时，在【项目】窗口中会出现一个和所选文件夹同名的【容器】(Premiere 内部的文件夹)。如图 2-29 所示。单击该容器前的△图标，展开该容器，可以看到原文件夹中 Premiere 所支持的文件已经被导入。

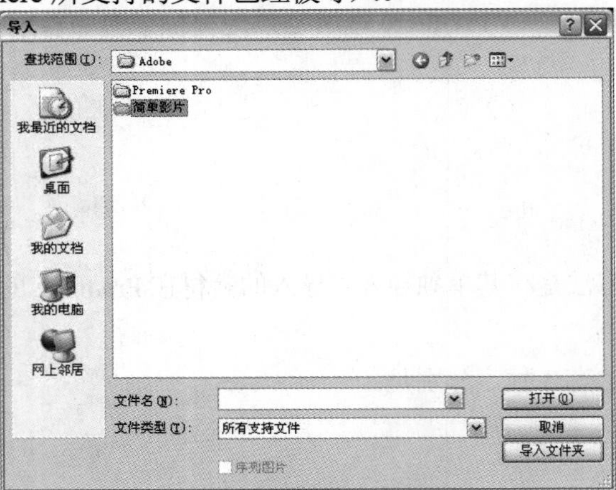

图 2-28 导入文件夹

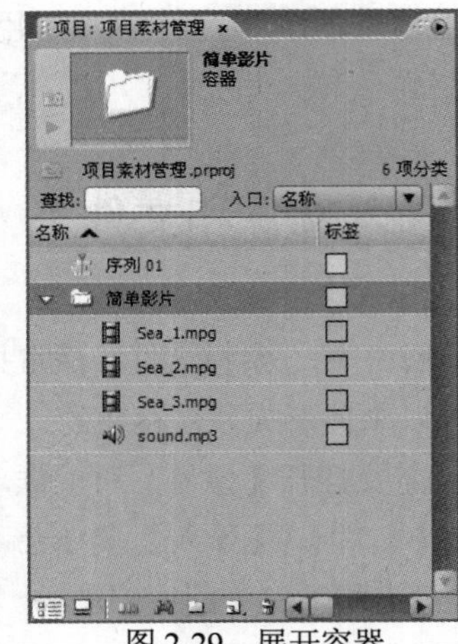

图 2-29 展开容器

提示

【导入文件夹】命令只能导入所选文件夹中的文件，而不能导入该文件夹中的子文件夹和其下的素材。

2.3.3 导入序列图片

所谓序列图片，就是其名称按照一定顺序递增的多个图片。如图 2-30 所示。

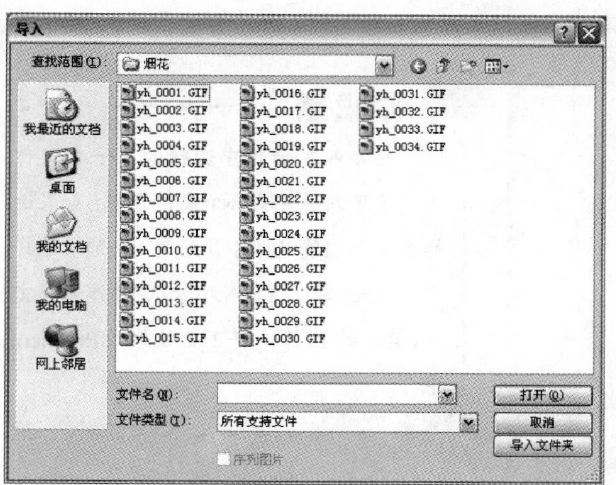

图 2-30　序列图片

知识点

序列图片的取名要求有不变和变化两个特点。

实际运用中为了保持良好的可读性，最好给文件加一个前缀，例如【yh_】表示是【烟花】的序列文件，【0001】表示是第 1 个镜头的序列文件，依此类推。

序列图片最基本的要求就是格式统一。如果原来有 34 个 GIF 文件，序列图片的起始范围就是从 yh_0001.GIF 到 yh_0034.GIF，如果第 26 个文件 yh_0026.GIF 变成了 yh_0026.JPG，如图 2-31 所示，则这个序列图片就被打断了，序列图片起始范围变成 yh_0001.GIF 到 yh_0025.GIF。

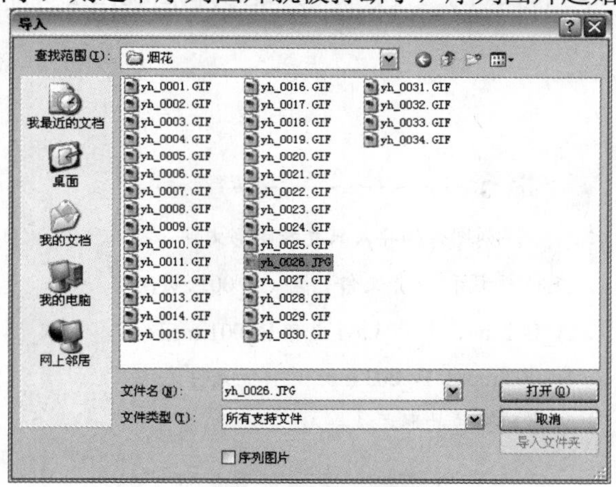

图 2-31　序列被打断

提示

出现这种序列图片被打断的现象，如果确实要导入全部文件，最简单的方法就是修改文件后缀。如将 yh_0026. JPG 改成 yh_0026. GIF。

序列图片的第二个要求就是名称具有递增或者递减的数字。有的软件在输出序列图片格式时取名不是按照如图 2-30 所示的从 0001 开始计数，而是从 0 或者 1 开始的，即(yh_1.GIF、yh_2GIF、…、yh_9.GIF、yh_10GIF、…、yh_19.GIF 、yh_20GIF、…)以这种命名方式存在的序列图片无法被 Premiere 全部识别。如果选择 yh_1.GIF 作为起始文件，则 Premiere 只能导入 yh_1.GIF、yh_2GIF、…、yh_9.GIF 总共 9 个文件。遇到这种情况只好手工进行修改了：如果数字的最大位数是 3 位数，则将 yh_1.GIF 改为 yh_001.GIF，将 yh_10.GIF 改为 yh_010.GIF，以此类推。如果数字的最大位数是 4 位数，则将 yh_1.GIF 改为 yh_0001.GIF，将 yh_10.GIF 改为 yh_0010.GIF，将 yh_100.GIF 改为 yh_0100.GIF，以此类推。

提示

一个一个文件地进行重命名是比较费时的，最好的办法是使用其他软件进行批量重命名。

图 2-32　选中【序列图片】复选框

知识点

在导入对话框中选择的第一个文件决定了序列图片从哪个文件开始，如果选择第 1 个文件就从 1 开始导入，如果选择第 20 个文件，则导入序号从 20 开始的文件，前面的 19 个文件不会被导入 Premiere 中。

设置好序列图片的格式后就可以在 Premiere 中将其导入了。打开【导入】对话框，首先选择序列图片的起始文件，然后选中【序列图片(Numbered Stills)】复选框，这是导入序列图片的关键。如图 2-32 所示。然后单击【打开】按钮，序列图片将被当作一个单独的动态剪辑出现在【项目】窗口中，如图 2-33 所示。

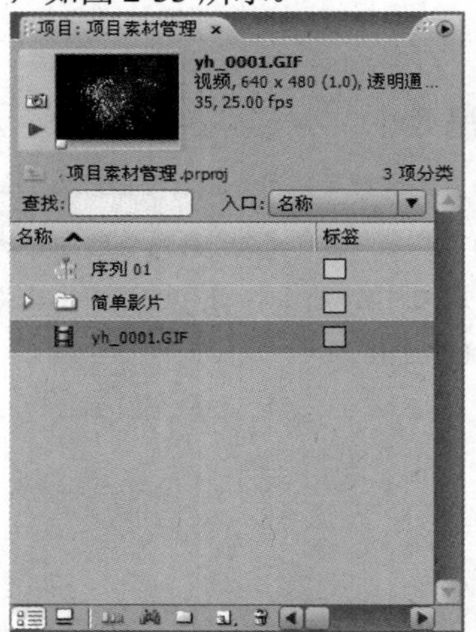

图 2-33　序列图片在【项目】窗口中

提示

序列图片的导入只支持图形文件，不支持视频和声音文件，即 A_001.avi、A_002.avi、A_003.avi 或者 B_001.mp3、B_002.mp3、B_003.mp3 这样的文件无法以序列图片的形式被导入。

将文件以序列的形式导入的好处有两个。

- 编辑方便：一般情况下都会在【项目】窗口中为这些分散的素材单独建立一个文件夹，然后全选后将其放入【时间线】窗口。这样操作不仅容易出错，而且会迅速增加 Premiere 工程文件的尺寸大小，导致打开和存盘速度变慢。
- 定位剪辑方便：无论是在项目窗口中查找素材，还是在时间线窗口中改变剪辑的位置，操作一个对象远比操作成百上千的剪辑要方便得多。

而将剪辑以分散形式导入 Premiere 的好处是可以随时对其中的某一帧进行处理，但这可以被重新导入那单独的一帧所取代。而且，利用【帧定格】功能也可以很好地解决这一要求。

2.3.4　导入 Premiere 项目文件

除了将各种素材导入 Premiere 中进行编辑外，已经编辑好的 Premiere 项目文件彼此间也可以互为素材。执行【文件】|【导入】菜单命令，在弹出的【导入】对话框中选择一个项目文件，如图 2-34 所示，单击【确定】按钮将其导入。

在如图 2-35 所示的【项目】窗口中可以看到，导入的项目文件会被放在一个以所导入的项目文件名命名的容器内，包含了原项目文件中的所有素材和剪辑序列。用户可以如同运用其他素材一样利用原项目文件的素材，而不会对原项目文件做任何改变。

图 2-34　导入项目文件

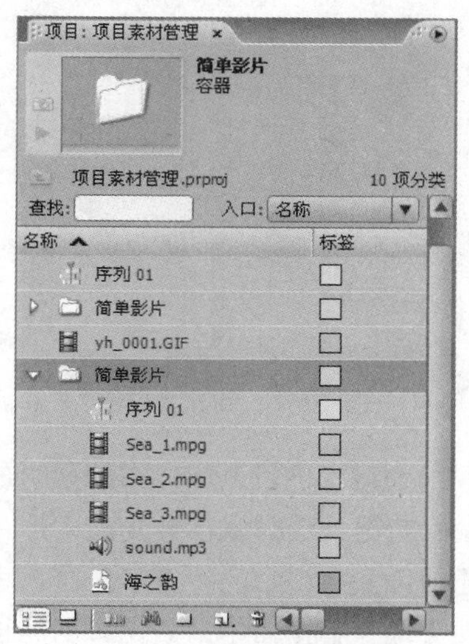

图 2-35　【项目】窗口中的项目同名容器

2.4　素材管理

通常制作比较大型的节目时，用户总想尽可能多地导入素材。而导入素材越多，对素材查找操作就越不方便，需要耗费大量时间。有效的素材管理可以提高影片编辑效率。

2.4.1　使用容器

当项目中所用的素材繁多时，用户可以通过创建容器来管理素材。

容器，就是内部文件夹，是 Premiere 用于管理素材的基本单位，利用容器可以将项目中的素材分门别类、有条不紊地组织起来，这对于包含大量素材的项目是相当有用的。

用户可以通过以下几种操作创建容器。

- 选择【文件】|【新建】|【容器】命令。

- ⊙ 单击【项目】窗口下的【容器】图标按钮。
- ⊙ 右击【项目】窗口空白处，在弹出的快捷菜单中选择【新建容器】命令。
- ⊙ 在键盘上按下 Ctrl+ /快捷键。

创建后的新容器将出现在【项目】窗口中，如图 2-36 所示。此时系统会为新容器自动命名，用户也可以修改容器的名称，新建立容器时，可以直接在文本框中输入容器名称。

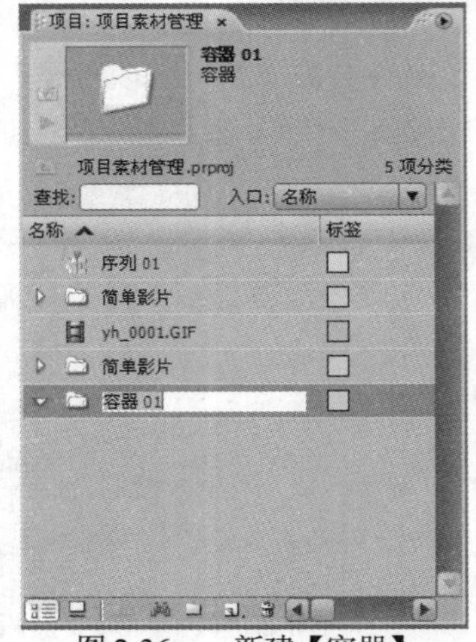

图 2-36　新建【容器】

知识点

当然，对已经存在的容器也可进行重命名操作。方法是：选择已经建立的容器后，单击容器的名字后即可出现对容器进行重命名的文本框，也可以在选择的容器上右击，从弹出的菜单中选择【重命名】，输入新的名称，即可重命名容器。

如果要将【项目】窗口中的素材放进建立好的容器内，可以将鼠标移动到素材文件上，同时按下鼠标左键，这时鼠标会变成手形，拖动该素材文件到所要放置的容器中释放，就可以改变素材在【项目】窗口中的位置了。

在【项目】窗口中，双击容器图标，就会打开该容器，容器中的文件就出现在一个新的【容器】面板中。如图 2-37 所示。

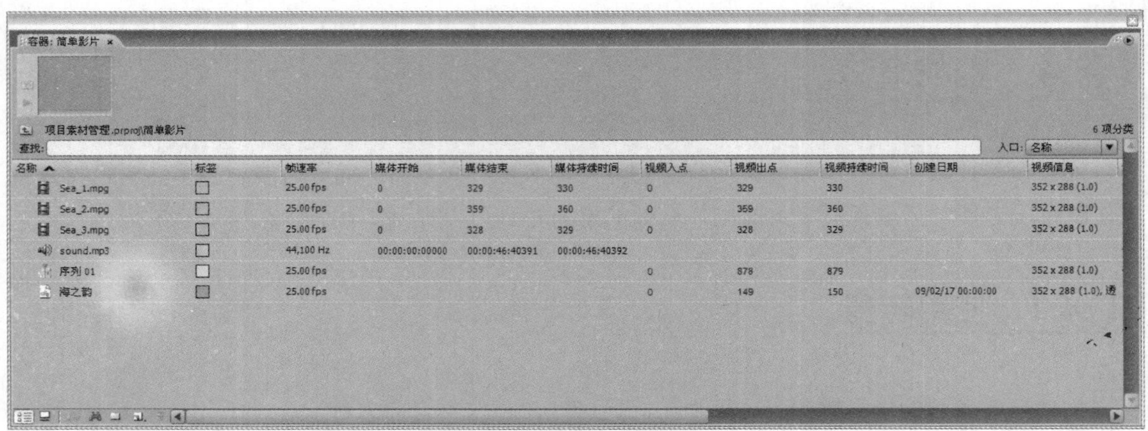

图 2-37　打开【容器】面板

当用户编辑需要用到的素材很多时，用【项目】窗口中的容器来管理素材是一个不错的选择。在【项目】窗口中，用户可以根据需要创建多层次的容器结构，就像在 Windows 里使用资源管理器来管理磁盘中的文件一样。

可以看出，最初的【项目】窗口就像磁盘的根目录，用户可以在这个“根目录”中再创建子目录，就是子容器。通过在容器间移动素材文件来实现分类管理。一般来说，用户可以按照文件类型来进行分类存放素材。例如可以在【项目】窗口中建立一个 MPEG 容器，然后把所有 mpg 类型的文件都放到这个容器里去。另一种常见的分类方法就是按照时间线面板中的序列不同来存放素材，将同属于一个序列的或者同一个影片片段的素材都放到同一个容器中，这样在需要时就可以轻松找到所需要的素材了。

用容器来管理素材，可以使用户从那数目繁多、令人眼花缭乱的素材中解脱出来，有利于用户以清晰的思路进行影视编辑工作。

在【项目】窗口中，用户也可以轻松删除不需要的容器。如果要删除一个或者多个容器，可以有以下几种操作方式。

- 选中所要删除的容器，执行【编辑】|【清除】菜单命令。
- 选中所要删除的容器，在键盘上按 Delete 键。
- 在所要删除的容器上右击鼠标，从弹出的菜单中选择【清除】命令。
- 选中所要删除的容器，单击【项目】窗口下方的【清除】图标按钮。

如果要删除的容器中有时间线面板中正在使用的素材，系统会打开信息提示对话框，如图 2-38 所示，提示该素材将从【项目】窗口和时间线面板中删除。用户可以根据需要决定是否删除。

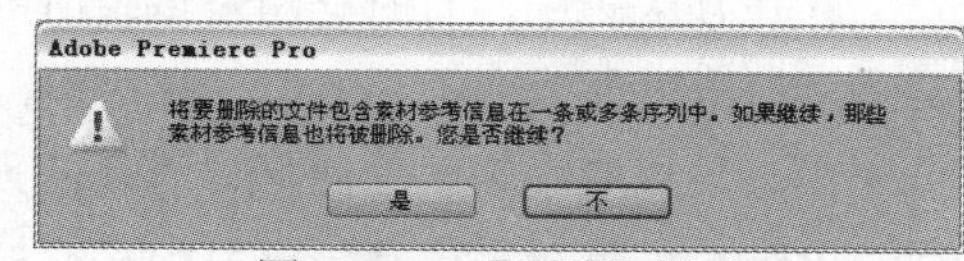

图 2-38　【删除】提示

2.4.2　在项目面板中查找素材

在项目中使用的素材不多的情况下，用户可以在【项目】窗口中轻松地找到素材。而在大型的项目中，要使用的素材往往比较多，从中逐一查找素材是比较费时的。这时可以使用【项目】窗口中的【查找】命令来快速查找所需要的素材，如图 2-39 所示。输入关键词后，【项目】窗口中将出现名称中包含该关键词的素材。

查找完成后，若想恢复原状，只需单击【查找】文本框后的按钮即可。

Premiere 中还可以对素材进行复杂的查找。单击【项目】窗口底部的【查找】按钮，打开如图 2-40 所示对话框。在各项查找属性都选择或者填写完毕后，单击【查找】按钮即可以进行素材定位。可以设定两种查找线索，即主线索和次线索，系统先按照主线索进行查找，如果找不到再按照另一条线索查找。同时，在【操作】选项列表中，也可以选择操作所处的位置，如【开始于】、【结束于】等。

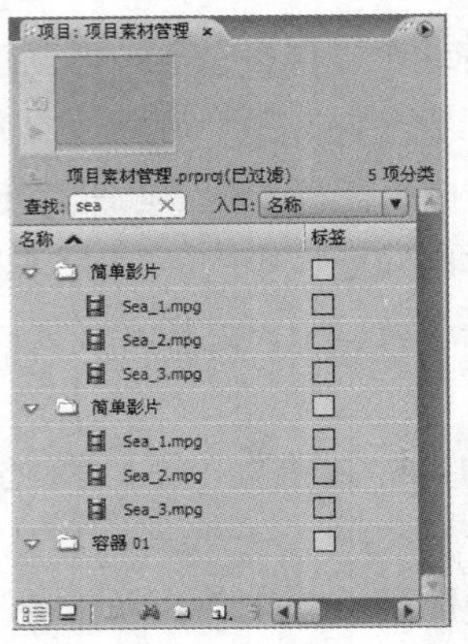

图 2-39　在【项目】窗口中查找素材

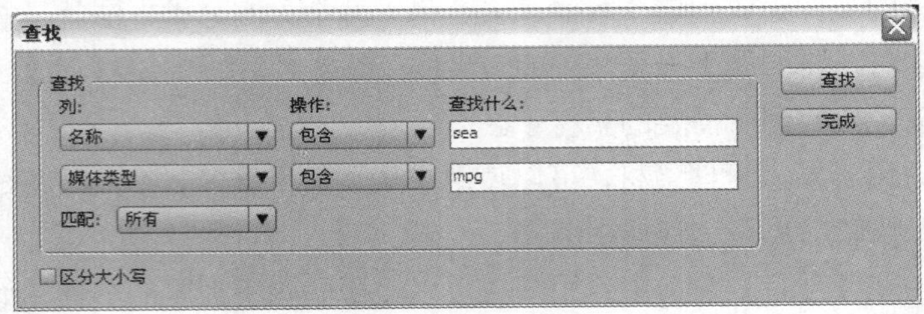

图 2-40　【查找】对话框

2.4.3　使用脱机文件

在影视编辑中，有时会出现编辑所需要的素材量非常大，占用很多的磁盘空间；有时会出现某些素材未采集或者不在本机，这时候，脱机文件将是一个很有用的工具。

用户可以在编辑时使用低分辨率的素材以节省磁盘空间，或者应用脱机文件进行编辑，在最后输出时，再重新采集高分辨率的素材加以替换来保证成品的质量。

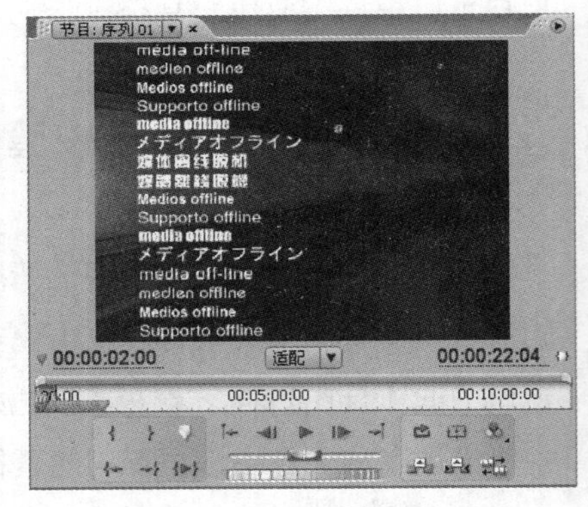

图 2-41　【媒体离线脱机】

脱机文件，是目前磁盘上暂时不可用的素材文件的占位符，可以记忆丢失的源素材的信息，在实际工作中当遇到素材文件丢失时，不会毁坏已经编辑好的项目文件。当脱机文件出现在时间线窗口中，那么在节目监视器窗口预览该素材时就会显示【媒体离线脱机】信息，如图 2-41 所示。

当项目文件中的源素材路径被改变时，如素材被删除、移动、重命名等，就会在项目文件中造成素材文件的脱机，这种情况下，Premiere Pro CS3 在打开项目文件时弹出如图 2-42 所示的对话框对素材进行重新定位。用户可以通过重新指定素材的位置来替代原素材。方法是，通过单击【查找】按钮，打开 Windows 搜索面板。确定文件所在的路径后在【查找范围】下拉菜单中选择素材所在的文件夹，单击该素材文件，然后单击【选择】按钮即可。此时 Premiere 将会在该文件夹中继续查找其他脱机文件。

单击【跳过】按钮，可以暂时跳过单个素材，而单击【全部跳过】按钮，就会暂时跳过全部素材。

单击【脱机】按钮，可以使得单个素材脱机，而单击【全部脱机】按钮，就会使得全部未找到的素材脱机。

也可以单击【取消】按钮使其不做任何操作，即暂时变成脱机文件。

在【项目】窗口中，选择脱机文件，执行【项目】|【链接媒体】命令，或者通过右击鼠标打开的快捷菜单中的【链接媒体】命令，同样可以打开如图 2-42 所示的查找已脱机文件窗口，为单个脱机文件进行链接。

图 2-42　查找已脱机文件

提示

【跳过】按钮与【脱机】按钮的区别在于：【跳过】只是忽略这一次查找，当下次打开该项目文件时，还会提示；而【脱机】则表示将此素材作为脱机文件，功能相当于菜单中的【项目】|【造成脱机】命令。

当用户准备重新采集或者替换某些正在使用中的素材时，首先选择要变成脱机文件的素材，执行【项目】|【造成脱机】菜单命令，或者通过快捷菜单中的【造成脱机】命令，这样会弹出如图 2-43 所示的【造成脱机】对话框，选择是否在硬盘上保留目前所使用的素材文件。

用户还可以手工创建脱机文件。执行【文件】|【新建】|【脱机文件】菜单命令或者单击项目窗口底部的【新建】按钮，在菜单中选择【脱机文件】命令，这样会弹出如图 2-44 所示的【脱机文件】对话框。在其中填写脱机文件的各项参数进行标识。

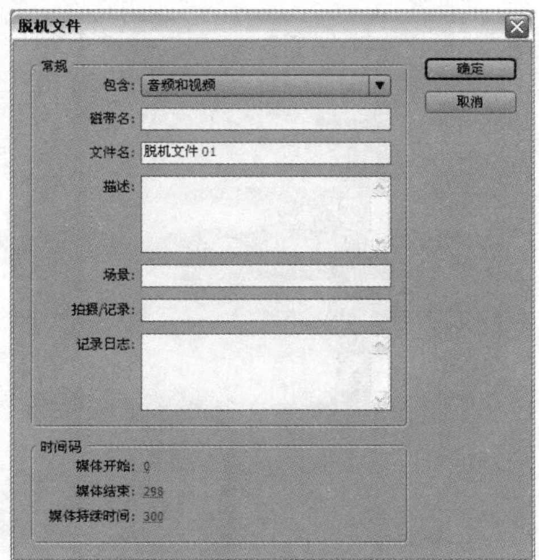

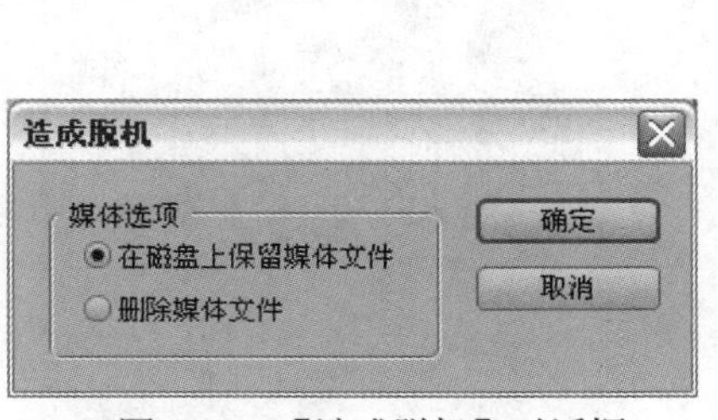

图 2-43　【造成脱机】对话框

图 2-44　新建“脱机文件”

用户可以随时对脱机文件进行编辑。在项目窗口中双击一个脱机文件，就会弹出它的设置对话框，调整必要的选项即可。脱机文件在项目中只是起到占位符的作用，在编辑的节目中是没有实际的画面内容的。在输出前要将脱机文件用实际的素材进行定位和替换。

2.5 上机练习

本章上机实验主要通过在 Premiere Pro CS3 中进行素材的管理，使用户熟悉素材管理的一些基本操作。

(1) 启动 Premiere Pro CS3，新建一个名为【素材管理】项目，选择【加载预置】标签，打开【加载预置】选项卡，展开 DV-PAL 文件夹，选择【标准 32kHz】，单击【确定】按钮，如图 2-45 所示。

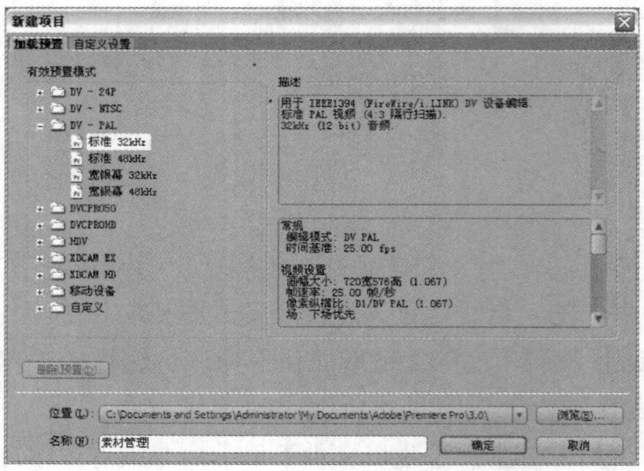

图 2-45 新建项目【素材管理】

> **提示**
>
> 此项目作为练习整理素材用，不需对项目的参数进行特别的设置，用户也可选择其他任意的设置。在往后的影片编辑中，项目参数要根据编辑影片的需要进行设置。

(2) 进入 Premiere Pro CS3 工作区后，执行【文件】|【导入】命令，打开【导入】对话框，选择【素材管理】文件夹，如图 2-46 所示。

图 2-46 【导入】对话框

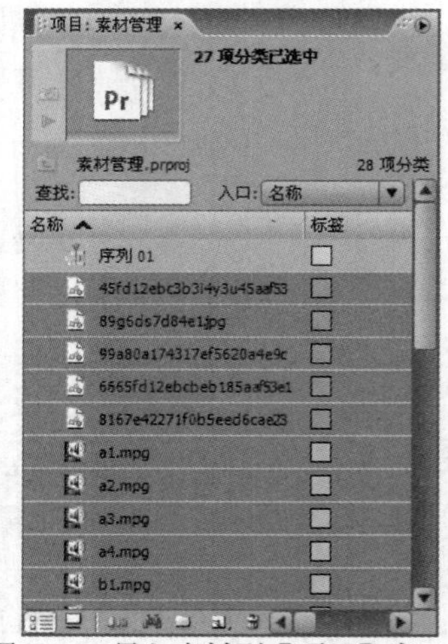

图 2-47 导入素材到【项目】窗口中

(3) 在键盘上按下 Ctrl + A，选中文件夹中的所有素材后，单击【打开】按钮将所有素材导入。

可以看到文件夹中的文件都出现在【项目】窗口中，如图 2-47 所示。浏览【项目】窗口中的文件可以发现，图 2-46 中的文件夹并没有导入进来。

(4) 再次执行【文件】|【导入】命令，打开【导入】对话框，选中【运动会】文件夹，单击【导入文件夹】按钮，如图 2-48 所示。

(5) 导入后可以看到在【项目】窗口中出现一个名字同为【运动会】的容器，如图 2-49 所示。

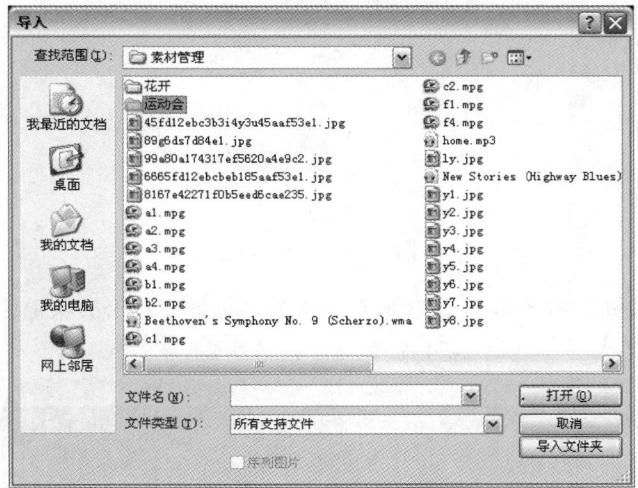

图 2-48　【导入】对话框

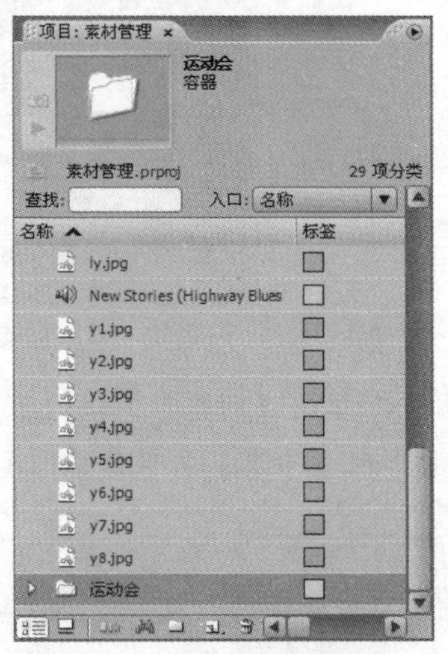

图 2-49　导入【运动会】文件夹

(6) 再次打开【导入】对话框，双击【花开】文件夹，可以看到文件夹中的文件是以严格有序的文件名命名的，如图 2-50 所示。下面将它们以序列形式导入。在【导入】对话框中单击第一个图片文件【花开 001.tga】，选中【序列图片】复选框后，单击【打开】按钮，可以看到在【项目】窗口中只出现了以【花开 001.tga】命名的素材文件，显示的图标与视频文件相同。如图 2-51 所示。

图 2-50　准备导入序列化的文件

图 2-51　导入【花开】序列

(7) 单击【项目】窗口下的图标显示按钮，使素材以图标的方式显示，如图 2-52 所示。

图 2-52　以图标的方式显示

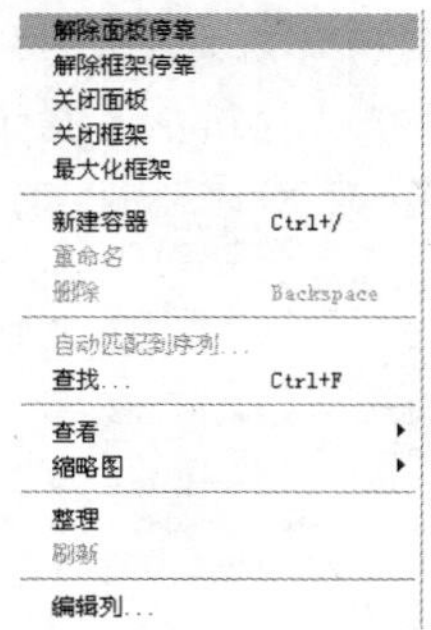

图 2-53　【解除面板停靠】命令

(8) 单击【项目】窗口右上角的按钮，打开如图 2-53 所示的菜单，选择【解除面板停靠】命令，使【项目】窗口独立出来，调整其大小，如图 2-54 所示。

图 2-54　调整窗口大小

(9) 在【项目】窗口中，可以看到素材只放置在前三列，用户可以使用鼠标单击某个素材，将其拖动到其他位置，然后释放即可，如图 2-55 所示。用同样的方法，可以把所有素材排列到前几行，方便查看。

提示

将素材拖到其他素材的前面时，其后的素材将会依次后移。

图 2-55　调整素材位置

(10) 单击 f1.mpg 素材文件，使该素材在【项目】窗口上部的素材预览区显示，单击预览区左边的播放按钮，在进球的时刻停止，如图 2-56 所示。此时按下【标识帧】按钮，就可以看到现在 f1.mpg 素材文件的图标已经以刚刚停止的那一帧显示了。如图 2-57 所示。

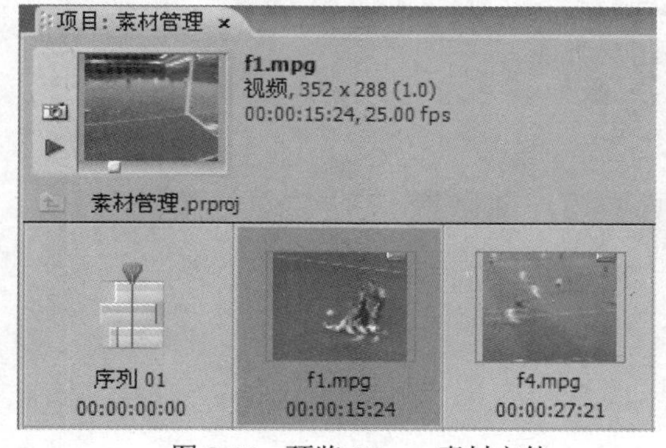

图 2-56　预览 f1.mpg 素材文件

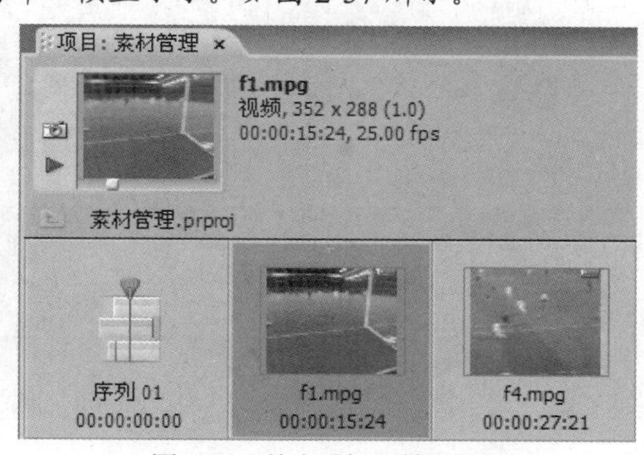

图 2-57　单击【标识帧】按钮

(11) 单击它的文件名，可以输入新的名字来重命名这个素材，如图 2-58 所示。例如，可以输入“进球”来命名这个素材。

(12) 用同样的方法，单击 f1.mpg 素材文件，在【项目】窗口上部的素材预览区显示预览，在扑救球的时刻停止，按下【标识帧】按钮，然后重命名该素材为“扑救”，如图 2-59 所示。

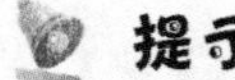

提示

重命名操作不会改变源素材文件的名称，用户可以根据需要对同一个素材以不同的名称进行重命名，有助于素材管理。

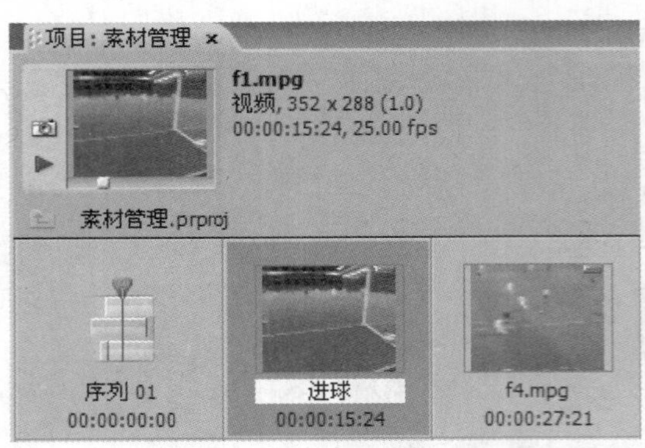

图 2-58 重命名 f1.mpg 素材文件

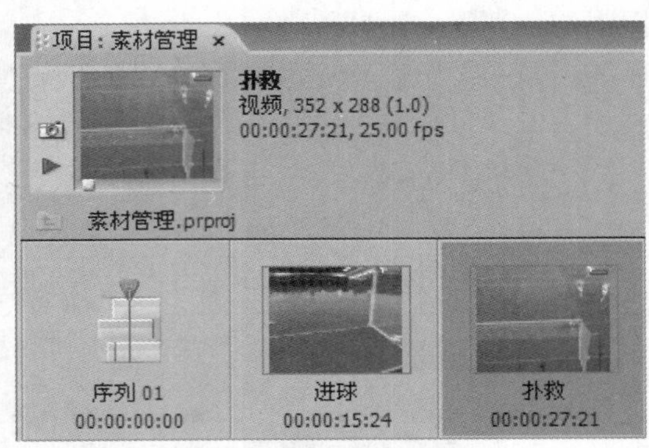

图 2-59 重命名其他文件

(13) 对其他素材进行重命名，如图 2-60 所示。

图 2-60 重命名其他素材文件

(14) 为了进一步将素材分门别类，用户可以利用容器对素材进一步管理。首先执行【窗口】|【工作区】|【复位工作区】命令，复位工作区后，让【项目】窗口恢复到列表模式。然后单击【项目】窗口下的容器按钮，可以看到【项目】窗口中出现了一个新的容器，对其重命名，输入名字“夜景”，如图 2-61 所示。

(15) 选中夜景图片 y1.jpg~y8.jpg，然后按住鼠标左键，将其拖到【夜景】容器中，如图 2-62 所示。

(16) 用同样的方法，新建一个命名为【四季】的容器，选中图片【春】、【夏】、【秋】、【冬】和【四季】，将其拖到容器【四季】中，如图 2-63 所示。新建一个命名为【花】的容器，选中素材【花开】和【花败】，将其拖到容器中，如图 2-64 所示。

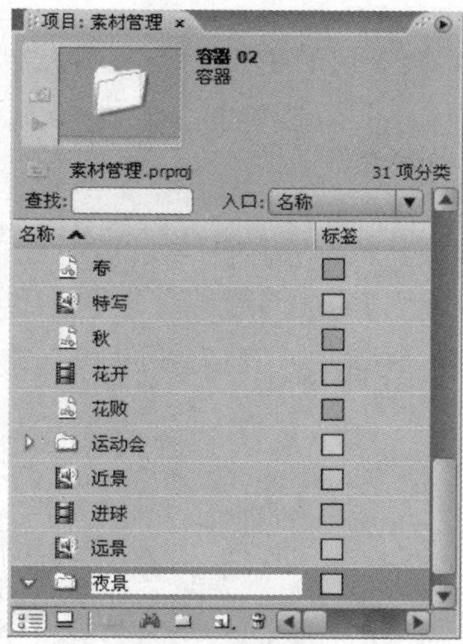

图 2-61 新建容器【夜景】

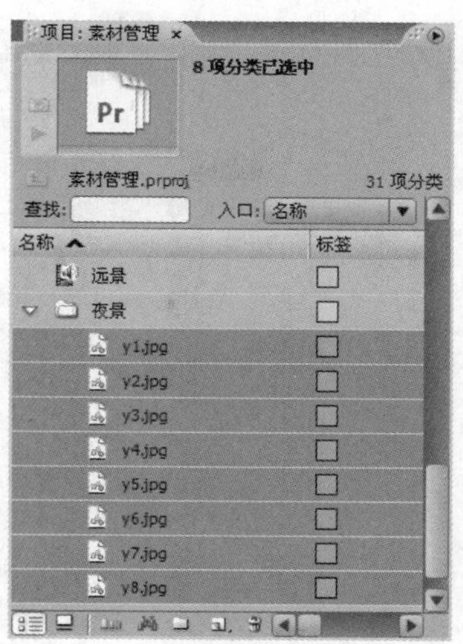

图 2-62 拖动素材到容器【夜景】中

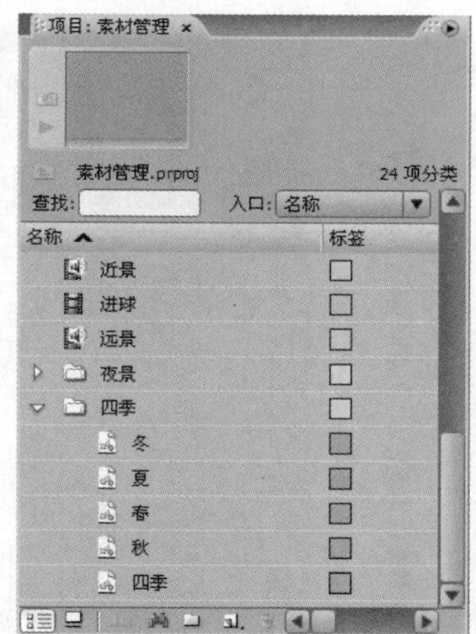

图 2-63 拖动素材到容器【四季】中

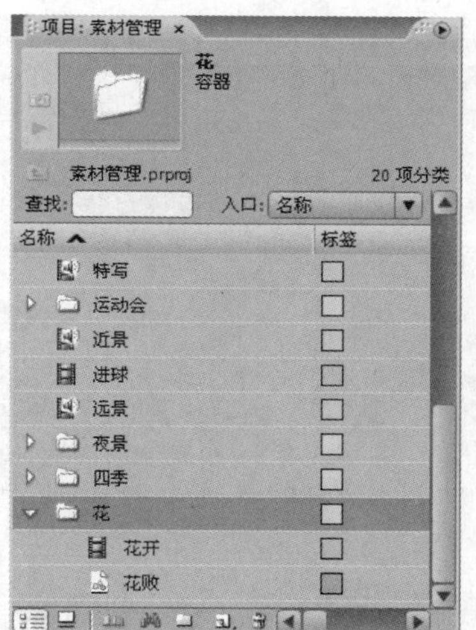

图 2-64 拖动素材到容器【花】中

(17) 新建 3 个容器，分别命名为【视频】、【图片】和【音频】，将【项目】窗口中的文件，包括文件夹，按照素材的类别分别拖到这 3 个容器中，如图 2-65 所示。

(18) 对这 3 个容器中的文件，还可以利用子容器作进一步的分类管理，双击【视频】容器，可以打开同【项目】窗口一样的【视频】容器窗口，如图 2-66 所示。

(19) 同以上步骤，在视频文件中再新建 3 个容器，分别命名为【城市】、【校园】和【足球】，然后将所属的文件类型拖动到各自文件夹中，如图 2-67 所示。

(20) 通过整理后，【项目】窗口变得层次分明，整洁明了，如同使用资源管理器一样，如图 2-68 所示。

图 2-65　将素材按类型整理到容器

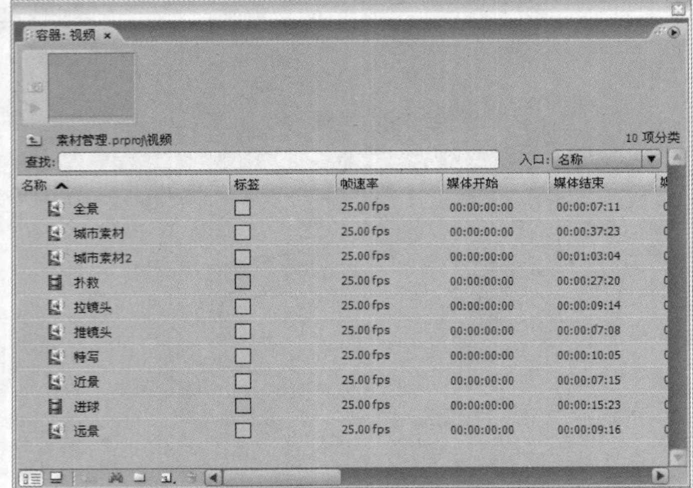

图 2-66　打开【视频】容器窗口

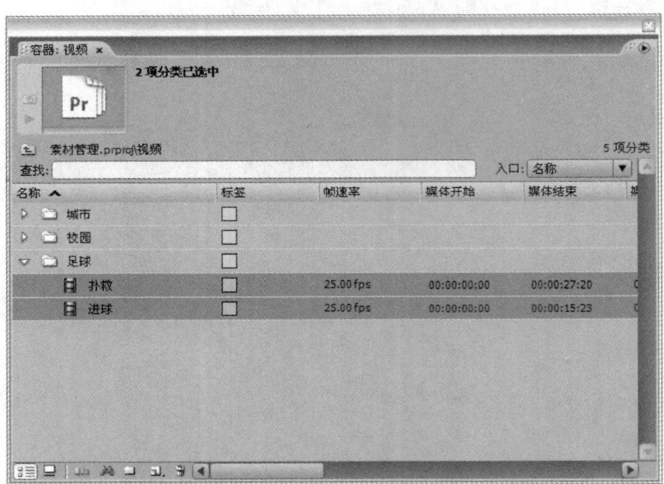

图 2-67　进一步整理【视频】容器

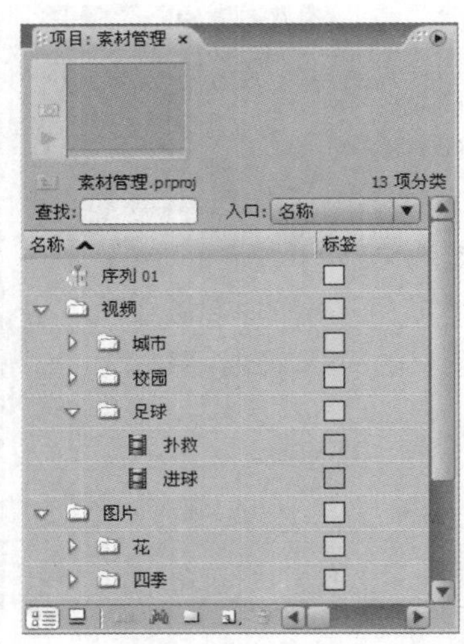

图 2-68　整理完成后的【项目】窗口

2.6　习题

1. 在项目自定义设置时，哪一种【编辑模式】可以根据需要设置视频画幅大小？
2. 视频采集卡一般分为哪几种？
3. 系统默认的情况下序列中视频、音频轨道分别为几条？
4. 导入素材有哪几种方法？
5. 导入素材时，如何导入一个文件夹？
6. 什么样的文件可以作为一组序列文件导入？将文件以序列的形式导入的好处有哪些？
7. 如何创建一个容器？

第3章 影片剪辑技巧

学习目标

Premiere 中的素材剪辑，对于整个影片的创建是非常重要的环节。素材剪辑主要是对素材的调用、分割和组合等操作处理。在 Premiere 中，用户可以在【时间线】窗口的轨道中编辑置入的素材，也可以通过【节目】监视器窗口直观地编辑【时间线】窗口轨道上的素材，还可以在【素材源】监视器窗口中编辑【项目】窗口中的源素材。通过这些窗口强大的编辑功能，用户可以很方便地根据影片结构的构思自如地组合、剪辑素材，使影片最终形成所需的播放次序。通过本章的学习，读者可以熟悉【素材源】和【节目】监视器窗口、【时间线】窗口以及【工具】面板进行素材的组织应用，掌握影片编辑的基本技巧。

本章重点

- 查看素材
- 素材的复制和粘贴
- 分离素材
- 素材编组
- 序列嵌套
- 渲染和预览影片

3.1 查看素材

Premiere Pro CS3 默认工作区中，监视器窗口分为左右两个窗口，就像通常使用的视频监视器和编辑控制器。左监视器窗口称为【素材源】窗口，用于显示和操作源素材；右监视器窗口称为【节目】窗口，用于显示当前激活的序列预览。

3.1.1 【素材源】窗口

【素材源】监视器窗口用于查看和编辑【项目】窗口或者【时间线】窗口中某个序列的单个素材。双击【项目】窗口中的某个素材，可以打开【素材源】监视器窗口，如图 3-1 所示。

【素材源】监视器窗口中可以根据需要更改素材显示的比例。单击视窗下的【查看缩放级别】按钮 适配 ▼ ，可以在弹出的下拉菜单中选择合适的比例，如图 3-2 所示。选择【适配】，系统将根据监视器窗口的大小调整素材的显示比例，以显示整个素材。

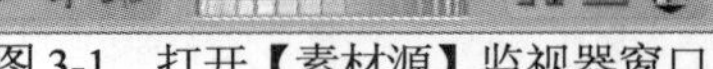

图 3-1 打开【素材源】监视器窗口

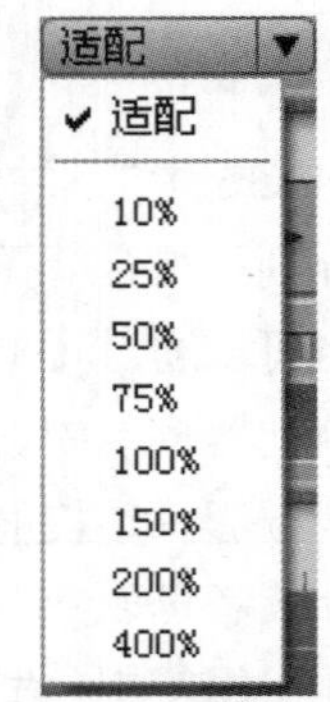

图 3-2 查看缩放级别

在【素材源】监视器窗口已经打开的情况下，将【项目】窗口或者【时间线】窗口中的一个素材直接拖拽到【素材源】窗口中，也可以在【素材源】窗口中查看该素材。同时，素材名称将添加到素材菜单中。

从【项目】窗口拖拽多个素材或者整个容器到【素材源】窗口，或者在【时间线】窗口选择多个素材后双击，也可以同时打开多个素材，但是【素材源】窗口只能显示最后选择的那一个素材，其他素材会按选择的顺序添加到素材菜单。

在【素材源】窗口单击素材名称，弹出的下拉菜单中包含最近查看过的素材名称列表，通过单击素材名称可快速查看需要的素材。如果是在序列中打开的素材，还可以看出其所在的序列名称。如图 3-3 所示。

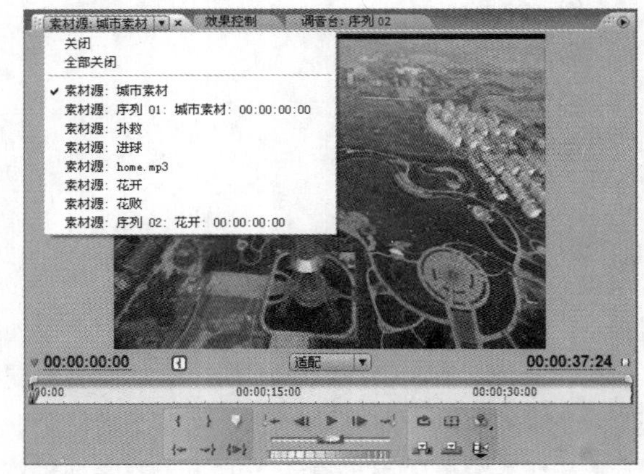

图 3-3 【素材源】窗口的下拉菜单

利用【素材源】窗口的下拉菜单可以清除列表中的素材。

选择【关闭】命令，可以清除当前显示于【素材源】窗口的素材，然后将显示列表中的第一个素材。

选择【关闭所有】命令，将清除列表中所有的素材。

【素材源】监视器窗口不仅可以查看素材，还可以对素材进行编辑。【素材源】窗口的控制区域包含了一套控制工具，有很多类似与录放机和编控器面板的控制器。各个工具的功能将结合素材剪辑进行讲解。

3.1.2 【节目】窗口

从布局上看，【节目】窗口与【素材源】窗口非常相似，在功能上，两者也大同小异，所不同的是【素材源】窗口主要是对源素材进行操作，而【节目】监视器窗口的操作对象则是【时间线】窗口上的序列。如图 3-4 所示。

图 3-4　【节目】监视器窗口

3.1.3 【参考】窗口

在某些情况下，有必要使用两个视图比较序列的不同帧或查看同一帧在应用效果前后的不同，最好的方法就是使用【参考】监视器窗口，它就好像又一个【节目】窗口。

单击【窗口】，打开如图 3-5 所示的菜单，选择【参考监视器】命令，可以打开【参考】监视器窗口，如图 3-6 所示。

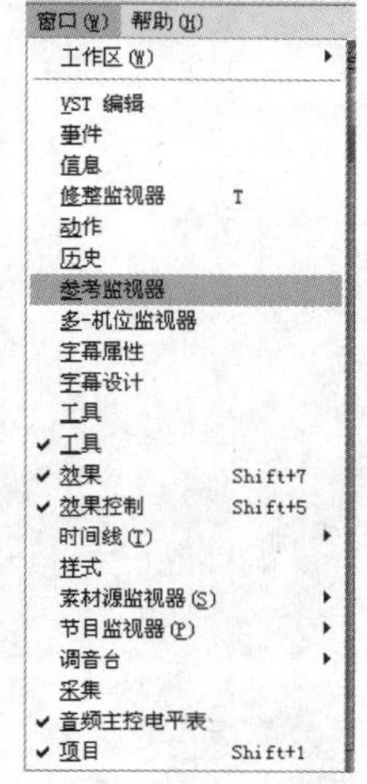

图 3-5　【窗口】菜单

图 3-6　【参考】监视器窗口

将序列中的一帧显示在独立于【节目】窗口的【参考】窗口，就可以通过查看两个视图进行比较，比如在使用颜色匹配滤镜时。

在【参考】监视器窗口中，按下【嵌套到节目监视器】按钮，可以将【参考】监视器与【节目】监视器联动，这样可以让两个窗口始终显示相同的帧，尤其在调色时使用这种方式更方便，如图 3-7 所示。有时也会将【参考】窗口用来显示波形或矢量图表，这样可以有效地调整颜色、亮度以及饱和度等各项参数。

图 3-7　【参考】监视器窗口和【节目】监视器窗口联动

3.1.4　【修整】窗口

有时候需要校正序列中两个相邻素材片段的相邻帧，这就需要用到 Premiere 提供的一个非常重要的窗口——【修整】监视器窗口。执行【窗口】|【修整监视器】命令，可以打开【修整】监视器窗口，如图 3-8 所示。

图 3-8　【修整】监视器窗口

单击【节目】监视器窗口右下角的修整按钮，或按下快捷键 T，同样可以打开【修整】窗口。

虽然凭借【素材源】、【节目】监视器窗口和【时间线】窗口就可以完成大部分的剪辑工作，但对于素材片段之间剪接点的精细调整，使用【修整】监视器窗口效率是最高的。

【修整】窗口与其他监视器窗口有着相似的布局，不过它是一个包含专门控制器的独立窗口。【修整】窗口的左视图显示的是剪接点左边的素材片段，右视图显示的则是剪接点右边的素材片段。用户可以在序列的任何编辑点执行波纹或滚动工具编辑来完成精细的剪接。

使用【修整】窗口对相邻素材进行精确剪辑，可以非常直观地在窗口当中看到编辑的结果，它是一种实用、高效的编辑方法。与设置入点、出点的区别在于修整同时影响了相邻的两个素材。

3.2　在【时间线】窗口中剪辑

在 Premiere Pro CS3 中进行影片的剪辑，核心部分就是利用监视器窗口和【工具】面板中的各种工具在【时间线】窗口对素材进行调用、分割和组合等操作。

3.2.1 【时间线】窗口

【时间线】窗口可以用图解的方式来显示序列的构成，比如素材片段在视频和音频轨道中的位置以及上下轨道之间的分布等。

项目中的多个序列可以按标签的方式排列在【时间线】窗口中，可以向序列中的任何一个视频轨道添加视频素材，音频素材则要添加到相应类型的音频轨道中去。素材片段之间可以添加转场效果。【视频 2】轨道以及更高的轨道可以用来进行视频合成，附加的音频轨道可以用来混合音频，可以指定每一个音频轨道支持的声道类型，并决定如何传送到主音轨。为了得到音频混合处理更高级的控制，可以创建次合成音轨。可以在【时间线】窗口中完成多项编辑任务，而且可以按照当前任务或者个人喜好来进行定制。

3.2.2　向序列添加素材

在已经采集或者导入了素材到 Premiere 后，如何应用这些素材呢？最简单的方法就是，选择【项目】窗口中的素材，直接将其拖拽到【时间线】窗口中，添加到某个序列上。

【例 3-1】创建一个名为【剪辑练习】的项目，导入几段素材，分别将素材应用到序列中的轨道上。

(1) 启动 Premiere Pro CS3，新建一个名为【剪辑练习】的项目文件。打开【自定义设置】选

项卡，选择【编辑模式】为【桌面编辑模式】，【时间基准】为【25.00 帧/秒】，【画幅大小】为【352 宽 288 高】，【像素纵横比】为【方形像素(1.0)】，【场】为【无场(逐行扫描)】，【显示格式】为【帧】，如图 3-9 所示。

(2) 选择【文件】|【导入】命令，打开【导入】对话框，导入【剪辑练习】文件夹中的所有素材，如图 3-10 所示。

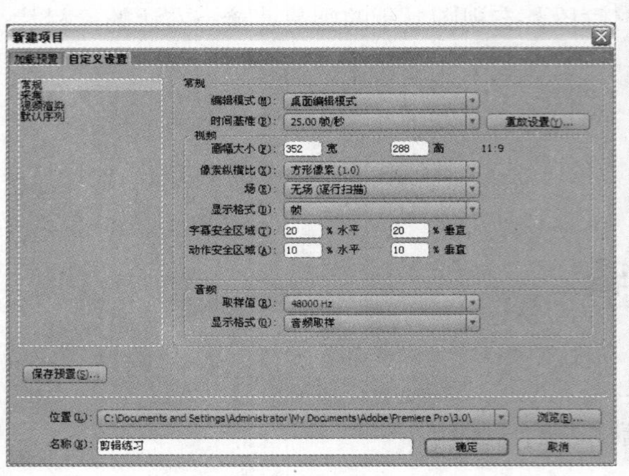

图 3-9　新建项目【剪辑练习】

图 3-10　导入练习素材

(3) 从【项目】窗口中选择【视频 1.mpg】，按住鼠标左键，将其拖入到【时间线】窗口的【视频 1】轨道上，如图 3-11 所示，然后释放鼠标左键，素材【视频 1.mpg】就添加到【视频 1】轨道上了。

(4) 用同样的方法，从【项目】窗口中选择【视频 2.mpg】素材，将其拖入到【时间线】窗口的【视频 1】轨道上的【视频 1.mpg】素材之后，释放鼠标左键，素材【视频 2.mpg】就紧跟着【视频 1.mpg】添加到【视频 1】轨道上了，如图 3-12 所示。

图 3-11　在【视频 1】轨道上放置素材【视频 1.mpg】　　　　图 3-12　放置素材【视频 2.mpg】

(5) 从【项目】窗口中选择【图片 1.jpg】素材，将其拖入到【视频 2】轨道上，释放鼠标左键，【图片 1.jpg】就添加到【视频 2】轨道上了，如图 3-13 所示。

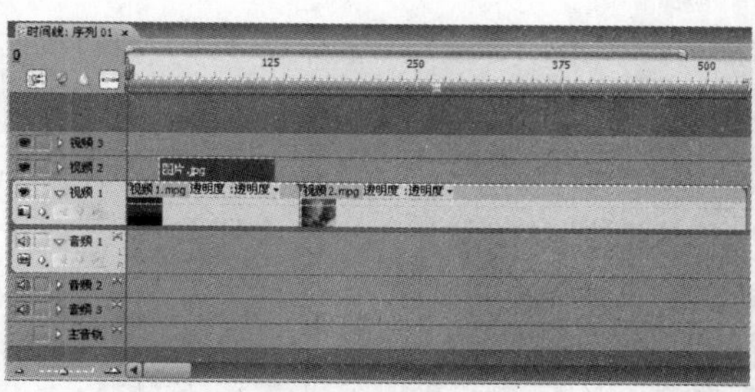

图 3-13　在【视频 2】轨道上放置素材【视频 1.mpg】

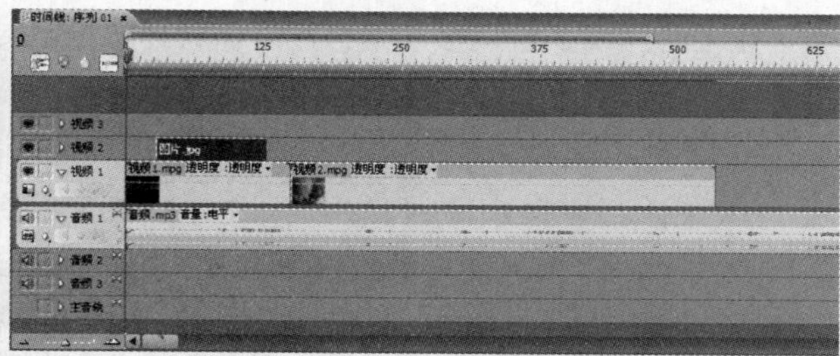

图 3-14　在【音频 1】轨道上放置素材【音频 1.mp3】

(6) 从【项目】窗口中选择【音频 1.mp3】，按住鼠标左键，将其拖入到【时间线】窗口的【音频 1】轨道上，如图 3-14 所示，然后释放鼠标左键，素材【音频 1.mp3】就添加到【音频 1】轨道上了。

3.2.3　选择素材

在对轨道上任何素材编辑之前，都需要先选择素材。配合【工具栏】面板上的工具可以在【时间线】窗口进行选择素材操作。

⊙ 选择一个或多个素材

在【工具栏】中使用【选择】工具，单击轨道上的一个素材。

如果选择对象包含音频、视频，而用户只想选择其中一个，可以按住键盘上的 Alt 键，同时使用【选择】工具单击需要的文件部分。

⊙ 同时选择多个素材

按住 Shift 键，同时使用【选择】工具，分别单击多个素材。如果想取消某一个选定，按住 Shift 键，再次单击该素材。

选择多个素材还可以使用【选择】工具在【时间线】窗口轨道上拖出一个矩形选框，框选需要选择的多个素材。

⊙ 选择当前素材后所有内容

使用【轨道选择】工具单击当前素材，轨道上当前素材之后的所有素材成为选择状态。如果选择当前素材后所有轨道上的素材，按下键盘上的 Shift 键，同时单击当前素材，则当前素材后的所有轨道上的素材都被选中。

如果只选择音频或视频素材，可以按住键盘上的 A1t 键，同时选择当前视频或音频中的一个轨道，则当前轨道中选定素材之后的所有素材都将被选择。

3.2.4　移动素材

当素材被添加到【时间线】窗口后，用户可以在【时间线】窗口中对素材进行移动，重新排序，这也是经常使用的编辑方法。

在【时间线】窗口移动素材，可以选择轨道中的素材，按下鼠标左键，拖动素材到要移动到的位置，然后释放鼠标左键即可。

知识点

移动素材时，确认【时间线】窗口右上角的【吸附】按钮(快捷键为 S)被按下，当两个素材贴近时，相临边缘如同正、负磁铁之间产生吸引力一样，会自动对齐或靠拢。如图 3-15 所示。

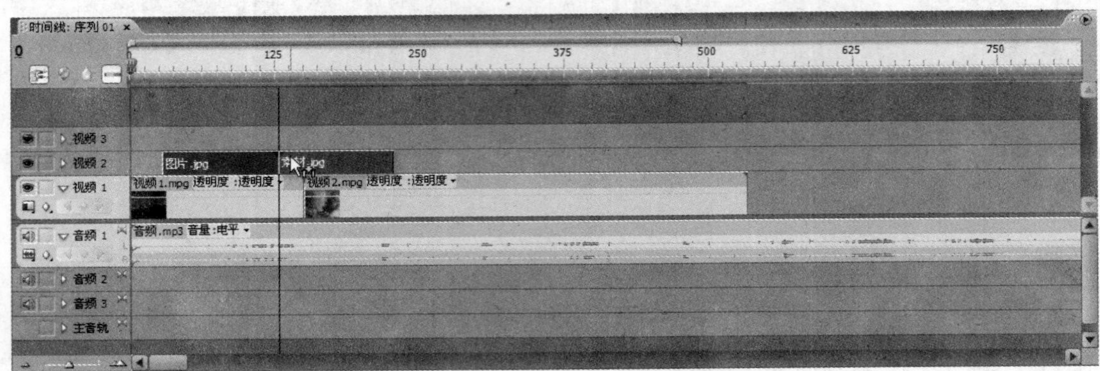

图 3-15　吸附素材

当两段素材中间有空白区域，要将后面一个素材移动到紧贴前一个素材之后，还有另一种方法。单击两个素材之间的空白区域，执行【编辑】|【波纹删除】菜单命令，或执行右键菜单【波纹删除】命令，空白区域被删除，空白区域后方的素材会自动补上，不同轨道的素材同步向空白区域移动。

3.2.5　复制和粘贴素材

同 Office 软件一样，在 Premiere Pro CS3 中可以使用剪切、粘贴命令对素材进行相关操作。

⊙ 粘贴

(1) 选择素材，再执行【编辑】|【复制】命令。

(2) 在【时间线】窗口视频轨道上选择粘贴位置。

(3) 执行【编辑】|【粘贴】命令。

⊙ 粘贴插入

(1) 选择素材，再执行【编辑】|【复制】命令。

(2) 在【时间线】窗口视频轨道上选择目标轨道。

(3) 拖动时间线指针到准备粘贴插入的位置。

(4) 执行【编辑】|【粘贴插入】命令。

⊙ 粘贴属性

(1) 选择素材，再执行【编辑】|【复制属性】命令。

(2) 在【时间线】窗口视频轨道上选择需要粘贴属性的目标素材。

(3) 执行【编辑】|【粘贴属性】命令，将前一素材的属性拷贝给当前素材。

3.3　素材分离

编辑影片时，经常只需要应用素材的一部分内容，或者只需要一段素材的视频部分，此时需要对素材进行分离。

3.3.1　切割素材

在【时间线】窗口轨道上，可以使用【工具栏】中的【剃刀】工具切割一个素材，也可以使用【多重剃刀】工具对同一位置的多个素材同时切割。通常情况下，需要对一个素材的不同部分施加不同效果或使用不同的帧速率时，可以使用这种工具将素材分裂成若干部分，然后对不同部分分别操作。

选择【剃刀】工具，鼠标移到需要分割的地方，单击鼠标左键。也可以在【时间线】窗口中，拖动时间线指针到目标分割处，执行【序列】|【应用剃刀工具】命令。

使用【多重剃刀】工具分割多个素材，首先要选择【工具栏】中的【剃刀】工具。移动鼠标到切割位置，按下 Shift 键，同时单击鼠标左键，当前切割编辑线上所有轨道的素材被分割开。

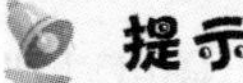

提示

如果轨道锁定，需要解除轨道锁定后再使用剃刀工具编辑素材。

3.3.2　视音频分离和链接

在【项目】窗口里，包含音频、视频信息的素材以单独文件的形式出现。当把素材加入到【时间线】窗口之后，视频、音频分为两部分出现在不同轨道上，彼此之间依然保持链接关系，拖拉视频轨道上的素材边缘时，音频也会随着移动。这样的一对音频 / 视频文件称为“链接文件”。

在【时间线】窗口，链接文件的视频、音频部分使用一样的文件名，其标记略有差别，分别以 V 和 A 标记。

时间线上独立音频、视频素材的编辑并不会影响到其他素材。许多操作都需要对音频、视频部分同时编辑，如选择、修剪、分割、删除、移动、持续时间和速度的改变。有时候，编辑任务会需要临时解除链接。当然，有时会故意保持某段音频和视频素材保持同步，比如视频与配音对位，也可以临时将时间线中的目标素材(音频和视频)相链接。

◉　链接音视频素材

要链接视频素材与音频素材，可以按下 Shift 键，在【时间线】窗口中同时选择音频、视频素材，执行【素材】|【链接音视频】命令。

⊙ 解除音视频链接素材

在【时间线】窗口中选择素材，执行【素材】|【解除音视频链接】命令。

提示

按下 Alt 键的同时拖动素材边缘，也可以临时解除音视频链接。

当素材的同步关系被打破后，音频、视频文件块的入点处显示不同步的差距程度。

3.4 使用监视器窗口剪辑

在 Premiere Pro CS3 中，用户可以利用【时间线】窗口来进行素材的剪辑。这种剪辑更注重的是处理各种素材之间的关系，特别是位于【时间线】窗口中不同轨道上的素材之间的关系，从宏观上把握各段素材在时间线上的进度。但在很多时候，用户在剪辑素材时更注重的是素材的内容。例如在出现特定的某一帧画面的时候对视频素材进行剪断操作。用户固然可以将【时间线】窗口与监视器窗口配合使用来完成这种剪辑操作，但这种方法远不如直接使用监视器窗口进行剪辑方便。

使用监视器窗口进行裁剪的好处就在于，用户可以通过监视器窗口对视频素材每一帧画面的内容了如指掌，从而根据素材内容进行比较精确的设定。其中【素材源】监视器可以为影像节目准备素材，也可以编辑一个从影像节目打开的素材片段。【节目】监视器显示了正在创建项目的当前状态，当在 Premiere Pro CS3 中播放影像节目时，它就出现在【节目】监视器中。还可以把【节目】监视器看作是【时间线】窗口的替代视图，不过【时间线】窗口显示的素材是基于时间的视图，而【节目】监视器显示的素材是基于帧的视图。

3.4.1 插入和覆盖

利用【素材源】监视器窗口裁剪素材的具体操作如下。

(1) 将素材导入【素材源】监视器窗口和【时间线】窗口，裁切之前的素材在【时间线】窗口中的安排如图 3-16 所示。

(2) 在【素材源】监视器窗口中，拖动时间标尺上的指示器，为素材设置入点和出点，截取一个片段。如图 3-17 所示。

提示

此处使用的是含有音频的视频剪辑，由于含有音频，在编辑过程中可能产生的结果与只有视频素材的视频剪辑不同。

图 3-16　未进行裁切之前素材状态

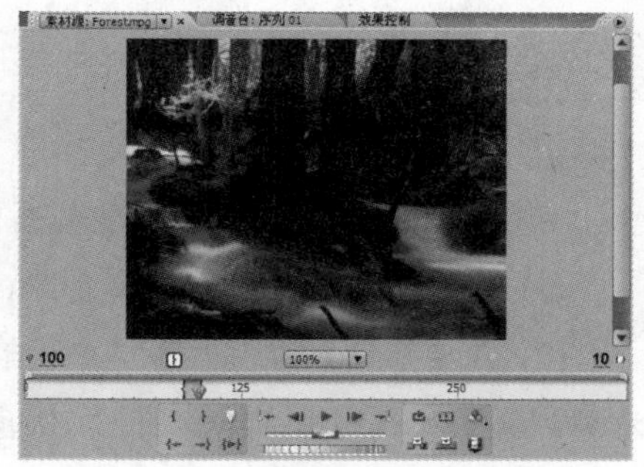
图 3-17　为素材设置入点和出点

(3) 在【素材源】监视器窗口中，执行下列操作之一。

⊙ 插入

截取片段后，单击【插入】按钮，截取片段将插入到【时间线】窗口目标轨道中当前时间线指针所指示位置，如图 3-18 所示，该位置的素材被分割成两段，插入点之后的素材后移。

图 3-18　利用【插入】命令裁切之后素材状态

⊙ 覆盖

截取片段后，单击【覆盖】按钮，截取片段将插入到【时间线】窗口目标轨道中当前时间线指针所指示位置，如图 3-19 所示，该位置的素材被新插入的素材覆盖。

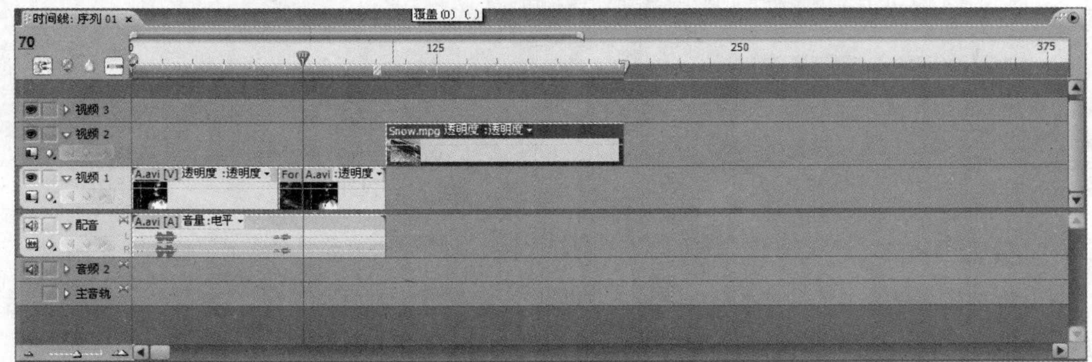
图 3-19　利用【覆盖】命令裁切之后素材状态

3.4.2 提升和提取

利用【节目】监视器窗口裁剪素材，具体操作如下。

(1) 将素材导入【时间线】窗口，在【节目】监视器窗口中可预览显示。

(2) 在【节目】监视器窗口中，单击【播放/停止开关】按钮，播放素材，利用播放过程为素材设置入点和出点，如图 3-20 所示，截取一个片段，在【时间线】窗口中显示的结果如图 3-21 所示。

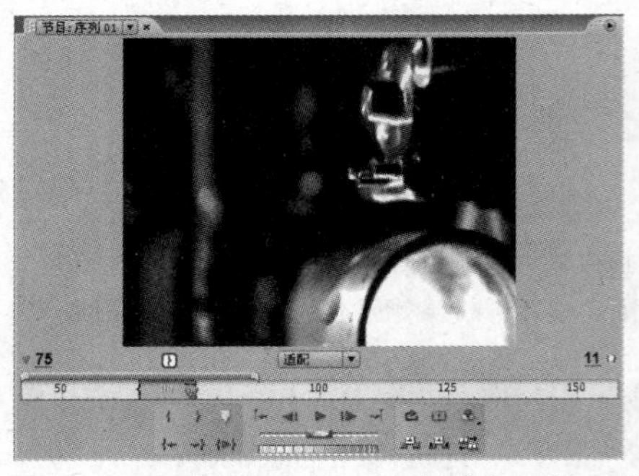

图 3-20 在【节目】窗口中设置入点和出点

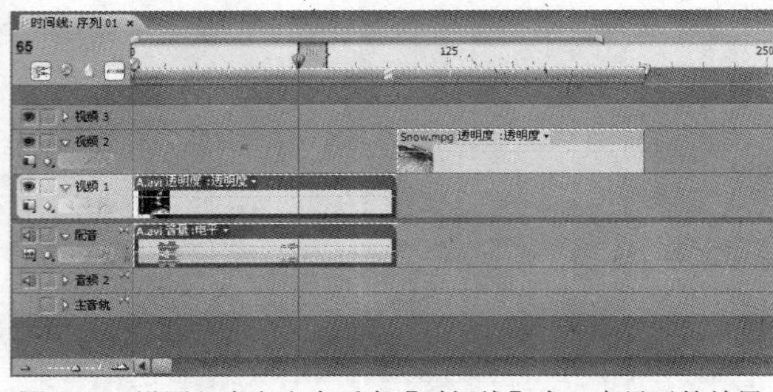

图 3-21 设置入点和出点后在【时间线】窗口中显示的结果

(3) 执行下列操作之一。

◉ 提升

截取片段后，单击【提升】按钮，截取片段将从【时间线】窗口目标轨道中删除，后面素材位置不变，如图 3-22 所示。

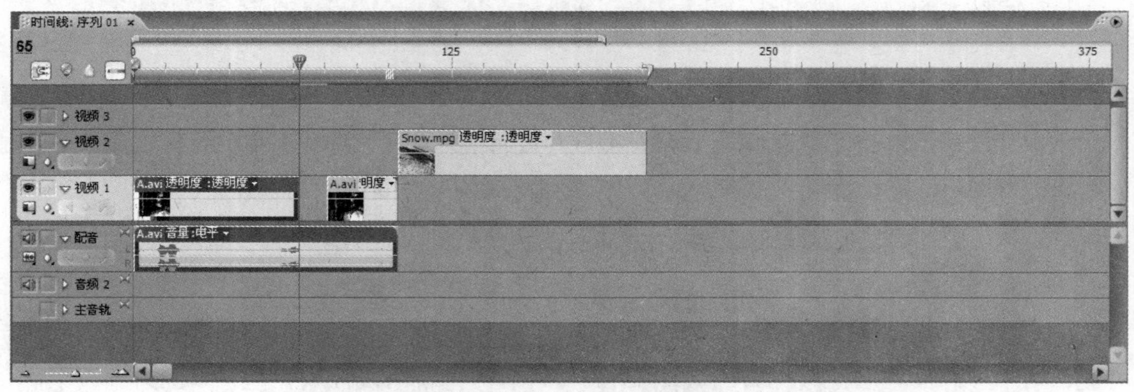

图 3-22 利用【提升】命令裁切之后素材状态

◉ 提取

截取片段后，单击【提取】按钮，截取片段将从【时间线】窗口目标轨道中删除，后面的素材将向前靠拢，填补剪切留下的空白，如图 3-23 所示。

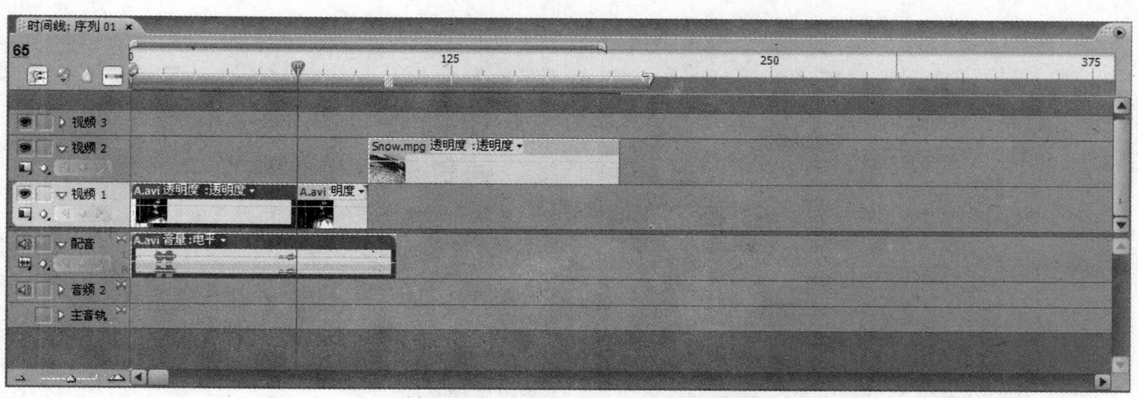

图 3-23　利用【提取】命令裁切之后素材状态

提示

为了体现编辑效果，此处解除了音频和视频的链接。

3.4.3　三点剪辑和四点剪辑

所谓的三点编辑与四点编辑，都是指对于源素材的剪辑方法。三点、四点是指素材入点和出点的个数。

◉ 三点编辑

在【素材源】窗口和【节目】窗口中，一共只标记了两个入点、一个出点或者是两个出点、一个入点。三点编辑一般有两种。

第一种：

(1) 在【时间线】窗口中选择添加视频或音频的目标轨。

(2) 从【项目】窗中选择一个素材，将其拖到【素材源】窗口中，选择编辑类型(视频或音频或视音频)。

(3) 在【素材源】窗口中设置入点与出点，在【节目】窗口中设置入点。

(4) 单击【素材源】窗口下方的【插入】按钮或【覆盖】按钮。

第二种：

(1) 在【时间线】窗口中选择添加视频或音频的目标轨。

(2) 从【项目】窗中选择一个素材，将其拖到【素材源】窗口中，选择编辑类型(视频、音频或视音频)。

(3) 在【素材源】窗口中设置入点，在【节目】窗口中设置入点与出点。

(4) 单击【素材源】窗口下方的【插入】按钮或【覆盖】按钮。

◉ 四点编辑

在【素材源】窗口和【节目】窗口中，标记了两个入点、两个出点。

(1) 在【时间线】窗口中选择添加视频或音频的目标轨。

(2) 从【项目】窗口中选择一个素材，将其拖到【素材源】窗口中，选择编辑类型(视频、音频或视音频)。

(3) 在【素材源】窗口中设置入点与出点，在【节目】窗口中设置入点与出点。

(4) 单击源素材窗口下方的【插入】按钮或【覆盖】按钮。如果两对标记之间的持续长度不一样，会弹出对话框，为了适配入点与出点间的长度，按下列设置进行选择。如图 3-24 所示。

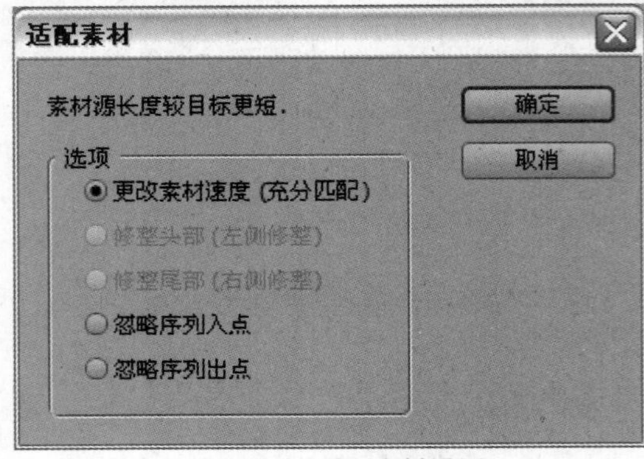

图 3-24　适配素材设置

知识点

更改素材速度(充分匹配)：改变素材的速度以适应节目中设定的长度。

修整头部(左侧修整)：修整素材的入点以适应节目中设定的长度。

修整尾部(右侧修整)：修整素材的出点以适应节目中设定的长度。

忽略序列入点：忽略节目中设定的入点。

忽略序列出点：忽略节目中设定的出点。

3.5　高级技巧

3.5.1　设置标记点

在 Premiere 中，可以通过设置标记来指示一些重要的点，这样有助于定位和安排素材。每一个轨道和素材均可以设置 100 个有编号的标记(0~99)和无数个无编号的标记。在【时间线】窗口中，素材标记在素材中以图标的形式显示，序列标记显示在序列标尺上。用户可以通过标记快速地查找标记所在的帧，可以方便地使用两个原本不相关的素材，特别是对视频素材与音频素材同步的处理变得更容易了。通常的做法是，使用素材标记来指定素材中重要的点，使用序列标记来指定序列中重要的点。

使用标记与使用入点和出点非常相似，都能起到标记的作用，但是标记不像素材的入点和出点那样要改变素材的长度，标记点只是单纯地起到标记的作用，并不会更改视频素材。加入单独的标记点只会对这个素材本身产生作用，而添加到序列中的标记点则可以对【时间线】窗口中的素材都产生作用。

标记可以理解为素材片段中的书签，一个标记点标志着这段素材上一个特定的位置。用户可以通过对标记的操作来快速定位素材的位置。用户可以对时间标尺和【时间线】窗口中的每一个素材片段设置各自的标记。

当光标位于【时间线】窗口之内时，时间标尺上对应于光标位置有一条短竖线，用户可以用下面介绍的方法在时间标尺的游标处设定编号标记或者无编号标记。

◉　添加无编号标记

在【时间线】窗口中拖动时间指针到需要添加标记的位置，单击【时间线】窗口左侧的【设

置无编号标记】按钮，在此位置上添加标记。也可以在【时间线】窗口的时间标尺中所要添加标记的位置上单击右键，在弹出的菜单中选择【设置序列标记】|【无编号】命令。如图 3-25 所示。

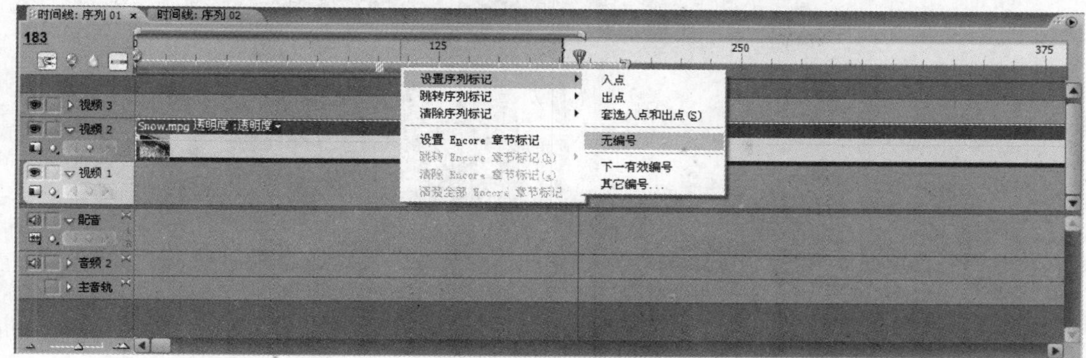

图 3-25　添加无编号标记

◉　添加编号标记

在【时间线】窗口中选中所需素材，然后根据所要添加标记的类型，选择【标记】|【设置素材标记】或者【标记】|【设置序列标记】命令，在级联菜单中选择所需要添加的种类。

选择【下一有效编号】命令，可以使用还未曾用过的最小数字添加编号的标记；选择【其他编号】命令可以使用任何还未曾用过的数字编号。执行此操作会打开如图 3-26 所示的【设定已编号标记】对话框。在该对话框中输入数字后单击【确定】按钮即可。

同样，用户可以在【时间线】窗口里的素材做各种标记，方法与在时间标尺上做标记基本相同。每段素材可以有编号 0～9 共 10 个带编号的标记，彼此之间不会影响。

标记的编号跟它在时间上的顺序是没有必然联系的，所以用户可以根据自身需要随时设定标记。设定好标记后，按住 Ctrl 键的同时按下某个数字键，时间标尺的游标就会自动跳至相应编号的标记处。

◉　删除标记

当用户不需要某些标记时，最好及时地清除这些标记以保持整洁，也方便做新的标记。

要删除素材标记点，先要在【序列】中选择素材，使时间指针指向要删除的素材标记点。而如果要删除序列标记点，则要保证不选择任何素材，使时间指针指向要删除的序列标记点。然后根据所要删除的标记点的种类，选择【标记】|【清除素材标记】命令或者【标记】|【清除序列标记】命令，在菜单中选择需要删除的选项，然后根据需要进行删除操作。

◉　移动标记

要移动标记，可以在【素材源】监视器窗口或者【节目】窗口的时间标尺上，用鼠标拖动所添加的标记图标至新的位置，如图 3-27 所示。

在【时间线】窗口上，可以拖动时间标尺上的标记点到新的位置来移动序列标记点。而素材标记点是不能在【时间线】窗口中直接移动的。需要在【素材源】监视器窗口中打开该素材，然后在【素材源】监视器窗口中利用时间标尺上的标记来移动标记点。

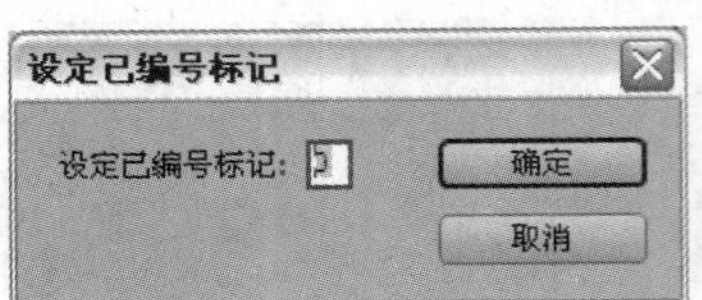

图 3-26　添加编号标记

图 3-27　在节目监视器窗口移动标记

◉　跳转标记点

在【素材源】监视器窗口中还可以进行【跳转素材标记点】的操作。

首先在【素材源】监视器窗口中打开素材，单击【跳转到前一标记】按钮，可以跳至上一个编辑过的标记点；单击【跳转到下一标记】按钮，可以跳至下一个编辑过的标记点。

在【时间线】窗口中，可以跳转素材标记点或者序列标记点。

如果要使时间指针指示素材标记，在【时间线】窗口中选中【序列】中的素材；如果要使时间指针指示序列标记，则选择【节目】监视器面板或者【时间线】窗口。根据所要跳转的标记点种类，选择【标记】|【跳转素材标记】或者【标记】|【跳转序列标记】命令，在菜单中选择需要跳至的标记点。

另外，要使时间指针指示序列标记，还可以在时间标尺的标记上单击右键，在弹出的菜单中选择【跳转序列标记】命令，选择需要的选项，如图 3-28 所示。

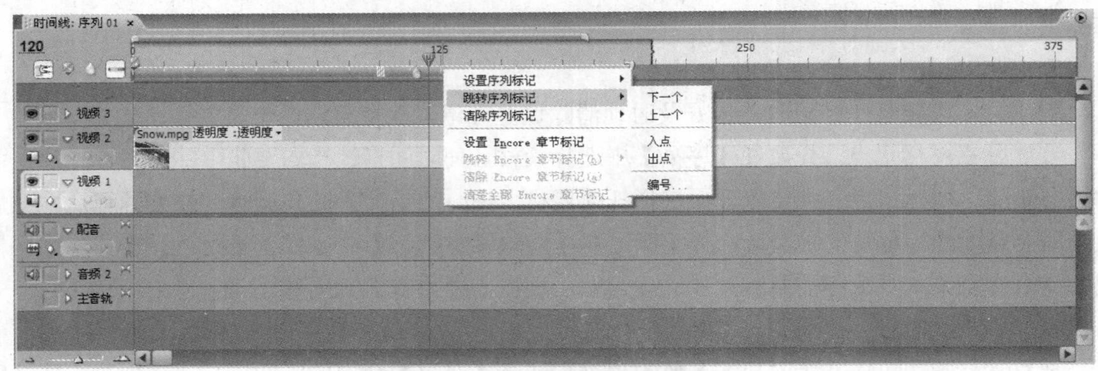

图 3-28　在【时间线】窗口上跳转标记

◉　使用标记点对齐素材

标记的一个重要作用就是进行素材之间的对齐。例如，当用户想要使素材中的视频同音频素材进行同步时，就可以在这段视频素材和与之对应的音频素材上分别建立一个相同标号的标记点，然后就可以通过对齐操作来使得两条素材实现时间线上的对齐了。

使用标记点对齐素材可以按照以下步骤操作。

(1) 选择【标记】|【跳至序列标记】命令，将时间指针移到时间标尺上的序列标记。如图 3-29 所示。

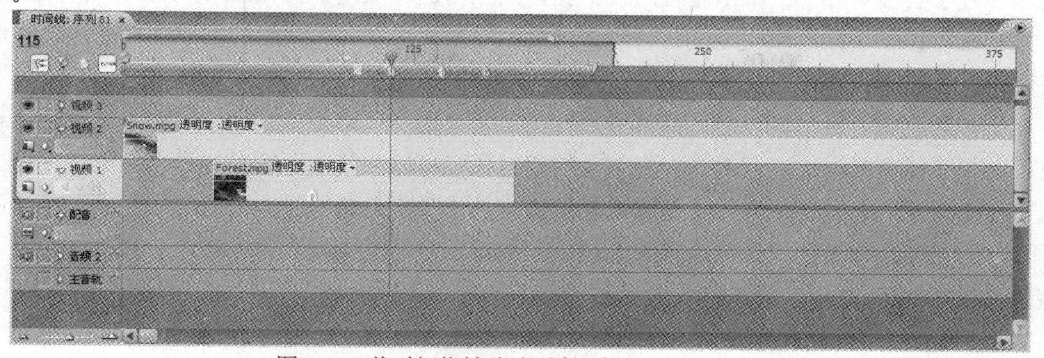

图 3-29　将时间指针移动到序列标记

(2) 将鼠标移至素材的标记位置，按住鼠标拖动选择的标记和相应的素材。拖动标记及相应素材，向要对齐的时间标尺上的序列标记靠拢。在拖动的过程中，【时间线】窗口上会出现一条长竖线，即对齐指示线，可以用来确定素材在时间线上的位置。如图 3-30 所示。

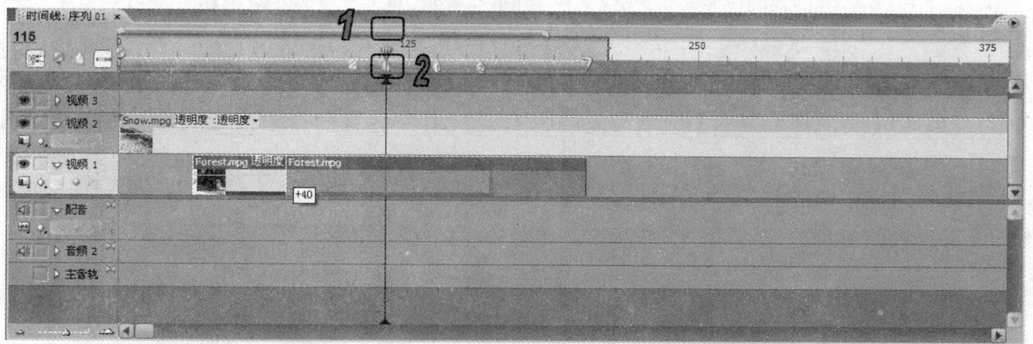

图 3-30　拖动素材过程中出现对齐指示线，两个标记对齐时对齐指示线上出现三角形

(3) 当素材上的标记点靠近时间标尺上的标记点时，两个标记会在较小的范围内产生“吸附”的效果，使得两个标记点准确地对齐。此时在对齐指示线的两端会出现两个箭头。释放鼠标后两个标记点就精确地对齐了。如图 3-31 所示。

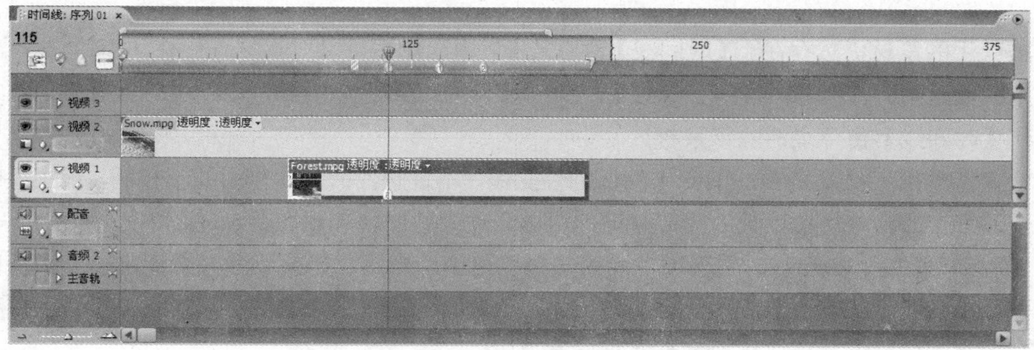

图 3-31　标记点精确地对齐

如果先前没有打开边缘对齐选项的话，两个标记“吸附”的效果就不会出现，标记间也就不能用这种方法实现对齐了。单击【时间线】窗口左上角的【吸附】按钮可以打开对齐选项。

用户还可以在不同的素材之间进行对齐操作，甚至可以在同一素材的不同的标记点之间进行对齐操作。这些对齐操作的基本方法是一致的，不同的只是操作的对象罢了。

在实际运用中，除了可以对齐同标号的标记之外，还可以有很多其他的对齐方式。比如素材标记可以和其他素材标记进行对齐，有编号的素材标记可以和其他无编号的素材标记进行对齐等等。要实现对齐功能，必须激活【时间线】窗口中的【吸附】按钮。也可以在【序列】菜单中设定【吸附】选项。如果菜单中的【吸附】选项左边显示对勾，则表示对齐选项已经打开，否则单击该选项将其打开。

当用户把一个素材的标记删除后，该标记也就失去了对齐的功能了。

3.5.2 锁定与禁用素材

单击【时间线】窗口某个轨道左侧的【锁定轨道】标记框，标记框内出现锁的图标，轨道上出现灰色右斜平行线表示已经将整个轨道上的素材锁定了，如图 3-32 所示。

在 Premiere 中，还可以对单独的素材实现禁用。当用户要禁用某段素材时，可以右击该素材，从弹出的菜单中取消选择【激活】选项，被禁用的素材用节目监视器面板预演影片时将不再出现。但在【时间线】窗口中，该被禁用的素材还是占有一席之地的，随时可以重新启用，如图 3-33 所示。

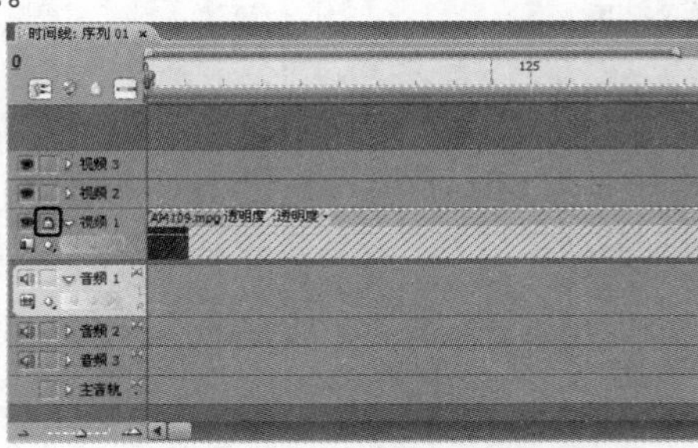

图 3-32　锁定轨道上的所有素材

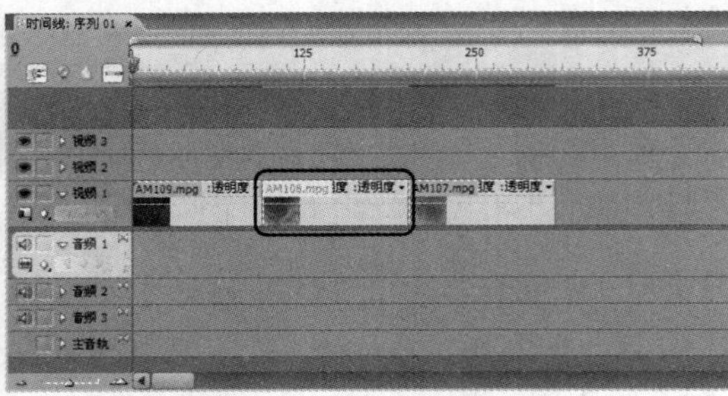

图 3-33　禁用素材

被禁用的素材仍然存在于【时间线】窗口之中，用户仍然可以对素材进行移动和切割等操作。被禁用的素材始终占据【时间线】窗口中的部分编辑空间，除非用户将该禁用的素材删除，才会真正在【时间线】窗口上清除该素材。

锁定和禁用素材都是 Premiere 中的保护性操作，不过它们的具体作用并不相同，最主要的区别在于，锁定的内容不可以被改变而禁用的可以，使用时应该加以区分。

素材的禁用是 Premiere 中一项重要的安全性措施。当用户想要删除某段影片中不需要的素材，而又担心删除操作会造成意外影响时，就应该先将该素材禁用，然后对影片进行预演，在确定没有异常的情况下就可以放心地删除这段素材了。

还有一种情况是【时间线】窗口中有多条轨道上有多个复合的素材时，为了观察其中一些素材的预演情况，也可以暂时性地禁用某些素材。

3.5.3　帧定格

如果用户要在剪辑的持续时间中在屏幕上定格单个静止帧，而允许正常播放它的背景音乐，可以使用【帧定格】功能。

【帧定格】可以定格在剪辑的入点、出点或者通过在剪辑中使用【标记 0】指定的帧上。 如果视频包括链接的音频，则在剪辑的持续时间内，仍然会播放音频。 如果需要，可以删除音频或停用音频。

【帧定格】可以按照以下步骤进行操作。

(1) 双击【时间线】窗口中的某个剪辑以在【素材源】窗口中显示。

(2) 如果用户不是想将视频定格在剪辑的入点或出点上，而是要定格在特定的帧上，可以将【素材源】窗口中的当前时间指示器拖动到要定格的帧。选择【标记】|【设置剪辑标记】|【其他编号】。然后，为【设定已编号标记】指定【0】，然后单击【确定】按钮。

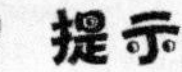

提示

必须在素材剪辑中设置素材标记，而不是在【时间线】窗口中设置序列标记。

(3) 在【时间线】窗口中选择素材剪辑。 选择【素材】|【视频选项】|【帧定格】命令。打开【帧定格选项】对话框，如图 3-34 所示。

图 3-34 【帧定格选项】对话框

知识点

如果用户在入点或出点上设置了定格帧后，再更改入点或出点，则定格帧画面也随之更改。 如果是在标记 0 上设置定格，则移动标记也会更改显示的帧。

(4) 在【帧定格选项】对话框中，选择【定格在】复选框。从其后的下拉菜单中选择要定格的帧：【入点】、【出点】或【标记 0】。

(5) 根据需要指定下列选项，然后单击【确定】按钮。

⊙ 定格滤镜

防止在剪辑的持续时间内将任何关键帧效果设置(如果存在)设置为动画。效果设置使用已定格帧处的值。

⊙ 反交错

从隔行扫描视频剪辑中删除一个场，并使其余的场加倍，以便使得在定格帧中隔行扫描人工效果不明显。

3.5.4 素材编组和序列嵌套

素材编组也是一个重要的操作。在编辑过程当中如果需要对多个素材同时操作，最好的选择就是将这些素材编组作为一个对象使用。编组后的素材不能使用基于素材的命令，如速度调节。效果也不能添加到编组素材上(编组内部的素材个体可以添加特效)。可以修剪群组素材的边缘，这不会影响组内的入点和出点设置。

⊙ 素材编组

选择多个素材，执行【素材】|【编组】命令。

⊙ 取消群组

选择一个素材编组，执行【素材】|【取消编组】命令。

知识点

要选择编组素材内一个或多个素材，可以按住键盘上 Alt 键，单击其中一个素材或按住键盘上的、Shift+Alt 键，同时选择多个素材。

除了素材编组操作外，用户还可以在一个特定序列中进行素材剪辑，然后把该序列当作一个素材应用到其他序列中去，形成序列嵌套，这样可以在各个特定的序列中进行独立编辑。

序列嵌套可以是多层嵌套，但是不能相互嵌套。

3.6 渲染和预览影片

在编辑的过程中，有时需要对整体节目或部分节目进行预演。通过预演，检查纰漏，以便及时修改，将“遗憾”降到最小。项目设置影响预演质量。可以随时通过【节目】窗口预演节目。如果有硬件支持，还可以在外部监视器上观看。

预演需要先对【时间线】窗口的内容进行渲染。如果【时间线】窗口中只包含单轨的音频和视频，渲染很快就可以完成。如果包含多个轨道，渲染速度就会变慢，需要的时间更长。

当设置【节目】窗口的播出质量时，如果设定为自动品质，则自动调整画质和帧速率。预演到非常复杂的剪辑区域时，播放质量可能会大幅下降。不能以正常帧速率播放的时间线区域，在时间线标尺上会有一条红线显示。可以先将这些区域定义为工作区，渲染一个预演文件。在计算机的硬盘中生成一个新文件，Premiere Pro CS3 按照项目设定的帧速率播放，渲染区会变成一条绿线。

⊙ 设置预演区域

将鼠标指针放在工作区域条的中部，按下左键并拖动到预演区域。拖动两端的工作区标记，定义渲染区域。定义工作区起始位置的快捷键为 Alt +[；定义工作区结束位置的快捷键为 Alt +］。

用鼠标双击工作区，工作区自动适配【时间线】窗口显示长度。

◉ 使用最终输出的速度预演

预演时，需要在计算机硬盘中创建临时视频文件和音频文件，当效果或素材属性与项目设置不匹配时，素材上方的标尺下面会以红颜色显示，表示当前区域不能实时预演，需要对效果或属性进行处理。处理完成后，原来的红色会变成绿色，表示可以实时预演。

◉ 指定预演文件的路径

(1) 选择【编辑】|【参数选择】|【暂存盘】命令。

(2) 在【参数】对话框中的【视频预演】和【音频预演】选项中，选择存放预演视频与音频文件的路径，单击【确定】按钮。

(3) 按下键盘上的回车键或选择【序列】|【渲染工作区】命令，系统先对需要渲染区域进行处理，完成后便会从工作区起始点向后以实际输出速度进行播放。如果要删除预演文件，可以选择【序列】|【删除渲染文件】命令。在弹出的对话框中单击【确定】按钮。

3.7 上机练习

本章上机实验主要通过在 Premiere Pro CS3 中制作一个风光片视频片段，使用户熟悉影片剪辑的一些基本操作。

(1) 启动 Premiere Pro CS3，新建一个名为【风光短片】的项目，单击【自定义设置】标签可以打开自定义设置选项卡，在【常规】栏目下，选择【编辑模式】为【桌面编辑模式】，【时间基准】为【25.00 帧/秒】，设置【画幅大小】为【352 宽 288 高】，【像素纵横比】为【方形像素(1.0)】，【场】为【无场(逐行扫描)】，【显示格式】为【帧】，其他设置不变，如图 3-35 所示。

(2) 进入 Premiere Pro CS3 工作区后，执行【文件】|【导入】命令，打开【导入】对话框，如图 3-36 所示。选择【风光短片】文件夹中的视频素材，将其导入【项目】窗口，如图 3-37 所示。

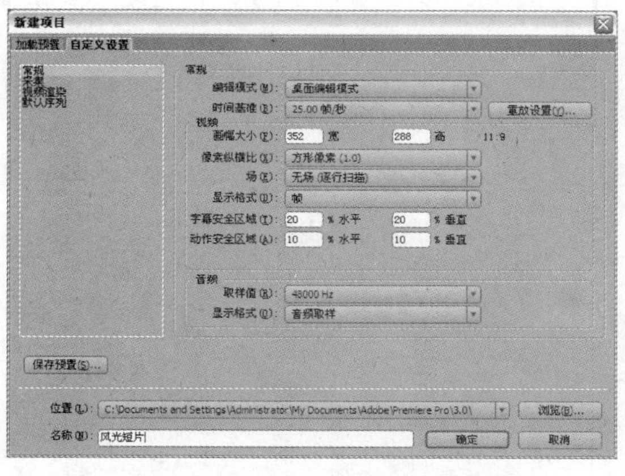

图 3-35　新建项目【风光短片】

图 3-36　导入视频素材

(3) 在【项目】窗口中，双击【气球.mpg】视频素材，将该素材导入【素材源】窗口中，并为其标记入点和出点，如图 3-38 所示。

(4) 在【素材源】窗口中按下鼠标左键，将该素材拖到【时间线】窗口中，放置在【视频 1】轨道上，在【工具栏】面板中，选择【缩放工具】，可以看到光标形状改变，如图 3-39 所示。

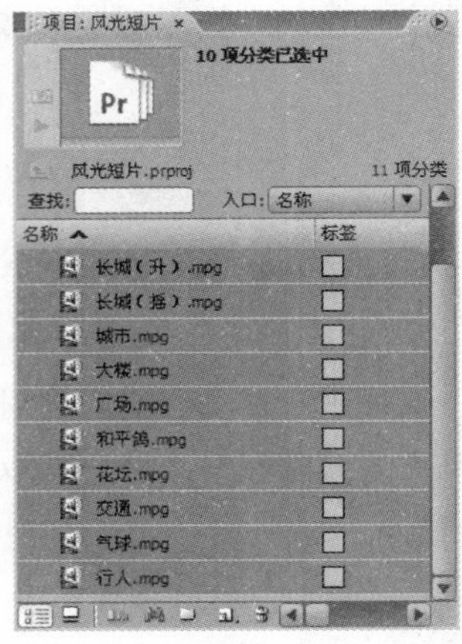

图 3-37　导入素材到【项目】窗口中

图 3-38　导入素材到【素材源】窗口中，标记入点和出点

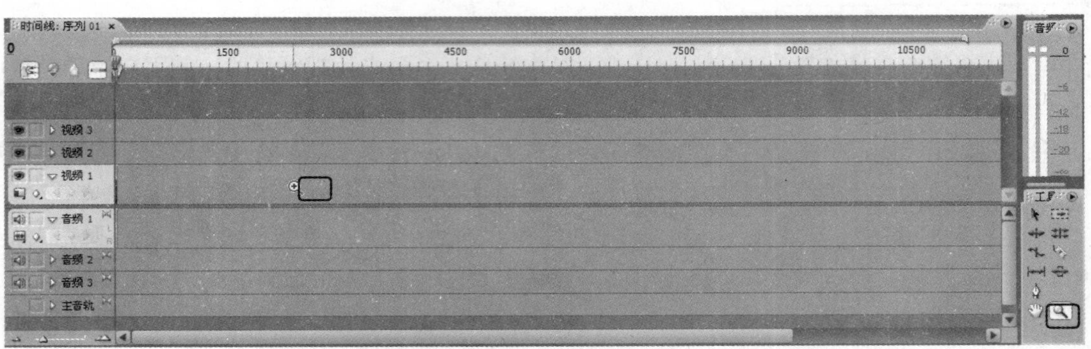

图 3-39　导入素材到【时间线】窗口，选择【缩放工具】

(5) 使用【缩放工具】调整【时间线】窗口的显示比例，如图 3-40 所示。调整完毕后在【工具栏】面板中，选择【选择工具】。

(6) 在【项目】窗口中，选择【和平鸽.mpg】视频素材，直接将其拖拽到【视频 1】轨道上，紧贴【气球.mpg】视频素材，如图 3-41 所示。

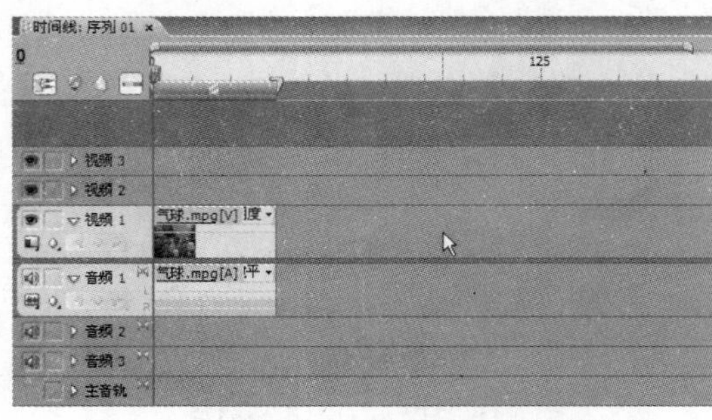

图 3-40　调整【时间线】窗口的显示比例

图 3-41　放置【和平鸽.mpg】视频素材

(7) 移动鼠标到【和平鸽.mpg】视频素材的右边缘，光标变成【波纹编辑工具】形状。按

下鼠标向左移动，改变素材的出点，如图 3-42 所示，移动的同时，可以在【节目】监视器窗口中同步观察。【节目】窗口中还会显示移动位置的时间码，如图 3-43 所示。

图 3-42　【波纹编辑工具】调整出点

图 3-43　【节目】窗口中显示时间码

(8) 在【项目】窗口中双击【长城(摇).mpg】视频素材，将该素材导入【素材源】窗口中，并为其标记入点和出点，然后拖拽到【视频 1】轨道上，紧贴【和平鸽.mpg】视频素材。移动时间线指针到【200 帧】处，在【工具栏】面板中选择【比例缩放工具】，然后将光标移动到【长城(摇).mpg】视频素材的右边缘，按下鼠标向左移动到与时间线指针对齐，如图 3-44 所示。

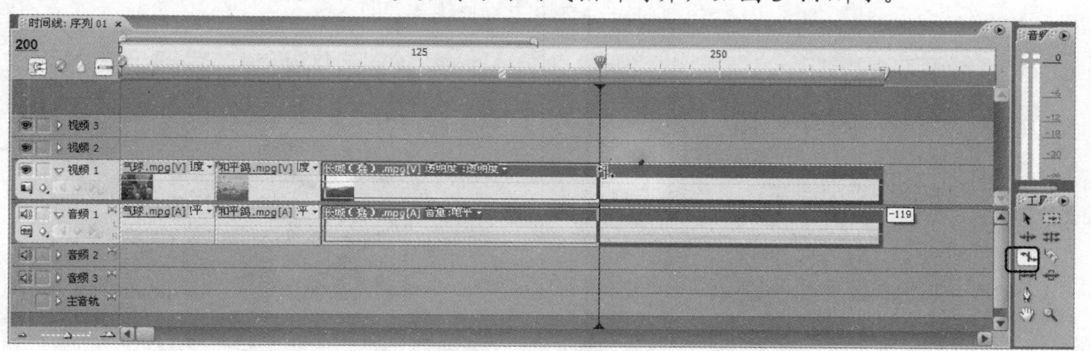

图 3-44　调整窗口大小

(9) 松开鼠标后，可以看到【长城(摇).mpg】视频素材的持续时间缩短而速度变大了，如图 3-45 所示。

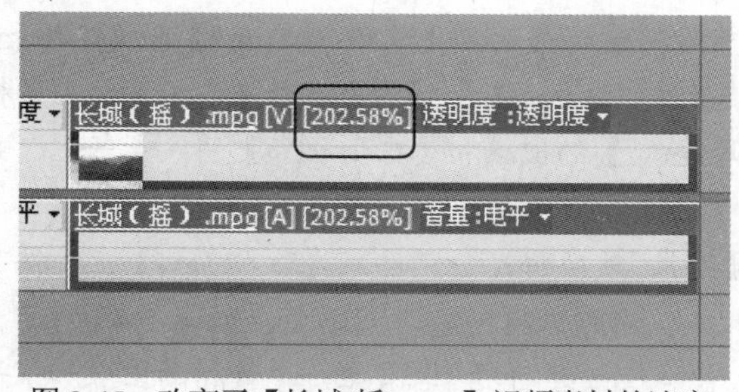

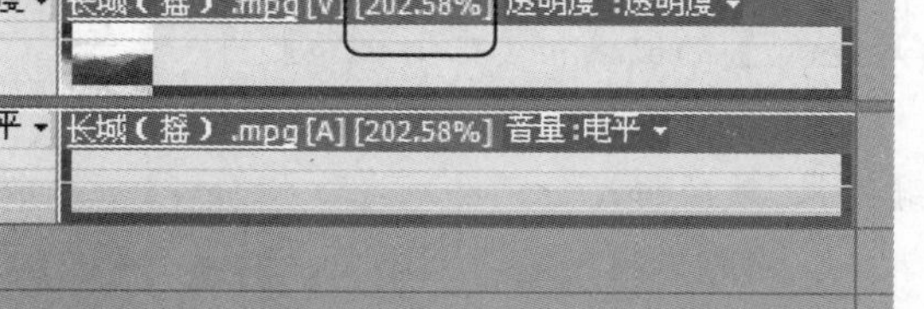

图 3-45　改变了【长城(摇).mpg】视频素材的速度

知识点

要改变素材的持续时间和速度，还可以通过【素材】|【速度/持续时间】命令进行设置。

(10) 在【项目】窗口中双击【大楼.mpg】视频素材，将该素材导入【素材源】窗口中，并为其标记入点和出点，然后拖拽到【视频 1】轨道上，紧贴【长城(摇).mpg】视频素材。

(11) 同步骤(10)的方法，依次将【城市.mpg】、【长城(开).mpg】、【广场.mpg】、【行人.mpg】和【交通.mpg】放置到【视频 1】轨道。

(12) 移动【时间线】窗口下的滑块，使窗口中显示【城市.mpg】和【长城(升).mpg】素材，在【工具栏】面板中选择【波纹编辑工具】，然后将光标移动到【城市.mpg】和【长城(升).mpg】视频素材之间，按下鼠标向左拖动，改变【长城(升).mpg】素材的入点，如图 3-46 所示。拖动的同时，可以在【节目】监视器中观察到【城市.mpg】的出点固定着，而【长城(升).mpg】的入点随着鼠标拖动改变，以便选择最好的剪辑点，如图 3-47 所示。

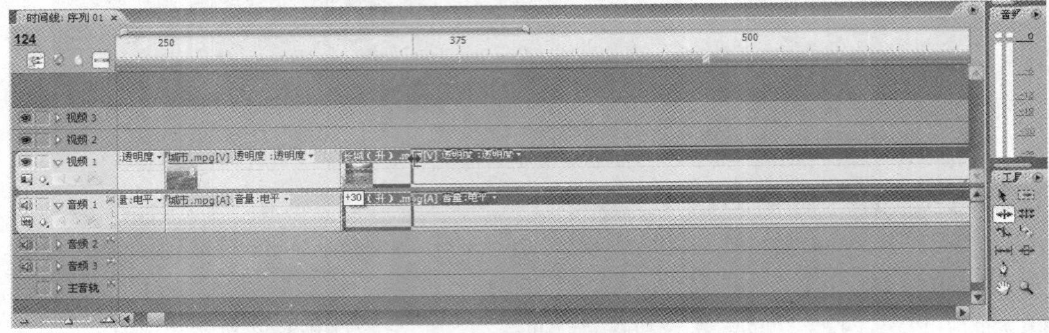

图 3-46　改变了【长城(升).mpg】素材的入点

图 3-47　被移动素材入点随着鼠标拖动改变

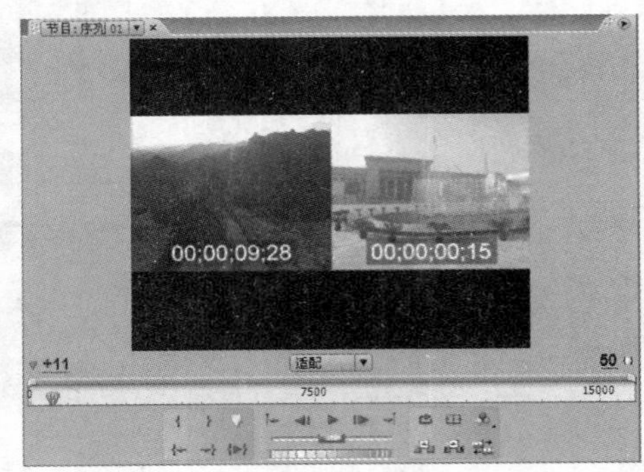

图 3-48　两个素材分别变化出点和入点

(13) 移动【时间线】窗口下的滑块，使窗口中显示【长城(升).mpg】和【广场.mpg】素材，在【工具栏】面板中选择【旋转编辑工具】，然后将光标移动到【长城(升).mpg】和【广场.mpg】视频素材之间，按下鼠标向左拖动，同时改变【长城(升).mpg】素材的出点和【广场.mpg】素材的入点，可以在【节目】监视器中观察到【长城(开).mpg】的出点和【广场.mpg】的入点变化，如图 3-48 所示。

(14) 在【工具栏】面板中选择【错落工具】，然后将光标移动到【行人.mpg】上，按下鼠标向左拖动，同时改变【行人.mpg】的出点和入点，同时保持持续时间不变。如图 3-49 所示。可以在【节目】监视器中观察到【行人.mpg】的出点和入点变化，同时有上一个素材的出点和下一个素材的入点作为参考，如图 3-50 所示。

(15) 在【工具栏】面板中选择【滑动工具】，同样将光标移动到【行人.mpg】上，按下鼠标向左拖动，此时【行人.mpg】保持持续时间和出点、入点不变，改变上一个素材的出点和下一

个素材的入点。如图 3-51 所示。可以在【节目】监视器中观察到以【行人.mpg】的出点和入点作为参考的前后两个素材变化，如图 3-52 所示。

图 3-49　使用【错落工具】

图 3-50　【节目】监视器中观察素材的出点和的入点变化

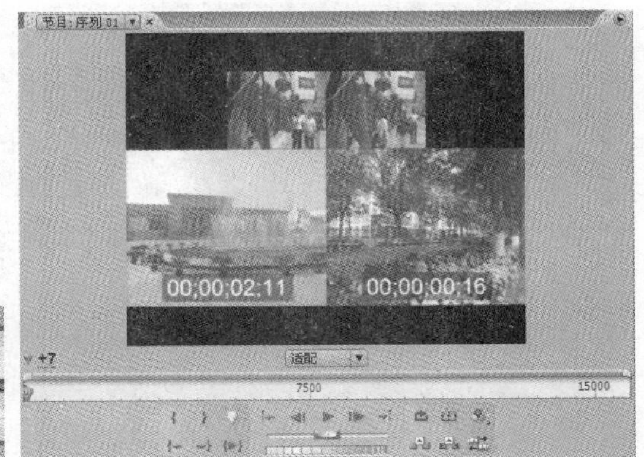

图 3-51　使用【滑动工具】

图 3-52　【节目】监视器中观察前后素材的变化

(16) 在【时间线】窗口中，选择【交通.mpg】视频素材，向右拖动出较大距离，然后移动时间线指针到【行人.mpg】视频素材的右边缘，如图 3-53 所示。

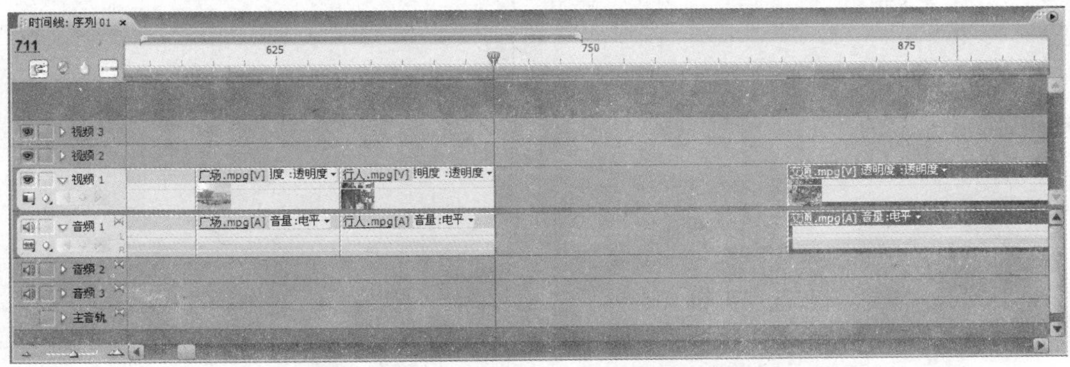

图 3-53　移动【交通.mpg】视频素材和时间线指针

(17) 在【项目】窗口中双击【花坛.mpg】视频素材，将该素材导入【素材源】窗口中，并为其标记入点和出点，单击【覆盖】按钮，将其应用到【视频 1】轨道，如图 3-54 所示。

图 3-54　应用【花坛.mpg】视频素材，到【视频 1】轨道

(18) 在【花坛.mpg】视频素材和【交通.mpg】视频素材之间的空白处右击，弹出【波纹删除】按钮，如图 3-55 所示。按下该按钮将删除两素材之间的空白。

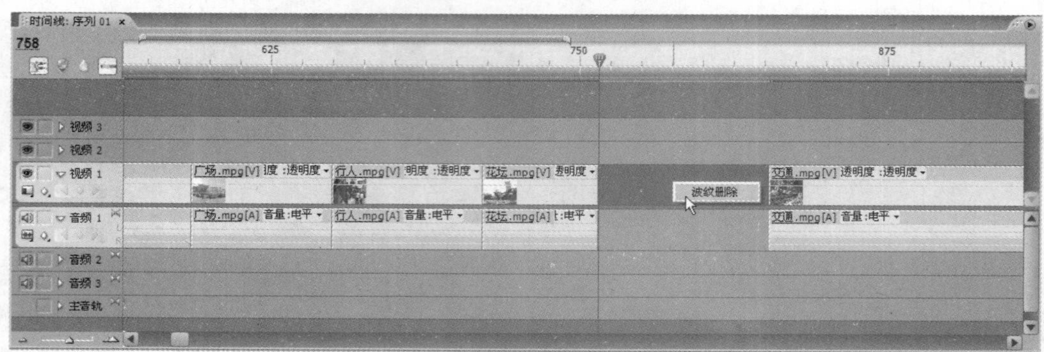

图 3-55　波纹删除素材间空白处

(19) 保存项目文件，输出影片。

3.8　习题

1. 校正序列中两个相邻素材片段的相邻帧，对素材片段之间剪接点的精细调整，使用哪种办法剪辑效率是最高的？
2. 如何同时选择多个素材？
3. 【工具栏】面板中，剃刀工具的快捷键是什么？
4. 如何解除视音频链接？
5. 什么是三点编辑和四点编辑？
6. 【插入】和【覆盖】，【提升】和【提取】之间有何区别？
7. 锁定和禁用素材有何区别？
8. 简述渲染影片的步骤。

第4章 视频切换效果

学习目标

使用切换效果，可以让一段视频素材以一种特殊的形式过渡到下一段视频。合理地使用视频切换效果将素材组织到一起，可以保持作品的整体性和连贯性，可以制作出赏心悦目的特技效果。作为一款优秀的非线性编辑软件，Premiere Pro CS3 中提供了相当多的视频切换效果。本章详细介绍运用视频切换与视频切换效果的技巧。

本章重点

- ⊙ 查找切换效果
- ⊙ 应用视频切换效果
- ⊙ 设置默认视频切换效果
- ⊙ 使用效果控制面板设置

4.1 视频切换简介

所谓切换，就是一个素材结束时立即换成另一个素材，这称为硬切换，也叫无技巧转换。要在 Premiere Pro CS3 的两个素材间进行直接切换，只需要在【时间线】窗口的同一条视频轨道上将两个素材首尾相连，不过，如果希望两个素材的视频切换效果切换更加自然一些，最好能加入一个适合的视频切换效果选项，即一个素材以某种效果逐渐地转换为另一个素材。这种转换手法称之为软切换，也就是通常所说的转场。在影视制作中，为了更好地保持作品的整体性和连贯性，经常运用有技巧转换。恰当运用场景的技巧切换，可以制作出一些赏心悦目的特技，大大增强艺术感染力。

4.1.1　查找切换效果

在 Adobe Premiere Pro 中，要运用视频切换效果，首先要选择【窗口】|【效果】菜单命令，打开【效果】面板，如图 4-1 所示。

在【效果】面板中，单击【视频切换效果】前的▷按钮展开该文件夹，可以看到它包含了 10 个子文件夹。如图 4-2 所示。

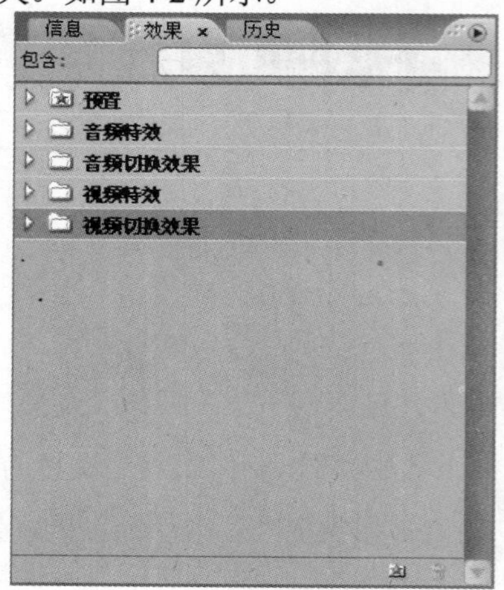

图 4-1　打开【效果】面板

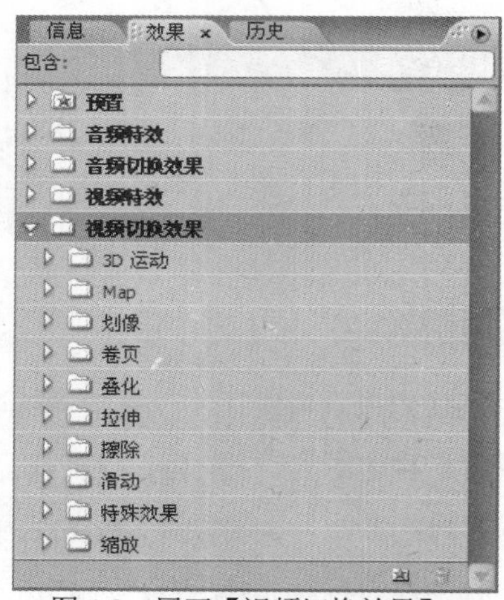

图 4-2　展开【视频切换效果】

Premiere Pro CS3 中提供了 70 多种视频切换效果，按类别分别放在这 10 个子文件夹中，方便用户按类别寻找所需运用的切换效果。单击某个分类前的▷按钮，可以展开该分类文件夹，看到属于该分类的所有视频切换效果。如想打开属于【滑动】这一类型的视频切换效果，可以单击【滑动】前的▷按钮展开该文件夹，即可看到同属于【滑动】分类的所有视频切换效果，如图 4-3 所示。

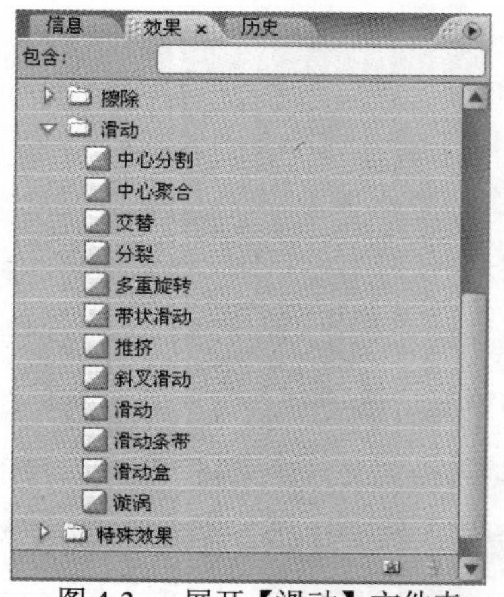

图 4-3　展开【滑动】文件夹

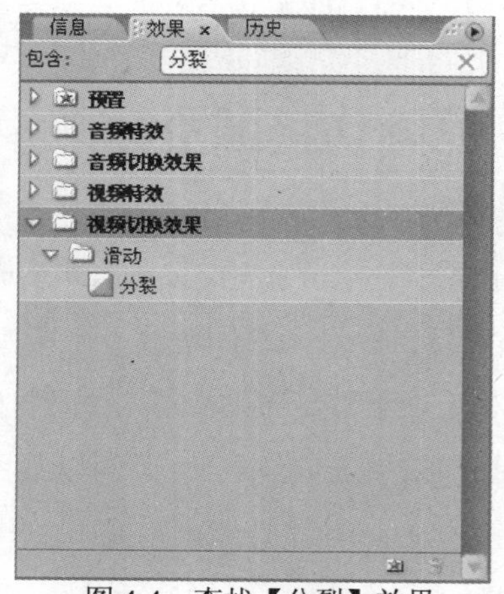

图 4-4　查找【分裂】效果

如果用户知道要运用的切换效果的名称，还可以直接在【包含】文本框中输入要运用的切换效果名称，可以快速找到所需的效果。如想要查找【分裂】效果，可以直接在【包含】文本框中

输入“分裂”，如图 4-4 所示。

另外，还可以通过创建一个新的容器来存放经常使用的切换效果。

【例 4-1】 在【效果】面板中创建一个名为【常用切换效果】的容器，用来存放经常使用的切换效果。

(1) 选择【窗口】|【效果】菜单命令，打开【效果】面板，单击右下角的【新建自定义容器】按钮，在面板中就会创建一个蓝色图标的容器，默认容器名为【自定义容器 01】，如图 4-5 所示。

(2) 选中该容器，然后单击该容器的名字，可以对该容器进行重命名。在文本框中输入“常用切换效果”即可，如图 4-6 所示。

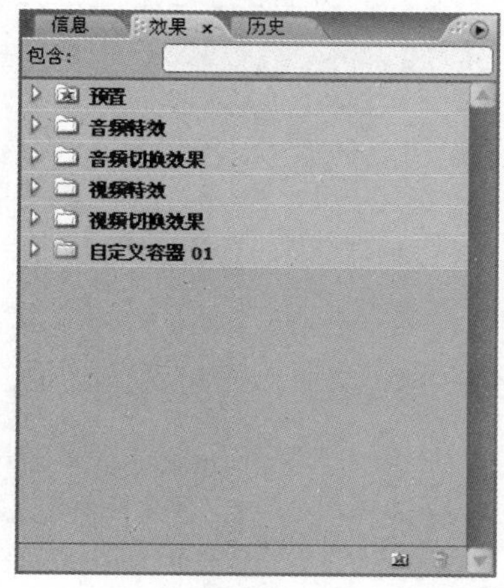

图 4-5　新建自定义容器

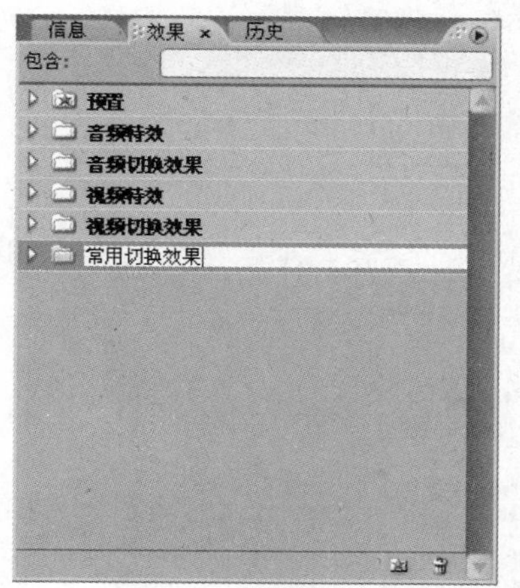

图 4-6　输入新的容器名

(3) 展开【视频切换效果】，从中选择要放入的效果，如【3D 运动】|【窗帘】，如图 4-7 所示。选中该效果，按住鼠标左键不松开，拖动该效果到新建的【常用切换效果】容器后，该容器名称区域会变成蓝底白字，如图 4-8 所示，此时可以松开鼠标左键。

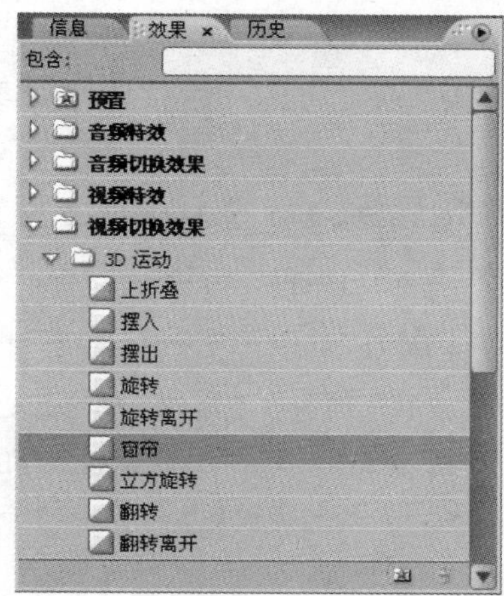

图 4-7　选择【3D 运动】|【窗帘】效果

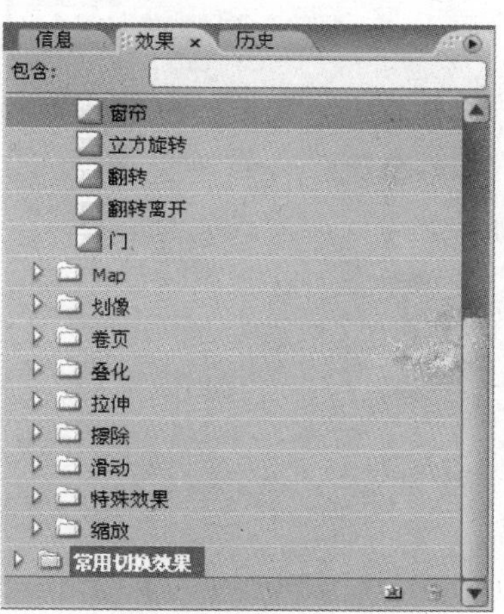

图 4-8　容器名称区域变成蓝底白字

(4) 展开【常用切换效果】容器，可以看到【窗帘】这一效果被复制到容器中，如图 4-9 所示。

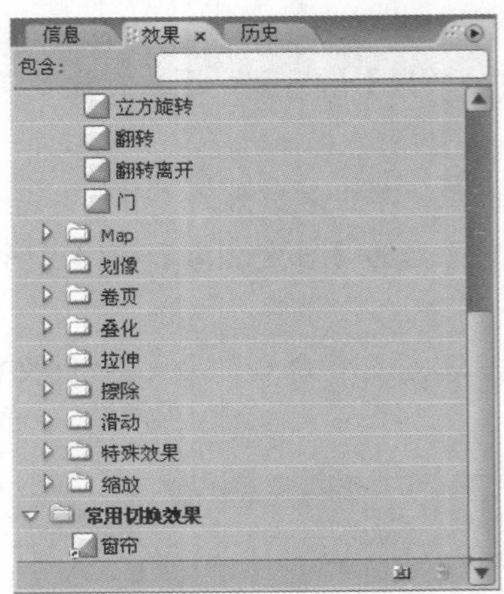

图 4-9 展开【常用切换效果】

知识点

由于拖动鼠标时，【效果】面板并不会随之滚动，所以必须是要放入的效果同自定义容器同时出现才可以完成该操作。如果面板太小，需要调整面板框架。

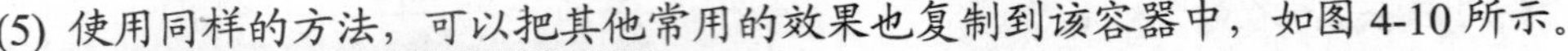
(5) 使用同样的方法，可以把其他常用的效果也复制到该容器中，如图 4-10 所示。

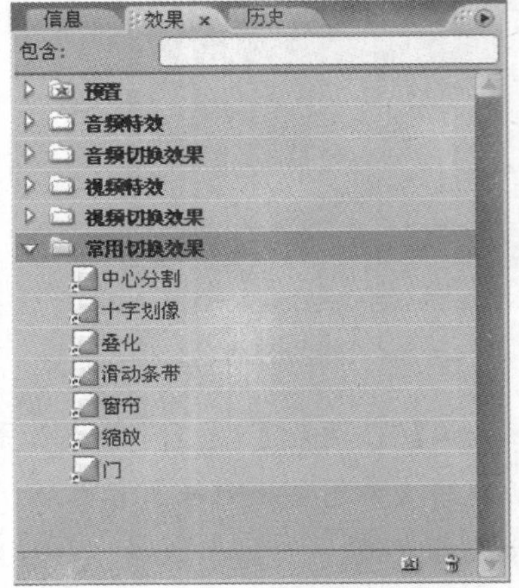

图 4-10 展开【常用切换效果】

提示

在图 4-10 中可以看到，自定义容器中的效果图标都有一个快捷方式箭头，表示它们仅仅是切换效果的快捷方式，而在原分类文件夹中，被用户拖到自定义容器中的效果依然存在，所以删除自定义容器中的效果不会影响原先存放该效果的分类文件夹。

用户可以根据自身需要再新建多个容器放入切换效果的快捷方式，也可以根据需要删除这些快捷方式，甚至删除整个容器。

要删除某个快捷方式或者某个容器，可以选中该快捷方式或者容器，单击左下角的【删除自定义分类】按钮，在弹出的如图 4-11 所示的【删除分类】对话框中单击【确定】按钮。

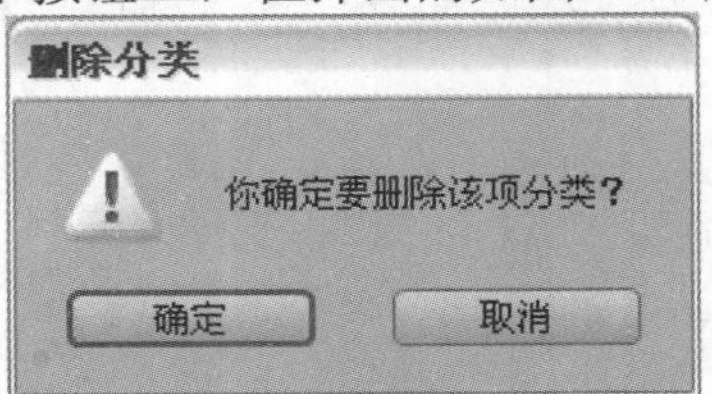

图 4-11 【删除分类】对话框

提示

除了单击左下角的【删除自定义分类】按钮，用户还可以按键盘上的 Delete 键，或者使用右键菜单的【删除】命令完成同样的操作。

知识点

新创建的自定义容器不单单是影响本工程的，而是影响所有 Premiere Pro CS3 工程的。就是说在以后的工程中，用户也能看到这个新创建的文件夹和里面存放的效果。当然，其他(如删除等)操作也同样。

4.1.2　应用视频切换效果

在【时间线】窗口中的视频轨道上，将一个素材的开头接到另一素材的结尾，就能实现切换。那么如何进行素材间有技巧的切换效果呢？要产生切换效果，要求两个素材间有重叠的部分，否则就不会同时显示，这些重叠的部分就是前一个素材出点与后一个素材入点相接的部分。

在默认状态下，在时间线中放置两段相邻的素材，如果采用的是剪切方式，那么就是前一段素材的最后一帧与下一段素材的第一帧紧密连接在一起。要为一个场景的变换强调或添加一个特定的效果，就可以添加一个多样化的切换，比如【卷页】、【缩放】和【擦除】等。可以在【效果】面板中，选择所要应用的切换效果，并将它拖动到两段素材片段首尾相连处。如图 4-12 所示。

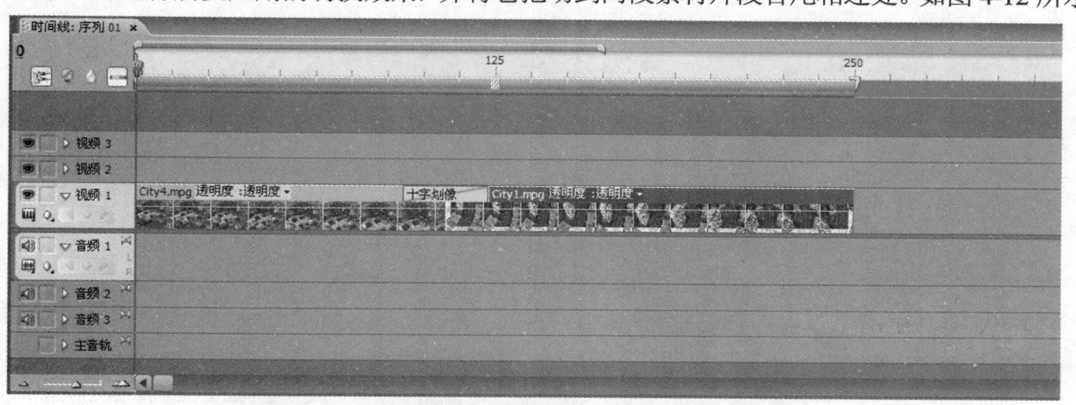

图 4-12　应用视频切换效果到两段素材片段首尾相连处

Premiere 一般是利用素材起点或终点的句柄创建切换视频切换。所谓句柄就是一个素材中位于入点和出点之外的采集而来的帧，它有时在媒体起点和入点之间，称为【料头】，而在素材的出点和素材终点之间时称为【料尾】，如图 4-13 所示。

在大多数情况下，在重要情节过程中是不希望出现切换效果的，所以要使用句柄或为素材设置入点和出点之外的附加帧，以保留精彩镜头的完整。

有时，源素材可能没有为句柄提供足够的帧。例如，摄像机已经停止或者摇镜头太快，与下一个镜头紧接着，在素材的出点和前一个素材终点之间留下的帧的长度不够切换，这时，添加切换效果时会出现一个警告——【长度不够，当前切换将包含重复帧】。如图 4-14 所示。

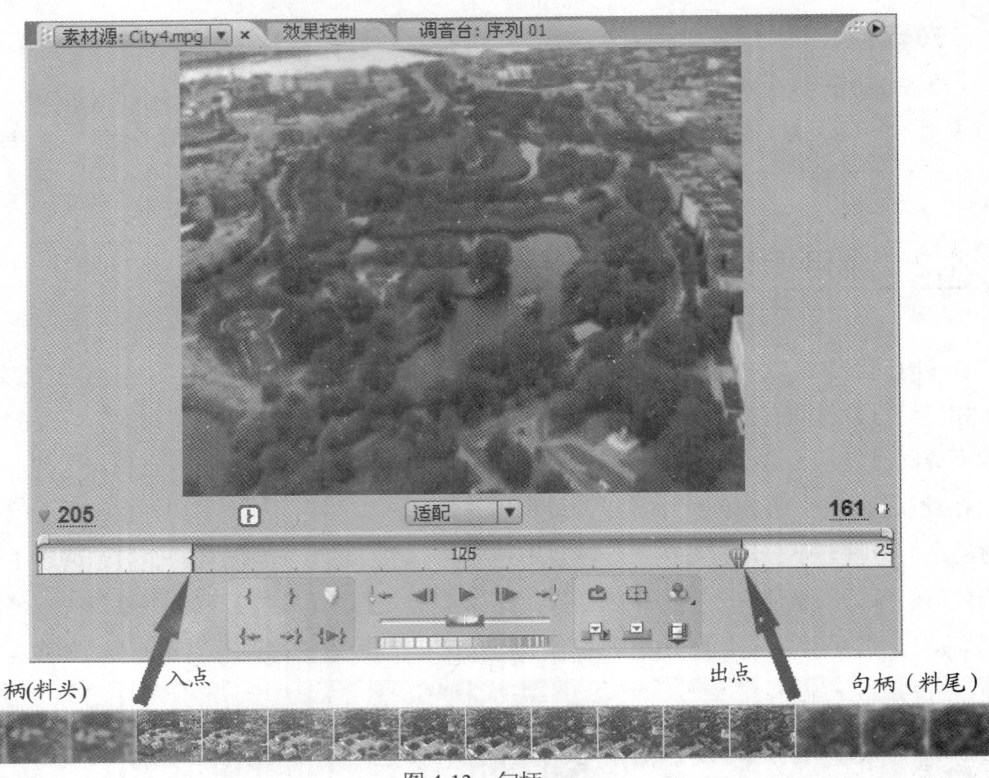

图 4-13　句柄

当拖动一个切换到同一个轨道上两个素材之间的编辑点上时，可以交互地控制切换效果的校准。校准切换效果可以使用【效果控制】面板，也可以在【时间线】窗口上操作。

无论如何，切换效果的校准和长度都受到素材句柄即超出编辑点的可用帧数的限制。例如，如果第二段素材没有编辑点的可用帧数，即句柄帧，那么校准选项只能是“结束于切点”。如图 4-15 所示。

知识点

解决帧的长度不够切换的最好方法是，在拍摄和采集时预留足够的源素材句柄，保证素材片段在使用切换转场时有超出入点和出点的实际帧数。

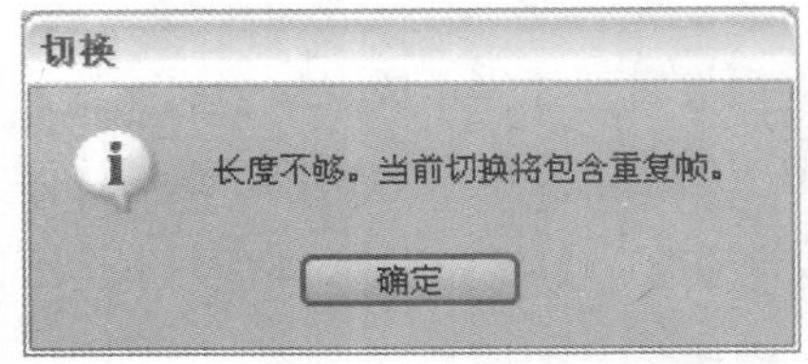

图 4-14　句柄长度不够

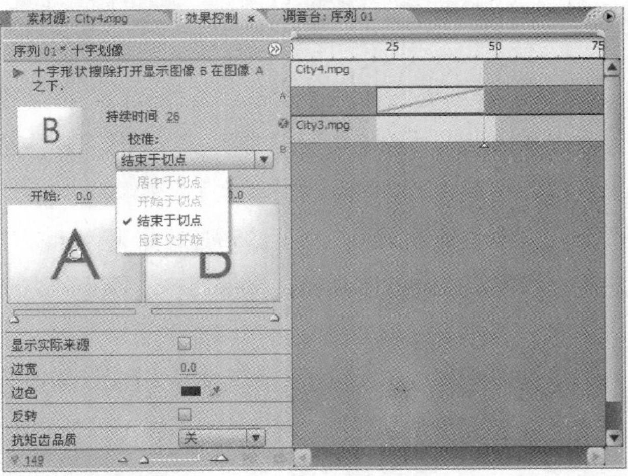

图 4-15　校准选项

同样，编辑点的可用帧数——句柄帧短缺会限制视频切换切换的长度，导致视频切换时间比默认视频切换时间还要短。

【例 4-2】为两段视频素材运用视频切换效果。

(1) 启动 Premiere Pro CS3，新建一个名为【透明叠加】的项目文件。

(2) 选择【文件】|【导入】命令，打开【导入】对话框，导入【透明叠加】文件夹中的两段视频素材，如图 4-16 所示。

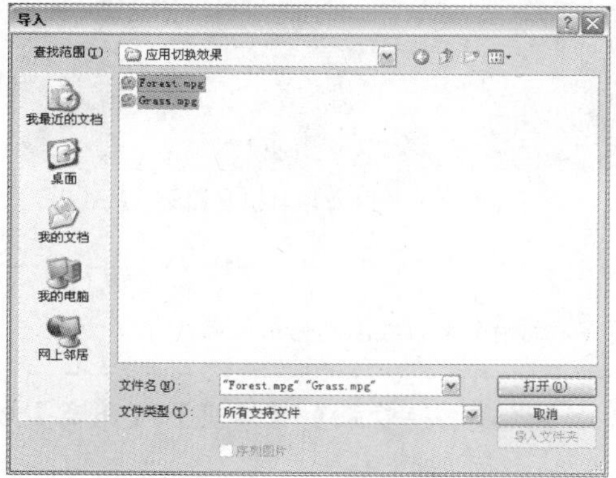

图 4-16　导入两段素材

图 4-17　为素材 Grass.mpg 设置入点和出点

(3) 在【项目】窗口中双击素材 Grass.mpg，打开【素材源】监视器窗口，分别在第 50 帧和第 350 帧处为该素材设置入点和出点，如图 4-17 所示。

(4) 在【素材源】监视器窗口按住鼠标，将设置好入点和出点的素材拖动到【时间线】窗口的【视频 1】轨道上释放。如图 4-18 所示。

图 4-18　应用素材 Grass.mpg 到【视频 1】轨道

图 4-19　为素材 Forest.mpg 设置入点

(5) 在【项目】窗口中双击素材 Forest.mpg，打开【素材源】监视器窗口，在第 50 帧处为该素材设置入点，如图 4-19 所示。

(6) 在【素材源】监视器窗口按住鼠标，将设置好入点的素材 Forest.mpg 拖动到【时间线】窗口的【视频 1】轨道上，与素材 Grass.mpg 的尾部对齐后释放。如图 4-20 所示。

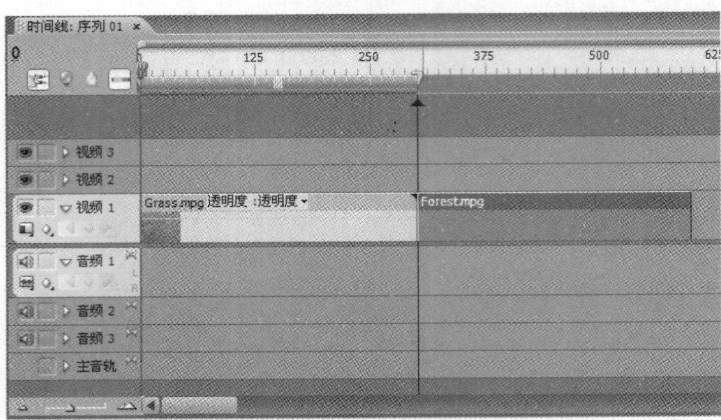

图 4-20 应用素材 Forest.mpg 到【视频 1】轨道

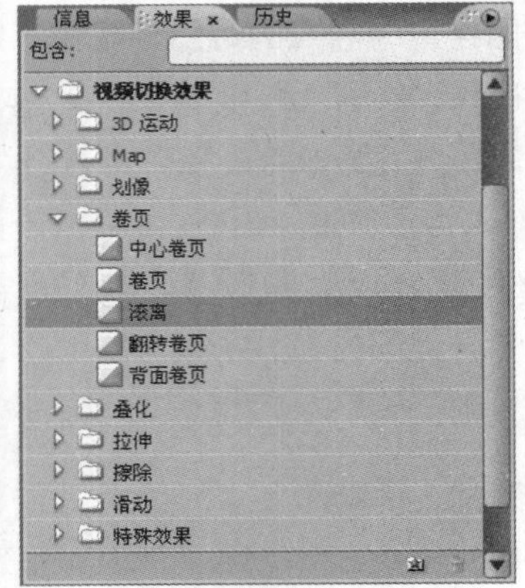

图 4-21 选择【滚离】效果

提示

前一个素材的出点要和后一个素材的入点相接。否则得不到两个素材之间的切换效果。

(7) 打开【效果】面板，在【效果】面板中，选择【视频切换效果】|【卷页】|【滚离】效果，如图 4-21 所示。

(8) 将【滚离】效果拖放到【视频 1】轨道上的两个素材连接处，然后释放鼠标。如图 4-22 所示。

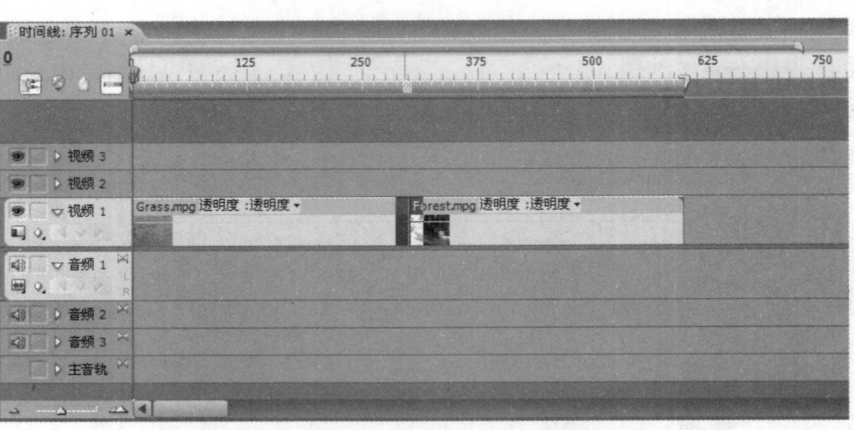

图 4-22 将【滚离】效果应用在两个素材连接处

(9) 将时间指针拖动到两个素材应用了视频切换效果处，在【节目】窗口中预演，会看到前一段视频逐渐滚离，后一段视频逐渐显现的效果，如图 4-23 所示。

图 4-23 预演【滚离】效果

(10) 在【效果】窗口中，还可以选择其他的视频切换效果，将其拖放在【时间线】窗口上的现有切换效果上，释放鼠标后原来的视频切换被替换成新的视频切换效果了。例如可以选择【视频切换效果】|【3D 运动】|【窗帘】效果，拖放在时间线上原来的【滚离】效果上。如图 4-24 所示。

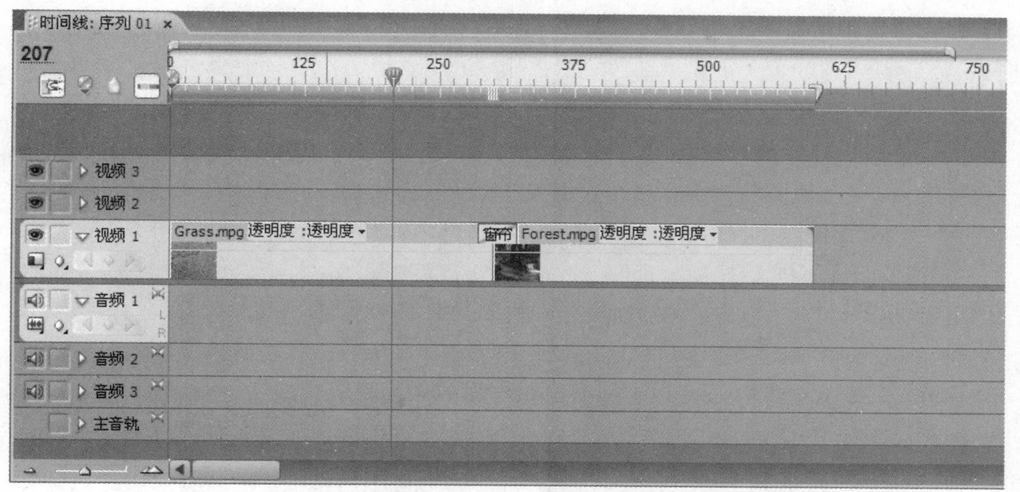

图 4-24　选择【窗帘】效果替换【滚离】效果

(11) 将时间指针拖动到两个素材应用了视频切换效果处，在【节目】窗口中预演，如图 4-25 所示。

图 4-25　预演【窗帘】效果

4.2　设置视频切换效果

一般应用视频切换，可以直接拖拽一个视频切换效果到【时间线】上。如果用户经常性地需要使用某个视频切换效果，可以将其设置为默认切换效果。当需要使用该默认效果时，可以在前后两段素材的连接处，使用【序列】|【应用视频切换效果】菜单命令，进行添加。

4.2.1　设置默认视频切换效果

在默认状态下，Premiere Pro CS3 会使用【叠化(Cross Dissolve)】作为默认视频切换效果。在

【效果】窗口中，默认切换标以红色的轮廓线，如图 4-26 所示。如果使用其他的切换更频繁，可以将它设置为默认切换。当改变默认切换的设置时，会改变所有项目中的默认设置，但并不影响已经在序列中使用着的切换。

改变默认切换效果的操作：在【效果】面板中找到要设置为默认切换效果的那个效果，如【十字划像】，在该切换效果上单击鼠标右键，单击弹出的【设置所选为默认切换效果】按钮，如图 4-27 所示。

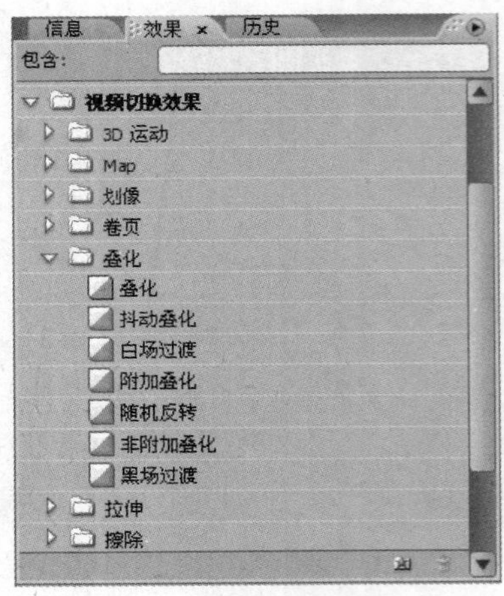

图 4-26　默认切换效果【叠化】

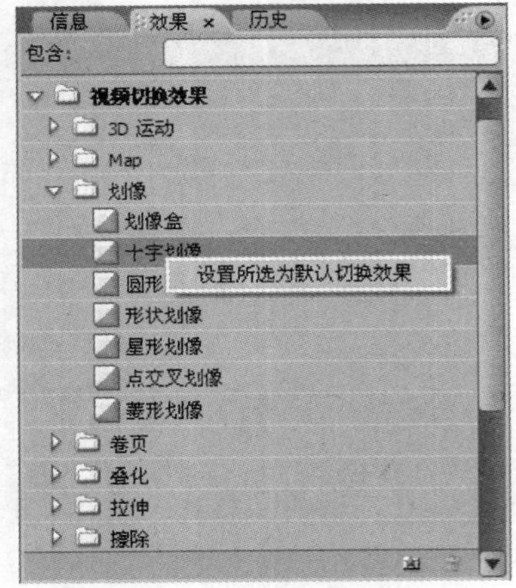

图 4-27　更改默认切换效果

知识点

当准备添加素材到时间线，需要对大多数甚至全部素材应用默认的切换时，建议使用【自动匹配到序列(Automate To Sequence)】命令，可以在每个素材之间添加视频和音频的默认切换。

4.2.2　使用【效果控制】面板

视频切换效果自身带有参数设置，通过更改设置就可以实现视频切换效果的变化。在【时间线】窗口中选中已经应用的视频切换效果，执行【窗口】|【效果控制】菜单命令，打开【效果控制】面板，相关的参数设置就会出现在其中。或在【时间线】窗口中双击某个视频切换效果，也会直接打开【效果控制】面板，如图 4-28 所示。

- 【播放切换效果】按钮：单击后，将在下面的【预演和方向选择】区域中动态或静态显示视频切换效果。【播放切换效果】按钮后出现的是关于该效果的描述。
- 【预演和方向选择】区域：预演视频切换效果，单击视窗边缘的三角可以改变视频切换效果的方向。
- 【开始】和【结束】视窗：分别对应的是前一个素材和后一个素材，下面对应的三角滑块可以改变视频切换开始和结束程度，其具体数值在视窗上方显示。

- ⊙ 【持续时间】：显示视频切换效果的持续时间，在数值上拖动或者双击鼠标也可以进行数值调整。
- ⊙ 【校准】：校准视频切换效果，其中【居中于切点】是视频切换效果放在两个素材交接处的中间；【开始于切点】是视频切换开始点在后一个素材的开始点上；【结束于切点】是视频切换结束点在前一个素材的结束点上。还可以是手动设置的【自定义开始】。
- ⊙ 【显示实际来源】复选框：选中该复选框，可以在【预演和方向选择】区域以及【开始】和【结束】视窗中显示实际的素材。如图 4-29 所示。

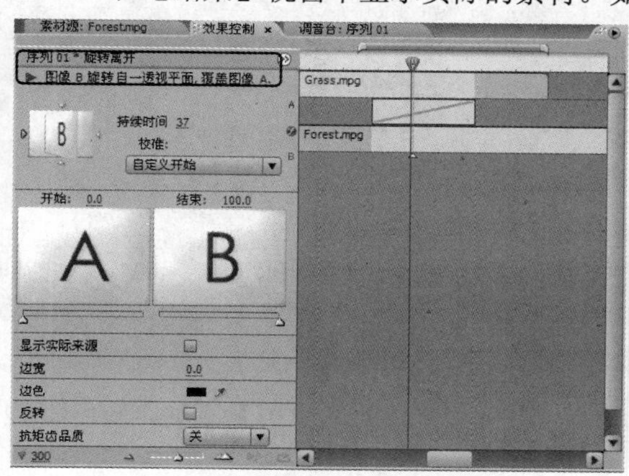

图 4-28　视频切换效果控制面板

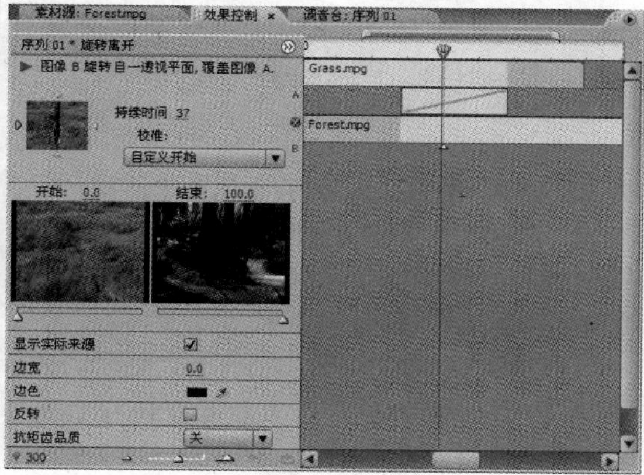

图 4-29　显示实际来源

- ⊙ 【边宽】：调整视频切换效果的边界宽度，默认值是 0.0，即无边界。
- ⊙ 【边色】：设定边界的颜色。单击颜色图标会打开【色彩拾取】对话框，进行颜色设置，也可以使用吸管工具在屏幕上选取颜色。
- ⊙ 【反转】：选中该复选框，会使视频切换效果运动的方向相反。
- ⊙ 【抗锯齿品质】：对切换效果中两个素材相交的边缘实施边缘抗锯齿效果，有【关】、【低】、【中】和【高】4 种等级选择。

另外，在某些转换的设置窗口中还有自定义按钮，它提供了一些自定义参数。

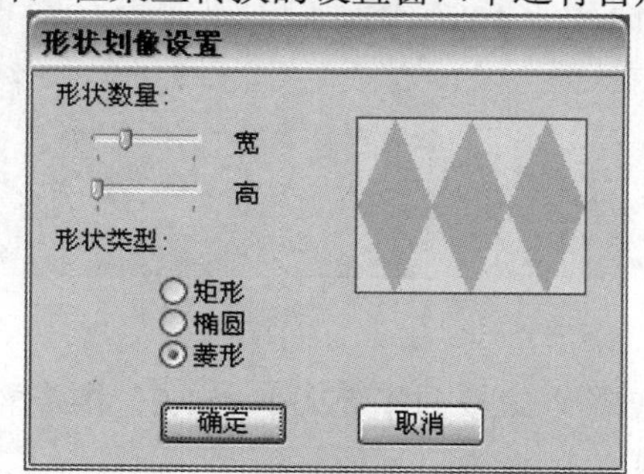

图 4-30　【形状划像】的自定义设置对话框

提示

例如【形状划像】效果，可以自定义设置【形状数量】，即【宽】和【高】的重复值，还提供了【矩形】、【椭圆】和【菱形】3 种图像的转场，调整好后单击【确定】按钮可应用自定义视频切换效果。如图 4-30 所示。

视频切换参数设置窗口的右侧，以时间线的形式显示了两个素材相互重合的程度以及视频切换的持续时间，这与以前版本的【时间线】窗口的布局是一致的。单击窗口上方的按钮，可以展开或者关闭这个区域。在这个区域可以完成与时间线窗口中相一致的操作。

【例 4-3】为两段视频素材间视频切换效果进行参数设置。

(1) 运行 Premiere Pro CS3，打开【例 4-2】中的项目文件。

(2) 在【效果】窗口中，选择【视频切换效果】|【擦除】|【棋盘】效果，拖放在时间线上原来的【窗帘】效果上。如图 4-31 所示。

图 4-31　选择【棋盘】效果替换【窗帘】效果

(3) 在【时间线】窗口中双击【棋盘】切换效果，直接打开【效果控制】面板，如图 4-32 所示。

(4) 选中【显示实际来源】复选框，再单击【播放切换效果】按钮▶，观看【棋盘】效果预演，如图 4-33 所示。

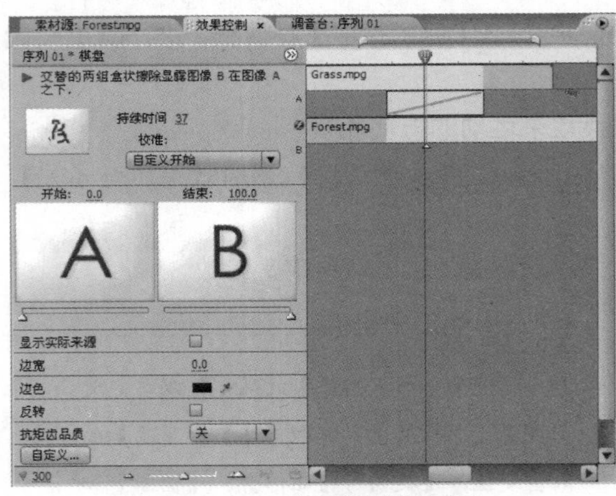

图 4-32　打开【效果控制】面板

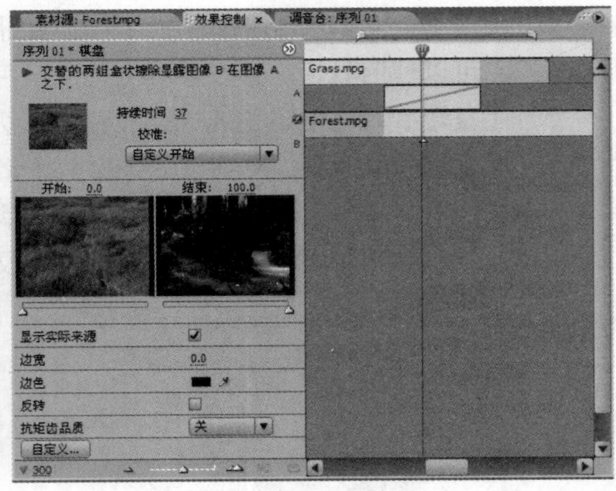

图 4-33　显示实际来源

(5) 在【边宽】选项的数值上拖动鼠标或者单击后输入边框的宽度大小为 1.0。接着单击【边色】选项中的颜色，弹出【颜色拾取】对话框，如图 4-34 所示。

(6) 在颜色调板中选择边框的颜色。如选择 RGB 值为 406020 的绿色，这样切换效果的边界就会出现用户所设置大小和颜色的边界了，可以在【节目】窗口中查看，如图 4-35 所示。

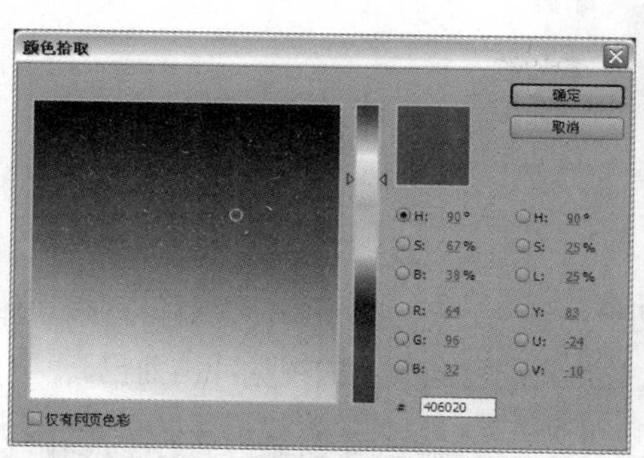

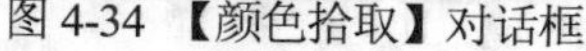

图 4-34 【颜色拾取】对话框

图 4-35 查看边界宽度和颜色

(7) 选中【反转】复选框，会使视频切换效果运动的方向相反。效果如图 4-36 所示。

(8) 在【抗锯齿品质】的下拉菜单中选择【高】。可以看到特效边界变得柔和，如图 4-37 所示。

图 4-36 【反转】后效果

图 4-37 【抗锯齿品质】选择【高】

(9) 单击【自定义】按钮。弹出【棋盘设置】对话框，如图 4-38 所示。可以在【水平切片】文本框中输入 12，【垂直切片】文本框中输入 9，效果如图 4-39 所示。

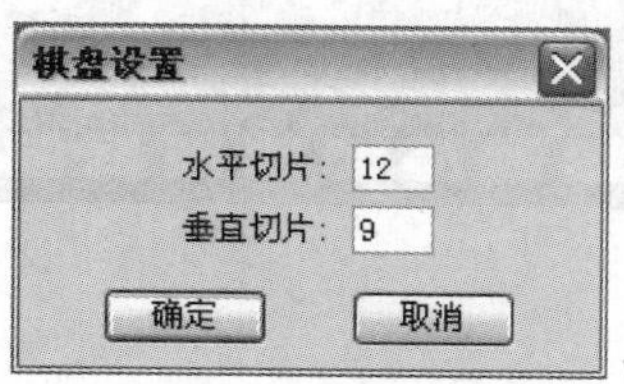

图 4-38 【棋盘设置】对话框

图 4-39 自定义后的【棋盘】效果

4.3 视频切换效果一览

4.3.1 3D 运动

3D 运动效果就是将前后两个要运用 3D 运动切换的镜头进行层次化，使人获得三维立体的视觉效果，这在影视表现的含义不是很复杂，往往只是给人一种画面上的视觉冲击而已。

在 Premiere Pro CS3 中，3D 运动共有 10 种视频切换效果可以使用，如图 4-40~图 4-49 所示。

图 4-40 【上折叠】效果

图 4-41 【摆入】效果

图 4-42 【摆出】效果

图 4-43 【旋转】效果

图 4-44　【旋转离开】效果

图 4-45　【窗帘】效果

图 4-46　【立方旋转】效果

图 4-47　【翻转】效果

图 4-48　【翻转离开】效果

图 4-49　【门】效果

4.3.2 Map

Map(映射)切换通过将前一个镜头的通道或者明度值映射到后一个镜头中来实现切换。Premiere Pro CS3 共提供了两种类型的 Map(映射)切换。

【亮度映射】效果如图 4-50 所示。

图 4-50 【亮度映射】效果

【通道映射】效果如图 4-51 所示。【通道映射】效果参数设置如图 4-52 和图 4-53 所示。

图 4-51 【通道映射】效果

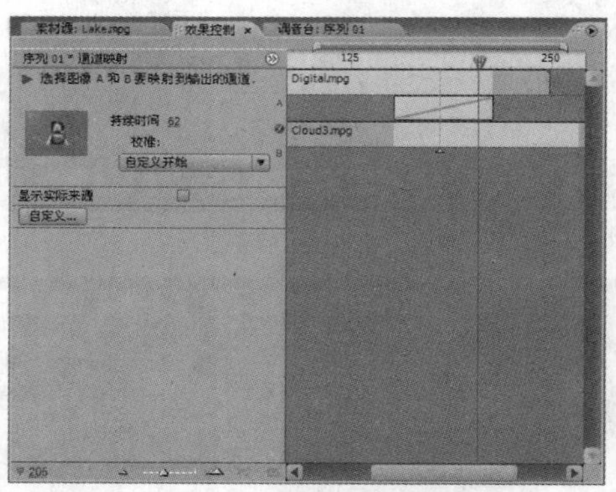

图 4-52 【通道映射】效果控制

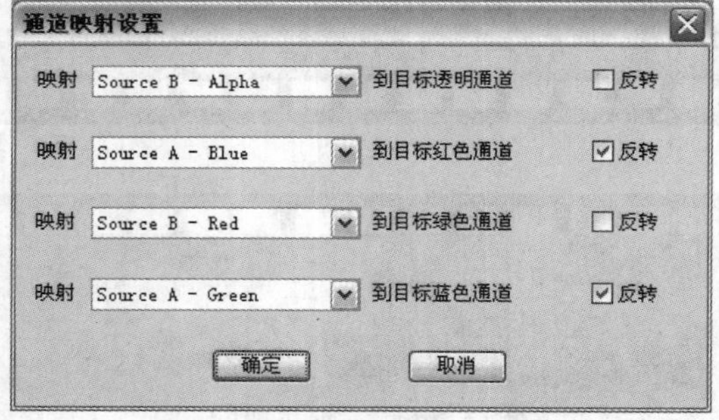

图 4-53 通道映射设置

4.3.3 划像

【划像】切换类型的影像效果通常是前一个镜头从画面中逐渐由大变小离开，后一个镜头则由小变大进入。由小变大的光圈叫做入圈，由大变小的光圈叫做收圈。这种镜头可以起到两方面的效果，或者用于表现叙述手法中的插叙，或者后一个镜头的画面从前一个镜头的某一部分逐渐

放大，起到吸引注意力的目的，使得观察者能够注意到镜头中的某一个细节，从而起到特写的作用，类似于拍摄技巧中的推镜头。

Premiere Pro CS3 共提供了 7 种类型的【划像】切换。如图 4-54~图 4-60 所示。

图 4-54　【划像盒】效果

图 4-55　【十字划像】效果

图 4-56　【圆形划像】效果

图 4-57　【形状划像图】效果

图 4-58　【星形划像】效果

图 4-59 【点交叉划像】效果

图 4-60 【菱形划像】效果

4.3.4 卷页

【卷页】效果又称为【翻入翻出】技巧。所谓【卷页】效果是指在一个画面将要结束的时候将其后面的一系列画面翻转从而翻出后面的画面的过渡过程。这种表现手法多用于表现空间和时间的转换，常常用于对比前后的一系列画面。影视广告中常有应用。

Premiere Pro CS3 共提供了 5 种类型的【卷页】切换效果，如图 4-61~图 4-65 所示。

图 4-61 【中心卷页】效果

图 4-62 【卷页】效果

图 4-63　【滚离】效果

图 4-64 【翻转卷】效果

图 4-65 【背面卷页】效果

4.3.5　叠化

【叠化】在影视编辑中又被称为【淡入淡出】效果。所谓的【淡入】就是指一个镜头开始的时候由暗逐渐变亮，一般用于段落或全片开始的第一个镜头，引领观众逐渐进入；【淡出】则是在一个镜头结束的时候由亮逐渐变暗，常用于段落或全片的最后一个镜头，可以激发观众回味。将前后两个镜头的淡出和淡入过程重叠在一起便形成了【化】。即当前一个画面逐渐消失的同时，后一个画面逐渐显现出来，直至完全替代前一个画面的过程叫做【化】。【化】也是一种缓慢的渐变过程。画面之间的转换显得非常流畅、自然、柔和，给人以舒适、平和的感觉。如果将两个画面化出化入中间相叠的过程固定，并延续下去，便得到相重叠的效果，叫做【叠】(Superimposition)。【叠】可以强调重叠画面内容之间的对列关系。【淡入淡出】效果最重要的参数是视频切换效果持续时间的长短，这需要根据内容而定。

Premiere Pro CS3 中共提供了 7 种【叠化】效果，如图 4-66~图 4-72 所示。

图 4-66 【叠化】效果

图 4-67 【抖动叠化】效果

图 4-68 【白场过渡】效果

图 4-69 【附加叠化】效果

图 4-70 【随机反转页】效果

图 4-71 【非附加叠化】效果

图 4-72 【黑场过渡】效果

4.3.6 拉伸

【拉伸】视频切换效果主要通过素材的变形来实现过渡。

Premiere Pro CS3 中共提供了 4 种【拉伸】视频切换效果，如图 4-73~图 4-76 所示。

图 4-73 【交接拉伸】效果

图 4-74 【伸展入】效果

图 4-75 【伸展覆盖】效果

图 4-76 【拉伸】效果

4.3.7 擦除

【擦除】切换效果分类是 Premiere Pro CS3 中包含类型最多的一组切换效果。【擦除】过渡特技的共同特征是一个镜头从另一个镜头扫过，且多呈指针旋转，所以通常情况下，可以制作电影片头的倒计时数字，还可以用来制作渐层的效果。

Premiere Pro CS3 中共提供了 17 种【擦除】视频切换效果，如图 4-77~图 4-93 所示。

图 4-77 【Z 形划片】效果

图 4-78 【仓门】效果

图 4-79 【划格擦除】效果

图 4-80 【带状擦除】效果

图 4-81 【径向擦除】效果

图 4-82 【插入】效果

图 4-83　【擦除】效果

图 4-84 【时钟擦除】效果

图 4-85 【棋盘】效果

图 4-86 【楔形擦除】效果

图 4-87 【涂料飞溅】效果

图 4-88 【渐变擦除】效果

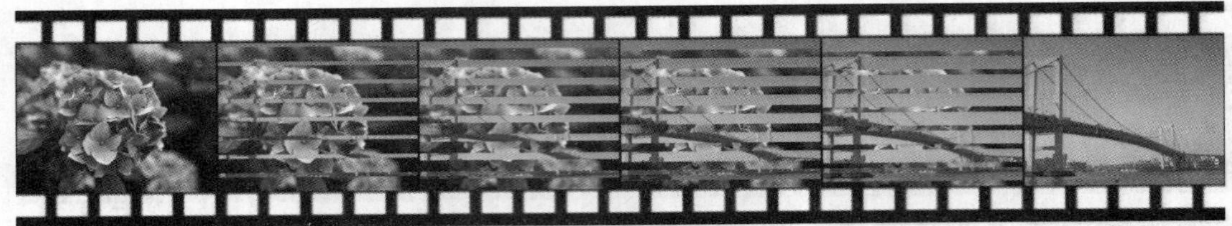

图 4-89 【百叶窗】效果

图 4-90 【纸风车】效果

图 4-91 【螺旋盒】效果

图 4-92 【随机块】效果

图 4-93 【随机擦除】效果

4.3.8 滑动

【滑动】视频切换效果分类也是 Premiere Pro CS3 中包含视频切换效果比较多的一组切换类型。共有 12 种视频切换效果，如图 4-94~图 4-105 所示。

图 4-94 【中心分割】效果

图 4-95 【中心聚合】效果

图 4-96 【交替】效果

图 4-97 【分裂】效果

图 4-98 【多重旋转】效果

图 4-99 【带状滑动】效果

图 4-100 【推挤】效果

图 4-101 【斜叉滑动】效果

图 4-102 【滑动】效果

图 4-103 【滑动条带】效果

图 4-104 【滑动盒】效果

图 4-105 【漩涡】效果

4.3.9　特殊效果

在 Premiere Pro CS3 中，除了常用的过渡视频切换技巧外，还提供了一些特殊的视频切换技巧，【特殊效果】视频切换类一般用于影视片头的制作，而且这些技巧往往都需要与其他的图形图像处理软件一起使用。

【特殊效果】共有 3 种。如图 4-106~图 4-108 所示。其中【置换】效果设置如图 4-109 所示。

图 4-106　【三次元】效果

图 4-107　【纹理材质】效果

图 4-108　【置换】效果

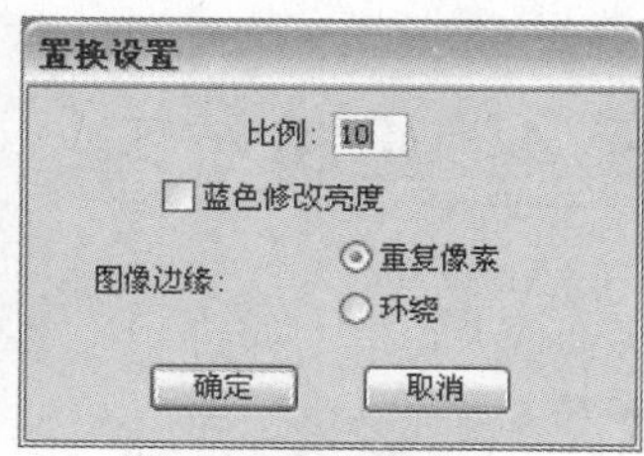

图 4-109　置换设置

4.3.10　缩放

【缩放】类视频切换效果模拟了实际拍摄过程中的镜头的推拉。在 Premiere Pro CS3 中共有 4 种类型的【缩放】切换效果，如图 4-110~图 4-113 所示。

图 4-110　【交叉缩放】效果

图 4-111 【缩放】效果

图 4-112 【缩放拖尾】效果

图 4-113 【缩放盒】效果

4.4 上机练习

本章上机练习通过制作【个人相册】和【香港印象】城市宣传片，熟悉应用视频切换效果和设置视频切换效果等知识。

4.4.1 制作个人相册

制作个人相册，在多张照片之间应用默认的视频切换效果。

(1) 启动 Premiere Pro CS3，新建一个名为【个人相册】的项目，打开【自定义设置】选项卡，选择【编辑模式】为【桌面编辑模式】，【时间基准】为【25.00 帧/秒】，【画幅大小】为【352 宽 288 高】，【像素纵横比】为【方形像素(1.0)】，【场】为【无场(逐行扫描)】，【显示格式】为【帧】，如图 4-114 所示。

(2) 选择【编辑】|【参数】|【常规】命令，打开【参数】设置对话框，如图 4-115 所示。设置【视频切换默认持续时间】为【25 帧】，【静帧图像默认持续时间】为【100 帧】，然后单击【确定】按钮。

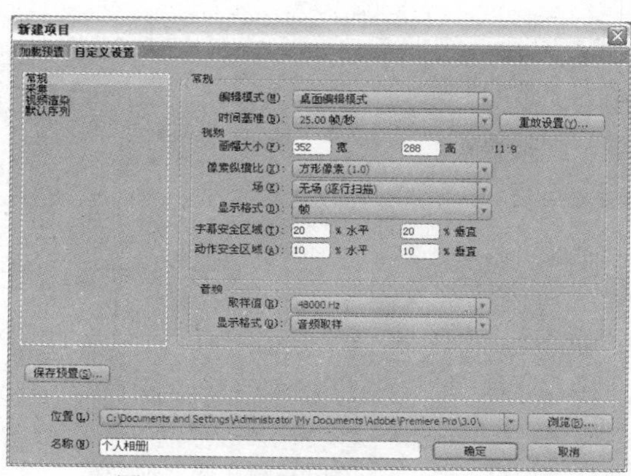

图 4-114　新建项目【个人相册】

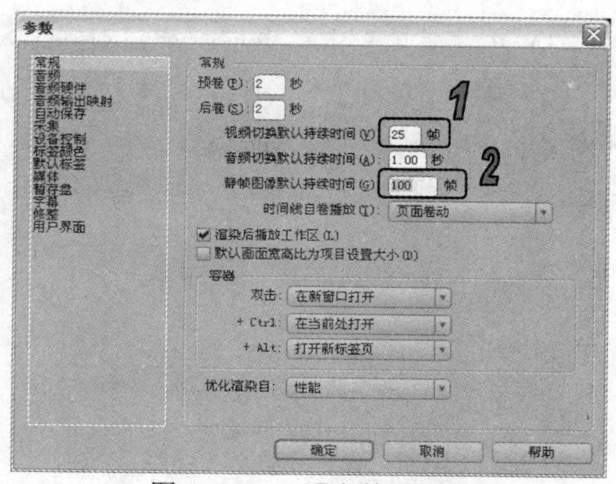

图 4-115　【参数】设置

(3) 在【效果】面板中，选择【视频切换效果】|【划像】|【形状划像】效果，在该切换效果上单击鼠标右键，单击弹出的【设置所选为默认切换效果】按钮，如图 4-116 所示。

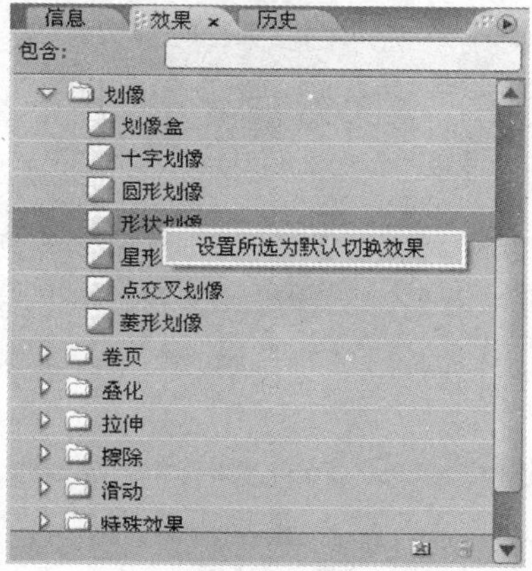

图 4-116　选择默认切换效果

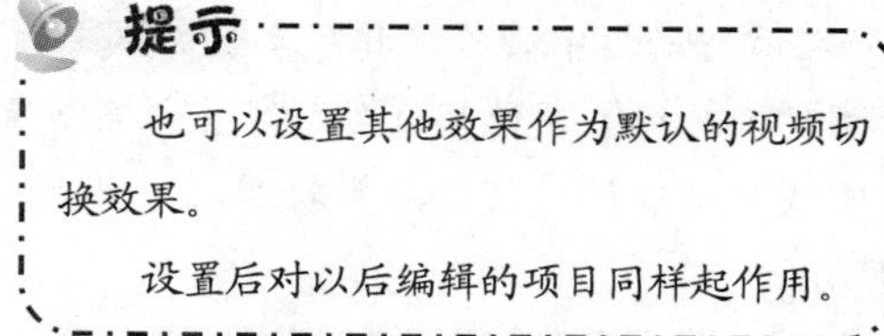

提示

也可以设置其他效果作为默认的视频切换效果。

设置后对以后编辑的项目同样起作用。

(4) 选择【个人相册】下的所有照片素材，如图 4-117 所示。单击【打开】按钮，将其导入【项目】窗口。

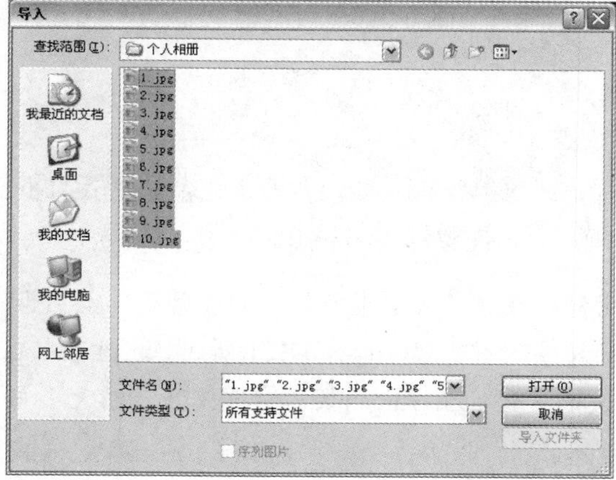

图 4-117　导入相片

提示

此时用户也可以根据需要改用自己喜欢的相片。

(5) 在【项目】窗口中可以看到刚刚导入的相片处于选中状态，如图 4-118 所示。

(6) 单击【项目】窗口底部的【自动匹配到序列】按钮，打开【自动匹配到序列】对话框，如图 4-119 所示。

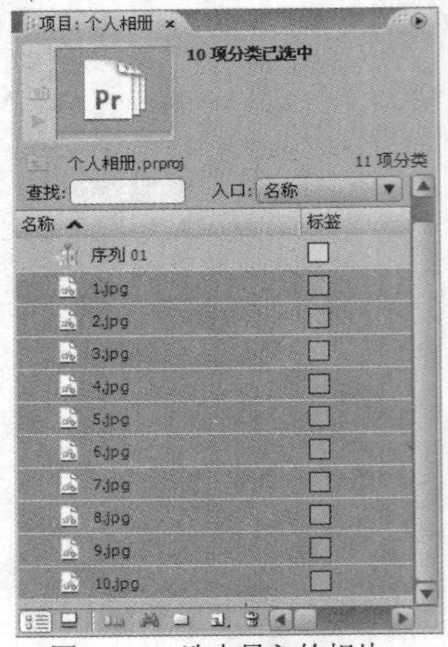

图 4-118　选中导入的相片

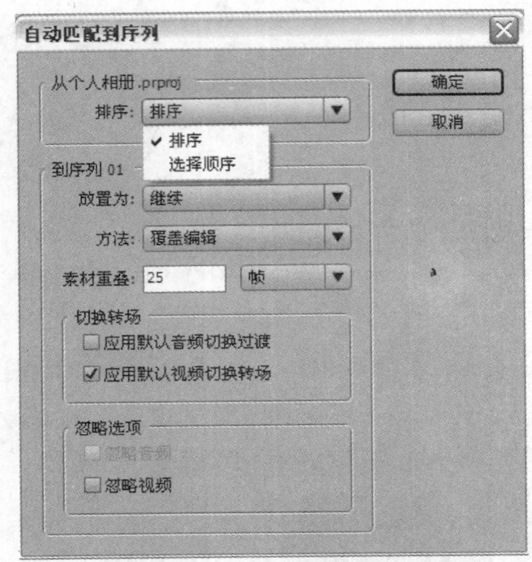

图 4-119　【自动匹配到序列】对话框

(7) 在该对话框中设置【排序】的方式为【排序】，【素材重叠】为【25 帧】，选中【应用默认视频切换转场】复选框，然后单击【确定】按钮，可以看到，所有图片素材按顺序被放置到了【时间线】窗口的【视频 1】轨道上，并且每段素材之间都应用了默认的视频切换效果，如图 4-120 所示。

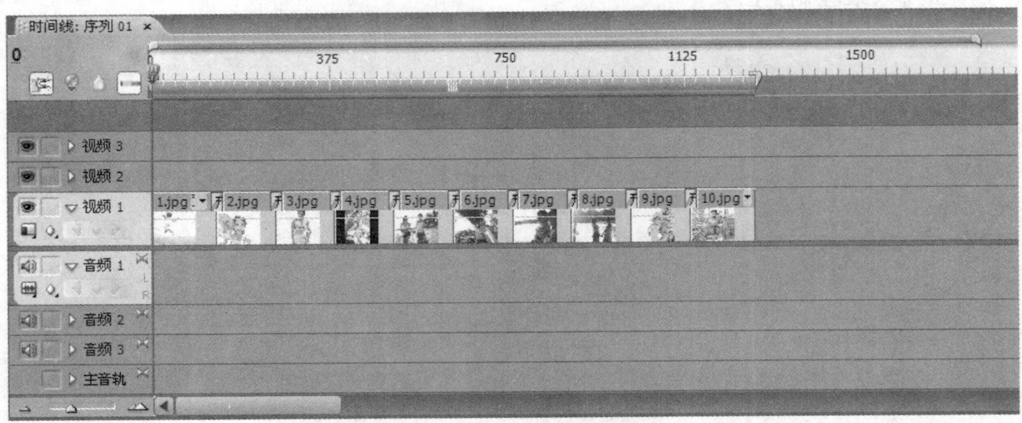

图 4-120　每段素材之间应用默认的视频切换效果

(8) 此时在【时间线】窗口中拖动时间线指针，在【节目】监视器窗口中浏览，会发现由于图片大小与项目设置的大小不一致，导致某些照片显示不理想，如图 4-121 所示。此时可以在【时间线】窗口中选择需要调整的图片素材，单击鼠标右键，在弹出的菜单中选择【画面大小与当前画幅比例适配】命令，如图 4-122 所示。

图 4-121　图片大小与画幅不一致

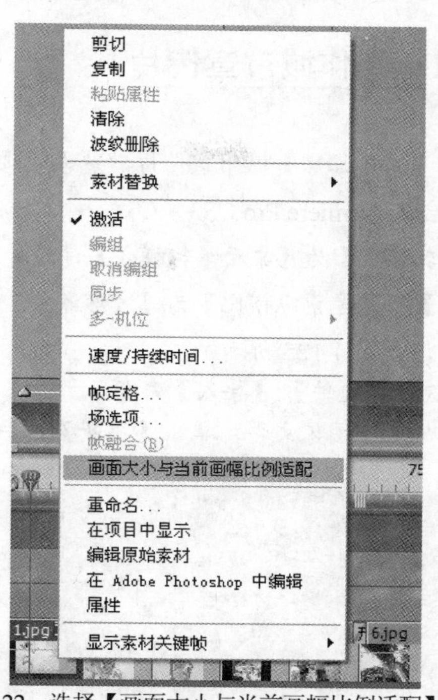

图 4-122　选择【画面大小与当前画幅比例适配】命令

(9) 利用同样的方法可以使其他图片大小也与画幅大小相匹配。此操作完成后，可以对视频切换效果作进一步的设置。双击【时间线】窗口中的视频切换效果，可以打开【效果控制】面板，如图 4-123 所示。

(10) 单击【效果控制】面板中底部的【自定义】按钮，在弹出的【形状划像设置】对话框中设置【形状数量】和【形状类型】，如图 4-124 所示。设置完成后，单击【确定】按钮。

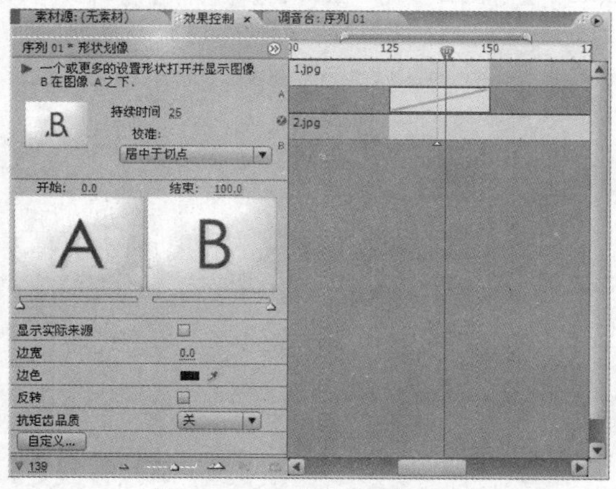

图 4-123　【效果控制】面板

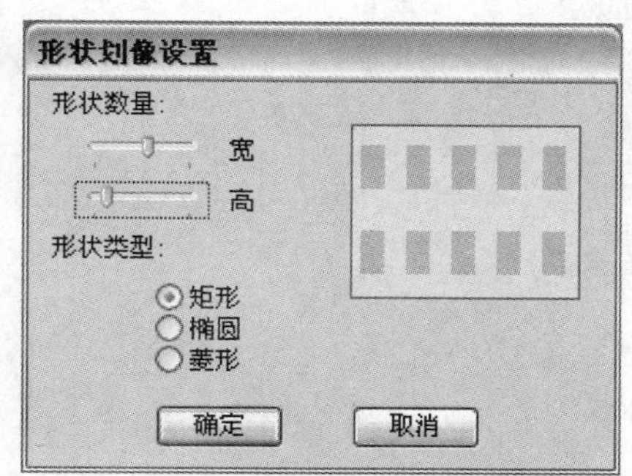

图 4-124　【形状划像设置】对话框

(11) 利用同样的方法，可以有选择地对其他素材间的视频切换效果进行【形状划像设置】，达到用户满意的效果。

(12) 输出影片。

4.4.2 制作城市宣传片

制作【香港印象】城市宣传片，熟悉视频切换效果的设置。

(1) 启动 Premiere Pro CS3，新建一个名为【香港印象】的项目，打开【自定义设置】选项卡，选择【编辑模式】为【桌面编辑模式】，【时间基准】为【25.00 帧/秒】，【画幅大小】为【352 宽 288 高】，【像素纵横比】为【方形像素(1.0)】，【场】为【无场(逐行扫描)】，【显示格式】为【帧】，如图 4-125 所示。

(2) 选择【文件】|【导入】命令，打开【导入】对话框。在该对话框中，选择【香港印象】文件夹中的所有图像文件，单击【打开】按钮，如图 4-126 所示。

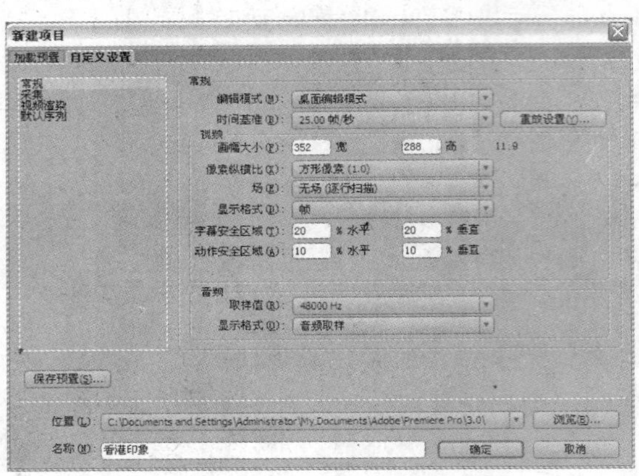

图 4-125　新建项目【香港印象】

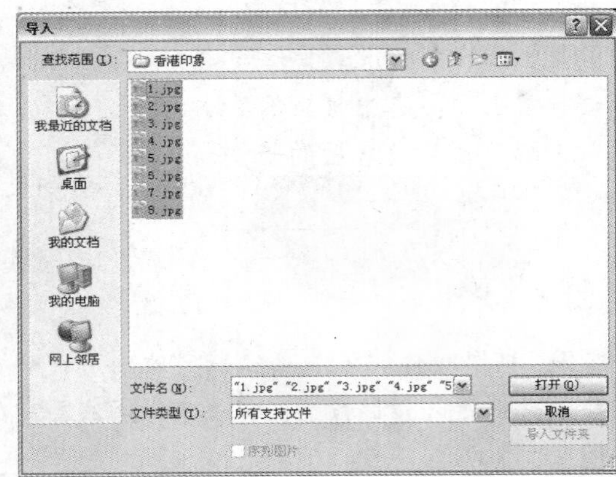

图 4-126　导入图片素材

(3) 在【项目】窗口中，选择所有图像素材，拖拽到【时间线】窗口上的【视频 1】轨道，调整【时间线】窗口显示，如图 4-127 所示。

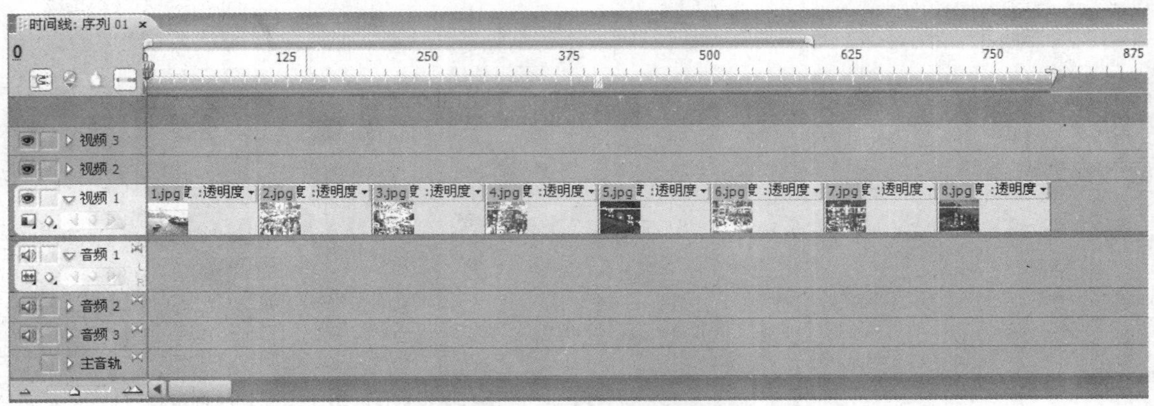

图 4-127　应用所有图像素材到【视频 1】轨道

(4) 打开【效果】面板，展开【视频切换效果】下的【滑动】类型，如图 4-128 所示。

(5) 在【滑动】类型中，选择【滑动条带】效果，拖拽到【视频 1】轨道上的 1.jpg 和 2.jpg 两段图片素材之间，然后释放，如图 4-129 所示。

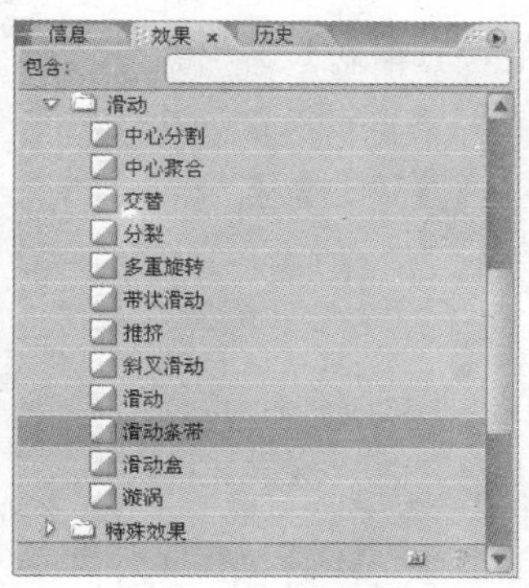

图 4-128 选择【滑动条带】效果

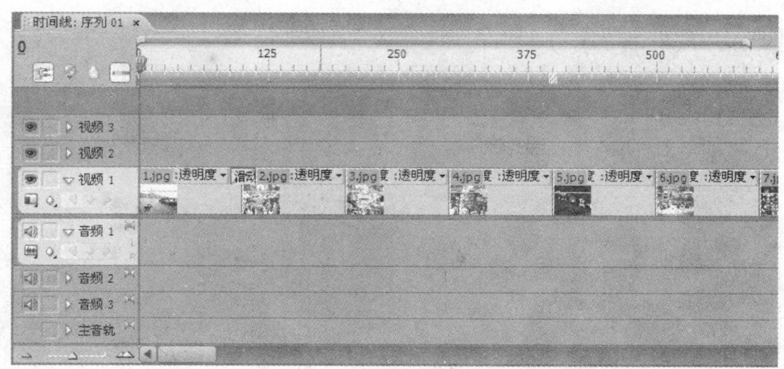

图 4-129 应用【滑动条带】效果到 1.jpg 和 2.jpg 之间

(6) 在【时间线】窗口中，双击【滑动条带】视频切换效果，打开【效果控制】面板。在【效果控制】面板中，设置【持续时间】选项的数值为【50 帧】，在【校准】下拉列表中选择【居中于切点】选项，选中【显示实际来源】复选框，如图 4-130 所示。如图 4-131 所示为应用【滑动条带】视频切换效果后的一帧图像画面。

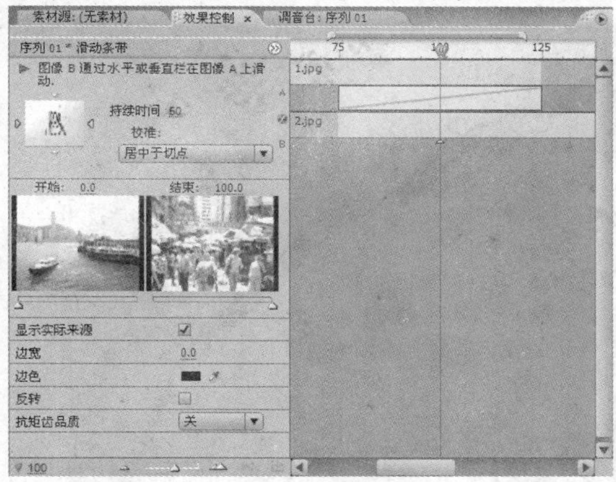

图 4-130 设置【滑动条带】效果

图 4-131 应用【滑动条带】视频切换效果的画面

(7) 选择【擦除】|【纸风车】效果，拖拽到【视频 1】轨道上的 2.jpg 和 3.jpg 两段图片素材之间，然后释放，如图 4-132 所示。

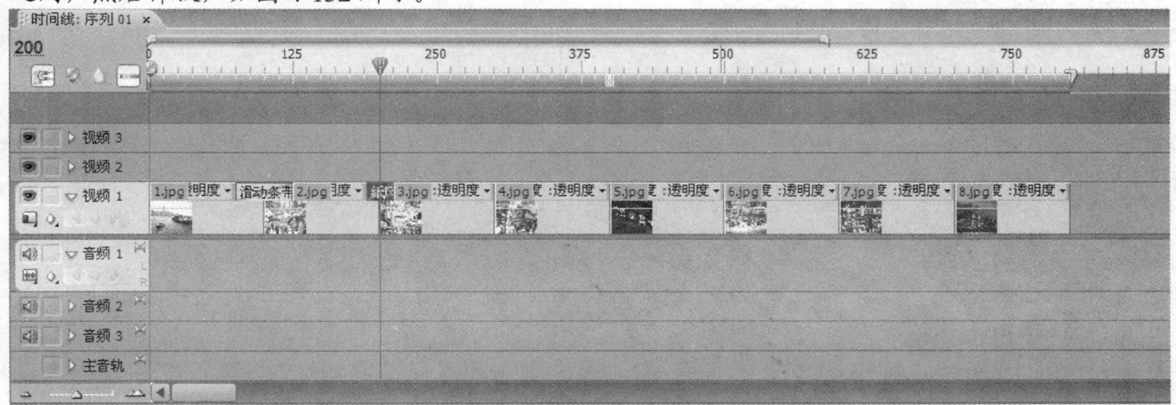

图 4-132 应用【纸风车】效果到 2.jpg 和 3.jpg 之间

(8) 在【时间线】窗口中，双击【纸风车】视频切换效果，打开【效果控制】面板。在【效果控制】面板中，设置【持续时间】选项的数值为【50 帧】，在【校准】下拉列表中选择【居中于切点】，选中【显示实际来源】复选框，设置【边宽】选项为 1.0，单击【边色】选项，拾取颜色为 699669。如图 4-133 所示。

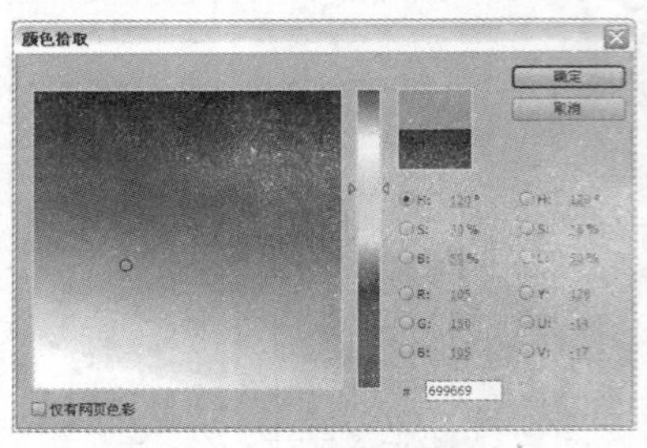

图 4-133 拾取边框颜色

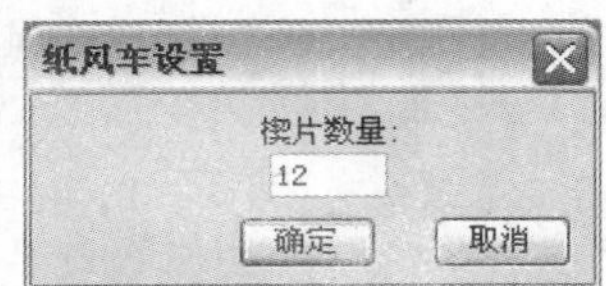

图 4-134 【纸风车设置】对话框

(9) 单击【自定义】选项，在【纸风车设置】对话框中设置【楔片数量】为 12，如图 4-134 所示。如图 4-135 所示为设置【纸风车】效果控制面板。如图 4-136 所示为应用【纸风车】视频切换效果后的一帧图像画面。

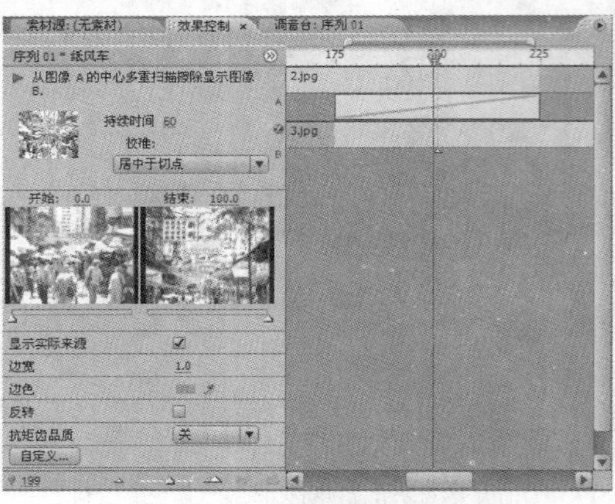

图 4-135 设置【纸风车】效果

图 4-136 应用【纸风车】视频切换效果的画面

(10) 选择【划像】|【圆形划像】效果，拖拽到【视频 1】轨道上的 3.jpg 和 4.jpg 两段图片素材之间，然后释放，如图 4-137 所示。

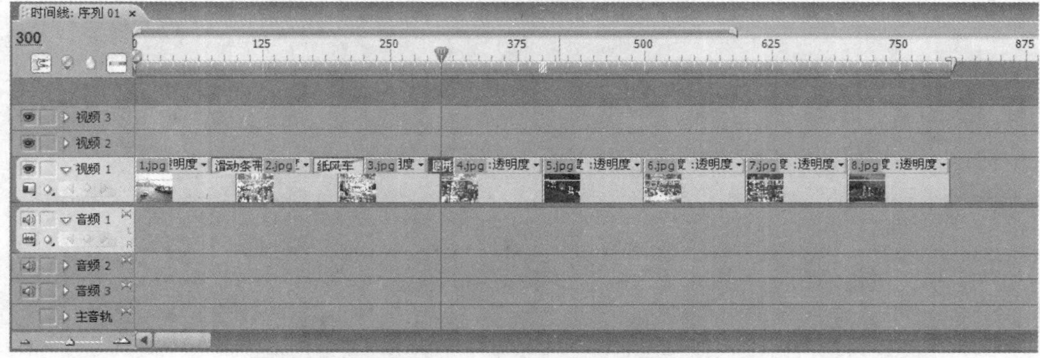

图 4-137 应用【圆形划像】效果到 3.jpg 和 4.jpg 之间

(11) 在【时间线】窗口中，双击【圆形划像】视频切换效果，打开【效果控制】面板。在【效果控制】面板中，设置【持续时间】选项的数值为【50 帧】，在【校准】下拉列表中选择【居中于切点】，选中【显示实际来源】复选框，设置【边宽】选项为 3.0，单击【边色】选项，拾取颜色为 C0C020，【抗锯齿品质】为【高】，【效果控制】面板如图 4-138 所示。如图 4-139 所示为应用【圆形划像】视频切换效果后的一帧图像画面。

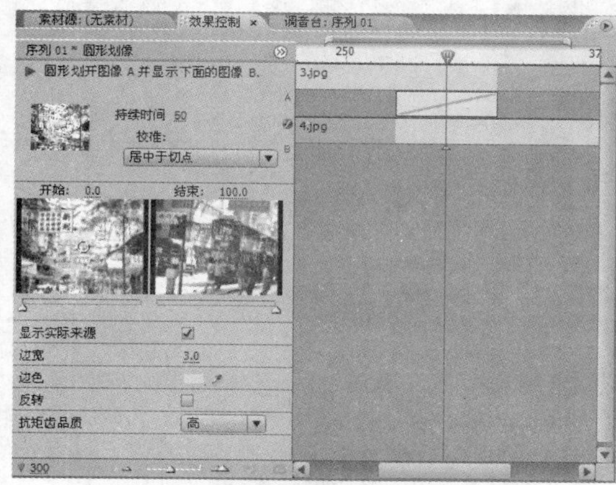

图 4-138　设置【圆形划像】效果

图 4-139　应用【圆形划像】视频切换效果的画面

(12) 选择【叠化】|【非附加叠化】效果，拖拽到【视频 1】轨道上的 4.jpg 和.jpg 两段图片素材之间，然后释放，如图 4-140 所示。

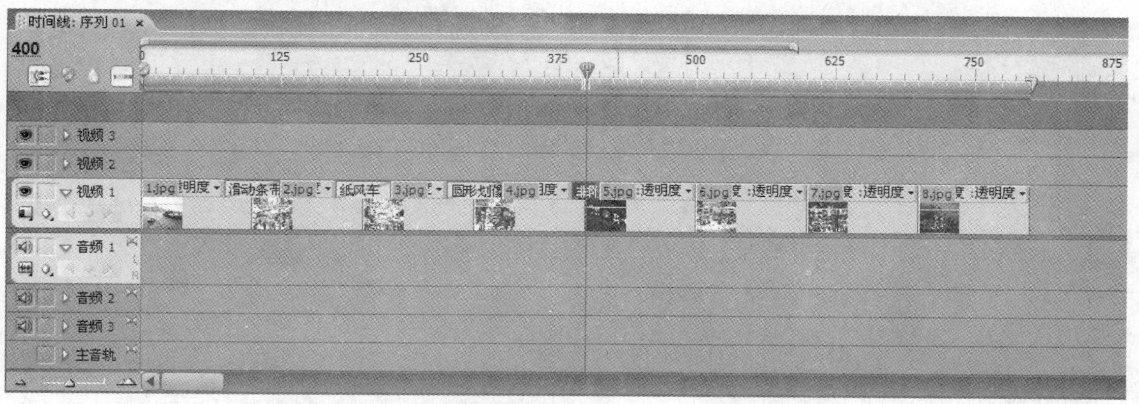

图 4-140　应用【非附加叠化】效果到 4.jpg 和 5.jpg 之间

(13) 在【时间线】窗口中，双击【非附加叠化】视频切换效果，打开【效果控制】面板。在【效果控制】面板中，设置【持续时间】选项的数值为【50 帧】，在【校准】下拉列表中选择【居中于切点】，选中【显示实际来源】复选框，【效果控制】面板如图 4-141 所示。如图 4-142 所示为应用【非附加叠化】视频切换效果后的一帧图像画面。

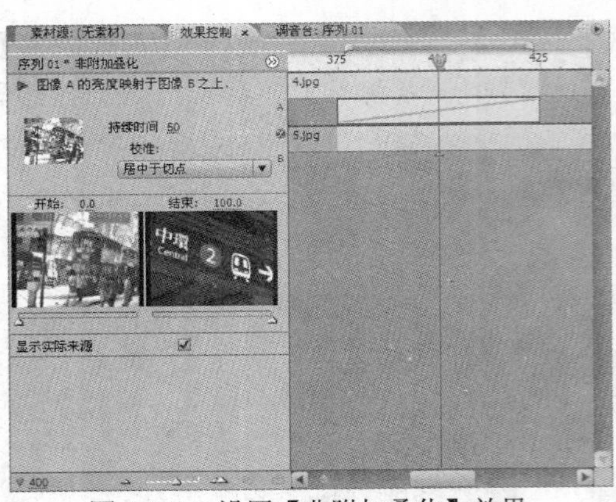

图 4-141　设置【非附加叠化】效果

图 4-142　应用【非附加叠化】视频切换效果的画面

(14) 选择【拉伸】|【伸展入】效果，拖拽到【视频 1】轨道上的 5.jpg 和 6.jpg 两段图片素材之间，然后释放，如图 4-143 所示。

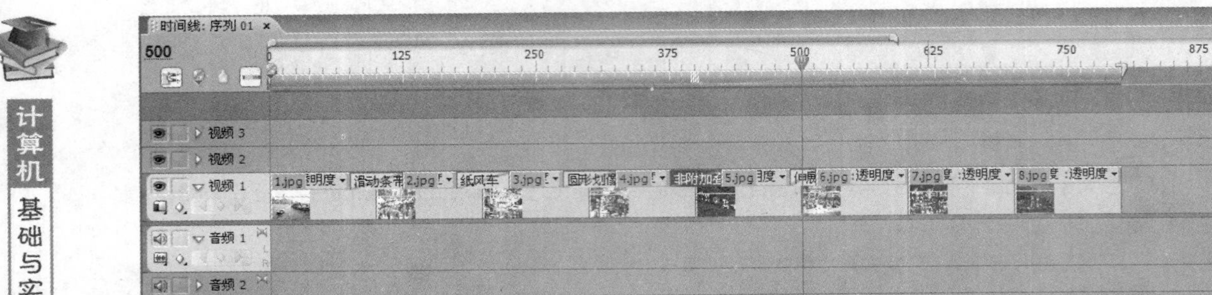

图 4-143　应用【伸展入】效果到 5.jpg 和 6.jpg 之间

(15) 在【时间线】窗口中，双击【伸展入】视频切换效果，打开【效果控制】面板。在【效果控制】面板中，设置【持续时间】选项的数值为【50 帧】，在【校准】下拉列表中选择【居中于切点】，选中【显示实际来源】复选框，【效果控制】面板如图 4-144 所示。如图 4-145 所示为应用【伸展入】视频切换效果后的一帧图像画面。

图 4-144　设置【伸展入】效果

图 4-145　应用【伸展入】视频切换效果的画面

(16) 选择【缩放】|【缩放拖尾】效果，拖拽到【视频 1】轨道上的 6.jpg 和 7.jpg 两段图片素材之间，然后释放，如图 4-146 所示。

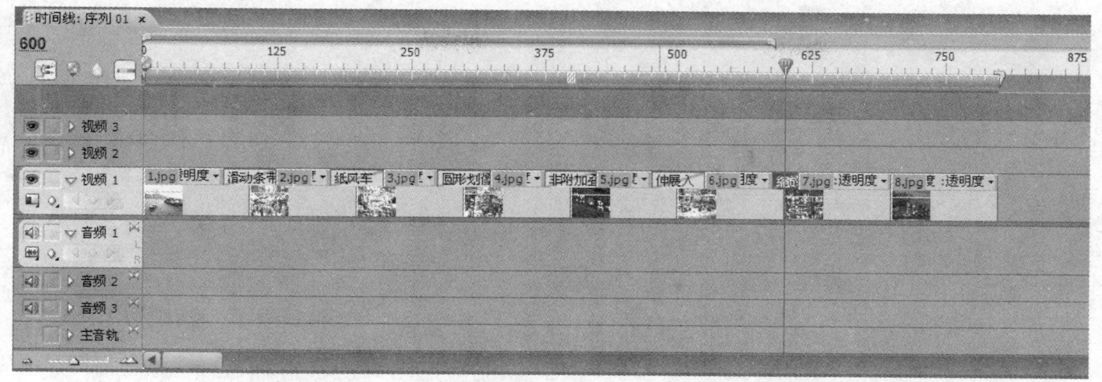

图 4-146　应用【缩放拖尾】效果到 6.jpg 和 7.jpg 之间

(17) 在【时间线】窗口中，双击【缩放拖尾】视频切换效果，打开【效果控制】面板。在【效果控制】面板中，设置【持续时间】选项的数值为【50 帧】，在【校准】下拉列表中选择【居中于切点】，选中【显示实际来源】复选框，拖动左边【开始视窗】中的圆圈到合适位置。【效果控制】面板如图 4-147 所示。如图 4-148 所示为应用【缩放拖尾】视频切换效果后的一帧图像画面。

图 4-147　设置【缩放拖尾】效果

图 4-148　应用【缩放拖尾】视频切换效果的画面

(18) 选择【3D 运动】|【翻转离开】效果，拖拽到【视频 1】轨道上的 7.jpg 和 8.jpg 两段图片素材之间，然后释放，如图 4-149 所示。

(19) 在【时间线】窗口中，双击【翻转离开】视频切换效果，打开【效果控制】面板。在【效果控制】面板中，设置【持续时间】选项的数值为【50 帧】，在【校准】下拉列表中选择【居中于切点】，选中【显示实际来源】复选框，【抗锯齿品质】为【高】，拖动右边【结束视窗】中的圆圈到合适位置。【效果控制】面板如图 4-150 所示。如图 4-151 所示为应用【翻转离开】视频切换效果后的一帧图像画面。

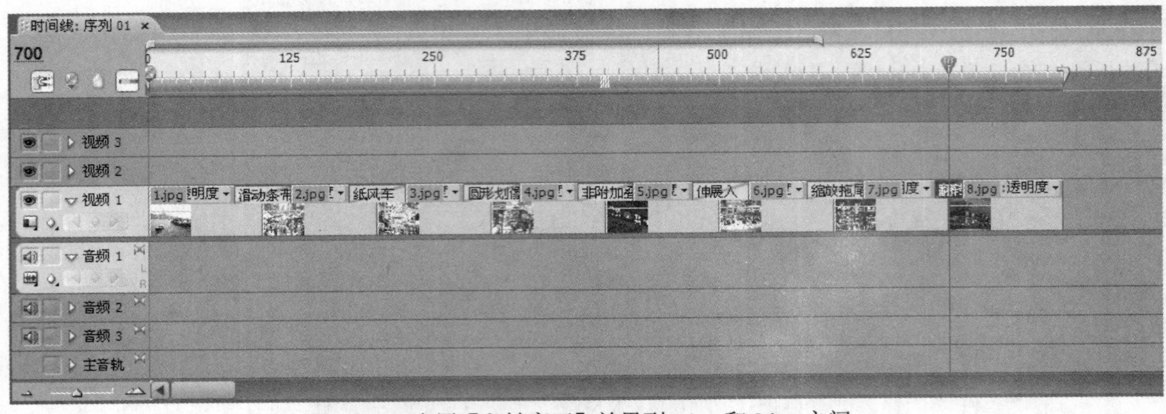

图 4-149　应用【翻转离开】效果到 7.jpg 和 8.jpg 之间

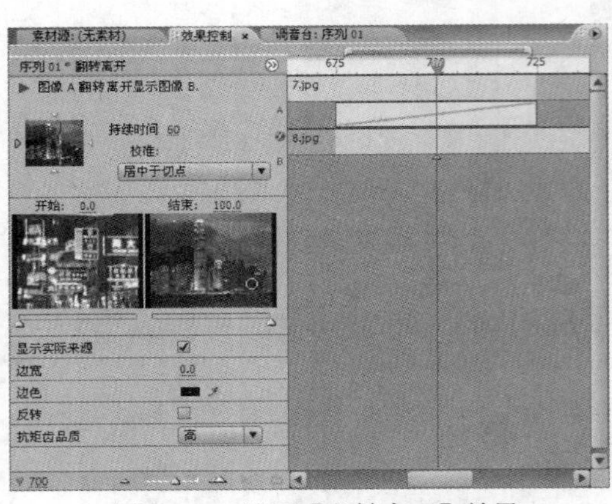

图 4-150　设置【翻转离开】效果

图 4-151　应用【翻转离开】视频切换效果的画面

(20) 在【节目】监视器窗口中预览，按回车键进行影片渲染，然后输出影片。

4.5　习题

1. 百叶窗属于哪一类视频切换效果？
2. 默认状态下，Premiere Pro CS3 使用哪一种效果作为默认的视频切换效果？
3. 如果需要对大多数甚至全部素材应用默认的切换，最好的办法是使用哪种方式？
4. 在两个素材衔接处加入视频切换效果，两个素材应如何排列？
5. 【叠化】类视频切换特效有什么作用？包括了哪些切换效果？
6. 简要叙述 Premiere Pro CS3 中如何进行视频切换特效设置？
7. 使用配套光盘中提供的素材，制作【儿童相册】。

第5章 运动效果

学习目标

Premiere 虽然不是动画制作软件，但却有强大的运动生成功能，通过运动设定，能轻易地将图像(或视频)进行移动、旋转、缩放以及变形等，可让静态的图像产生运动效果。本章详细介绍利用 Premiere Pro CS3 进行视频动画制作的技巧，详细讲解如何给素材添加运动效果，如何设置运动路径以及如何使素材产生移动、旋转、缩放等不同效果。

本章重点

- 【运动】效果选项
- 设置运动路径
- 控制运动速度
- 控制图像大小比例
- 设置旋转效果

5.1 运动效果基本设置

影视节目与其他艺术类型的不同之处在于它不拘一格的运动形式。从拍摄本身来讲，它就是对运动主体的忠实记录和艺术化的反映。众所周知，电影是以每秒 24 帧的速率放映的。由于人眼视觉分辨力的局限，当每秒钟播放 24 个静态的画面时，那些具有连贯性静态画面的播放，展现在观众眼前便宛如真实的运动了。而电视由于制式的不同，在中国和一些欧洲国家以每秒 25 帧(PAL 制式)的速率播放，在欧美的另一些国家则是以每秒 30 帧(NTSC 制式)的速率播放的。

这里讲述的视频运动，是一种后期制作与合成中的技术，而不是拍摄层面或者播放层面的概念。Premiere Pro CS3 中，对视频运动的设置是在特效控制窗口中进行的，这种运动设置建立在关键帧的基础上。这里的运动是针对视频的，包括视频在画面上的运动、变形、缩放等效果。在视频运动中，也可以结合前面学习的内容综合运用，实现更为复杂的画面效果。

【运动】效果是 Premiere 中专门对片断进行运动设置的。【运动】效果通过设置一条运动路径来对片断进行运动设置，用户可以在【节目】监视器窗口内移动剪辑，但是只能对剪辑本身应用运动，而不能对剪辑的特定部分使用运动。

5.1.1 【运动】效果选项

在 Premiere Pro CS3 中，对剪辑运动的设置是通过【效果控制】面板来进行的，每段应用到【时间线】窗口中的视频剪辑都会有【运动】效果应用在其中，【运动】效果的设置要涉及多种属性的设置：【位置】、【比例】、【旋转】、【定位点】和【抗闪烁过滤】。

选中【时间线】窗口中的素材，执行【窗口】|【效果控制】菜单命令，可以打开【特效控制】面板。然后单击前面的三角形按钮▷，展开【运动】效果，如图 5-1 所示，各选项功能如下。

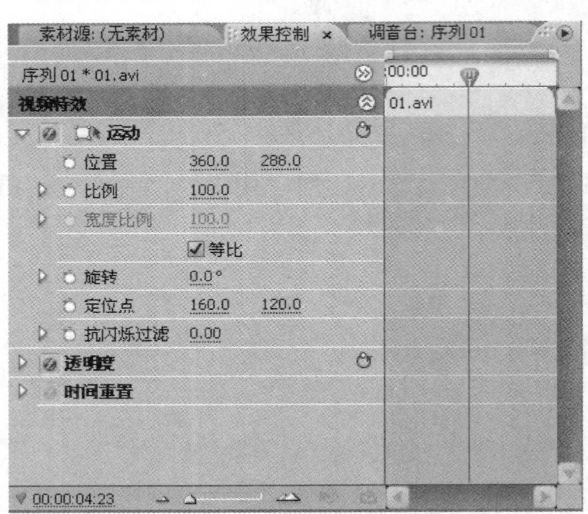

图 5-1　效果控制面板

> **知识点**
>
> 【位置】和【比例】值都可以在【节目】监视器窗口中手动调节。单击【运动】按钮，即可在【节目】监视器窗口中显示素材控制框，直观地调节这些参数。

- 【位置】：当前对象中心点所在的位置。可以把鼠标移动到后面的坐标值上，按下鼠标左键，向左右拖动鼠标即可改变位置的坐标值，也可以在该数值上双击，然后直接输入数值。
- 【比例】：指定当前对象显示的尺寸相对于原始尺寸的百分比值。如果选中后面的【等比】复选框，表示当前对象的长宽比不变，即长和宽同时改变；如果未选中【等比】复选框，那么【比例】变成【高度比例】，同时激活下面的【宽度比例】选项，可以单独调整长和宽的显示比例。大于 100%表示放大，小于 100%表示缩小。
- 【旋转】：指定当前对象的旋转角度。可以输入数值设置旋转角度。也可以展开【旋转】选项手动调节。乘号前面的数字表示旋转的圈数。
- 【定位点】：该点是图像旋转的中心点，以相对于图像左上角的坐标值表示。

5.1.2 设置运动路径

仅仅利用这些选项是无法完成运动效果的，还必须加入关键帧技术的支持。利用关键帧技术，配合运用【效果控制】面板和【节目】监视器窗口，可以为素材片断设置运动路径。

【例 5-1】为图片设置运动效果，利用关键帧设置运动路径。

(1) 启动 Premiere Pro CS3，新建一个名为【运动效果练习】的项目文件。单击【自定义设置】标签可以打开自定义设置选项卡，在【常规】栏目下，选择【编辑模式】为【桌面编辑模式】，【时间基准】为【25.00 帧/秒】，设置【画幅大小】为【352 宽 288 高】，【像素纵横比】为【方形像素(1.0)】，【场】为【无场(逐行扫描)】，【显示格式】为【帧】，其他设置不变，如图 5-2 所示。

(2) 选择【文件】|【导入】命令，打开【导入】对话框，导入【运动效果练习】文件夹中的图片素材【飞机.png】和【地图.bmp】，如图 5-3 所示。

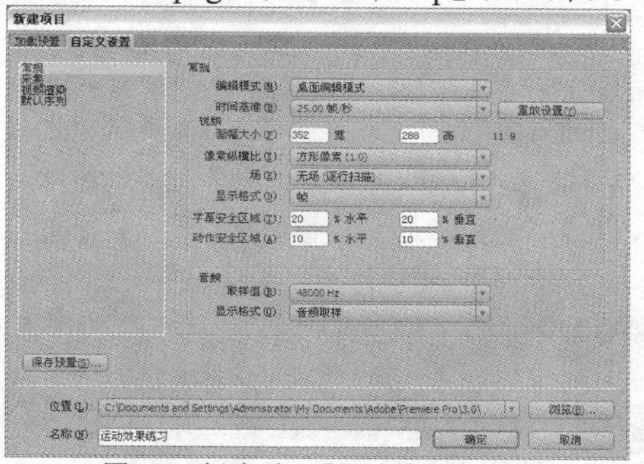

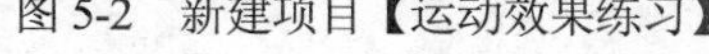

图 5-2 新建项目【运动效果练习】

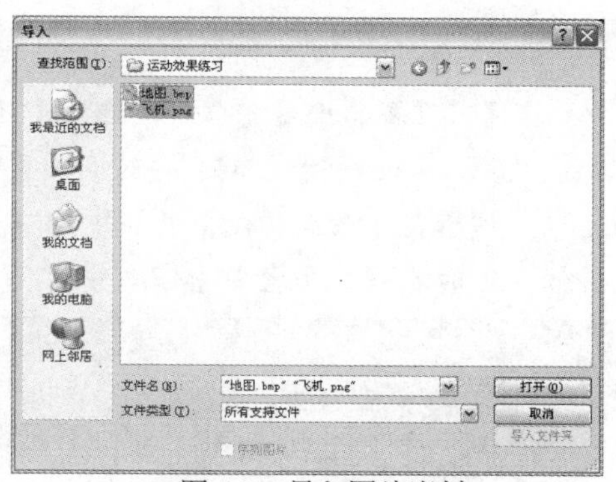

图 5-3 导入图片素材

(3) 将【项目】窗口中的【地图.bmp】和【飞机.png】素材文件分别拖拽到【时间线】窗口的【视频 1】和【视频 2】轨道上去，调整【时间线】窗口显示，如图 5-4 所示。

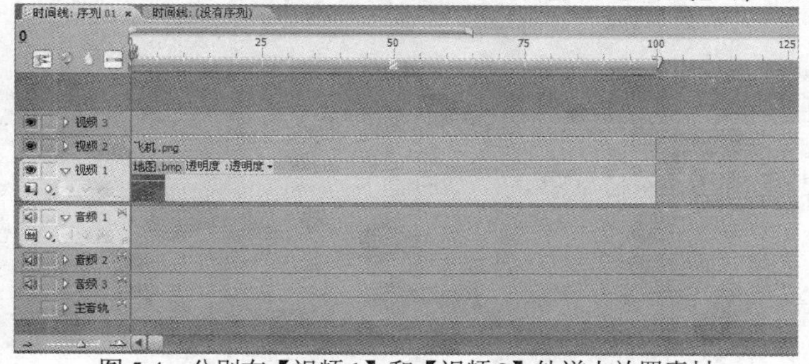

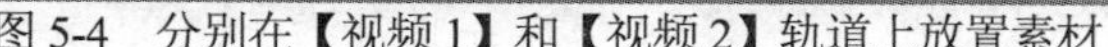

图 5-4 分别在【视频 1】和【视频 2】轨道上放置素材

提示

【飞机.png】必须放置在【地图.bmp】上层轨道才可见。

(4) 选中【视频 2】轨道上的【飞机.png】素材，执行【窗口】|【效果控制】菜单命令打开【效果控制】面板，【运动】效果作为默认选项出现在了【效果控制】面板中，单击前面的三角形按钮▷展开【运动】选项，如图 5-5 所示。

(5) 在【效果控制】面板中，选中【运动】选项(选中后标题变黑)，在【节目】监视器窗口中将出现该素材片段的控制框，这样就可以在监视器窗口中对素材片段的位置进行调整，如图 5-6 所示。

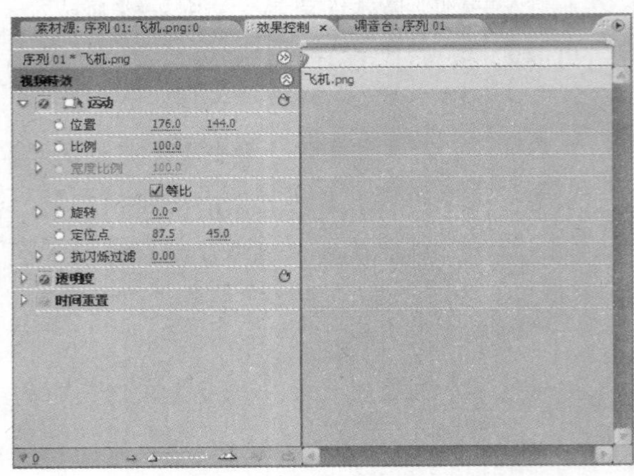

图 5-5 【效果控制】面板中的【运动】选项

图 5-6 素材片段的控制框

(6) 在【节目】监视器窗口中，拖动【飞机.png】到右上角，或者在【位置】参数中直接输入【330.0, 50.0】，将时间指针移到【时间线】窗口中的开始位置，也就是说该素材片段将从右上角开始运动。然后在【效果控制】面板中按下【位置】参数的左边的关键帧按钮，为素材片段添加关键帧，这时在【效果控制】窗口中右侧区域就会增加关键帧的控制点，如图 5-7 所示。

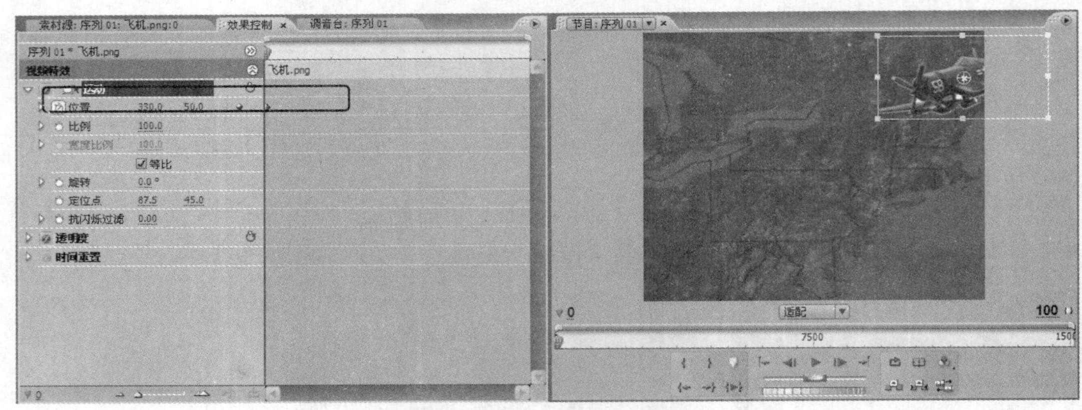

图 5-7 设置运动起始位置的关键帧

(7) 将时间指针移到【时间线】窗口中的第 95 帧的位置，然后拖动【飞机.png】到左下角，或者在【位置】参数中直接输入【0.0, 240.0】，也就是说该素材片段将从右上角向左下角运动。同时在【效果控制】窗口中右侧区域就自动会增加关键帧的控制点，如图 5-8 所示。

提示

设置完成后，用户会看到在【节目】监视器窗口中出现了一条从起始位置到结束位置的线段，这就是素材片段运动的路径。素材将沿着这条线从起始位置运动到结束位置。

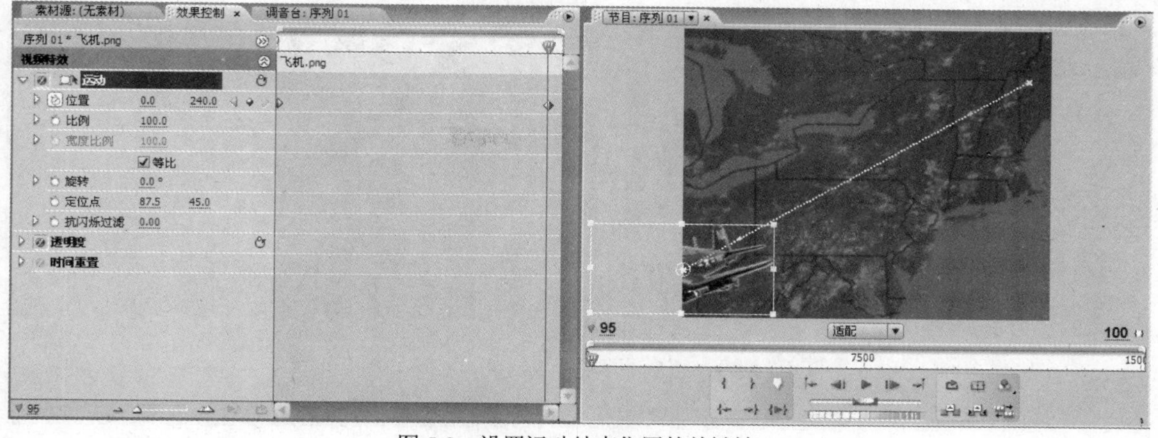

图 5-8 设置运动结束位置的关键帧

5.1.3 使用句柄控制运动路径

在设置运动路径时，还可以利用关键帧控制点为素材片段的运动路径作进一步设置。使用句柄，可以随心所欲地为运动设置更加复杂的路径。

【例 5-2】 为图片设置增加关键帧控制点，使用句柄设置复杂运动路径。

(1) 启动 Premiere Pro CS3，打开【例 5-1】保存的【运动效果练习】项目文件。

(2) 将时间指针移到第 30 帧的位置，拖动【飞机.png】到右下角(【位置】参数：【300.0, 200.0】)，创建关键帧的控制点，如图 5-9 所示。

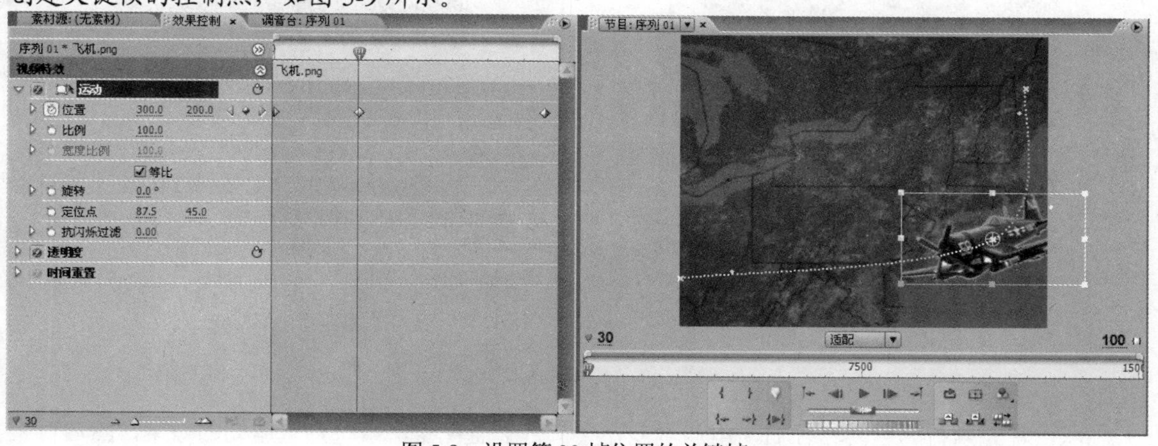

图 5-9 设置第 30 帧位置的关键帧

(3) 将时间指针移到第 60 帧的位置，拖动【飞机.png】到左上角(【位置】参数：【100.0, 50.0】)，创建关键帧的控制点，如图 5-10 所示。

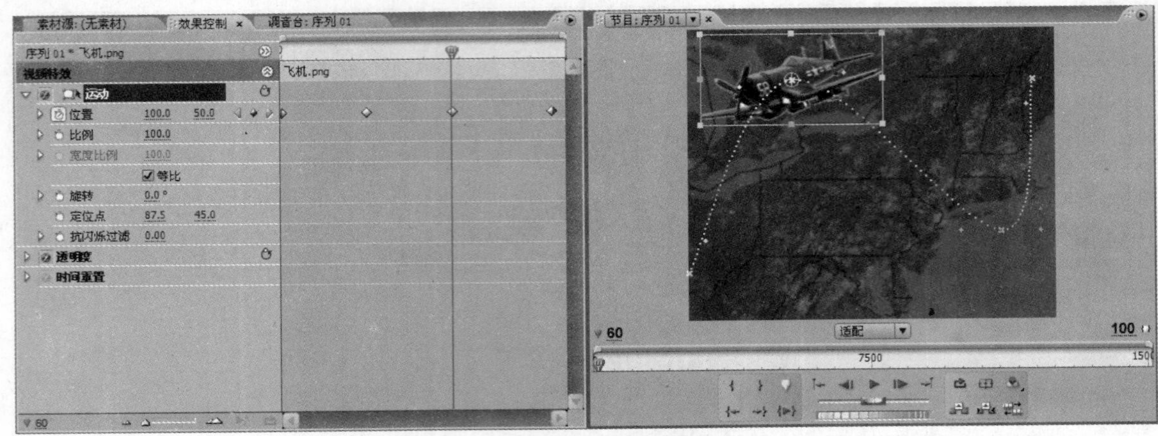

图 5-10　设置第 60 帧位置的关键帧

(4) 在【节目】监视器窗口中，用户可以看到在关键帧控制点附近出现了句柄控制点，将鼠标移动句柄控制点上时，鼠标变成 状，如图 5-11 所示。

(5) 在【节目】监视器窗口中，可以自由地拖动句柄控制点，改变素材运动的路径，如图 5-12 所示。

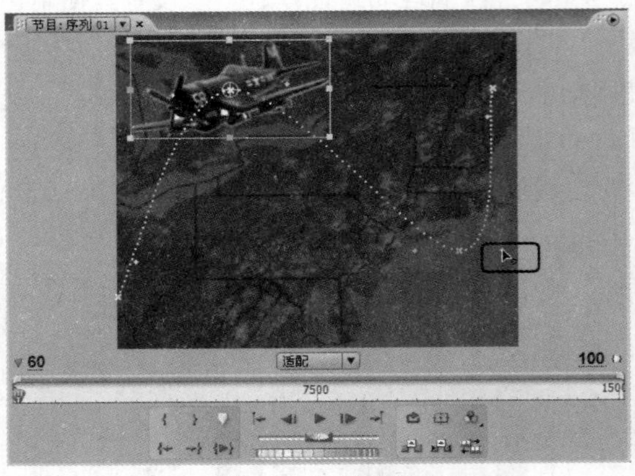

图 5-11　句柄控制点

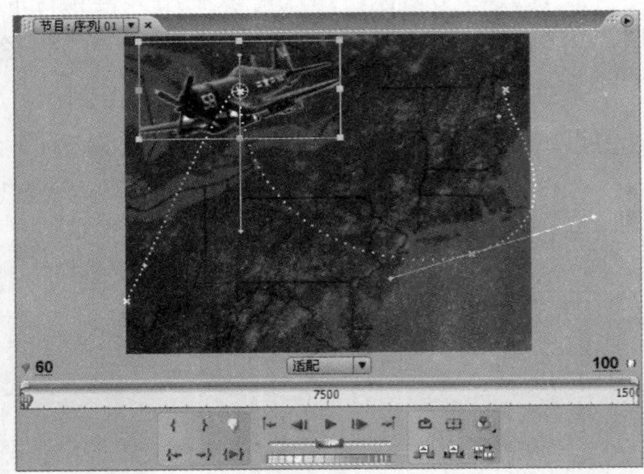

图 5-12　拖动句柄控制点改变素材运动的路径

5.1.4　预览运动效果

在设置完素材的运动路径后，用户可以在【节目】监视器窗口中预览运动的效果，然后再根据预览结果决定是否对运动效果进行进一步调整。

要预览运动效果，可以按下【空格键】预演整个影片。但当剪辑比较长的影片，而运动效果只是一小段时，更好的办法是使用鼠标在设置了运动效果的片段来回拖动时间线指针，这时素材也将在【节目】监视器窗口中动起来，这样预览快速有效。

预览【例 5-2】设置的运动效果，如图 5-13 所示。

图 5-13　预览运动的路径变化效果

5.2　控制运动的高级设置

利用关键帧技术，不仅可以设置素材运动的路径，还可以对运动的速度、图像大小比例变化和旋转效果等作更高级的设置。

5.2.1　控制运动速度

在 Premiere 中，没有专门的设置运动速度的选项，但是通过关键帧的设置完全可以实现画面的变速运动。

【例 5-3】 调整关键帧控制点，控制运动速度。

(1) 启动 Premiere Pro CS3，打开【例 5-2】保存的【运动效果练习】项目文件。

(2) 选中【视频 2】轨道上的【飞机.png】素材，执行【窗口】|【效果控制】菜单命令打开【效果控制】面板，展开【运动】选项中的【位置】选项，可以看到每两个关键帧之间的具体速度值。如图 5-14 所示。

(3) 在【效果控制】面板右侧，左右拖动关键帧控制点，可以看到每两个关键帧之间的速度值会随着鼠标拖动发生变化。如图 5-15 所示。

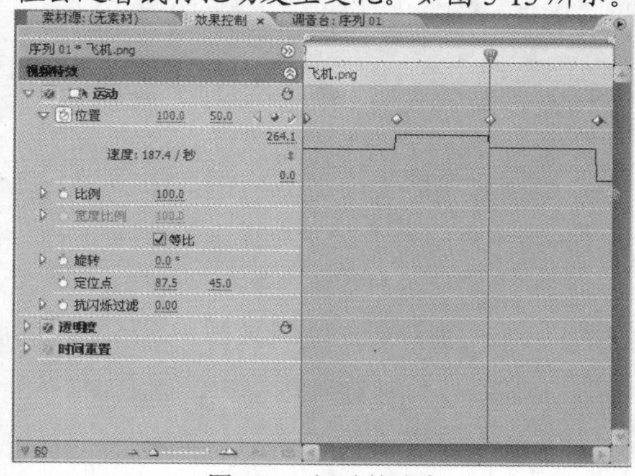

图 5-14　运动的速度

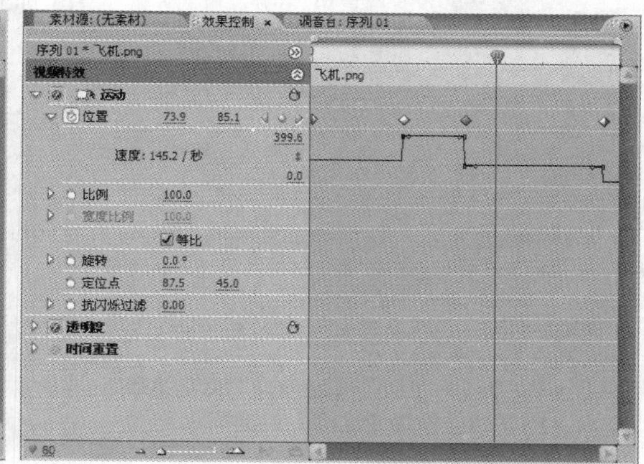

图 5-15　拖动关键帧控制点改变素材运动速度

(4) 在【效果控制】面板右侧关键帧控制点下的曲线，表示的是速度变化的路径，也可以通过句柄控制来制作出更复杂的速度变化。如图 5-16 所示。

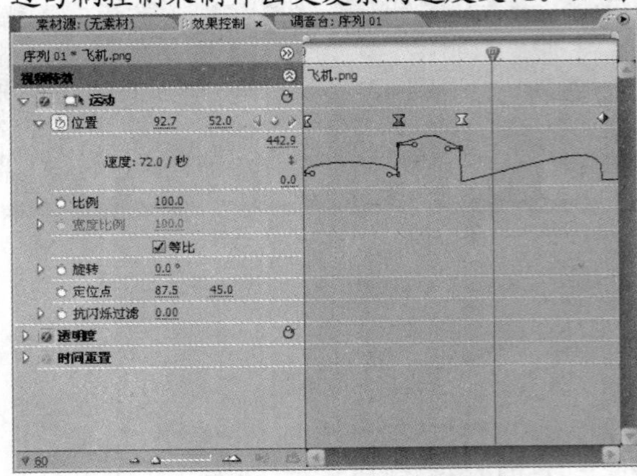
图 5-16　句柄控制运动的速度

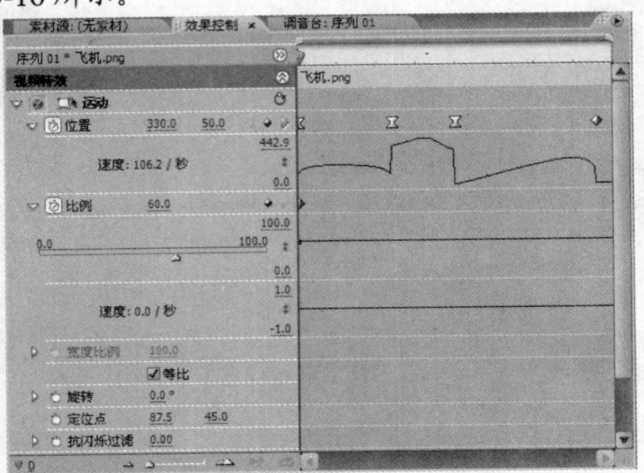
图 5-17　添加【比例】关键帧 1

5.2.2　控制图像大小比例

【位置】选项配合关键帧技术，可以控制素材运动的路径和速度，而再配合【比例】选项，还可以设置素材的大小比例变化。

【例 5-4】调整不同时刻的素材【比例】，控制素材的大小变化。

(1) 启动 Premiere Pro CS3，打开【例 5-3】保存的【运动效果练习】项目文件。

(2) 选中【视频 2】轨道上的【飞机.png】素材，执行【窗口】|【效果控制】菜单命令打开【效果控制】面板，展开【运动】选项中的【比例】选项，将时间指针移到【时间线】窗口中的开始位置，然后再按下【比例】选项左边的关键帧按钮，为素材片段添加【比例】关键帧，调整【比例】参数为 60.0。如图 5-17 所示。

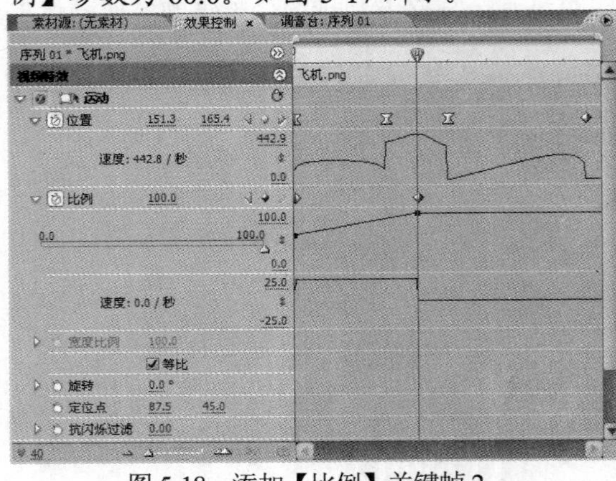
图 5-18　添加【比例】关键帧 2

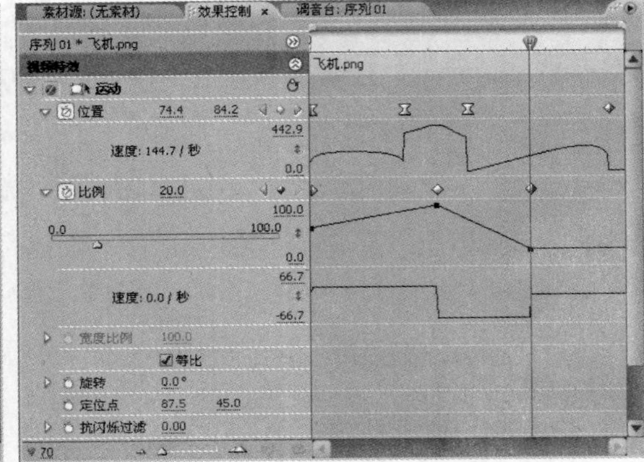
图 5-19　添加【比例】关键帧 3

(3) 将时间指针移到第 40 帧的位置，调整【比例】参数为 100.0，创建关键帧的控制点，如

图 5-18 所示。

(4) 将时间指针移到第 70 的位置，调整【比例】参数为 20.0，创建关键帧的控制点，如图 5-19 所示。

(5) 将时间指针移到第 90 帧的位置，调整【比例】参数为 70.0，创建关键帧的控制点，如图 5-20 所示。

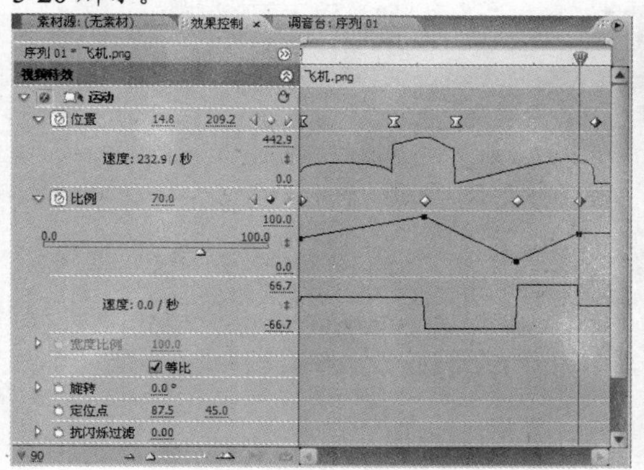

图 5-20　添加【比例】关键帧 4

图 5-21　添加【比例】关键帧 5

(6) 将时间指针移到第 99 帧的位置，调整【比例】参数为 40.0，创建关键帧的控制点，如图 5-21 所示。

(7) 预览运动效果，如图 5-22 所示。

图 5-22　预览素材大小变化效果

5.2.3　设置旋转效果

设置运动效果时，可以通过设置【旋转】选项的参数，结合关键帧创建旋转效果。

【例 5-5】调整不同时刻的素材【旋转】选项的参数，控制素材的旋转效果。

(1) 启动 Premiere Pro CS3，打开【例 5-4】保存的【运动效果练习】项目文件。

(2) 选中【视频 2】轨道上的【飞机.png】素材，执行【窗口】|【效果控制】菜单命令打开【效果控制】面板，展开【运动】选项中的【旋转】选项，将时间指针移到【时间线】窗口中的开始位置，然后再按下【旋转】选项左边的关键帧按钮，为素材片段添加【旋转】关键帧，如图 5-23 所示。

(3) 将时间指针移到第 40 帧的位置，创建关键帧的控制点，如图 5-24 所示。

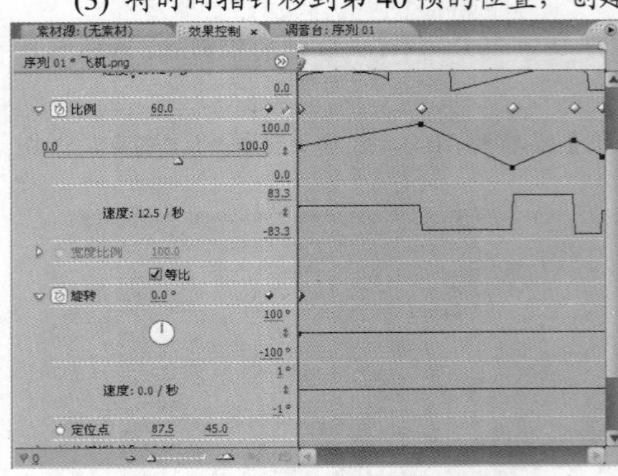

图 5-23 添加【旋转】关键帧 1　　图 5-24 添加【旋转】关键帧 2

(4) 将时间指针移到第 55 的位置，调整【旋转】参数为 245.0，创建关键帧的控制点，如图 5-25 所示。

(5) 将时间指针移到第 85 帧的位置，调整【旋转】参数为 3×90.0 创建关键帧的控制点，如图 5-26 所示。

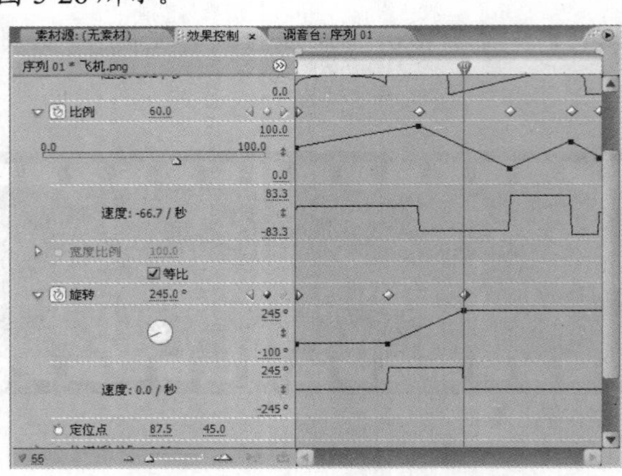

图 5-25 添加【旋转】关键帧 3

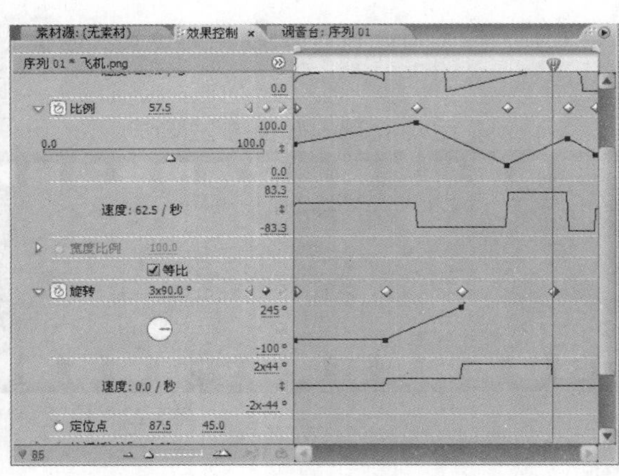

图 5-26 添加【旋转】关键帧 4

(6) 预览运动效果，如图 5-27 所示。

图 5-27 预览素材旋转效果

5.3 上机练习

本章上机练习通过制作【拉伸转场】和【画中画】，使用户熟悉运动效果的基本设置和操作。

5.3.1 拉伸转场

(1) 启动Premiere Pro CS3，新建一个名为【拉伸转场】的项目文件。单击【自定义设置】标签可以打开自定义设置选项卡，在【常规】栏目下，选择【编辑模式】为【桌面编辑模式】，【时间基准】为【25.00 帧/秒】，设置【画幅大小】为【352 宽 288 高】，【像素纵横比】为【方形像素(1.0)】，【场】为【无场(逐行扫描)】，【显示格式】为【帧】，其他设置不变，如图 5-28 所示。

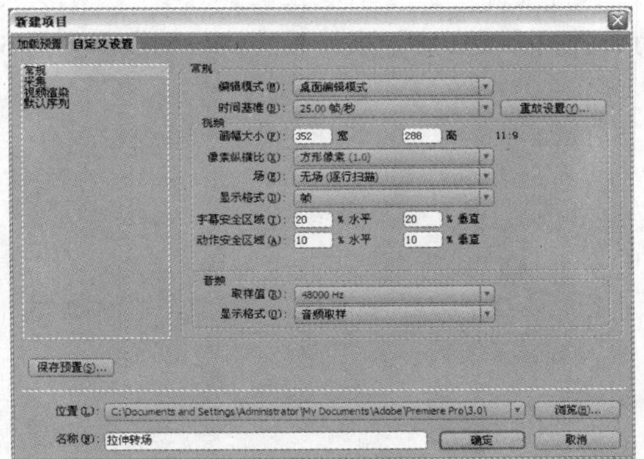

图 5-28 新建项目【拉伸转场】

图 5-29 导入图片素材 River.mpg 和 Sea.mpg

计算机 基础与实训教材系列

(2) 进入Premiere Pro CS3工作区后，执行【文件】|【导入】命令，打开【导入】对话框，选择【拉伸转场】文件夹，导入视频素材River.mpg和Sea.mpg，如图5-29所示。

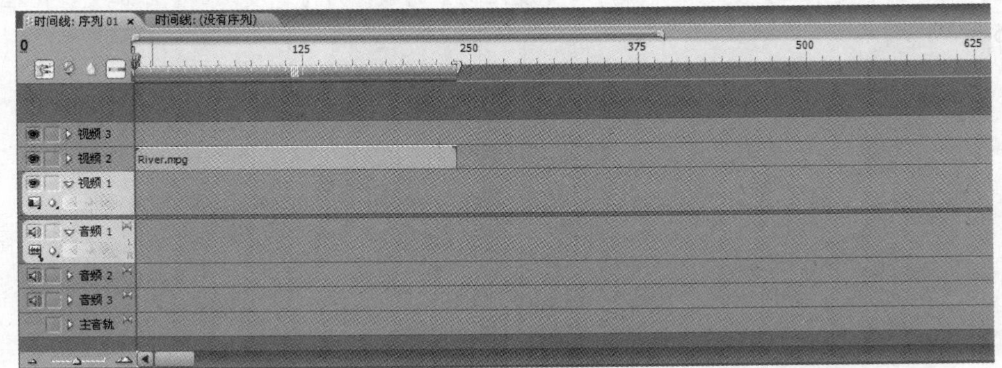

图 5-30 在【视频2】轨道上放置素材 River.mpg

(3) 将【项目】窗口中的River.mpg素材文件拖拽到【时间线】窗口的【视频2】轨道上去，调整【时间线】窗口显示，如图5-30所示。

(4) 将时间指针移到第 215 帧的位置，将【项目】窗口中的.Sea.mpg 素材文件拖拽到【时间线】窗口的【视频 1】轨道上对齐，如图 5-31 所示。

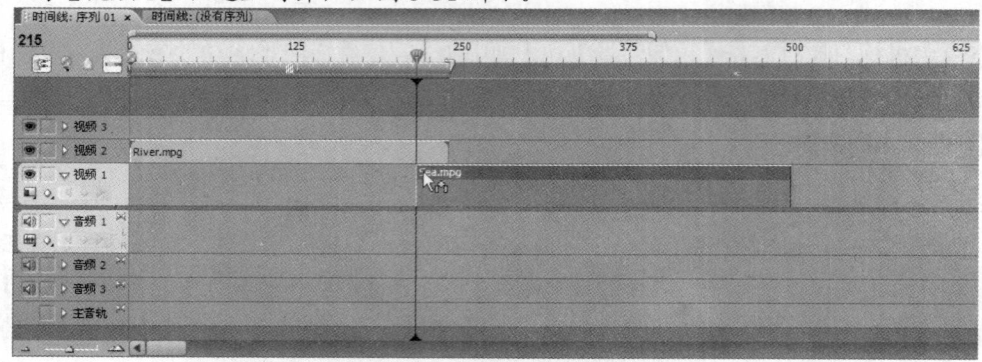

图 5-31　在【视频 1】轨道上放置素材 Sea.mpg

(5) 选中【视频 2】轨道上的 River.mpg 素材，执行【窗口】|【效果控制】菜单命令打开【效果控制】面板，展开【运动】选项，在第 215 帧的位置，为【比例】添加关键帧控制点，如图 5-32 所示。

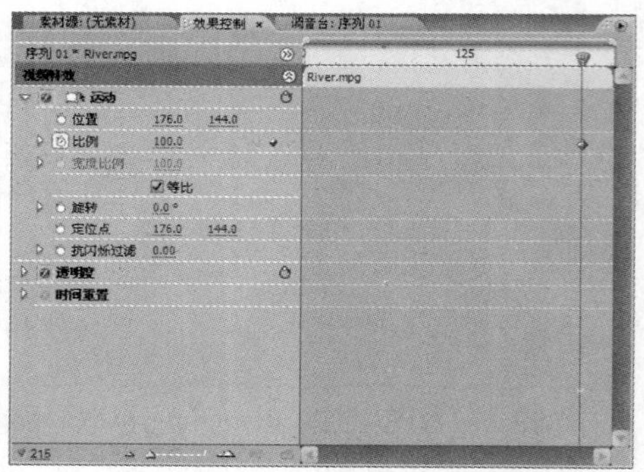

图 5-32　为【比例】添加关键帧控制点

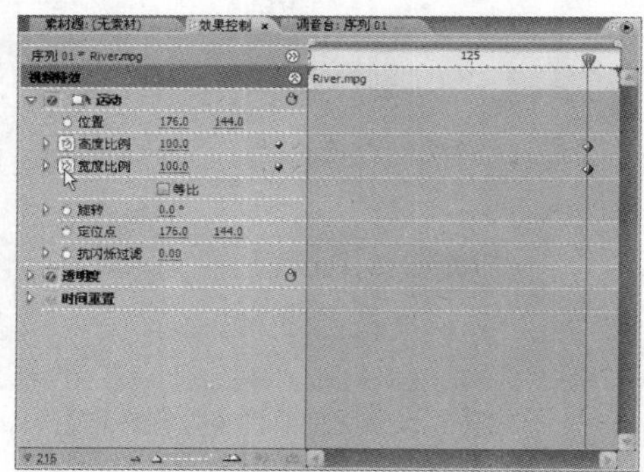

图 5-33　为【宽度比例】添加关键帧控制点

(6) 取消选中【等比】复选框，激活【宽度比例】选项，为【宽度比例】添加关键帧控制点，如图 5-33 所示。

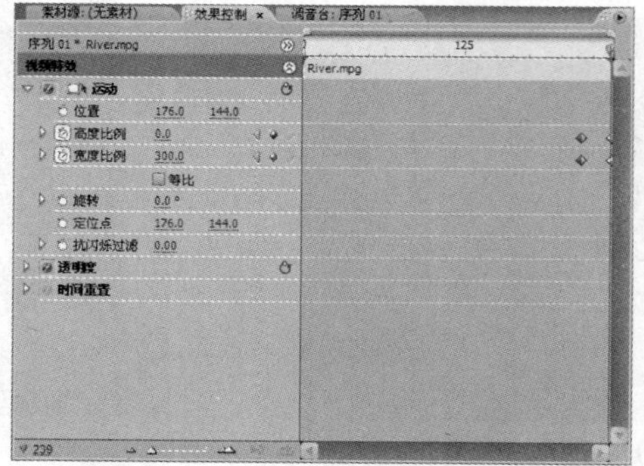

图 5-34　为【高度比例】和【宽度比例】添加关键帧控制点

提示

综合运用【位置】、【比例】和【旋转】选项，还可创造更丰富的转场效果。

(7) 将时间指针移到第 239 帧的位置，分别将【高度比例】参数设置为 0.0，将【宽度比例】

参数设置为 300.0，创建关键帧控制点，如图 5-34 所示。

(8) 将时间指针移到第 215 帧之前，按下【空格键】预览运动区域的动画效果，如图 5-35 所示。

图 5-35 预览【拉伸转场】动画效果

5.3.2 画中画

(1) 启动 Premiere Pro CS3，新建一个名为【画中画】的项目文件。单击【自定义设置】标签可以打开自定义设置选项卡，在【常规】栏目下，选择【编辑模式】为【桌面编辑模式】，【时间基准】为【25.00 帧/秒】，设置【画幅大小】为【352 宽 288 高】，【像素纵横比】为【方形像素(1.0)】，【场】为【无场(逐行扫描)】，【显示格式】为【帧】，其他设置不变，如图 5-36 所示。

(2) 进入 Premiere Pro CS3 工作区后，执行【文件】|【导入】命令，打开【导入】对话框，选择【画中画】文件夹，导入该文件夹下的所有视频素材，如图 5-37 所示。

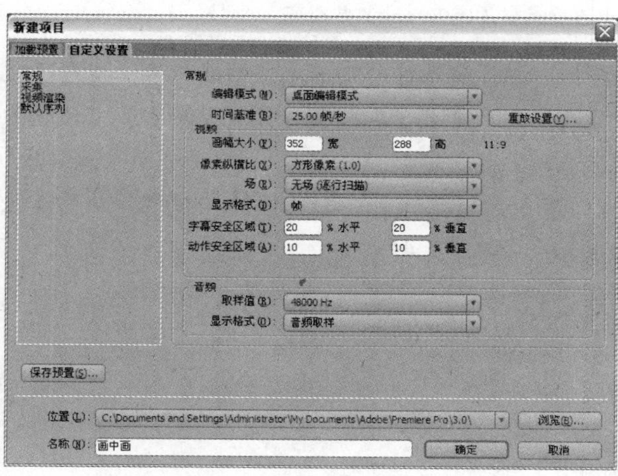

图 5-36 新建项目【画中画】

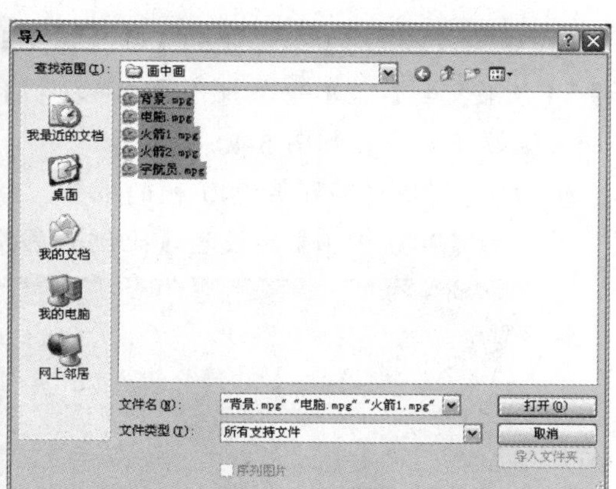

图 5-37 导入视频素材

(3) 将【项目】窗口中的【背景.mpg】素材文件拖拽到【时间线】窗口的【视频 1】轨道上去，调整【时间线】窗口显示，如图 5-38 所示。

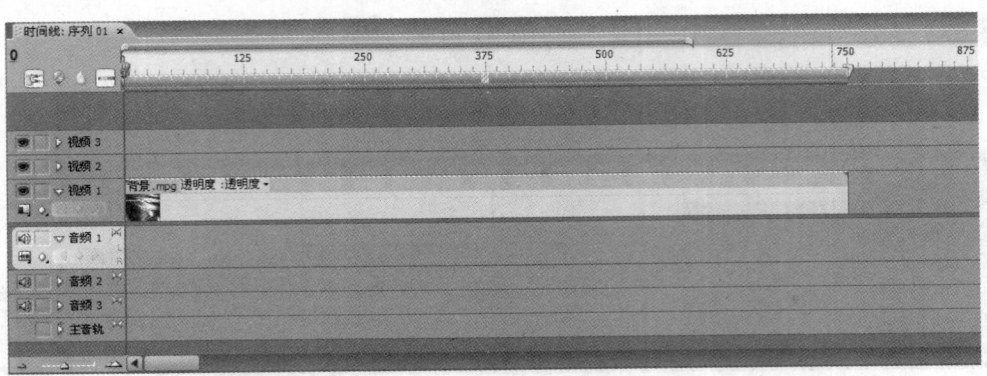

图 5-38　在【视频 1】轨道上放置素材【背景.mpg】

(4) 将【项目】窗口中的【电脑.mpg】素材文件拖拽到【时间线】窗口的【视频 2】轨道上去，并使其出点与【视频 1】轨道上的【背景.mpg】的出点对齐，如图 5-39 所示。

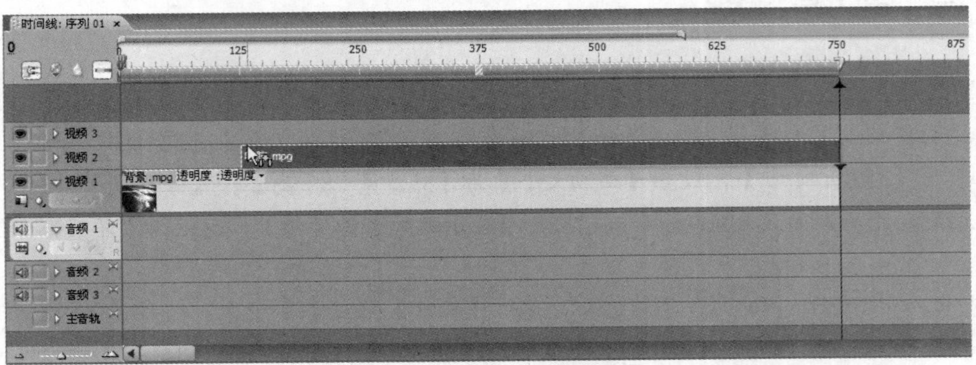

图 5-39　在【视频 2】轨道上放置素材【电脑.mpg】并对齐

(5) 选中【视频 2】轨道上的【电脑.mpg】素材，将时间指针移到第 126 帧的位置，执行【窗口】|【效果控制】菜单命令打开【效果控制】面板，展开【运动】选项，为【位置】和【比例】添加关键帧控制点，如图 5-40 所示。

(6) 将时间指针移到第 240 帧的位置，为【位置】和【比例】添加关键帧控制点，设置【位置】参数为【90.0, 72.0】，设置【比例】参数为 40.0，如图 5-41 所示。

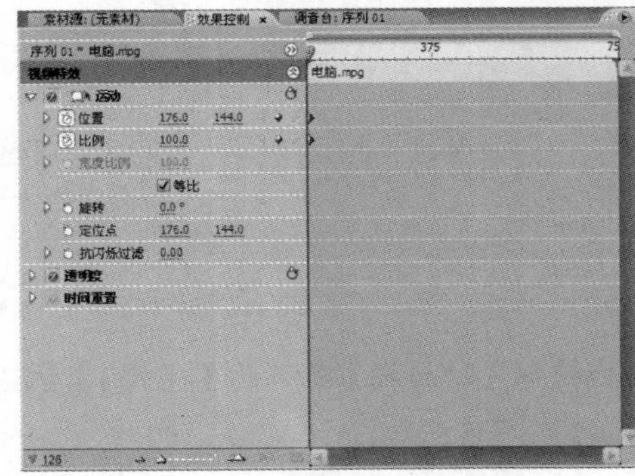

图 5-40　为【电脑.mpg】设置关键帧 1

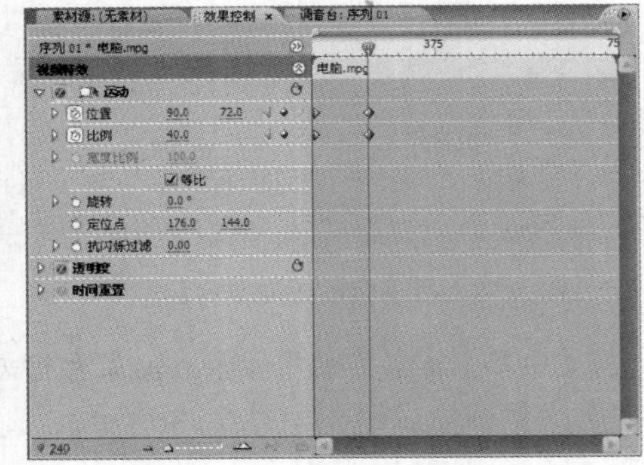

图 5-41　为【电脑.mpg】设置关键帧 2

(7) 将【项目】窗口中的【火箭 1.mpg】素材文件拖拽到【时间线】窗口的【视频 3】轨道上

去，并使其出点与【视频1】轨道上的【背景.mpg】的出点对齐，如图5-42所示。

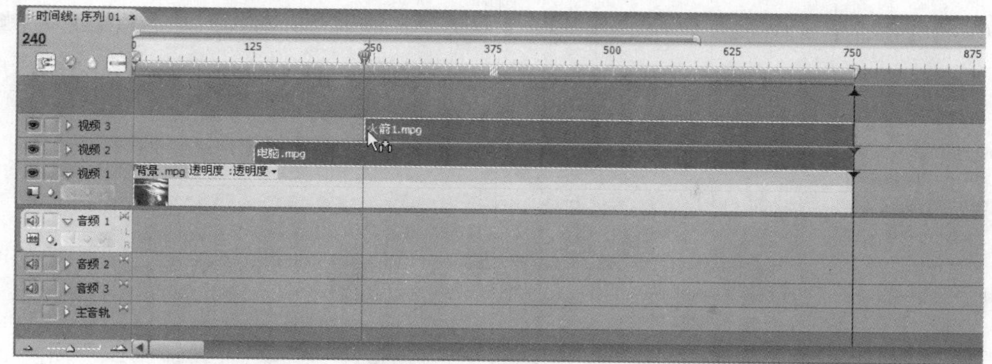

图5-42　在【视频3】轨道上放置素材【火箭1.mpg】并对齐

(8) 选中【视频3】轨道上的【火箭1.mpg】素材，将时间指针移到第241帧的位置，执行【窗口】|【效果控制】菜单命令打开【效果控制】面板，展开【运动】选项，选中【运动】选项(选中后标题变黑)。在【节目】监视器窗口中，将【火箭1.mpg】素材拖至右下角，调整大小比例。为【位置】和【比例】添加关键帧控制点设置【位置】参数为【400.0, 270.0】，设置【比例】参数为10.0，如图5-43所示。

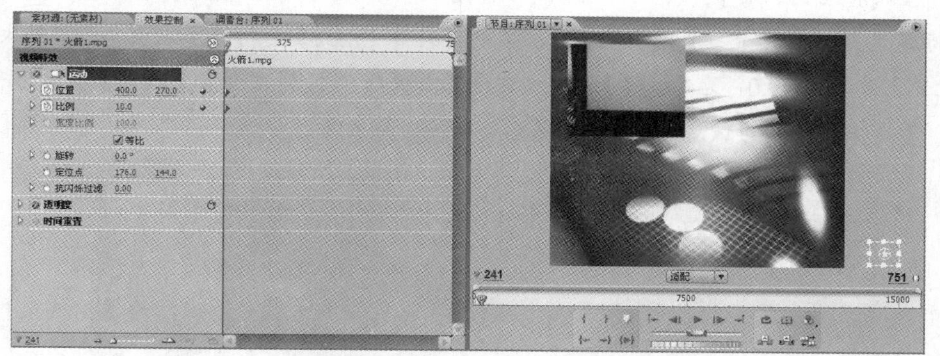

图5-43　为【火箭1.mpg】设置关键帧1

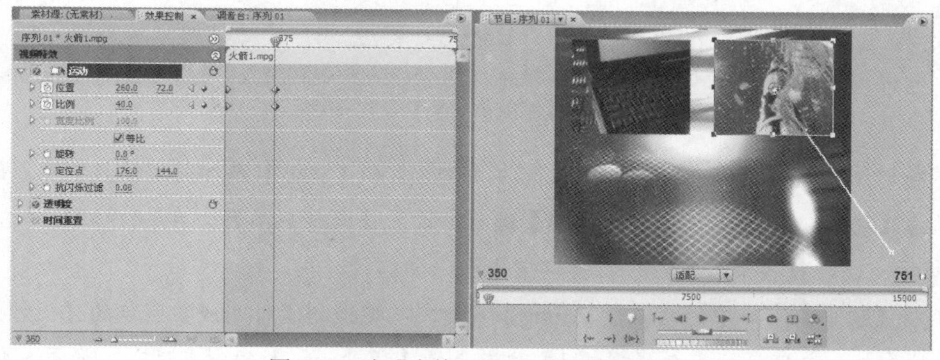

图5-44　为【火箭1.mpg】设置关键帧2

(9) 将时间指针移到第350帧的位置，为【位置】和【比例】添加关键帧控制点，设置【位置】参数为【260.0, 72.0】，设置【比例】参数为40.0，如图5-44所示。同时在【节目】监视器窗口中出现运动路径。

(10) 将【项目】窗口中的【宇航员.mpg】素材文件拖拽到【时间线】窗口的【视频 3】轨道之上一层空白处，并使其出点与【视频 1】轨道上的【背景.mpg】的出点对齐，如图 5-45 所示。松开鼠标后，【时间线】窗口会为【宇航员.mpg】自动添加【视频 4】轨道。

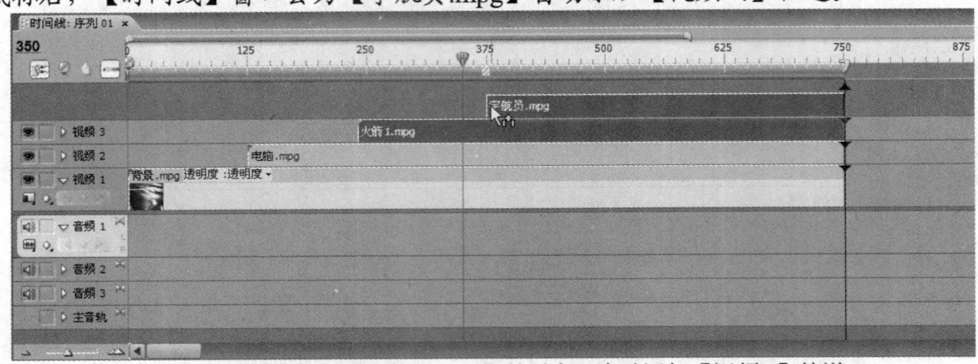

图 5-45　放置素材【宇航员.mpg】并对齐，自动添加【视频 4】轨道

(11) 选中【视频 4】轨道上的【宇航员.mpg】素材，将时间指针移到第 375 帧的位置，执行【窗口】|【效果控制】菜单命令打开【效果控制】面板，展开【运动】选项，选中【运动】选项(选中后标题变黑)。在【节目】监视器窗口中，将【火箭 1.mpg】素材拖至左上角，调整大小比例。设置【比例】参数为 40.0，为【位置】和【旋转】添加关键帧控制点设置【位置】参数为和【-80.0, -40.0】，【旋转】参数为默认的 0.0，如图 5-46 所示。

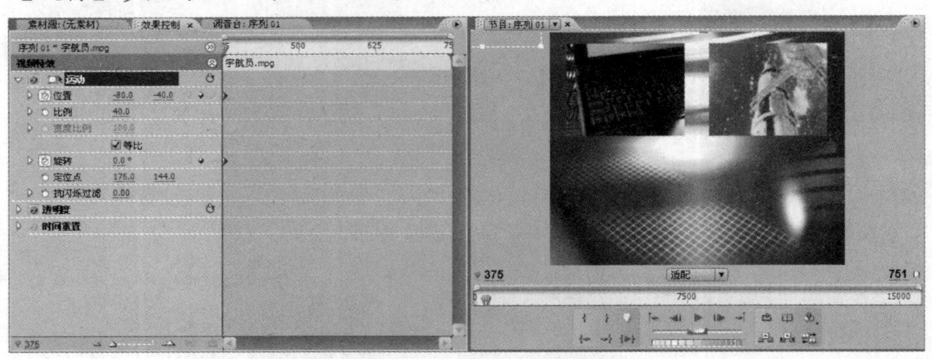

图 5-46　为【宇航员.mpg】设置关键帧 1

(12) 将时间指针移到第 420 帧的位置，为【位置】和【旋转】添加关键帧控制点。设置【位置】参数为【260.0, 210.0】；展开【旋转】选项，设置【旋转】参数为 8 × 0.0(即旋转 8 圈)，如图 5-47 所示。同时在【节目】监视器窗口中出现运动路径。

(13) 将【项目】窗口中的【火箭 2.mpg】素材文件拖拽到【时间线】窗口的【视频 4】轨道之上一层空白处，并使其出点与【视频 1】轨道上的【背景.mpg】的出点对齐，如图 5-48 所示。松开鼠标后，【时间线】窗口会为【火箭 2.mpg】自动添加【视频 5】轨道。

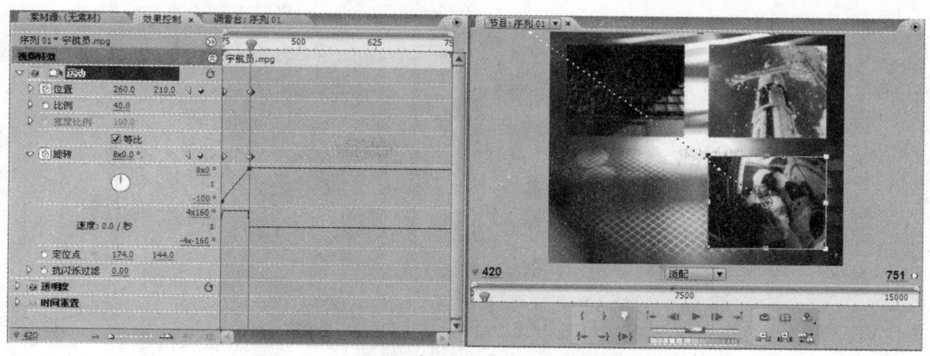

图 5-47　为【宇航员.mpg】设置关键帧 2

(14) 选中【视频 5】轨道上的【火箭 2.mpg】素材，将时间指针移到第 500 帧的位置，执行【窗口】|【效果控制】菜单命令打开【效果控制】面板，展开【运动】选项，选中【运动】选项(选中后标题变黑)。取消选中【等比】复选框，激活【宽度比例】选项，为【位置】、【高度比例】和【宽度比例】添加关键帧控制点，【位置】参数为默认的【176.0, 144.0】，设置【高度比例】参数为 0.0，【宽度比例】参数为 10.0，如图 5-49 所示。

图 5-48　放置素材【火箭 2.mpg】并对齐，自动添加【视频 5】轨道

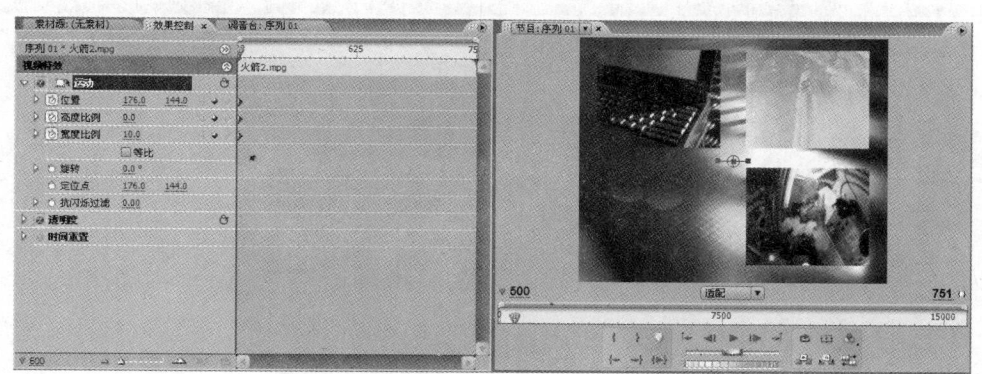

图 5-49　为【火箭 2.mpg】设置关键帧 1

(15) 将时间指针移到第 530 帧的位置，为【位置】、【高度比例】和【宽度比例】添加关键帧控制点，设置【位置】参数为【90.0, 210.0】，设置【高度比例】参数为 40.0，【宽度比例】参数为 40.0，如图 5-50 所示。同时在【节目】监视器窗口中出现运动路径。

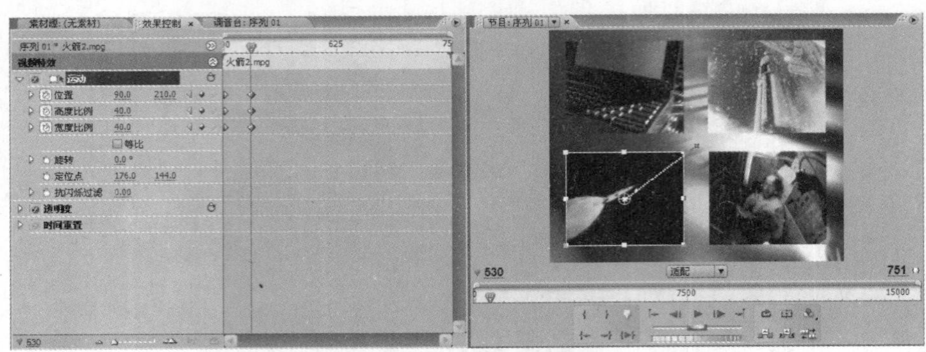

图 5-50　为【火箭 2.mpg】设置关键帧 2

(16) 将时间指针移到第 0 帧开始处，按下【空格键】预览运动区域的动画效果，如图 5-51 和图 5-52 所示。

图 5-51　预览【画中画】动画效果 1

图 5-52　预览【画中画】动画效果 2

5.4　习题

1. 【运动】效果的设置涉及哪些属性？
2. 如何改变素材的长宽比例？
3. 【运动】选项中【旋转】值是根据什么来计算的？
4. 如何改变素材的运动速度？
5. 简要叙述创建运动效果的原理。
6. 说出应用运动效果的步骤和要点。

第6章 视频特效

学习目标

使用过 Photoshop 的用户不会对滤镜感到陌生，通过各种特技滤镜，可以对图片素材进行加工，为原始图片添加各种各样的特效，在 Premiere 中也能使用各种滤镜(称之为“视频特效”)。可以使用视频特效为影片添加有创意的风格，或者使用视频特效用来解决曝光度或颜色问题，还可以处理图像产生动态的扭变、模糊、风吹、幻影等特效，这些变化增强了影片的吸引力。

Premiere 提供的预设效果使用户可以将预配置的效果快速且轻松地应用于素材。用户可以使用软件自带的预设、创建自己的预设，或根据需要调整数值和设置动画参数。可以使用具有预定义的或使用自定值创建的关键帧的预设，为添加到剪辑中的效果设置动画。

本章通过对视频特效的详细介绍，使读者掌握在 Premiere Pro CS3 中根据需要为影片添加视频特效的方法。

本章重点

- 视频特效基础知识
- 查找视频特效
- 添加视频特效
- 清除视频特效
- 设置视频特效随时间变化

6.1 视频特效基础知识

编辑影片(整理、删除和裁切剪辑)后，可以通过将视频特效应用于视频剪辑来为其增光。例如，视频特效可以改变素材的曝光度或颜色，扭曲图像或增加艺术感。

所有视频特效都被预设为默认设置，因此用户在应用视频特效后立刻就能看到其结果。并可以更改设置已达到需要应用的效果。还可以使用效果来旋转剪辑或为剪辑设置动画，或者调整

其在帧中的大小和位置。

Premiere Pro CS3 提供了多种预设的效果，可用于快速更改用户的素材。大多数效果都有可调整的属性，但某些效果(如【黑白】)没有这些属性。

6.1.1 滤镜

Premiere 中的视频特效是使素材产生特殊效果的有力工具，其作用和 Photoshop 中的滤镜相似。最初 Premiere 也将视频特效称为滤镜，从 Premiere 6.0 开始采用了 After Effects 的叫法，并将原来 After Effects 使用的一些视频特效引入了 Premiere，使得 Premiere 视频特效功能更加强大。Premiere Pro CS3 中包含了大量的滤镜，用于改变或者提高视频画面的效果，通过应用滤镜，可以使得图像产生模糊、变形、构造、变色以及其他的一些滤镜效果。

除 Premiere Pro CS3 中提供的滤镜之外，用户还可以自己创建滤镜并将其保存在滤镜效果文件夹中，以供用户以后的使用，此外，用户还可以增加类似 Photoshop 标准格式的第三方插件。通常情况下，这些插件放置在 Premiere Pro CS3 中的 Plug-ins 目录中。

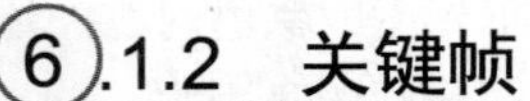

6.1.2 关键帧

【关键帧(Keyframe)】是 Premiere 中极为重要的概念，通常使用的视频特效都要设置几个关键帧。每个关键帧的设置都要包含视频滤镜的所有参数值，最终将这些参数值应用到视频片段的一个特定的时间段中，通过这些关键帧来控制一定时间范围的视频剪辑，从而也就实现了控制视频滤镜效果的目的。

在应用滤镜效果时，Premiere 自动在两个关键帧之间设置线性增益的参数，从而可以获得流畅的画面播放效果。所以通常情况下，只需在一个片段上设置几个关键帧就可以控制整个片段的滤镜效果了。

6.2 应用视频特效

6.2.1 查找视频特效

在【效果】面板中，单击【视频特效】文件夹前的三角按钮▷，展开该文件夹可以看到它包含了 17 个子文件夹。如图 6-1 所示。

Premiere Pro CS3 中提供了 120 多种视频特效，按类别分别放在这 17 个子文件夹中，方便用户按类别寻找到所需运用的滤镜效果。单击某个分类前的▷按钮，展开该分类，可以看到同属于

该分类的所有滤镜效果，如图 6-2 所示。

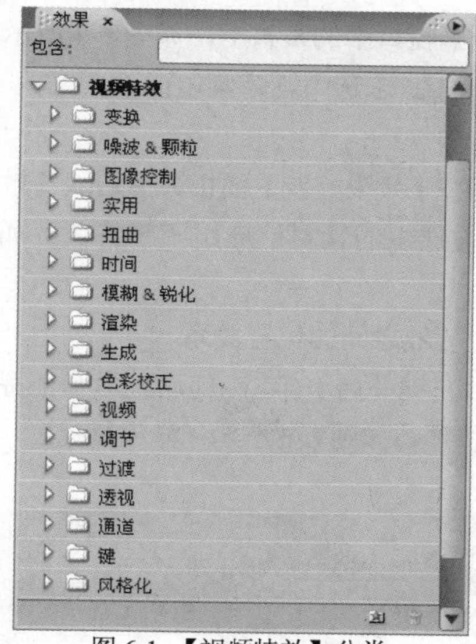

图 6-1 【视频特效】分类

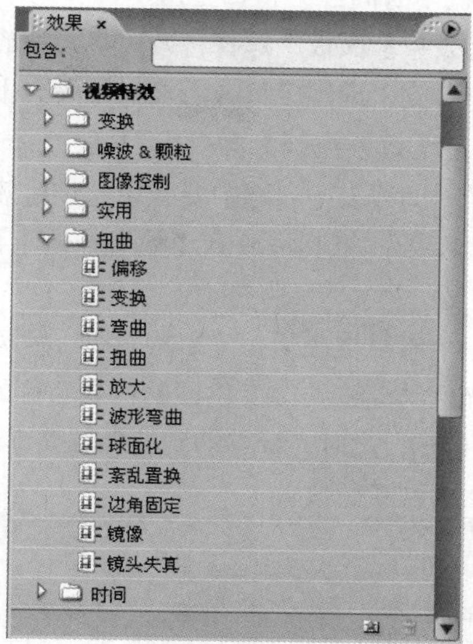

图 6-2 展开分类夹

与视频切换效果一样，如果用户知道要运用的视频特效的名称，还可以直接在【包含】文本框中输入要运用的视频特效名称，快速找到所需的效果。如图 6-3 所示。

同样，用户还可以通过新建一个文件夹来存放经常使用的视频特效。

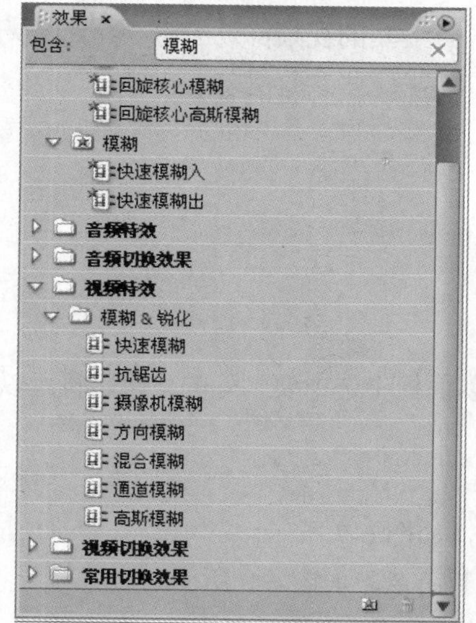

图 6-3 查找效果

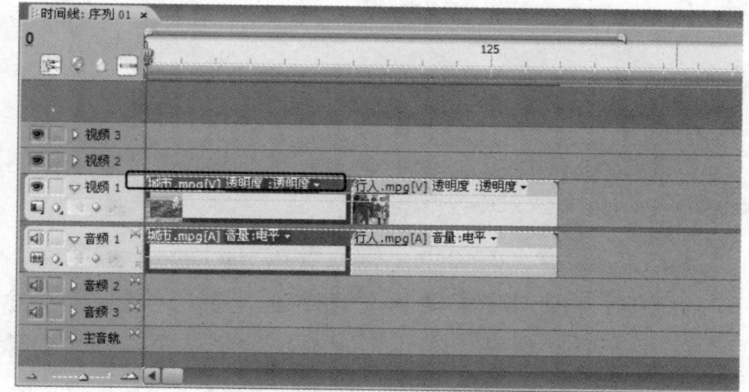

图 6-4 将特效拖放到时间线窗口中的素材上

6.2.2 添加视频特效

视频特效都放在【效果】面板的【视频特效】文件夹下。为素材应用特效主要采用两种方法。

◉ 在【时间线】窗口上应用

从【效果】面板中选择特效，将其拖放到【时间线】窗口中的素材上，如图 6-4 所示。

可以看到，应用了特效的素材片段会出现一条绿色的线(未选中则为紫色)。

◉ 在【效果控制】面板应用

在【时间线】窗口选中要应用视频特效的素材后打开【效果控制】面板，然后从【效果】面板中选择特效，将其拖放到【效果控制】面板中，此被选中的素材就应用了该特效，如图 6-5 所示。

当一个素材被应用了多个特效时，还可以调整各个特效之间的位置关系。

将光标移动到要改变位置的特效名称处，按下鼠标左键并向下(向上)拖动到另一个特效名称的下方(上方)，此时光标移动到的位置会出现一条黑色横线，如图 6-6 所示。释放鼠标后，所选特效就被移动到了新位置。

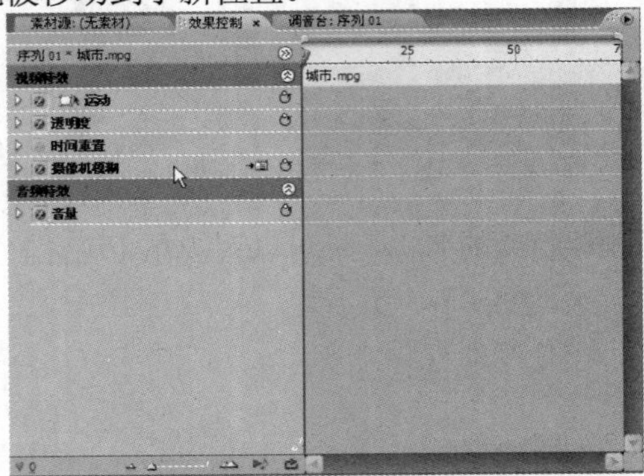

图 6-5　将特效拖放到【效果控制】面板的素材上

图 6-6　调整特效之间的位置关系

6.2.3　清除视频特效

用户还可以自由地删除素材上不想要的特效。

首先在【时间线】窗口中选中素材，然后在【效果控制】面板中选中要删除的效果，执行以下操作之一。

◉ 按下键盘上的 Delete 键或者按 Backspace 键删除。

◉ 在【效果控制】菜单上选择【删除所选效果】命令，如图 6-7 所示。

◉ 在所选中效果上右击，在弹出的菜单中选择【清除】命令，如图 6-8 所示。

如果要删除一个素材的多个效果，可以按住 Shift 键，单击选择多个效果，执行以下操作之一。

◉ 按下键盘上的 Delete 键或者按 Backspace 键删除。

◉ 在【效果控制】菜单上选择【删除所选效果】命令删除。

如果要删除一个素材的全部效果，可以在【效果控制】菜单上选择【删除素材的全部效果】命令。

提示

【运动】、【透明度】以及【时间重置】这 3 个效果是每个视频素材的固定效果，不能被删除。

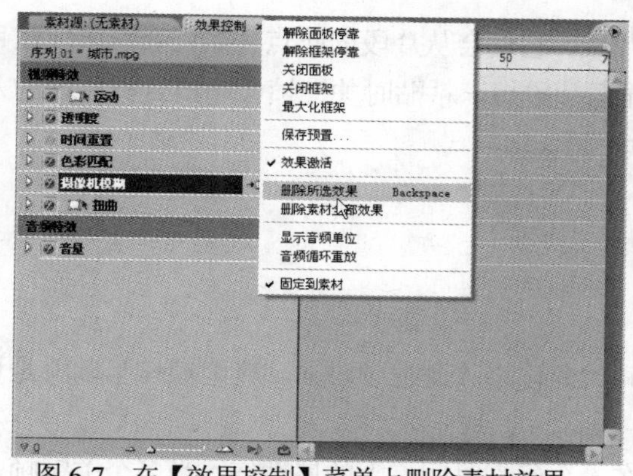

图 6-7　在【效果控制】菜单上删除素材效果

图 6-8　在选中效果上删除素材效果

用户还可以临时停用剪辑中的视频特效，以便预览尚未应用效果的影片。临时停用剪辑中的视频特效，可以进行以下操作之一。

- 单击要停用视频特效前的效果图标。要停用或启用剪辑中的所有效果，可以在单击图标的同时按下 Alt 键。
- 选择要停用视频特效，在【效果控制】菜单上取消选择【效果激活】命令。要重新启用视频特效，则重新选择【效果激活】命令。

6.2.4　复制和粘贴视频特效

在【效果控制】面板中，还可以复制粘贴一个或多个效果(包括其属性)。

- 复制和粘贴某个特定视频特效，可以进行如下操作。

(1) 在【时间线】窗口中，选择要复制视频特效的素材剪辑。

(2) 在【效果控制】面板中，选择要复制的视频特效。(按 Shift 键并单击或按 Ctrl 键并单击可以选择多种效果。)

(3) 在该特效上右击选择【复制】命令，或者执行【编辑】|【复制】菜单命令(Ctrl + C)。

(4) 在【时间线】窗口中，选择要接收其已复制视频特效的素材剪辑。

(5) 在【效果控制】面板中右击选择【粘贴】命令，或者执行【编辑】|【粘贴】菜单命令(Ctrl + V)。

- 复制和粘贴素材剪辑上的所有特效，可以进行如下操作。

(1) 在【时间线】窗口中，选择要复制视频特效的素材剪辑。

(2) 在该素材上右击选择【复制】命令，或者执行【编辑】|【复制】菜单命令(Ctrl + C)。此操作将复制该素材剪辑的所有属性。

(3) 选择要接收其已复制视频特效的素材剪辑。

(4) 在选中的素材剪辑上右击选择【粘贴属性】命令，或者执行【编辑】|【粘贴属性】菜单命令(Ctrl + Alt + V)。

使用【粘贴属性】命令，可以复制一个片段的所有的效果值(包括固定效果和标准效果的关键帧)到另一个片段。如果是一个包含关键帧效果的片段，它们会从片段的起点开始，分别出现在目标片段色彩匹配相对应的位置上，如果目标片段比源片段短，粘贴时关键帧会超出目标片段的入点和出点，要查看这些关键帧，可以向后移动素材的出点。

6.2.5 设置视频特效随时间变化

在素材上应用了视频滤镜特效，可以通过时间的变化来改变视频画面。这个操作基础就是设置视频的关键帧。

当创建了一个关键帧时，可以指定某个效果在一个确切时间点上的属性值。当多个关键帧上被赋予了不同的属性值之后，Premiere 就会自动地计算出关键帧之间的属性值，即进行“插补”处理。

例如创建一个模糊效果，想要让视频素材随着时间推移变成模糊后再变得清晰，可以设置 3 个关键帧。第一个开始的帧设置为无模糊，第二个中间帧设置为最大值的模糊效果，第三个结束帧设置为无模糊。这样 Premiere 就会自动进行“插补”使得第一个关键帧和第二个关键帧之间的模糊值逐渐增大，而第二个关键帧和第三个关键帧之间的模糊值是逐渐减小的。

6.2.6 视频特效预置效果

Premiere Pro CS3 中包括多个视频特效预置效果，它们是可应用于剪辑的通用、预配置的效果，存放在【效果】面板的【预置】文件夹中，如图 6-9 所示。

通常，预置可提供良好的效果，不必调整其属性。 应用预置效果后，可以更改其属性，用户还可以创建自己的预置效果。

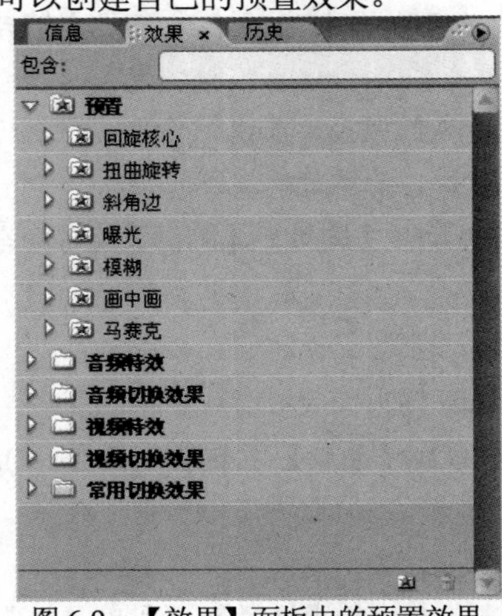

图 6-9 【效果】面板中的预置效果

知识点

将预置效果应用到视频剪辑时，如果预置中包含了视频剪辑中已经应用了的效果属性，则可以使用以下规则来修改剪辑：

当预置效果包含固定效果(【运动】、【透明度】和【时间重置】)时，则应用预置后将替换现有的效果属性。

当预置效果包含标准(非固定)效果时，则会将该效果添加到效果列表的底部。

应用预置效果操作与应用普通视频特效类似，可按以下操作进行。

(1) 打开【效果】面板，展开【预置】文件夹。

(2) 在【预置】文件夹中找到要运用到素材剪辑上的预置效果，选中该效果后将其拖拽到【时间线】窗口的素材剪辑上。

(3) 在【节目】监视器窗口中预览效果。

用户在编辑了一个素材的视频特效后，可以将设置完成的视频特效保存为预置效果，保存后该预设也会出现在【效果】面板的【预置】文件夹中。

将设置完成的视频特效保存为预置效果，可按以下操作进行。

(1) 在【时间线】窗口中，选中已经设置完成视频特效的素材剪辑。

(2) 打开【效果控制】面板，右击要保存的视频特效，在弹出的菜单中选择【保存预置】命令。

(3) 在弹出的如图 6-10 所示的【保存预置】对话框中输入预置的【名称】，选择【类型】，输入对该效果的简单描述。

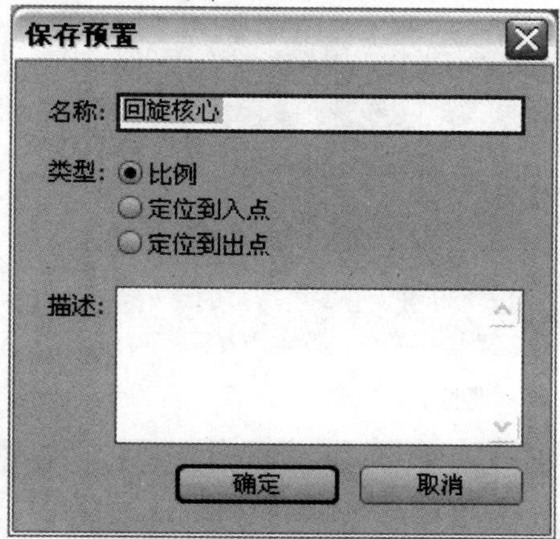

图 6-10 【保存预置】对话框

知识点

【比例】：将源关键帧的长度按比例缩放到目标剪辑的长度。此动作将删除目标剪辑上的所有现有关键帧。

【定位到入点】：应用到剪辑时，保持预置的第一个关键帧和入点的距离，不进行缩放。

【定位到出点】：应用到剪辑时，保持预置的最后一个关键帧和出点的距离，不进行缩放。

【例 6-1】为视频素材添加特效，利用关键帧设置视频特效随时间变化，并将该设置保存为预置效果。

(1) 启动 Premiere Pro CS3，新建一个名为【视频特效练习】的项目文件。单击【自定义设置】标签可以打开自定义设置选项卡，在【常规】栏目下，选择【编辑模式】为【桌面编辑模式】，【时间基准】为【25.00 帧/秒】，设置【画幅大小】为【352 宽 288 高】，【像素纵横比】为【方形像素(1.0)】，【场】为【无场(逐行扫描)】，【显示格式】为【帧】，其他设置不变，如图 6-11 所示。

(2) 选择【文件】|【导入】命令，打开【导入】对话框，导入【视频特效练习】文件夹中的视频素材，如图 6-12 所示。

(3) 在【项目】窗口中选择【视频 1.mpg】和【视频 2.mpg】视频素材文件，然后将它们依次拖到【时间线】窗口的【视频 1 】轨道上，调整窗口显示比例，如图 6-13 所示。

(4) 在【效果】面板中，打开【视频特效】下的【生成】分类文件夹，从中选择【镜头光晕】效果，按住鼠标左键将该效果拖放到【视频 1】轨道上的【视频 1.mpg】视频文件上后释放，这样就为【视频 1.mpg】素材片段应用了【镜头光晕】效果，如图 6-14 所示。

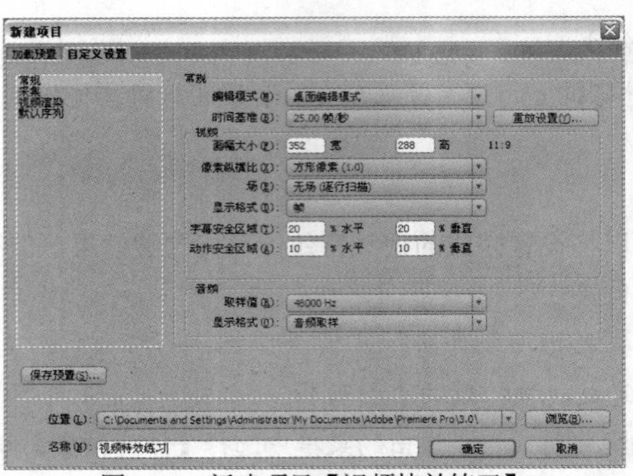
图 6-11　新建项目【视频特效练习】

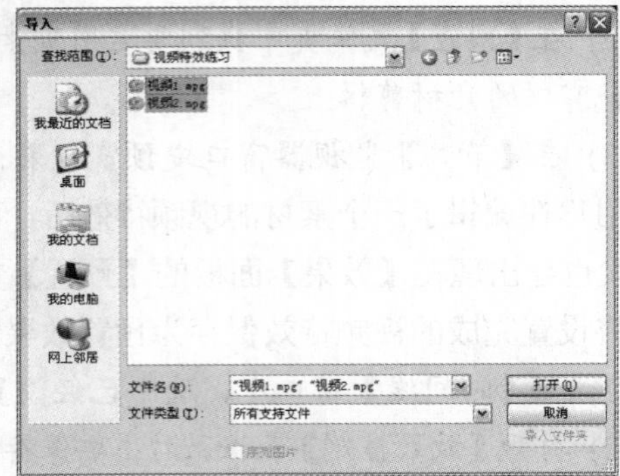
图 6-12　导入视频

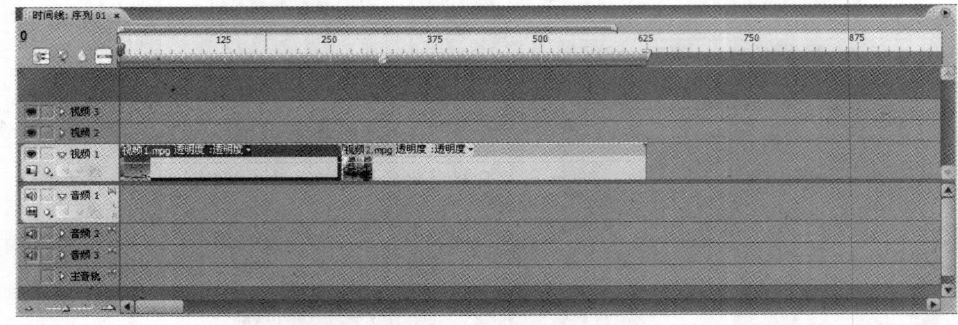
图 6-13　应用素材到【时间线】窗口，调整显示比例

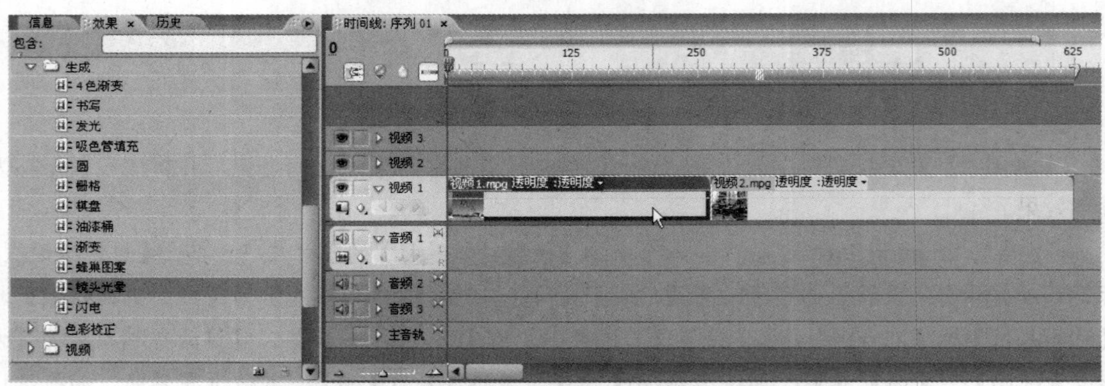
图 6-14　选择【镜头光晕】效果，应用到【视频 1.mpg】

(5) 在【时间线】窗口中选中【视频 1.mpg】素材，打开【效果控制】面板，单击【镜头光晕】特效前的三角按钮，展开该效果，可以看到该效果包含的各项参数，分别是【光晕中心】、【光晕亮度】、【镜头类型】和【与原始素材混合】。依次按下每个参数前的小时钟按钮，为其创建关键帧。单击【镜头光晕】效果名称，使其底部阴影变成黑色，此时【节目】监视器窗口中出现了光晕的控制点，如图 6-15 所示。

图 6-15　为【镜头光晕】效果的第 0 帧创建关键帧

(6) 在【效果控制】面板中拖动时间线指针到【15 帧】处，调整【光晕中心】、【光晕亮度】和【与原始素材混合】的参数值，为素材创建关键帧，变化【镜头光晕】效果，如图 6-16 所示。

图 6-16 为【镜头光晕】效果的第 15 帧创建关键帧

图 6-17 为【镜头光晕】效果的第 20 帧创建关键帧

(7) 拖动时间线指针到【20 帧】处，调整【光晕亮度】的参数值为 0%，为素材创建关键帧，

使得【镜头光晕】效果消失，如图 6-17 所示。

(8) 拖动时间线指针到起始位置处，在【节目】监视器窗口中预览效果，如图 6-18 所示。

图 6-18 预览【镜头光晕】效果

(9) 在【效果】面板中，打开【视频特效】下的【扭曲】分类夹，从中选择【球面化】效果，按住鼠标左键将该效果拖放到【视频 1】轨道上的【视频 2.mpg】视频文件上后释放，这样就为【视频 2.mpg】素材片段应用了【球面化】效果，如图 6-19 所示。

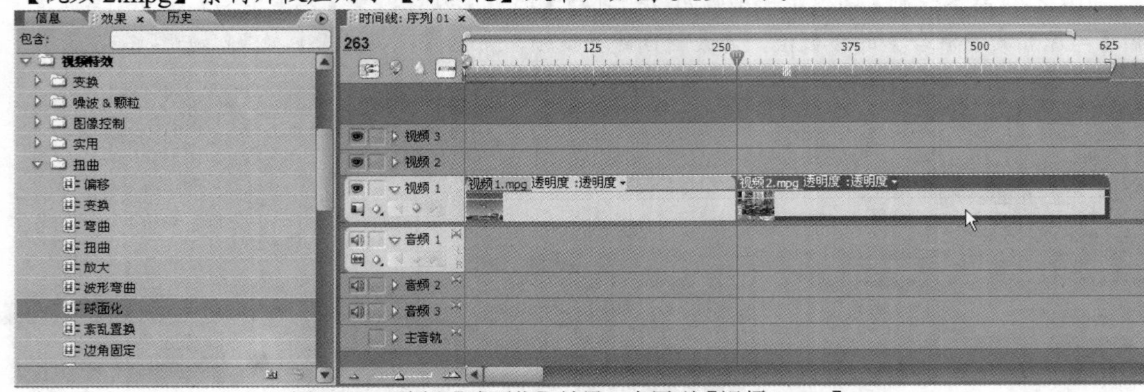

图 6-19 选择【球面化】效果，应用到【视频 2.mpg】

(10) 在【时间线】窗口中选中【视频 2.mpg】素材，将时间线指针移到素材的入点，打开【效果控制】面板，单击【镜头光晕】特效前的三角按钮▷，展开该效果，依次按下【半径】和【球体中心】参数前的按钮，为其创建关键帧。调整【半径】参数，如图 6-20 所示。

图 6-20 为【视频 2.mpg】素材的入点创建关键帧

(11) 在【效果控制】面板中拖动时间线指针到【273 帧(距素材入点 10 帧)】处，调整【半径】

和【球体中心】参数值，为素材创建关键帧，变化【球面化】效果，如图 6-21 所示。

图 6-21　在距素材入点 10 帧处创建关键帧

(12) 拖动时间线指针到素材入点处，在【节目】监视器窗口中预览效果，如图 6-22 所示。

图 6-22　预览【球面化】效果变化

(13) 在【效果控制】面板右击【球面化】效果，在右键菜单中选择【保存预置】命令，如图 6-23 所示。在打开的【保存预置】对话框中，输入预置效果的名称“球面化入”，选择【类型】为【定位到入点】，输入描述内容，如图 6-24 所示。

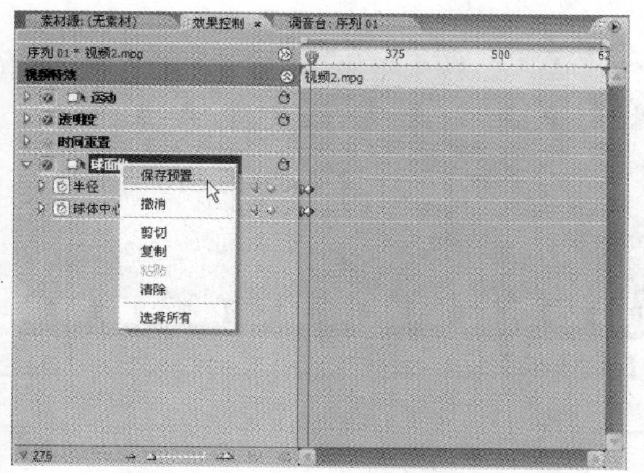

图 6-23　选择【保存预置】命令

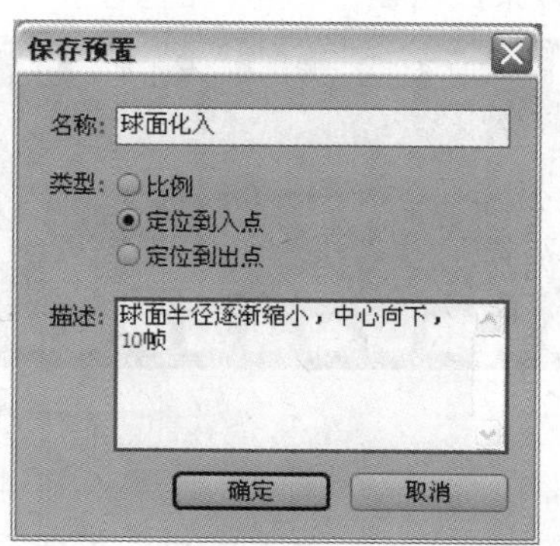

图 6-24　输入【保存预置】内容

(14) 打开【效果】面板，展开【预置】文件夹，可以看到刚刚保存的预置效果【球面化入】，将鼠标移动到该效果上，会显示对该效果的描述，如图 6-25 所示。

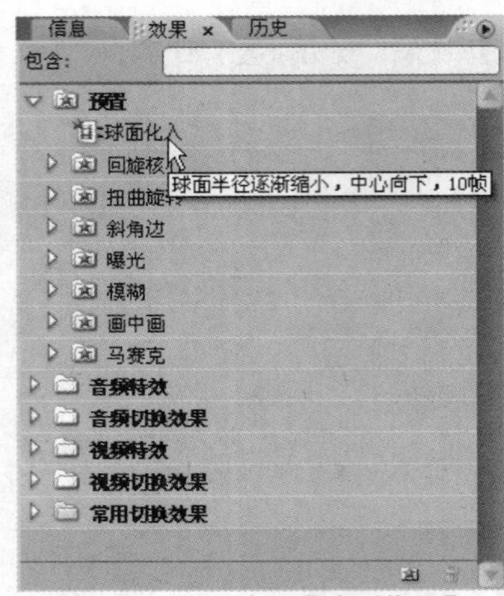

图 6-25　预置效果【球面化入】

知识点

用户可以删除自行创建的预置效果，而不能删除系统自带的预置效果。用户还可以使用和创建自定义容器一样的方法，创建自定义的预置文件夹来分类保存自定义预置效果。

6.3　视频特效分类简介

Premiere Pro CS3 包含了许多视频特效，它们按照性质的不同分别存在 17 个分类夹中。下面将分别作介绍。

6.3.1　【变换】分类夹

应用【变换】类视频特效后可以使剪辑图像产生二维或者三维的几何变化。【变换】类视频特效分类夹中共有 8 种效果。

◉　垂直翻转

运用该效果，可以产生将画面垂直翻转，类似倒影效果，如图 6-26 所示。

图 6-26 【垂直翻转】效果

◉　帧同步

运用该效果，可以产生将画面向上滚动的效果，如图 6-27 所示。

图 6-27 【帧同步】效果

◉ 摄像机视图

运用该效果，可以模仿摄像机的视角范围，以表现从不同视角拍摄的效果，如图 6-28 所示。

图 6-28 【摄像机视图】效果

◉ 水平翻转

运用该效果，可以产生将画面水平翻转的效果，如图 6-29 所示。

图 6-29 【水平翻转】效果

◉ 滚动

运用该效果，可以产生将画面水平滚动的效果。滚动后多出来的部分填充到对面空白的部分，如图 6-30 所示。

图 6-30 【滚动】效果

◉ 行同步

运用该效果，可以产生将画面垂直方向倾斜的效果，如图 6-31 所示。

图 6-31 【行同步】效果

⊙ 裁剪

运用该效果，可以产生将画面裁剪的效果，如图 6-32 所示。

图 6-32 【裁剪】效果

⊙ 边缘羽化

运用该效果，可以产生将画面四周羽化，即由背景色到画面色调过渡的效果。羽化数值设置越大则过渡范围空间越大，如图 6-33 所示。

图 6-33 【边缘羽化】效果

6.3.2 【噪波&颗粒】分类夹

⊙ 中值

该效果会将图像的每一个像素都用它周围的像素的 RGB 值来代替，从而平均整个画面的色值，如图 6-34 所示。参数【半径】是指每个像素和周围多大范围内的像素进行 RGB 值的平均计算。

图 6-34 【中值】效果

◉ 噪波

运用该效果，可以产生增加画面噪波的效果，如图 6-35 所示。

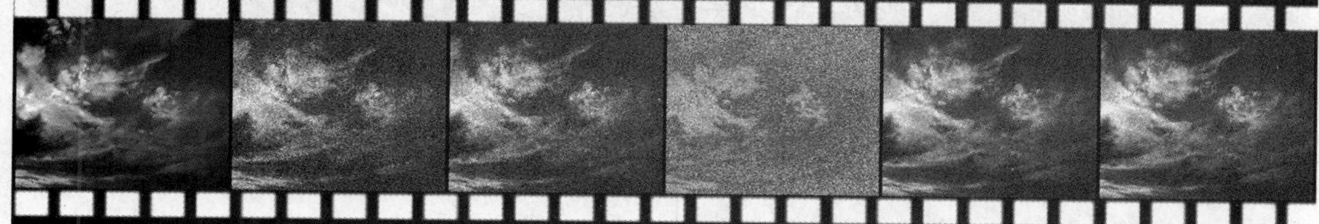

图 6-35 【噪波】效果

◉ 噪波 Alpha

运用该效果，可以产生对图像的 Alpha 通道增加噪波的效果，如图 6-36 所示。

图 6-36 【噪波 Alpha】效果

◉ 噪波 HLS

运用该效果，可以产生对图像的色相、亮度、饱和度增加噪波的效果，如图 6-37 所示。

图 6-37 【噪波 HLS】效果

◉ 灰尘&划痕

运用该效果，可以产生修补像素来减少图像中的噪波，隐藏画面缺陷的效果，如图 6-38 所示。

图 6-38 【灰尘&划痕】效果

◉ 自动噪波 HLS

该效果与噪波 HLS 类似，不同在于该效果可以自动形成动画，如图 6-39 所示。

图 6-39 【自动噪波 HLS】效果

6.3.3 【图像控制】分类夹

此类视频特效主要用于控制对图像进行色调调整。

◉ Gamma 校正

该效果可以在不改变图像高亮区域和低亮区域的情况下，使图像变亮或者变暗，如图 6-40 所示。

图 6-40 【Gamma 校正】效果

◉ 色彩传递

运用该效果，可以将画面没有选中的颜色范围变为黑色或者白色，选中部分仍然保持原样，如图 6-41 所示。

图 6-41 【色彩传递】效果

◉ 色彩匹配

运用该效果，可以将图像中选取的样本颜色按照指定的目标颜色进行匹配，如图 6-42 所示。

图 6-42 【色彩匹配】效果

◉ 色彩平衡(RGB)

运用该效果，可以将画面按 RGB 颜色调整颜色，达到色彩校正的目的，如图 6-43 所示。

图 6-43　【色彩平衡(RGB)】效果

◉ 色彩替换

运用该效果，可以在保持灰度不变的情况下，用一种颜色来替换选中的色彩以及与之相近的色彩，如图 6-44 所示。

图 6-44　【色彩替换】效果

◉ 黑&白

运用该效果，可以直接将彩色图像转换成灰度图像，如图 6-45 所示。

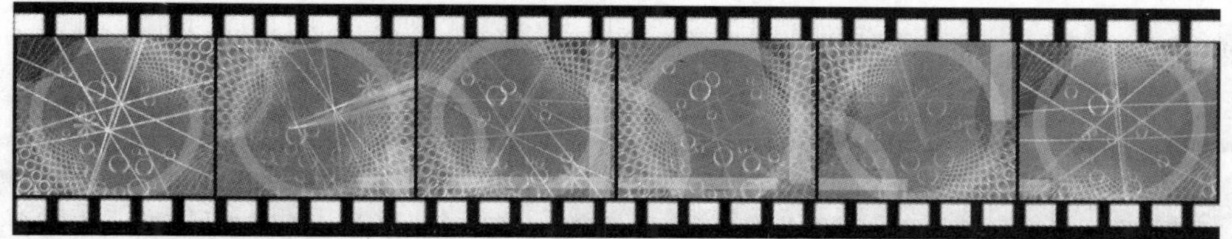

图 6-45　【黑&白】效果

6.3.4　【实用】分类夹

运用该【实用】分类夹中只包含一个效果——电影转换，可以将画面色彩转换成老电影效果，如图 6-46 所示。

图 6-46 【电影转换】效果

6.3.5 【扭曲】分类夹

⊙ 偏移

运用该效果，可以使图像产生水平或者垂直方向上的位置偏移，如图 6-47 所示。

图 6-47 【偏移】效果

⊙ 变换

运用该效果，可以设置如默认的【运动】和【透明度】效果中的各个选项参数，不同在于该特效可以应用在其他特效之后，如图 6-48 所示。

图 6-48 【变换】效果

⊙ 弯曲

运用该效果，可以使画面在水平或者垂直方向上产生弯曲效果，如图 6-49 所示。

图 6-49 【弯曲】效果

⊙ 扭曲

运用该效果，可以使画面产生沿着中心轴旋转扭曲的效果，如图 6-50 所示。

图 6-50 【扭曲】效果

◉ 放大

运用该效果，可以使画面的某一部分产生圆形或者方形的放大的效果，如图 6-51 所示。

图 6-51 【放大】效果

◉ 波形弯曲

运用该效果，可以使画面产生像水波纹似的弯曲效果，如图 6-52 所示。

图 6-52 【波形弯曲】效果

◉ 球面化

运用该效果，可以使画面产生球形画面的效果，如图 6-53 所示。

图 6-53 【球面化】效果

◉ 紊乱置换

运用该效果，可以使画面产生各种紊乱置换变形效果，如图 6-54 所示。

图 6-54 【紊乱置换】效果

◉ 边角固定

运用该效果，可以使图像的 4 个顶点发生变化，达到变形的效果，如图 6-55 所示。

⊙ 镜像

运用该效果，可以使画面产生镜像效果，如图 6-56 所示。

图 6-55 【边角固定】效果

图 6-56 【镜像】效果

⊙ 镜头失真

运用该效果，可以使画面产生镜头失真效果，如图 6-57 所示。

图 6-57 【镜头失真】效果

6.3.6 【时间】分类夹

【时间】分类夹中的效果是用于模仿时间差值得到一些特殊的视频特效。

⊙ 抽帧

运用该效果，可以改变视频素材的帧速率。

⊙ 拖尾

运用该效果，可以模仿声波和回音作用到视频片段的效果，如图 6-58 所示。

图 6-58 【拖尾】效果

◉ 时间扭曲

运用该效果，可以产生视频片段时间扭曲的效果，如图 6-59 所示。

图 6-59 【时间扭曲】效果

6.3.7 【模糊&锐化】分类夹

应用【模糊&锐化】分类夹中的视频特效可以使得图像模糊或者清晰化。其原理都是对图像的相邻像素进行计算，从而产生相应的效果。应用这些效果后，可以产生摄像机的变焦和柔和阴影的效果。

◉ 快速模糊

运用该效果，可以产生类似高斯模糊的效果，与之相比要快而且模糊范围较大，如图 6-60 所示。

图 6-60 【快速模糊】效果

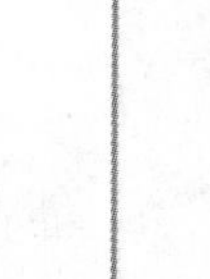

◉ 抗锯齿

运用该效果，可以将图像中色彩变化明显的部分进行平均，使图像画面更加柔化，如图 6-61 所示。

图 6-61 【抗锯齿】效果

◉ 摄像机模糊

运用该效果，可以模仿在摄像机焦距之外的图像模糊效果，如图 6-62 所示。

◉ 方向模糊

运用该效果，可以在画面中产生模糊的方向和强度，使片段产生一种运动的效果，如图 6-63 所示。

图 6-62 【摄像机模糊】效果

图 6-63 【方向模糊】效果

◉ 混合模糊

运用该效果，可以以一个指定的模糊层的亮度为基准，对当前层的像素进行模糊。模糊层可以是一个包含不同亮度值的任意层，模糊层的亮的像素部分对当前层对应的像素进行更强的模糊，暗的部分则对对应的像素进行较弱的模糊，如图 6-64 所示。

图 6-64 【混合模糊】效果

◉ 通道模糊

运用该效果，可以对素材中指定的色彩通道进行模糊处理，还可以指定模糊的方向是水平、垂直或水平与垂直双向的，如图 6-65 所示。使用这个效果可以创建辉光效果或者控制一个图层的边缘附近变得透明，选中【边缘形态】中的【重复边缘像素】复选框，可以重复边缘附近的像素，避免边缘变黑和透明。

图 6-65 【通道模糊】效果

◉ 重影

运用该效果，可以将前几帧的图像半透明地覆盖在当前帧上，从而产生重影的效果，如图 6-66 所示。

图 6-66 【重影】效果

◉ 锐化

运用该效果，可以增加相邻像素间的对比度使图像变得更加清晰，如图 6-67 所示。

图 6-67 【锐化】效果

◉ 非锐化蒙板

运用该效果，可以增加边缘颜色的对比度来产生边缘锐化的效果，如图 6-68 所示。

图 6-68 【非锐化蒙板】效果

◉ 高斯模糊

运用该效果，可以通过高斯运算的方法产生模糊效果。可以模糊和柔化图像并消除噪波。还可以指定模糊的方向是【水平】、【垂直】或【水平与垂直】双向的，如图 6-69 所示。

图 6-69 【高斯模糊】效果

6.3.8 【渲染】分类夹

【渲染】分类夹中只包含一个效果——椭圆。运用该效果，可以在图像上面依据设置画一个椭圆，产生照明效果，如图 6-70 所示。

图 6-70 【椭圆】效果

6.3.9 【生成】分类夹

◉ 4 色渐变

运用该效果，可以在层上指定 4 种颜色，并且对其进行混合，产生渐变效果。利用不同的混合模式可以创建出不同风格的彩色效果，如图 6-71 所示。

图 6-71 【4 色渐变】效果

◉ 书写

运用该效果，通过设置不同时刻笔触位置的关键帧，可以产生用笔书写的效果，如 6-72 所示。

图 6-72 【书写】效果

◉ 吸色管填充

运用该效果，通过设置采样点，可以产生将采样点的颜色填充到这个图像的效果，如图 6-73 所示。

图 6-73 【吸色管填充】效果

◎ 圆

运用该效果，可以在图像上产生一个按照设置的圆形的效果。利用不同的混合模式可以创建出不同风格的效果，如图 6-74 所示。

图 6-74 【圆】效果

◎ 栅格

运用该效果，可以在图像上产生一个按照设置的栅格的效果。利用不同的混合模式可以创建出不同风格的效果，如图 6-75 所示。

图 6-75 【栅格】效果

◎ 棋盘

运用该效果，可以在图像上产生一个按照设置的棋盘的效果。利用不同的混合模式可以创建出不同风格的效果，如图 6-76 所示。

图 6-76 【棋盘】效果

◎ 油漆桶

运用该效果，可以在图像上产生根据选定区域创建卡通轮廓或者油漆桶填充的效果，如 6-77

所示。

图 6-77 【油漆桶】效果

◎ 渐变

运用该效果，可以在图像上产生一个渐变的效果，并且能够与图像混合。可以创建【线性】或者【放射状】渐变，并能随时间改变渐变的位置和颜色，如图 6-78 所示。

图 6-78 【渐变】效果

◎ 蜂巢图案

运用该效果，可以在图像上产生一个设定的蜂巢图案，如图 6-79 所示。

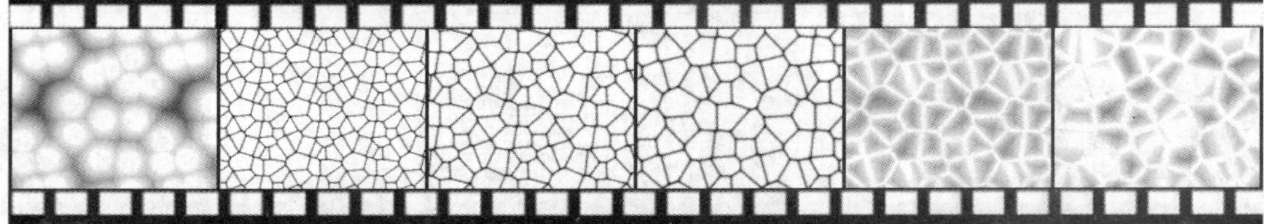

图 6-79 【蜂巢图案】效果

◎ 镜头光晕

运用该效果，可以在画面上产生一个镜头光斑效果，模拟亮光透过摄像机镜头时的折射，如图 6-80 所示。参数设置窗口中可以指定光晕的位置和亮度以及模拟的镜头类型。

图 6-80 【镜头光晕】效果

◎ 闪电

运用该效果，可以在画面上产生一个闪电或者其他类似放电的效果，不需要利用关键帧就可

以自动产生动画，如图 6-81 所示。

图 6-81 【闪电】效果

6.3.10 【色彩校正】分类夹

◉ RGB 曲线

该效果可以通过曲线调整主体、红色、绿色和蓝色通道中的数值，以达到改变图像色彩的目的，如图 6-82 所示。

图 6-82 【RGB 曲线】效果

◉ RGB 色彩校正

该效果通过改变红、绿、蓝 3 个通道的参数设置来改变图像的色彩，如图 6-83 所示。

图 6-83 【RGB 色彩校正】效果

◉ 三路色彩校正

该效果可以通过旋转 3 个色调盘来调节不同色相的平衡和角度，如图 6-84 所示。

图 6-84 【三路色彩校正】效果

◎ 亮度&对比度

运用该效果可以调节图像的亮度和对比度，如图 6-85 所示。

图 6-85 【亮度&对比度】效果

◎ 亮度曲线

该效果包含一个亮度调整曲线图。通过改变曲线图中的曲线可以调整图像中的亮度，如图 6-86 所示。

图 6-86 【亮度曲线】效果

◎ 亮度校正

该效果可以对图像进行亮度校正，如图 6-87 所示。

图 6-87 【亮度校正】效果

◎ 广播级色彩

该效果可以改变像素颜色值使得素材能够在广播电视中正确地显示出来，如图 6-88 所示。

图 6-88 【广播级色彩】效果

◎ 快速色彩校正

该效果提供了各种选项可以对图像进行快速色彩校正，如图 6-89 所示。

图 6-89 【快速色彩校正】效果

◉ 改变颜色

该效果可以调节色彩区域的色相、饱和度和亮度，如图 6-90 所示。参数设置中，可以调节基色和相似值，匹配颜色可以选择使用 RGB、色相或色度。

图 6-90 【改变颜色】效果

◉ 着色

该效果可以改变图像的颜色信息，如图 6-91 所示。参数设置中，对于每一个像素，【着色】数值指定两种颜色之间的混合程度。

图 6-91 【着色】效果

◉ 色彩均化

对图像的色彩平均化，它自动以白色取代图像中最亮的像素，以黑色取代图像中最暗的像素，平均分配白色与黑色之间的色阶取代最亮与最暗之间的像素，如图 6-92 所示。

图 6-92 【色彩均化】效果

◉ 色彩平衡

该效果通过调整图像的【阴影】、【中值】和【高光】部分的 RGB 标准改变素材的颜色，如图 6-93 所示。

图 6-93 【色彩平衡】效果

◉ 色彩平衡(HLS)

该效果可以通过改变【色相】、【亮度】或【饱和度】来改变素材颜色，如图 6-94 所示。

图 6-94 【色彩平衡(HLS)】效果

◉ 视频限幅器

该效果可以限制素材的亮度和色度在设置的范围之内，使其尽可能地符合某种要求，如图 6-95 所示。

图 6-95 【视频限幅器】效果

◉ 转换颜色

该效果可以在图像中选择一种颜色，将其转换成另一种颜色，改变其【色调】、【亮度】或【饱和度】的值，执行转换颜色的同时也添加了一种新的颜色，如图 6-96 所示。

图 6-96 【转换颜色】效果

◉ 通道混合

该效果可以使用当前颜色通道来对某个颜色通道进行混合，如图 6-97 所示。

图 6-97 【通道混合】效果

◎ 颜色分离

运用该效果，可以分离出素材中的颜色，只留下与选定颜色相近的颜色，如图 6-98 所示。

图 6-98 【颜色分离】效果

6.3.11 【视频】分类夹

【视频】文件夹中包含一个效果——时间码。运用该特效，可以在视频上加上当前的时间码。主要用于在层素材中显示时间码信息或者关键帧上的编码信息。同时，它也可以将时间码的信息译成密码并保存于层中以供显示，如图 6-99 所示。

图 6-99 【时间码】效果

6.3.12 【调节】 分类夹

◎ 回旋核心

运用该效果，可以改变素材中的每个像素的亮度，通过某种指定的数学计算方法对素材中的像素颜色进行运算，从而改变像素的【亮度】值。通过设置亮度矩阵的数值可以改变当前像素及其周围 8 个方向位置上的像素亮度，如图 6-100 所示。

图 6-100 【回旋核心】效果

◉ 提取

运用该效果，可以改变图像的灰度范围。首先吸取某种颜色，通过对此颜色的控制得到黑白灰度效果，如图 6-101 所示。

图 6-101 【提取】效果

◉ 照明效果

运用该效果，可以产生在素材上添加灯光照射的效果，如图 6-102 所示。

图 6-102 【照明效果】效果

◉ 电平

该效果综合了【色彩平衡】、【亮度】、【对比度】和【反转】等特效的多种功能。使用它可以调整素材的亮度、明暗对比和中间色彩，如图 6-103 所示。

图 6-103 【电平】效果

◉ 自动对比度

该效果用于校正反差，如图 6-104 所示。

图 6-104 【自动对比度】效果

◉ 自动电平

该效果将每个通道中的最亮和最暗的像素定义为白色和黑色，然后按比例重新分配中间像素值，如图 6-105 所示。在对像素平均分布的图像进行简单的对比度调整时，应用此命令会得到较好的效果。

图 6-105 【自动电平】效果

◉ 自动色彩

此效果用来校正色彩，它可以辨别黑与白之间的色差，然后消除这种色差，如图 6-106 所示。这项功能在处理有黑、白点的图像时效果更佳。

图 6-106 【自动色彩】效果

◉ 调色

运用该效果可以调整素材的【亮度】、【对比度】、【色调】和【饱和度】，如图 6-107 所示。

图 6-107 【调色】效果

⊙ 阴影/高光

运用该效果，可以对素材中的阴影和高光部分进行调整，包括阴影和高光的【数量】、【范围】、【宽度】、色彩的【修正】等，如图 6-108 所示。

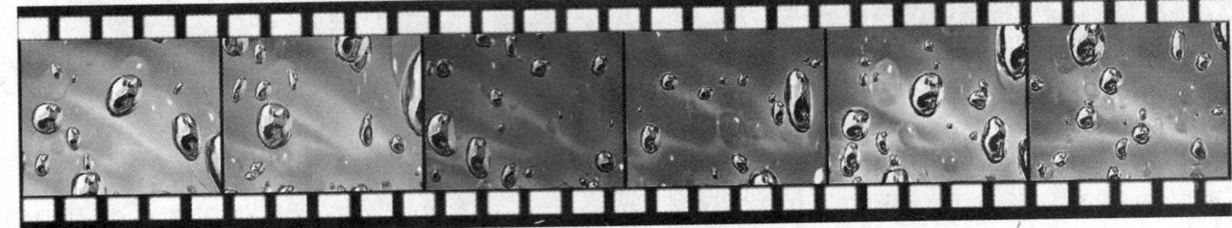

图 6-108 【阴影/高光】效果

6.3.13 【过渡】分类夹

⊙ 块溶解

运用该效果，配合使用关键帧，可以制作各种自定义的【块溶解】的过渡效果，如图 6-109 所示。

图 6-109 【块溶解】效果

⊙ 径向擦除

运用该效果，配合使用关键帧，可以制作各种自定义的【径向擦除】的过渡效果，如图 6-110 所示。

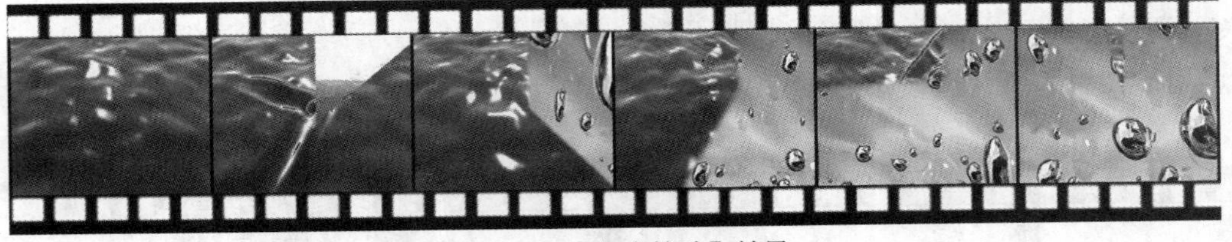

图 6-110 【径向擦除】效果

⊙ 渐变擦除

运用该效果，配合使用关键帧，可以制作各种自定义的【渐变擦除】的过渡效果，如图 6-111 所示。

图 6-111 【渐变擦除】效果

◉ 百叶窗

运用该效果，配合使用关键帧，可以制作各种自定义的【百叶窗】的过渡效果，如图 6-112 所示。

◉ 线性擦除

运用该效果，配合使用关键帧，可以制作各种自定义的【线性擦除】的过渡效果，如图 6-113 所示。

图 6-112 【百叶窗】效果

图 6-113 【线性擦除】效果

6.3.14 【透视】分类夹

◉ 基本 3D

使用该效果可以使画面在三维空间中水平或者垂直移动，也可以拉远或者靠近，如图 6-114 所示。如果选中【镜面高光】选项，还可以建立一个增强亮度的镜面来反射旋转表面的光芒。

图 6-114 【基本 3D】效果

⊙ 放射阴影

运用该效果，可以通过指定的位置作为光源，使图像产生投影效果，如图 6-115 所示。

图 6-115 【放射阴影】效果

⊙ 斜角 Alpha

运用该效果，可以使图像的 Alpha 通道产生斜角效果，通过二维的 Alpha 通道形成三维外观效果，如图 6-116 所示。

图 6-116 【斜角 Alpha】效果

⊙ 斜角边

运用该效果，可以使图像的边缘产生一个立体的效果，用来模拟三维外观，如图 6-117 所示。此特效不适合在非矩形的图像上使用，也不能应用在带有 Alpha 通道的图像上。

图 6-117 【斜角边】效果

⊙ 阴影

运用该特效可以在层的后面产生阴影，形成投影的效果，投影的形状是由 Alpha 通道决定的，如图 6-118 所示。

图 6-118 【阴影】效果

6.3.15 【通道】分类夹

◎ 反转

该特效用于反转图像的颜色信息，通常有很好的颜色效果，如图 6-119 所示。设置【通道】选项，可以对整个图像进行反转，也可以对单一的通道进行反转；【与源素材混合】选项用于合成反转的图像与原图像。

◎ 固态合成

该特效提供一种快捷的方式创建一种色彩填充合成图像在原素材层的后面，如图 6-120 所示。用户可以控制原素材层的不透明性以及填充合成图像的不透明性，还可以选择应用不同的混合模式。

图 6-119　【反转】效果

图 6-120　【固态合成】效果

◎ 复合算法

该效果以数学方式合成当前层和指定层。实际上是和层模式相同的，而且比应用层模式更有效、更方便，如图 6-121 所示。

图 6-121　【复合算法】效果

◎ 混合

该特效通过 5 种不同的混合模式，将两个层的图像进行混合，如图 6-122 所示。

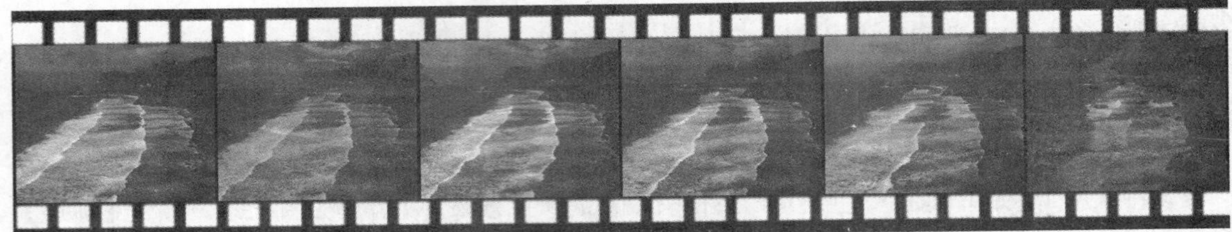
图 6-122 【混合】效果

◉ 算法

该效果提供了各种用于图像颜色通道的简单数学运算，如图 6-123 所示。

◉ 设置蒙板

该效果同轨道蒙板类似，可以用指定的蒙板层的通道作为当前层的通道，如图 6-124 所示。

◉ 运算

该效果通过通道混合一幅图像的另一个通道，如图 6-125 所示。

图 6-123 【算法】效果

图 6-124 【设置蒙板】效果

图 6-125 【运算】效果

6.3.16 【键】分类夹

【键】分类夹包含了【Alpha 调节】、【RGB 差异键】、【亮度键】、【八点蒙板扫除】、【十六点蒙板扫除】、【四点蒙板扫除】、【图像蒙板键】、【差异蒙板键】、【无红色键】、

【移除蒙板键】、【颜色键】等效果，将在第7章中详细介绍。

6.3.17 【风格化】分类夹

◉ Alpha 辉光

运用该效果可以在图像的 Alpha 通道边缘生成一种颜色逐渐向另一种颜色过渡的效果，如图 6-126 所示。

◉ 彩色浮雕

该效果与【浮雕】效果类似，不同的是【彩色浮雕】是包含颜色的，如图 6-127 所示。

◉ 曝光过度

运用该效果可以将图像的正片和负片相混合，模拟底片显影过程中的曝光效果，如图 6-128 所示。【界限】值可以设置混合的比例。

图 6-126 【Alpha 辉光】效果

图 6-127 【彩色浮雕】效果

图 6-128 【曝光过度】效果

◉ 材质纹理

运用该效果可以将指定材质层的纹理映射到当前图层上，从而产生类似浮雕形式的贴图效果，如图 6-129 所示。

图 6-129 【材质纹理】效果

⊙ 查找边缘

运用该效果，可以通过强化过渡像素产生彩色线条，用来表现铅笔勾画的效果，如图 6-130 所示。

图 6-130 【查找边缘】效果

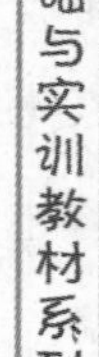

⊙ 浮雕

运用该效果，可以产生单色的浮雕，如图 6-131 所示。

图 6-131 【浮雕】效果

⊙ 海报

应用该特效，可以通过指定素材中每个通道的色调或亮度，让图像以较少数量的颜色显示，得到类似海报描绘的效果，如图 6-132 所示。

图 6-132 【海报】效果

⊙ 笔触

该效果可以产生一种画笔描绘出的粗糙外观，模拟水彩画一样的效果，如图 6-133 所示。

图 6-133 【笔触】效果

◉ 边缘粗糙

应用该效果可以将图像的边缘粗糙化，用来模拟腐蚀的纹理或溶解效果，如图 6-134 所示。

图 6-134 【边缘粗糙】效果

◉ 重复

应用该效果后会将原始素材变为多个数量，如图 6-135 所示。

图 6-135 【重复】效果

◉ 闪光灯

运用该效果可以在一些画面中不断地加入一帧闪白、其他颜色或者应用一帧层模式，然后立即恢复，使连续画面产生闪烁的效果，如图 6-136 所示。

图 6-136 【闪光灯】效果

◉ 阈值

运用该效果，可以将一个灰度或者彩色图像转换为高对比度的灰白图像。它将一定的电平指定为阈值，所有比该值亮的像素被转换为白色，所有比该值暗的像素被转换为黑色，如图 6-137 所示。

图 6-137 【阈值】效果

⊙ 马赛克

运用该效果可以将一个单元内的所有像素统一为一种颜色，然后使用方形颜色块来填充整个层，从而产生马赛克效果，如图 6-138 所示。

图 6-138 【马赛克】效果

6.4 上机练习

本章上机练习通过运用【裁剪】和【马赛克】两个视频特效，为影片中被采访的人物脸部制作局部马赛克的效果，熟悉视频特效的综合应用。

(1) 启动 Premiere Pro CS3，新建一个名为【局部马赛克】的项目文件。单击【自定义设置】标签可以打开自定义设置选项卡，在【常规】栏目下，选择【编辑模式】为【桌面编辑模式】，【时间基准】为【25.00 帧/秒】，设置【画幅大小】为【352 宽 288 高】，【像素纵横比】为【方形像素(1.0)】，【场】为【无场(逐行扫描)】，【显示格式】为【帧】，其他设置不变，如图 6-139 所示。

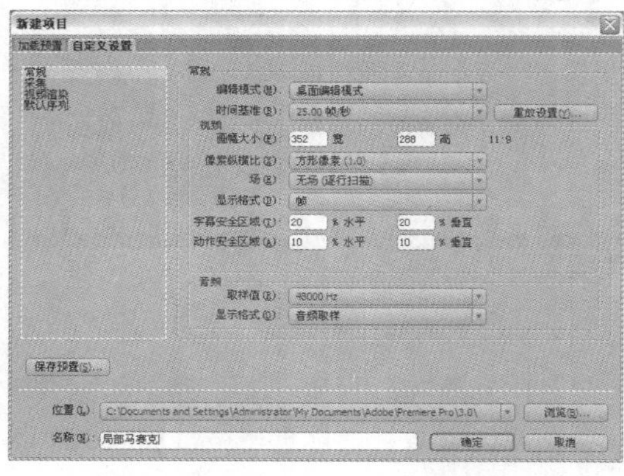

图 6-139 新建【局部马赛克】项目

图 6-140 导入【采访.mpg】素材文件

(2) 选择【文件】|【导入】命令，打开【导入】对话框，导入【局部与赛克】文件夹中的视频素材，如图 6-140 所示。

(3) 在【项目】窗口中选择【采访.mpg】，然后将其拖到【时间线】窗口的【视频 1 】轨道上，调整窗口显示比例，如图 6-141 所示。

(4) 同步骤(3)的方法，再次将【采访.mpg】拖到【时间线】窗口的【视频 2】轨道上，如图 6-142 所示。

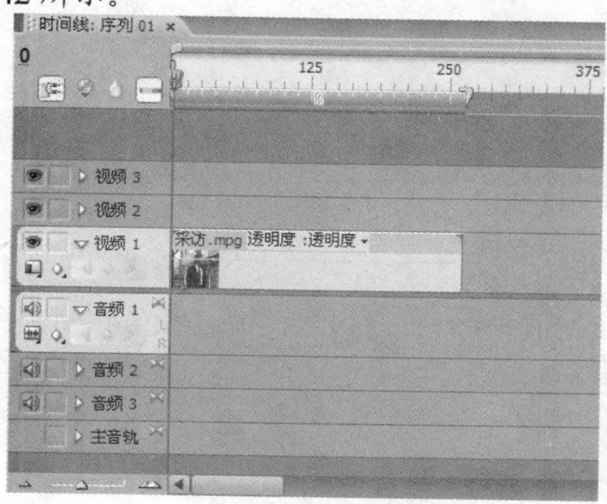

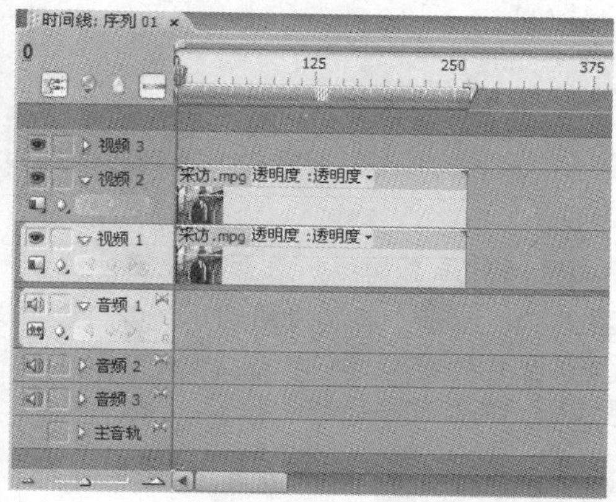

图 6-141　应用【采访.mpg】到【视频 1】轨道上　图 6-142　再次应用【采访.mpg】到【视频 2】轨道上

(5) 单击【视频 1】轨道前面的【开关轨道输出】按钮，使其隐藏，这时【视频 1】轨道上的素材将不在【节目】监视器窗口显示。如图 6-143 所示。

(6) 打开【效果】面板，展开【视频特效】下的【变换】分类夹，如图 6-144 所示。从中选择【裁剪】效果，将其应用到【视频 2】轨道上的【采访.mpg】上。同时打开【效果控制】面板。

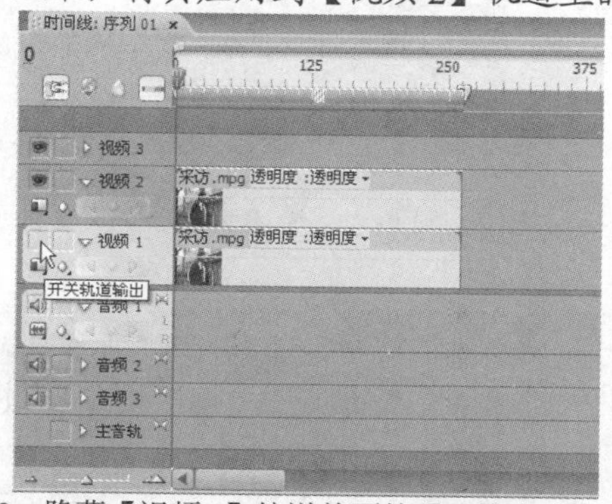

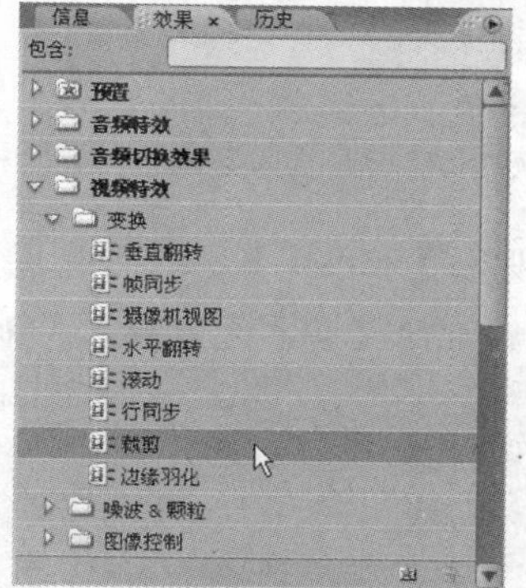

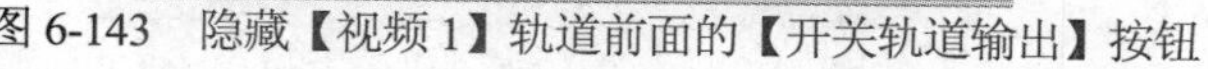

图 6-143　隐藏【视频 1】轨道前面的【开关轨道输出】按钮　　图 6-144　展开【变换】分类夹

(7) 在【效果控制】面板中，展开【裁剪】选项，调整【左】、【顶】、【右】和【底】参数到合适的值，可以同时在【节目】监视器窗口中查看【裁剪】效果，调整到只留下素材片段中人物的脸部，如图 6-145 所示。

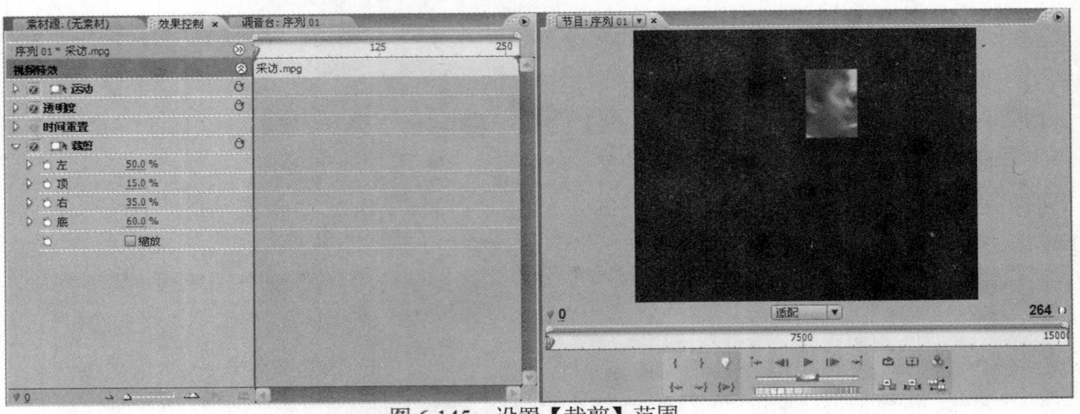

图 6-145　设置【裁剪】范围

(8) 打开【效果】面板，展开【视频特效】下的【风格化】分类夹，从中选择【马赛克】效果，如图 6-146 所示。将其应用到【视频 2】轨道上的【采访.mpg】上后，在【效果控制】面板中展开【马赛克】选项，如图 6-147 所示。

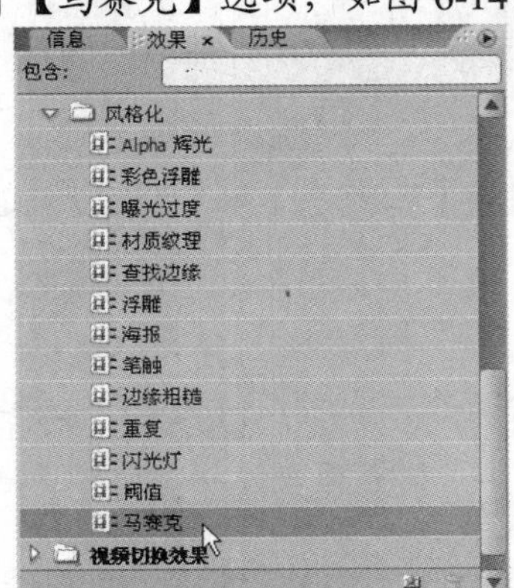

图 6-146　展开【风格化】分类夹

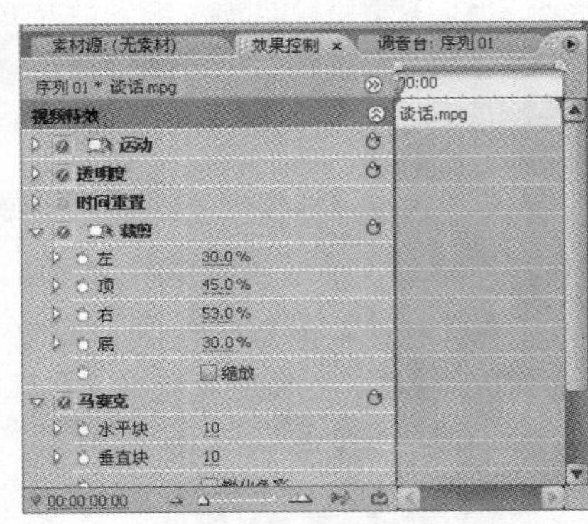

图 6-147　在【效果控制】面板展开【马赛克】选项

(9) 设置【水平块】、【垂直块】的数值均为 30，可以在【节目】监视器窗口中预览素材片段中人物脸部的【马赛克】效果。如图 6-148 所示。

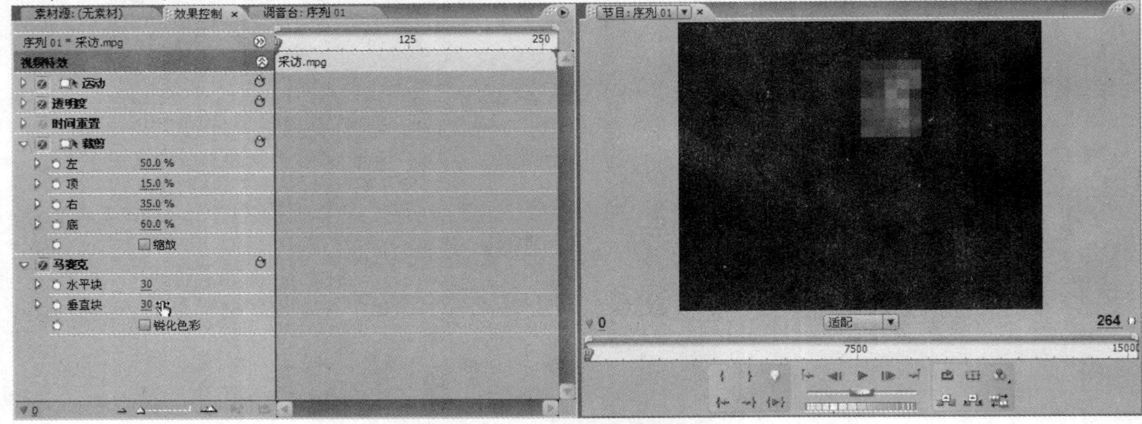

图 6-148　设置马赛克效果

(10) 单击【视频 1】轨道前面的【开关轨道输出】按钮，使其显示👁。这时【视频 1】轨道上的素材在【节目】监视器窗口将显示。此时就可以预览到完整的局部马赛克效果了。如图 6-149 所示。

(11) 拖动【效果控制】面板中的时间线指针，在【节目】监视器窗口预览影片片段，发现在人物活动过程，马赛克没有很好地遮盖人物的脸部，如图 6-150 所示。需要为素材的不同时刻创建关键帧。

图 6-149 查看【马赛克】效果

图 6-150 预览效果

(12) 打开【效果控制】面板，将时间线指针移到素材开始处，为【裁剪】效果设置关键帧。再将时间指针移到时间码为【10 帧】处，调整【裁剪】效果各项参数值，使得人物的脸部全部有马赛克效果，如图 6-151 所示。

(13) 同步骤(12) 的方法，以【10 帧】为步进，调整【裁剪】效果各项参数值，为【裁剪】效果设置关键帧，使得人物活动过程中脸部全部有马赛克效果，如图 6-152 所示。

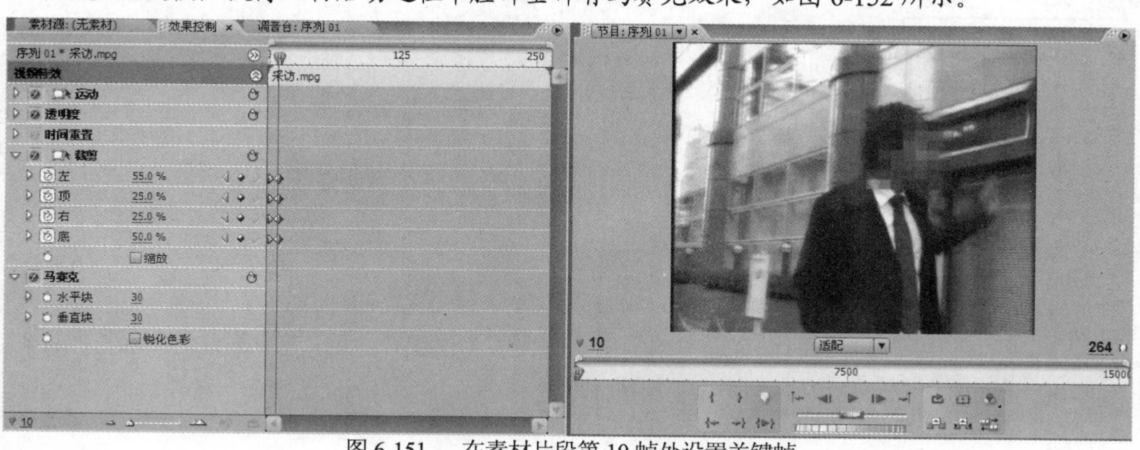

图 6-151 在素材片段第 10 帧处设置关键帧

图 6-152　以【10 帧】为步进，调整参数设置关键帧

(14) 设置人物脸部【马赛克】效果到人物背对镜头为止，可以剪切掉【视频 2】轨道中【采访.mpg】素材的后半段，然后在【节目】监视器窗口中预览全部效果，如图 6-153 所示。

图 6-153　预览【局部马赛克】 效果

(15) 根据预览所看到的结果，可以对【裁剪】效果参数再进行微调直至达到需要的效果后，保存项目文件，最后输出影片。

6.5　习题

1. Premiere Pro CS3 中视频特效有哪些分类？
2. 如何方便查找视频特效？
3. 简述应用视频特效的步骤。
4. 删除视频特效有哪些方法？
5. 如何临时停用素材中已应用的视频特效？
6. 如何复制一个素材片段的所有的效果值到另一个片段？简述其步骤。
7. 哪种效果可以将画面没有选中的颜色范围变为黑色或者白色，选中部分仍然保持原样？
8. 【固态合成】视频特效有什么作用？

第7章 视频合成

学习目标

影视制作中，为了增强影片的可观赏性，往往需要将多个剪辑进行叠加处理，这样就能制作出变幻莫测、目不暇接的效果。Premiere Pro CS3 具有强大的视频处理能力，可以通过视频透明叠加以及键控技术进行视频合成。本章将详细地介绍 Premiere Pro CS3 中的各种叠加效果，并说明在使用 Premiere Pro CS3 进行影视制作的过程中，如何根据需要选择恰当的叠加处理效果。

本章重点

- 透明度和叠加
- 设置透明度
- 键控技术
- 蒙板透明
- 应用蒙板

7.1 视频合成简介

视频合成是指通过使用多个图像处理成一个合成图像的过程。因为视频帧在默认状态下都是完全不透明的，要进行视频合成就需要使得视频帧在某些部分或区域变成透明。还可以通过亮度或者色彩的叠加方式来获得合成效果。

7.1.1 透明度

如果一个剪辑素材部分是透明的，则此素材中一定存在表示这种透明的信息，在 Premiere 中，剪辑素材的透明信息是保存在 Alpha 通道中的。

如果剪辑素材的 Alpha 通道不能完全符合用户的需要，则用户可以结合使用不透明度(Opacity)、蒙板(Mask)、遮片(Mattes)和键控(Keying)技术来调整图像的 Alpha 通道，以隐藏剪辑素材的全部或者部分画面。

通过组合叠加素材来产生特殊效果，每个素材的某些部分都必须是透明的，透明效果可以通过介质和软件来产生，在 Premiere 中相关的透明术语有以下几个。

⊙ Alpha 通道

对于一些经常使用图形图像处理软件(例如 Adobe Photoshop)的读者来说，对 Alpha 通道应该是相当熟悉的。在 Premiere 中，Alpha 通道不可见，因为它主要是用来定义通道中的透明区域的，对于一些导入的素材，Alpha 通道提供了一条途径把素材和其自带的透明信息存储在一个文件中而不干扰电影胶片自身的色彩通道。在监视器窗口中查看 Alpha 通道时，白色区域代表不透明区域，黑色部分代表透明区域，灰色区域代表部分透明区域。

⊙ 蒙板(Mask)

Alpha 通道的别称。

⊙ 遮片(Matte)

遮片是用来定义或修改它的层或其他层的透明区域的文件或通道。在为素材或通道中某部分定义透明或没有 Alpha 通道时，使用遮片要比 Alpha 通道方便。

⊙ 键控(Keying)

键控用来在图像文件中使用特殊的色彩或亮度值来设置透明，与基调色彩相匹配的像素变成透明。利用键控效果删除具有同一色彩的背景是很方便而有效的。

7.1.2 叠加

通过将部分透明的剪辑堆放在不同轨道上，并利用较低轨道中的颜色通道进行叠加可以创建出一种特殊的效果。

使用透明叠加的原理是因为每段剪辑素材都有一定的不透明度(Opacity)，在不透明度为 0%时，图像完全透明；在不透明度为 100%时，图像完全不透明；介于两者之间的图像呈半透明。

叠加是将一个剪辑部分地显示在另一个剪辑之上，它所利用的就是剪辑的不透明度。Premiere 可以通过对不透明度的设置，为对象制作透明叠加混合效果。

提示

中文版 Premiere Pro CS3 中的【透明度】效果指的就是不透明度(Opacity)。

Premiere Pro CS3 中，每个视频(或图片)素材都有一个默认的【透明度】效果。在【时间线】窗口中选中一个素材，就可以看到在【效果控制】面板中的视频特效的透明度效果，如图 7-1 所示。展开该效果，就可以调节该素材的透明度百分比来得到合适的透明度效果。

建立叠加的效果，是将叠加轨道(Superimpose Track)上的剪辑叠加到底层的剪辑上，叠加轨道编号较高的剪辑，会叠加在编号较低的叠加轨道剪辑上。叠加就是使上面的素材部分或全部变得透明，使下面的素材能够透过上面的素材显示出来，如图 7-2 所示。在节目片头、片花制作中经常采用这种方法，特别是多画面的叠加。

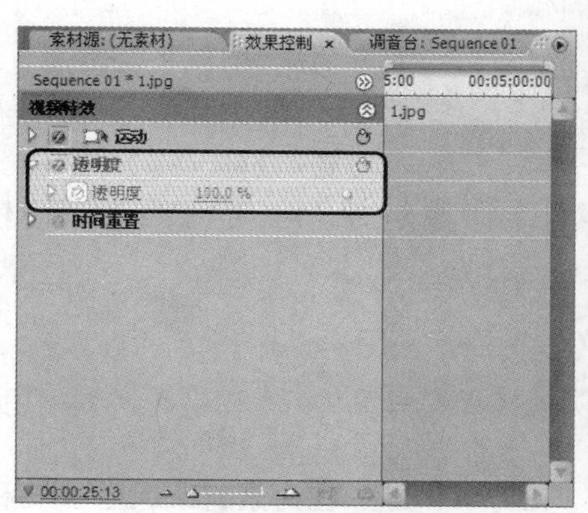

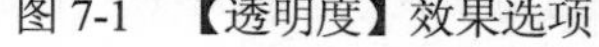

图 7-1　【透明度】效果选项

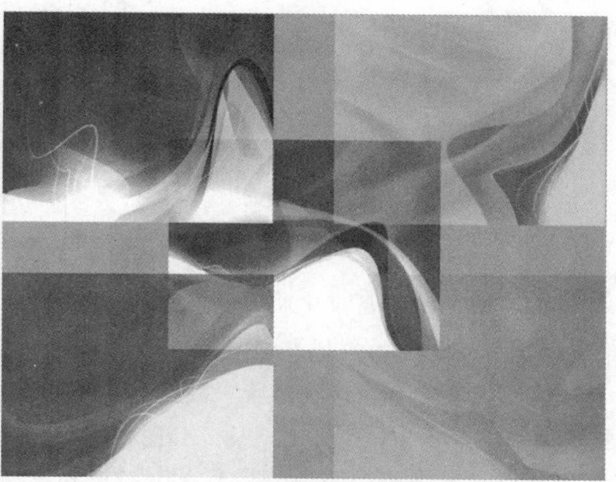

图 7-2　不同透明度的轨道叠加

7.1.3　利用透明度设置叠加片段

除了在【效果控制】面板中设置透明度效果外，Premiere 还可以在【时间线】窗口上直接设置素材的透明度。

将一个素材放置在【时间线】窗口的视频轨道上后展开视频轨道，会看到轨道名称的下方有一个【显示关键帧】按钮。单击该按钮，从打开的下拉菜单中选择【显示透明控制】命令，视频素材显示中会出现一条黄色的线，与素材的持续时间等长。这条黄色的线就是渐变线，使用它就可以控制整个素材的透明度，其默认的透明度是 100%。

【例 7-1】创建一个名为【透明叠加】的项目，导入两段视频素材，通过【时间线】窗口的关键帧设置视频的透明度变化效果。

(1) 启动 Premiere Pro CS3，新建一个名为【透明叠加】的项目文件。

(2) 选择【文件】|【导入】命令，打开【导入】对话框，导入【透明叠加】文件夹中的两段视频素材，如图 7-3 所示。

(3) 从【项目】窗口中将 stage1.avi 拖入到【时间线】窗口的【视频 1】 轨道上，将 stage2.avi 拖入到【时间线】窗口的【视频 2】 轨道上，如图 7-4 所示。

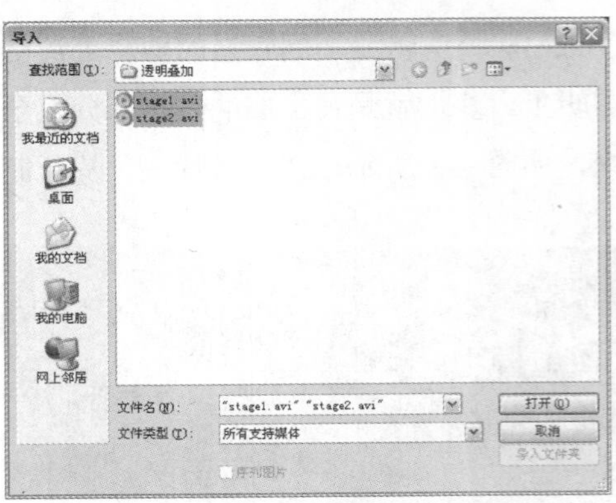

图 7-3　导入两段素材

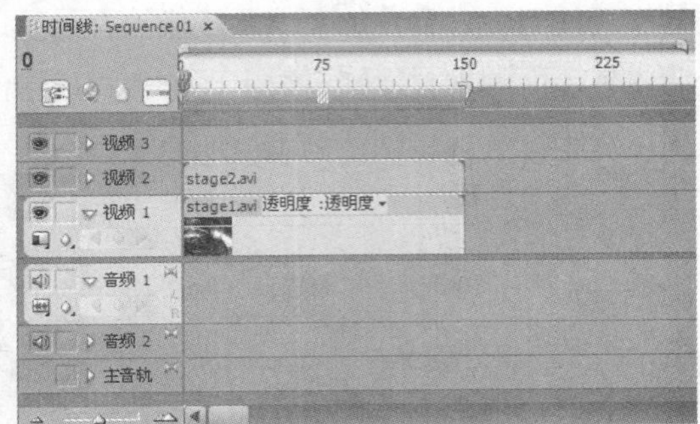

图 7-4　分别在【视频 1】和【视频 2】轨道上放置素材

(4) 在【时间线】窗口中展开【视频 2 】轨道。单击【显示关键帧】按钮，从打开的下拉菜单中选择【显示透明控制】命令，这时显示出黄色的渐变线。如图 7-5 所示。

(5) 将鼠标置于黄色渐变线上，鼠标向下拖动，透明度将会发生变化，如图 7-6 所示。用户可以在【节目】窗口中看到变化效果。如图 7-7 所示。

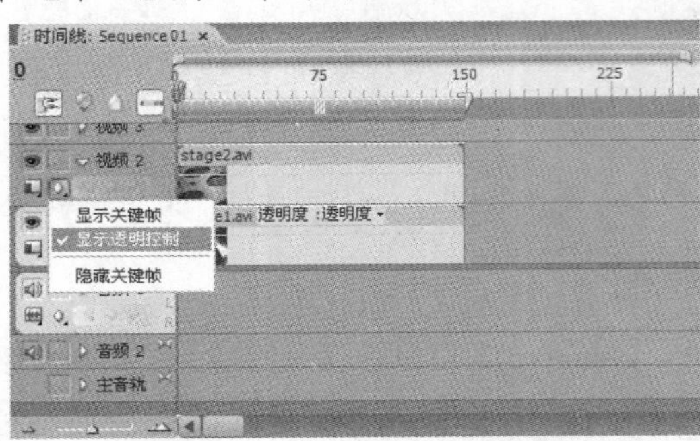

图 7-5　展开视频 2 轨道，选择【显示透明控制】命令

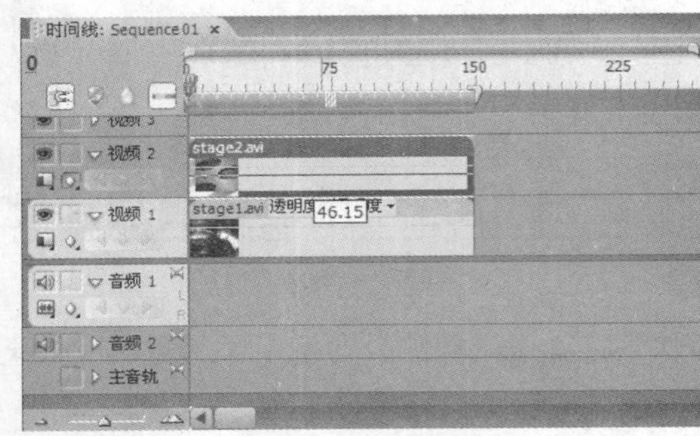

图 7-6　拖动渐变线使透明度发生变化

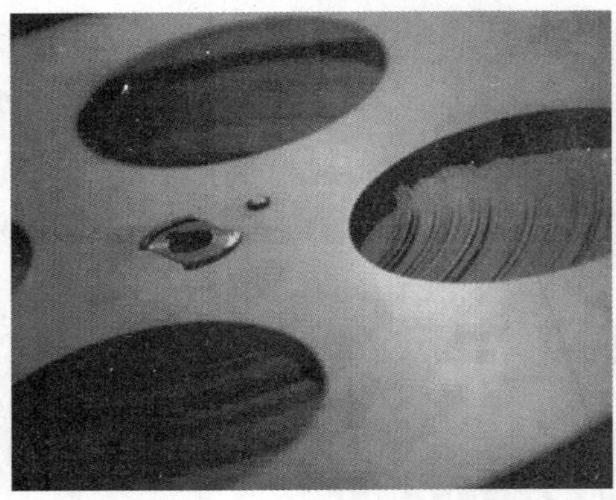

图 7-7　透明度变化前后对比

(6) 将鼠标放在黄色渐变线上开始处，按住 Ctrl 键的同时单击鼠标左键，添加一个关键帧控制点。然后将鼠标放在黄色渐变线上 50 帧处，按 Ctrl 键的同时单击鼠标左键，再添加另一个关键帧控制点，向下拖动该控制点，使其透明度为 0.0。如图 7-8 所示。

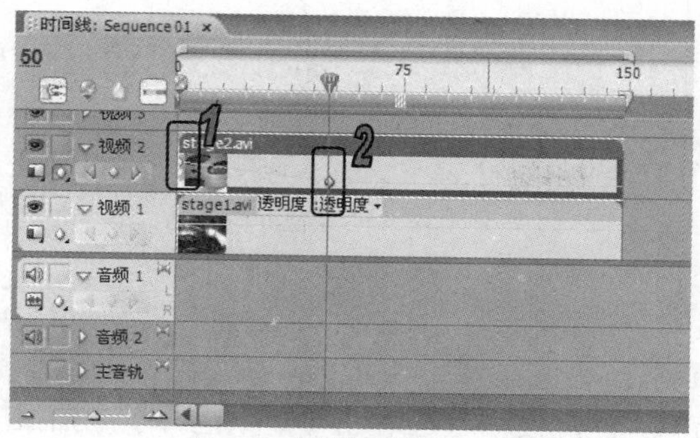

图 7-8　设置关键帧(一)

提示

添加关键帧控制点除了按住 Ctrl 键的同时单击鼠标左键外，还可以移动时间线指针到要设置的时间点，然后单击时间线面板上的【添加/删除关键帧】按钮，就可以进行关键帧的添加或删除。

当有多个关键帧控制点时，可以使用【跳转到上(下)一个关键帧】按钮进行快速跳转。

(7) 在黄色渐变线上的 100 帧处和结束处，分别添加关键帧控制点，将结束处的透明度调整为 100.0，如图 7-9 所示。

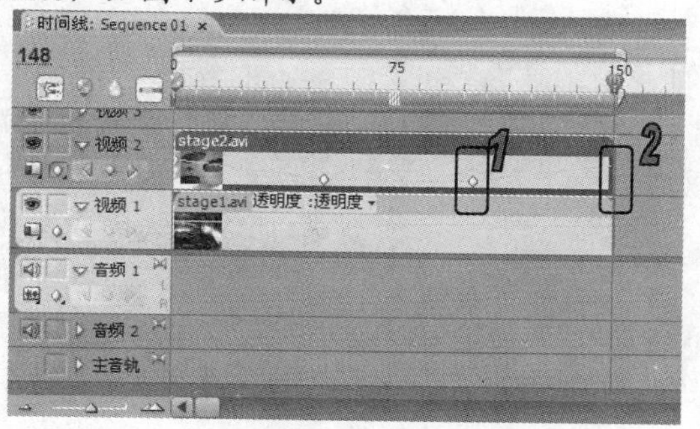

图 7-9　设置关键帧(二)

提示

用鼠标拖动相应的关键点，可以改变关键点的位置和透明度。选择关键帧控制点后，按 Delete 键就可以将多余的关键点删除。

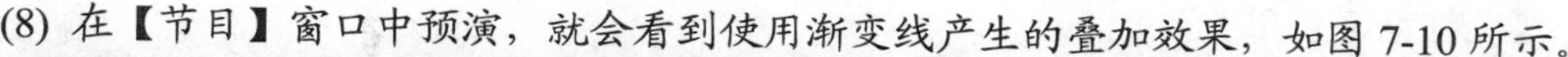

(8) 在【节目】窗口中预演，就会看到使用渐变线产生的叠加效果，如图 7-10 所示。

图 7-10　预演视频在不同时刻出现的透明度变化

7.2　键控技术

键控就是通常所说的抠像，表现为一种分割屏幕的特技，在电视节目的制作中应用很普遍。它的本质就是【抠】和【填】。【抠】就是利用前景物体轮廓作为遮挡控制电平，将背景画面的颜色沿该轮廓线抠掉，使背景变成黑色；【填】就是将所要叠加的视频信号填到被抠掉的无图像区域，而最终生成前景物体与叠加背景相合成的图像。

在早期的电视制作中，键控技术需要用昂贵的硬件来支持，而且对拍摄背景要求很严，通常是在高饱和度的蓝色或绿色背景下拍摄，同时对光线的要求也很严格。目前，各种非线性编辑软件与合成软件都能做键控特技，并且对背景的颜色要求也不十分严格，如 Premiere 和 After Effects 等。

下面对 Premiere Pro CS3 中常用的键控效果作详细的讲解。

7.2.1 色键透明

色键透明是 Premiere 中最常用的透明叠加方式，色键技术通过对在一个颜色背景上拍摄的数字化素材进行键控，指定一种颜色，系统会将图像中所有与其近似的像素键出，使其透明。运用色键透明产生的效果如图 7-11 所示。

图 7-11 运用色键透明的效果

Premiere Pro CS3 提供了 5 种色键透明叠加方式，包括【色度键】、【RGB 差异键】、【蓝屏键】、【无红色键】和【颜色键】。

1.【色度键】效果

使用【色度键】 效果可以使得在素材中选择的一种颜色或者一定的颜色范围变成透明。这种键控可以用于包含一定颜色范围的屏幕为背景的场景，如图 7-12 所示。

图 7-12 运用【色度键】的效果

应用【色度键】效果的参数控制面板如图 7-13 所示，各项作用如下。

- 【颜色】：通过单击【颜色】样本，打开【颜色拾取】对话框，选择合适的颜色样本，如图 7-14 所示。或者使用颜色滴管在屏幕上选择一种颜色。
- 【相似性】：扩大或者缩小透明的颜色范围，数值越大范围越大。

◎ 【混合】：键出的素材与下层素材的混合，数值越大混合越多。
◎ 【界限】：控制键出颜色范围的阴影，数值越大保留的阴影越多。
◎ 【截断】：使阴影变暗或者变亮，数值在【界限】值的范围内增大将使阴影变暗，超过【界限】的值后会将灰度和透明像素颠倒。
◎ 【平滑】：控制透明与不透明区域之间边界的柔和程度。
◎ 【只有遮罩】：选中该复选框则只显示素材的 Alpha 通道。

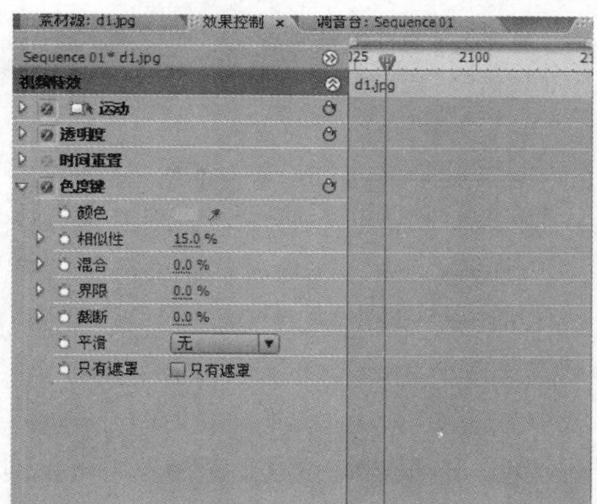

图 7-13　应用【色度键】效果的参数控制面板

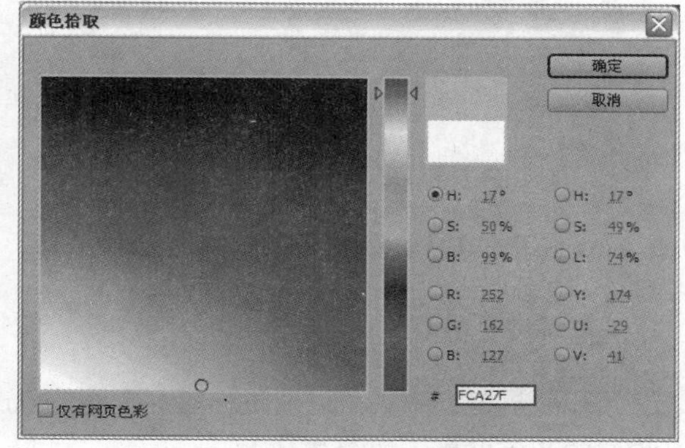

图 7-14　【颜色拾取】对话框

2.【RGB 差异键】效果

【RGB 差异键】是【色度键】的简易版本，可以选择一个颜色范围，但不能混合图像和以灰度调整透明度，可以用于被灯光照亮但没有阴影的场景，或者是不需要精细调整的粗剪。运用【RGB 差异键】的效果如图 7-15 所示。

图 7-15　运用【RGB 差异键】的效果

应用【RGB 差异键】效果的参数控制面板如图 7-16 所示，各项作用如下。

◎ 【色彩】：通过单击【颜色】样本或者使用颜色滴管可以选择一种颜色。
◎ 【相似性】：扩大或者缩小透明的颜色范围，数值越大范围越大。
◎ 【平滑】：控制透明与不透明区域之间边界的柔和程度。
◎ 【只有遮罩】：选中该复选框则只显示素材的 Alpha 通道。

◉ 【阴影】：添加 50%的灰，50%的不透明阴影，偏移原始素材图像的不透明区域右下方向 4 个像素，这个选项最好用于像字幕这样的简易图像。

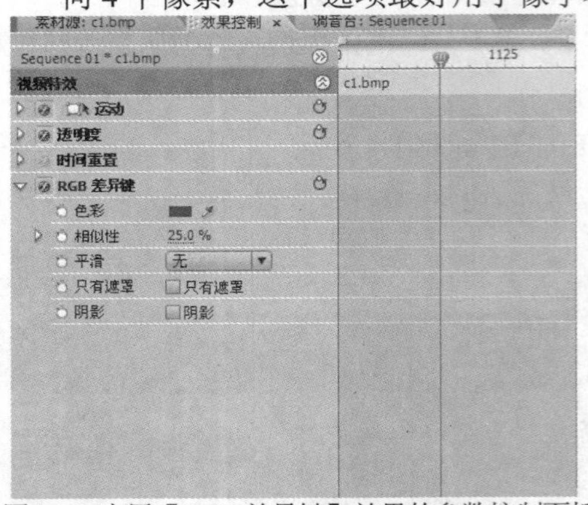

图 7-16 应用【RGB 差异键】效果的参数控制面板

> **提示**
>
> 【RGB 差异键】虽然不像【色度键】允许单独的调节色彩和灰度，但是【RGB 差异键】可以为键出对象设置投影。用户可根据需要选择。

3.【蓝屏键】效果

使用【蓝屏键】效果可以通过抠除标准的蓝色产生透明。合成时使用这个键控效果可以键出灯光均匀的蓝色屏幕，如图 7-17 所示。

图 7-17 运用【蓝屏键】的效果

应用【蓝屏键】效果的参数控制面板如图 7-18 所示，各项作用如下。

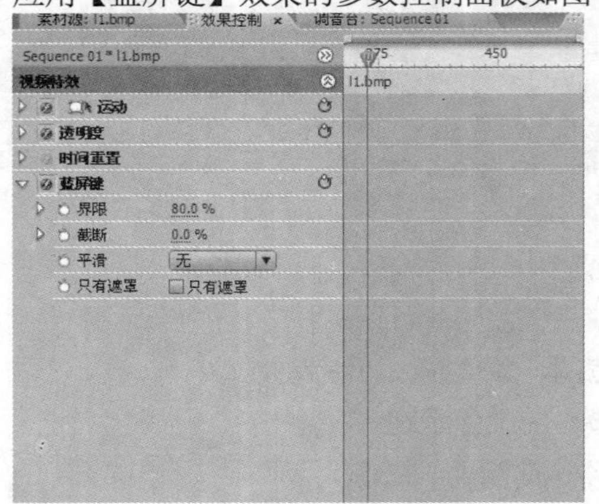

图 7-18 应用【蓝屏键】效果的参数控制面板

> **提示**
>
> 【蓝屏键】适合用在以纯蓝色为背景的画面上，创建透明时，屏幕上的蓝色变为透明，此处所谓的纯蓝是不含有任何的红色和绿色。

◉ 【界限】：调整蓝色背景的透明度，可以减小数值使得蓝屏变成透明。
◉ 【截断】：调节前景图像的对比度，可以增大数值以达到想要的效果。
◉ 【平滑】：控制透明与不透明区域之间边界的柔和程度。
◉ 【只有遮罩】：选中该复选框则只显示素材的 Alpha 通道。

4.【无红色键】效果

使用【无红色键】效果可以从蓝色或者绿色背景产生透明。类似于【蓝色键】，但它允许混合两个素材，还有助于较小不透明对象边缘周围的须边。当需要控制混合时，可以使用键出绿色，或者当【蓝屏键】出的效果不太满意时，也可以使用这种键控。运用【无红色键】的效果如图 7-19 所示。

图 7-19　运用【无红色键】的效果

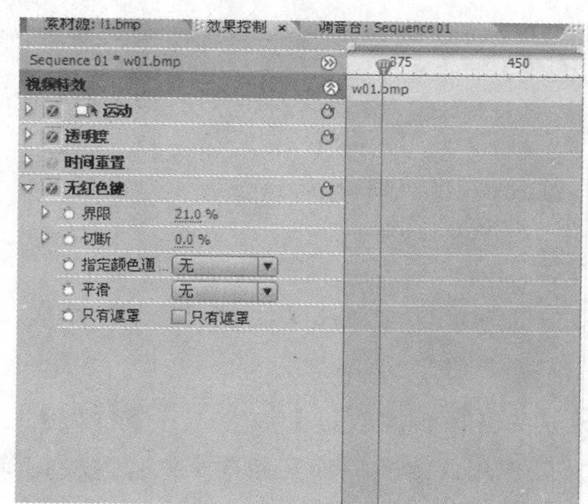

图 7-20　应用【无红色键】效果的参数控制面板

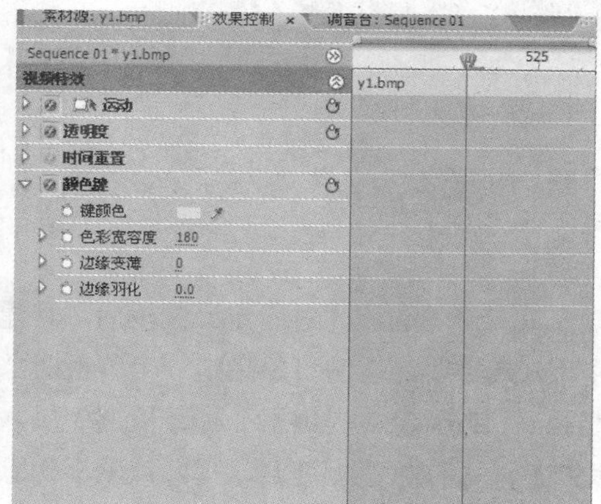

图 7-21　应用【颜色键】效果的参数控制面板

应用【无红色键】效果的参数控制面板如图 7-20 所示，各项作用如下。

◉ 【界限】：调整蓝色或者绿色背景的透明度，可以减小数值使得蓝屏或绿屏变成透明。
◉ 【切断】：调节前景图像的对比度，可以增大数值以达到想要的效果。
◉ 【指定颜色通道】：指定消除素材不透明区域边缘残留的蓝色或绿色，选择【无】则不消除须边，选择【绿】或【蓝】则分别消除绿屏或蓝屏素材残留的边缘。
◉ 【平滑】：控制透明与不透明区域之间边界的柔和程度。

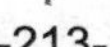

◉ 【只有遮罩】：选中该复选框则只显示素材的 Alpha 通道。

5.【颜色键】效果

使用【颜色键】效果使被选择的一种颜色或颜色范围变成透明。通过控制键控色的色彩宽容度可以调节透明的效果。通过对键控边缘的羽化，可以消除毛边区域。

应用【颜色键】效果的参数控制面板如图 7-21 所示，各项作用如下。

◉ 【键颜色】：指定要设置为透明的颜色。

◉ 【色彩宽容度】：指定键控颜色的宽容度，数值越大则表示有更多的与指定颜色相近的颜色被处理成透明。

◉ 【边缘变薄】：调节键控区域的边缘，数值为正则扩大屏蔽范围，反之则缩小屏蔽范围。

◉ 【边缘羽化】：用于羽化键控区域的边缘。

运用【颜色键】的效果如图 7-22 所示。

图 7-22　运用【颜色键】的效果

7.2.2　蒙板透明

蒙板是一个轮廓，为对象定义蒙板后，将建立一个透明区域，该区域显示其下层图像。使用蒙板透明方式需要为透明对象指定一个蒙板对象。

Premiere Pro CS3 提供了 7 种蒙板键效果，分别为【图像蒙板键】、【差异蒙板键】、【轨道蒙板键】、【移除蒙板键】、【四点蒙板扫除】、【八点蒙板扫除】和【十六点蒙板扫除】。

1.【图像蒙板键】效果

【图像蒙板键】效果可以使用一个蒙板图像的 Alpha 通道或者亮度值来确定素材的透明区域。为了得到可预测的结果，可以选择一个灰度图像作为图像蒙板。这样画面中的白色区域部分会保持不透明的状态，而黑色则是全透明的，其他介于黑白之间的部分将呈现出不同程度的透明状态。选择有颜色的图像作为蒙板，会改变素材的颜色，图像蒙板中的任意颜色都会消除键控素材中相同级别的颜色，例如与图像蒙板中的红色区域相对应的素材中的白色区域将显示为蓝绿色，因为素材中的红色变成透明，而蓝色和绿色仍保留了源素材的值。

运用【图像蒙板键】的效果如图 7-23 所示。图 7-24 是用到的蒙板图像。

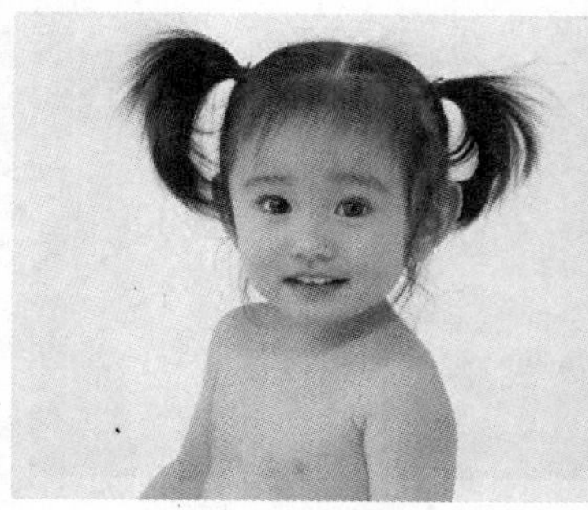

图 7-23 运用【图像蒙板键】的效果

应用【图像蒙板】效果的参数控制面板如图 7-25 所示，各项作用如下。

- 【设置】按钮 ：单击【图像蒙板键】参数框右上角的此按钮打开【选择蒙板图像】对话框，以选择作为蒙板的图像。
- 【复合使用】：选择【蒙板 Alpha】将使用图像的 Alpha 通道的值进行合成；选择【蒙板图像】将使用图像的亮度值进行合成。
- 【反转】：单击【反转】复选框将使透明区域颠倒。

图 7-24 用到的蒙板图像

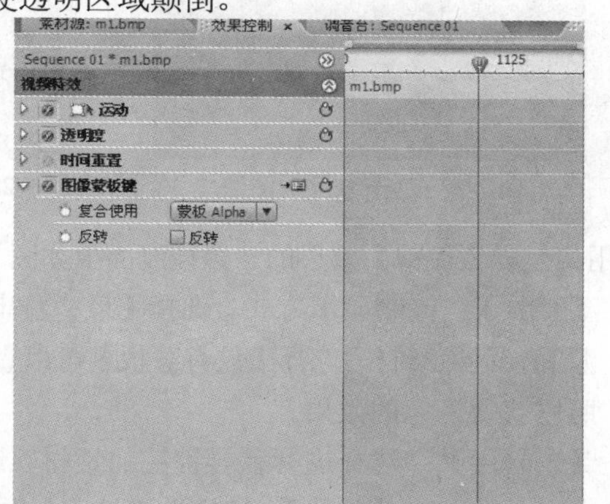

图 7-25 应用【图像蒙板键】效果的参数控制面板

2.【差异蒙板键】效果

【差异蒙板键】通过素材与一个指定的图像进行对比并消除素材中与图像匹配的区域来产生透明，可以用来消除两个素材中相同的部分而保留不同的部分。

使用【差异蒙板键】可以替换一个运动对象后面的静态背景，通常指定的图像就是运动对象进入场景前背景素材中的一帧图像。所以【差异蒙板键】最好用在使用固定机位拍摄的镜头。

运用【差异蒙板键】的效果如图 7-26 所示。图 7-27 是用到的差异层蒙板图像。

图 7-26　运用【差异蒙板键】的效果

图 7-27　差异层蒙板图像

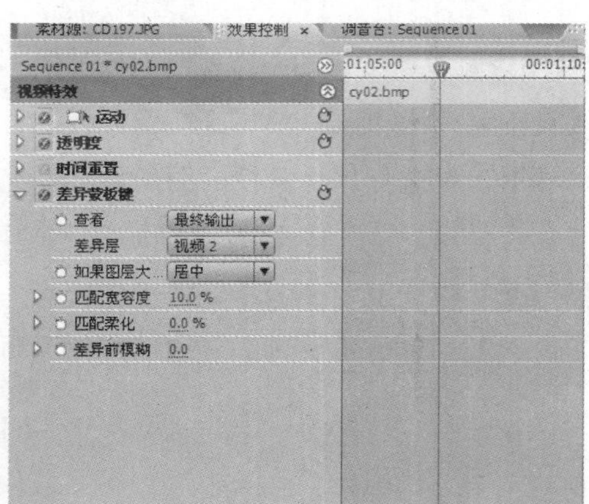

图 7-28　应用【差异蒙板键】效果的参数控制面板

应用【差异蒙板键】效果的参数控制面板如图 7-28 所示，各项作用如下。

- 【查看】：控制显示方式。选择【最终输出】可以看到最后的键控效果，选择【只有来源】显示源素材，选择【只有蒙板】可以查看键控范围。通过查看不同显示方式进行对照以获得满意的效果。
- 【差异层】：选择进行差异键控的素材轨道。
- 【如果图层大小不同】：选择在键控素材与差异素材大小不同时的适配方式，有【居中】和【拉伸进行适配】两种方式。
- 【匹配宽容度】：扩大或者缩小变成透明的区域范围，数值越大则范围越大。
- 【匹配柔化】：控制透明与不透明区域之间边界的柔和程度。
- 【差异前模糊】：为蒙板添加模糊效果。

3.【轨道蒙板键】效果

【轨道蒙板键】可以显示一个素材穿过另一个素材，使用第三个文件作为蒙板产生透明区域。这个效果需要两个素材和一个蒙板，而且每个素材都放在各自的轨道中，可以将作为蒙板的整个轨道隐藏。蒙板中的白色区域在添加素材后是不透明的，同时防止下层轨道的素材透过显示出来；蒙板中的黑色区域是完全透明的；而灰色区域则是半透明的。

一个包含运动的蒙板称为运动蒙板。蒙板可以由运动素材组成。将静态图像应用运动效果作

为蒙板，可以改变蒙板的大小，设置蒙板随时间变化。创建蒙板有多种方式，可以使用字幕编辑器创建文字或者几何图形，然后导入该字幕作为蒙板；也可以使用色键将素材键出，再选择【只有遮罩】选项，从而创建蒙板；还可以在 Adobe Illustrator 或者 Adobe Photoshop 中创建一个灰度图像作为蒙板使用。

运用【轨道蒙板键】的效果如图 7-29 所示。用到的轨道蒙板图像同图 7-24。

图 7-29　运用【轨道蒙板键】的效果

应用【轨道蒙板键】效果的参数控制面板如图 7-30 所示，各项作用如下。

- 【蒙板】：选择作为蒙板的素材轨道。
- 【合成使用】：选择【蒙板 Alpha】将使用图像的 Alpha 通道的值进行合成；选择【蒙板亮度】将使用图像的亮度值进行合成。
- 【反转】：单击【反转】复选框将使透明区域颠倒。

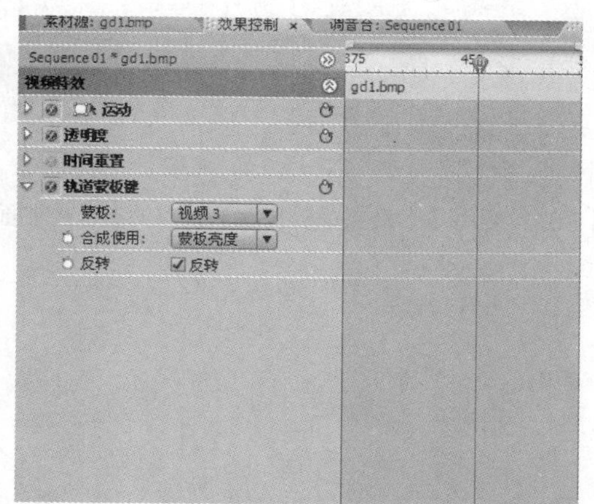

图 7-30　应用【轨道蒙板键】效果的参数控制面板

提示

【轨道蒙板键】效果中选择作为蒙板的素材轨道只能是位于本素材轨道的上层，而不能位于本素材轨道的下层。

4.【移除蒙板键】效果

使用【移除蒙板键】可以取出经过颜色相乘后的片段中的杂色，这在将具有填充纹理的文件的 Alpha 通道进行结合的时候特别有用。用户可以从【蒙板类型】下拉列表中选择【黑】或者【白】。

5.【四点蒙板扫除】、【八点蒙板扫除】和【十六点蒙板扫除】

有时候由于实拍场景的条件限制，当主要对象完全键出时，还剩余一些不需要的对象，这时可以使用【多点蒙板扫除】将这些对象抠掉。Premiere Pro CS3 提供了四点、八点和十六点的蒙板扫除键控效果，可以针对不同的情况具体应用，还可以通过叠加多个【多点蒙板扫除】创建更多的点。控制遮罩的角控制点，甚至可以调整遮罩形状的切线句柄，以创建复杂的形状。

运用【十六点蒙板扫除】的效果如图 7-31 所示，其效果的参数控制面板如图 7-32 所示，各个坐标点可以输入数值，或者手动调节。

图 7-31　运用【十六点蒙板扫除】的效果

素材源: sc0.bmp　效果控制 ×　调音台: Sequence 01
Sequence 01 * sc0.bmp　1575　1650
视频特效　sc0.bmp
运动
透明度
时间重置
四点蒙板扫除
八点蒙板扫除
十六点蒙板扫除
上左点 167.5 38.4
上左切线 188.8 37.4
上中切线 223.3 53.1
上右切线 245.5 42.8
右上点 272.7 42.3
右上切线 294.9 58.0
右中切线 305.5 80.6
右下切线 304.3 110.6
下右点 290.2 143.5
下右切线 241.5 181.0
下中切线 206.7 194.9
下左切线 173.1 169.0
左下点 141.5 138.2
左下切线 128.6 105.3
左中切线 130.2 78.0

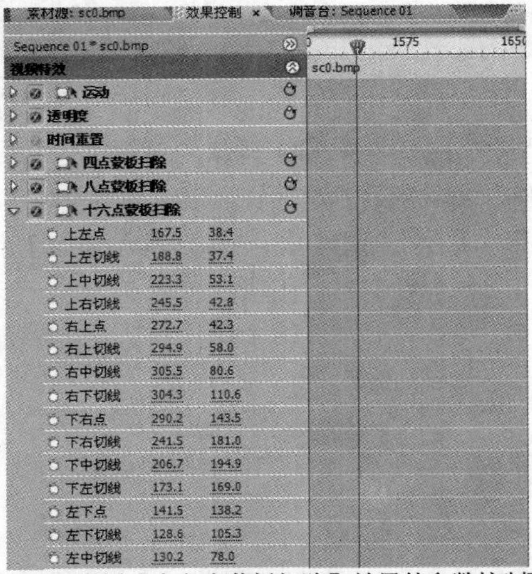

图 7-32　应用【十六点蒙板扫除】效果的参数控制面板

7.2.3　其他键控类型

1.【Alpha 调节】效果

应用【Alpha 调节】效果可以按照前面画面的灰度等级来决定叠加的效果。如果用户想要改变最终渲染时不同效果的渲染次序，可以使用【Alpha 调节】效果来代替剪辑自动获得的【透明度】效果。改变透明度的百分比可以获得不同的透明效果。

应用【Alpha 调节】效果的参数控制面板如图 7-33 所示。

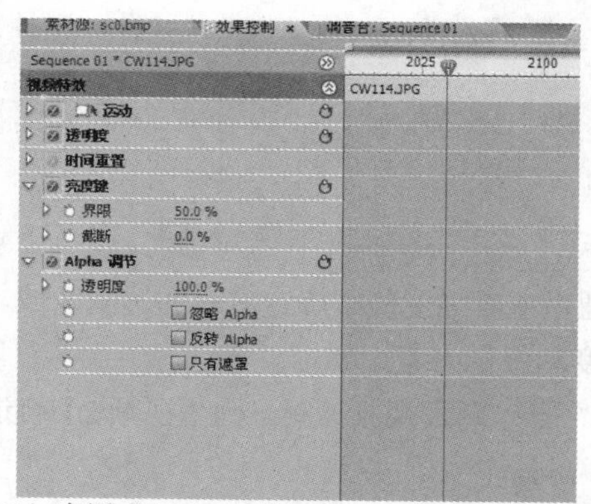

图 7-33 应用【Alpha 调节】和【亮度键】效果的参数控制面板

> **提示**
>
> 如果用户想要改变最终渲染时不同效果的渲染次序，可以使用【Alpha 调节】效果来代替剪辑自动获得的【透明度】效果。

- 【忽略 Alpha】：在剪辑图像的 Alpha 通道部分创建不透明的效果。
- 【反转 Alpha】：在图像的不透明部分创建透明效果，而在图像的 Alpha 通道部分创建不透明效果。
- 【只有遮罩】：只显示素材的 Alpha 通道。

2. 【亮度键】效果

应用【亮度键】效果可以将被叠加的图像的灰度值设置为透明而保持色度不变。此效果对于画面明暗对比比较强烈的图像十分有用。

应用【亮度键】效果的参数控制面板如图 7-33 所示，各项作用如下。

- 【界限】：调节被叠加图像灰度部分的透明度。
- 【截断】：调节被叠加图像的对比度。

运用【亮度键】的效果如图 7-34 所示。

图 7-34 应用【亮度键】 的效果

7.3 应用蒙板

在进行视频合成制作中，不仅需要设置素材本身的透明度进行叠加，还需要蒙板进行辅助以

得到满意的效果。

7.3.1 应用图像蒙板

【图像蒙板键】使用一个蒙板图像的 Alpha 通道或者亮度值来确定素材的透明区域。可以根据需要在 Illustrator 或者 Photoshop 中创建一个灰度图像作为蒙板使用。

【例 7-2】创建一个名为【图像蒙板】的项目，导入两段视频素材，为【视频 2】轨道的素材应用【图像蒙板键】效果。

(1) 在 Photoshop CS3 中建立一个 352 × 288 大小的图像，使用渐变工具，制作如图 7-35 所示的图像，命名为 matt.jpg，作为蒙板图像。

(2) 启动 Premiere Pro CS3，新建一个名为【图像蒙板】的项目，打开【自定义设置】选项卡，将【编辑模式】设置为【桌面编辑模式】，【画幅大小】设置为【352 宽 288 高】，单击【确定】按钮，如图 7-36 所示。

图 7-35 蒙板图像 matt.jpg

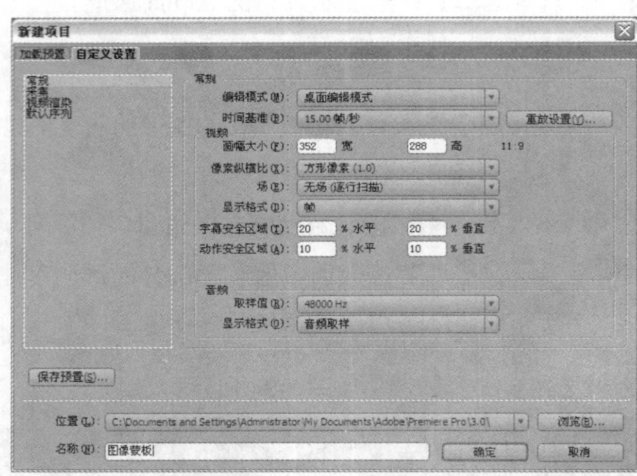

图 7-36 新建项目【图像蒙板】

(3) 选择【文件】|【导入】命令，打开【导入】对话框，选择 01.wmv 和 02.wmv 两段视频文件，单击【打开】按钮，将其导入【项目】窗口，如图 7-37 所示。

图 7-37 导入两段视频素材

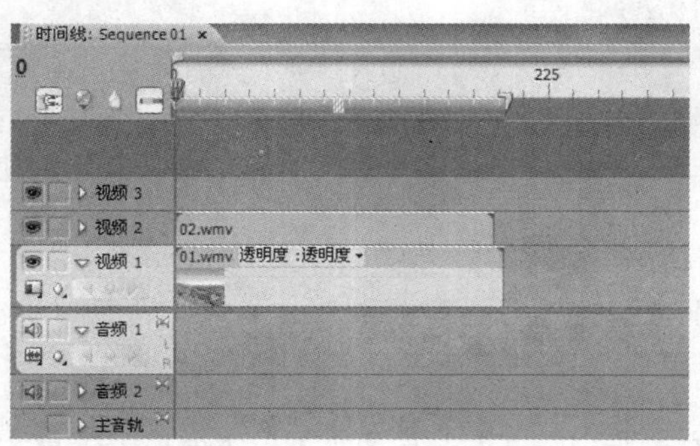

图 7-38 将素材应用到【时间线】窗口的视频轨道

(4) 从【项目】窗口中将01.wmv视频文件拖入到【时间线】窗口的【视频 1 】轨道上，将另一段视频文件02.wmv拖入【视频 2 】轨道上，如图7-38所示。

(5) 在【效果】面板中展开【视频特效】下的【键】分类夹，找到【图像蒙板键】效果，如图7-39所示。将该效果应用到【视频2】轨道的02.wmv素材上。如图7-40所示。

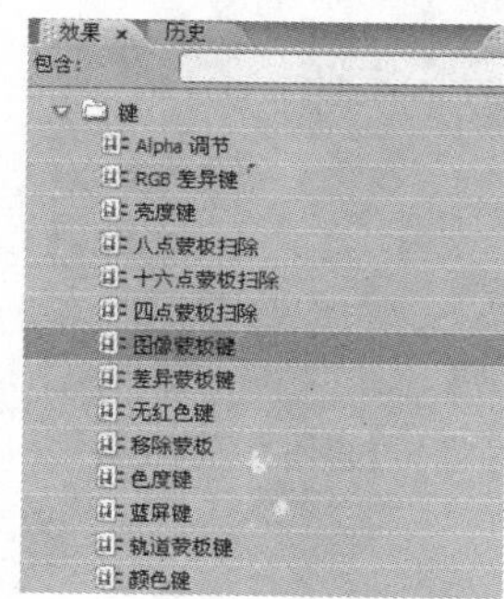

图7-39 选择【图像蒙板键】效果

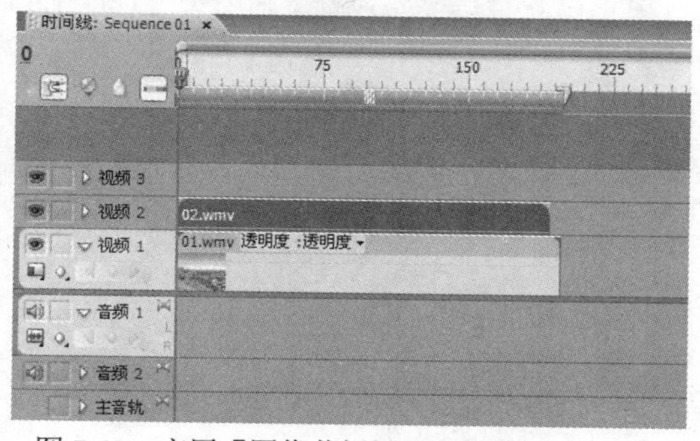

图7-40 应用【图像蒙板键】效果到02.wmv上

(6) 打开【效果控制】面板，展开【图像蒙板键】效果，单击【图像蒙板键】参数框右上角的【设置】按钮，如图7-41所示。打开【选择蒙板图像】对话框，选择之前创建的图片matt.jpg作为蒙板图像，单击【打开】按钮，如图7-42所示。

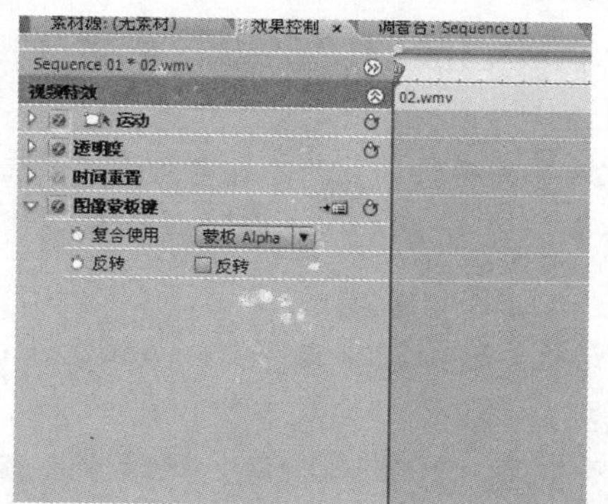

图7-41 打开【选择蒙板图像】对话框

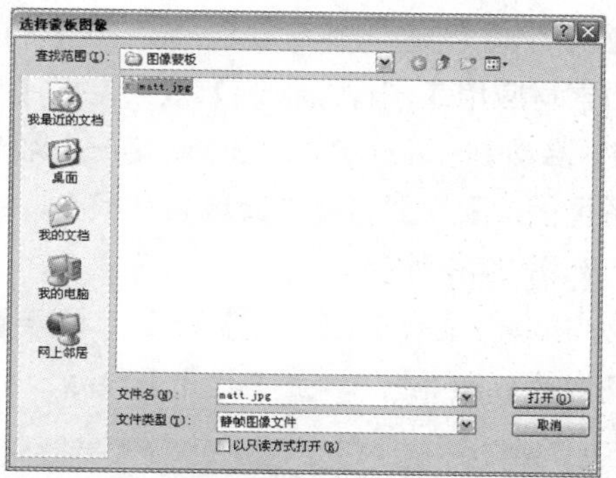

图7-42 选择作为蒙板的图像

(7) 在【节目】监视器窗口中可以看到运用了图像蒙板后的效果，如图7-43所示。在【复合使用】选项下拉菜单中选择【蒙板亮度】，可以在【节目】监视器窗口中看到使用亮度合成的效果，如图7-44所示。

图7-43 应用【图像蒙板键】前后的效果对比

(8) 选中【反转】选项复选框，可以在【节目】监视器窗口中看到透明区域颠倒的效果，如图 7-45 所示。

图 7-44　使用【蒙板亮度】的透明效果

图 7-45　【反转】后的透明效果

7.3.2　应用轨道蒙板

【图像蒙板键】只能使用一个静态蒙板图像作为蒙板使用，而如果用户想要使蒙板能够动态使用，就可以应用【轨道蒙板键】。

【例 7-3】创建一个名为【轨道蒙板】的项目，导入两段视频素材以及蒙板图像，为【视频 2】轨道的素材应用【图像蒙板键】效果，以【视频 3】轨道作为蒙板轨道。

(1) 启动 Premiere Pro CS3，新建一个名为【轨道蒙板】的项目，打开【自定义设置】选项卡，将【编辑模式】设置为【桌面编辑模式】，【画幅大小】设置为【352 宽 288 高】，单击【确定】按钮，如图 7-46 所示。

(2) 选择【文件】|【导入】命令，打开【导入】对话框，选择 01.wmv 和 02.wmv 两段视频文件以及图片 matt.jpg，单击【打开】按钮，将其导入【项目】窗口，如图 7-47 所示。

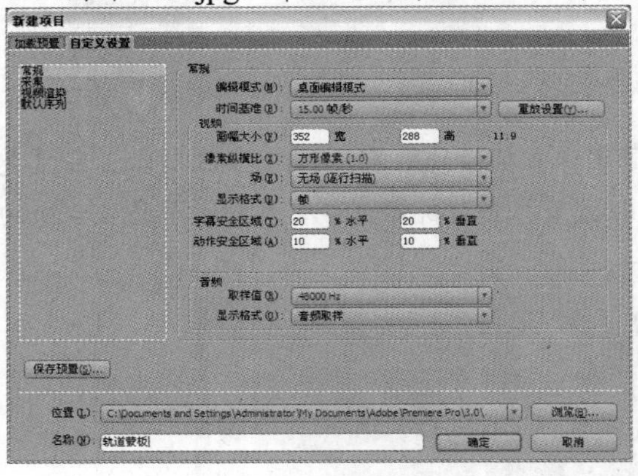

图 7-46　新建项目【轨道蒙板】

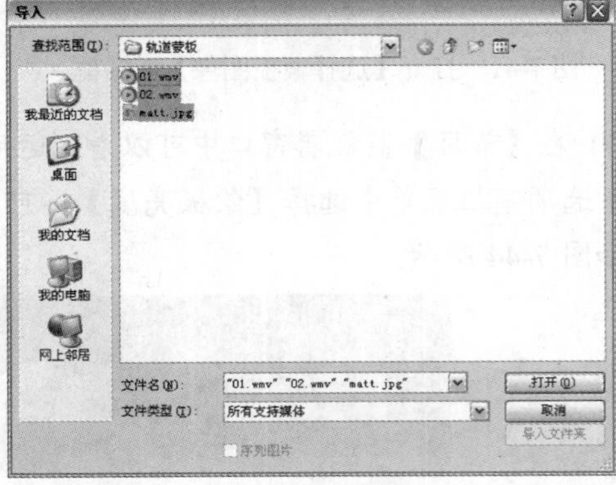

图 7-47　导入两段视频素材和蒙板图像

(3) 从【项目】窗口中将01.wmv视频文件拖入到【时间线】窗口的【视频 1】轨道上，将另一段视频文件02.wmv拖入【视频 2】轨道上，将蒙板图像matt.jpg拖入【视频3】轨道上，如图7-48所示。

(4) 在【效果】面板中展开【视频特效】下的【键】分类夹，找到【轨道蒙板键】效果，如图7-49所示。将该效果应用到【视频2】轨道的02.wmv素材上。如图7-50所示。

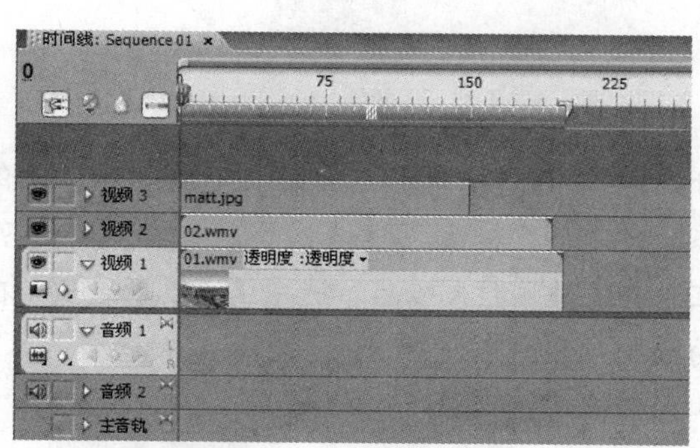

图7-48 应用视频素材和蒙板图像到【时间线】窗口的视频轨道

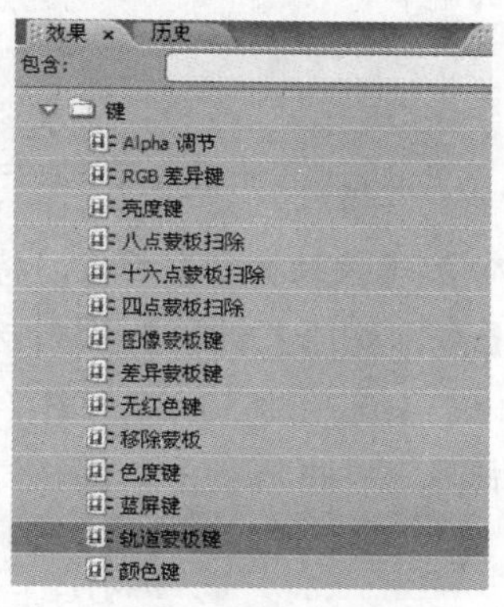

图7-49 选择【轨道蒙板键】效果

(5) 在【时间线】窗口中选中【视频3】轨道的蒙板图像素材matt.jpg，打开【效果控制】面板，展开【运动】选项，将时间线指针拖到起始位置，单击【位置】和【比例】选项前的【切换动画】按钮，激活【添加/删除关键帧】按钮。单击【位置】和【比例】选项后的【添加/删除关键帧】按钮，为matt.jpg的起始位置添加关键帧控制点，如图7-51所示。

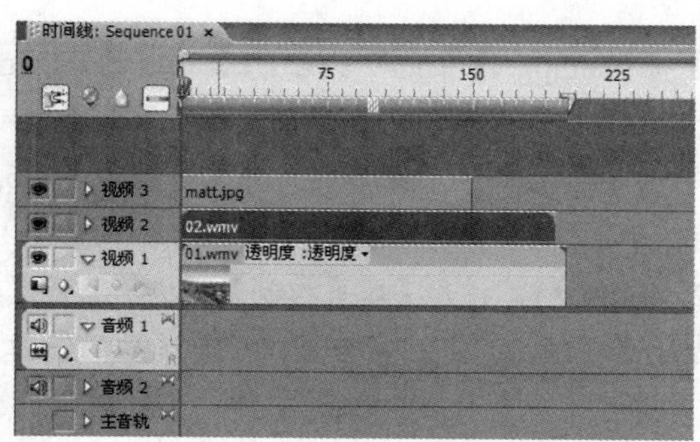

图7-50 应用【轨道蒙板键】效果到02.wmv上

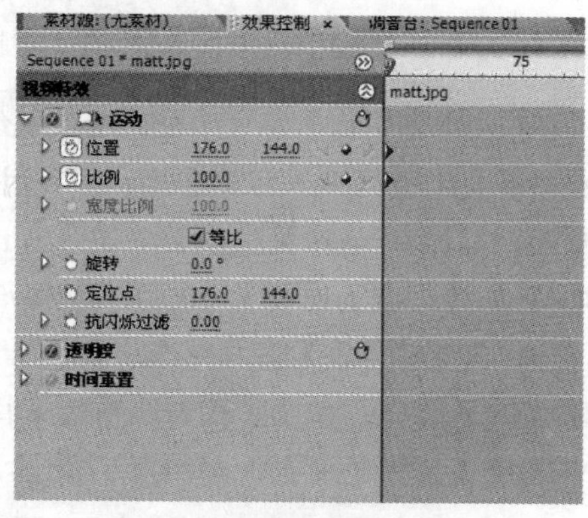

图7-51 为matt.jpg起始位置添加关键帧控制点

(6) 在【效果控制】面板，将时间线指针拖到第50帧的位置，单击【位置】和【比例】选项后的【添加/删除关键帧】按钮，为matt.jpg添加关键帧控制点，调整【位置】选项为【264.0, 218.0】，调整【比例】选项为50.0，如图7-52所示。也可以在添加关键帧控制点后，选中【运动】选项，在【节目】监视器窗口中进行手工调整，如图7-53所示。

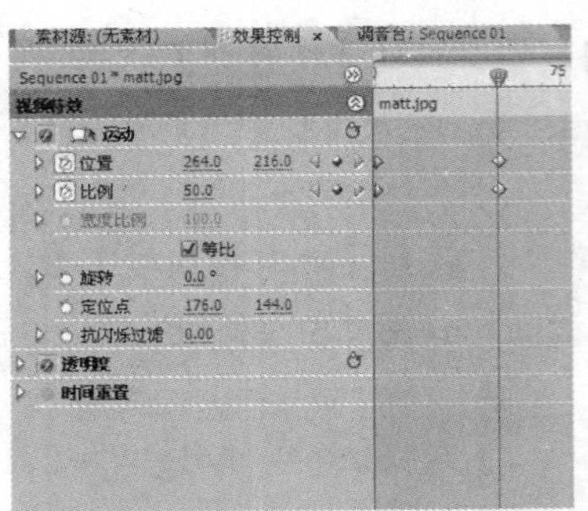

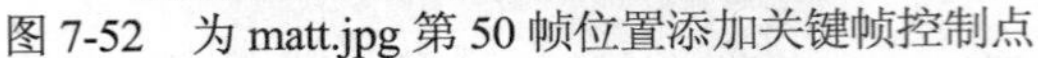
图 7-52 为 matt.jpg 第 50 帧位置添加关键帧控制点　　图 7-53 在【节目】监视器窗口中手工调整

(7) 在【效果控制】面板，将时间线指针拖到第 100 帧的位置，单击【位置】和【比例】选项后的【添加/删除关键帧】按钮，为 matt.jpg 添加关键帧控制点，调整【位置】选项为【88.0, 72.0】，保持【比例】选项为 50.0，如图 7-54 所示。在添加关键帧控制点后，选中【运动】选项，在【节目】监视器窗口中进行手工调整，改变运动的轨迹，如图 7-55 所示。

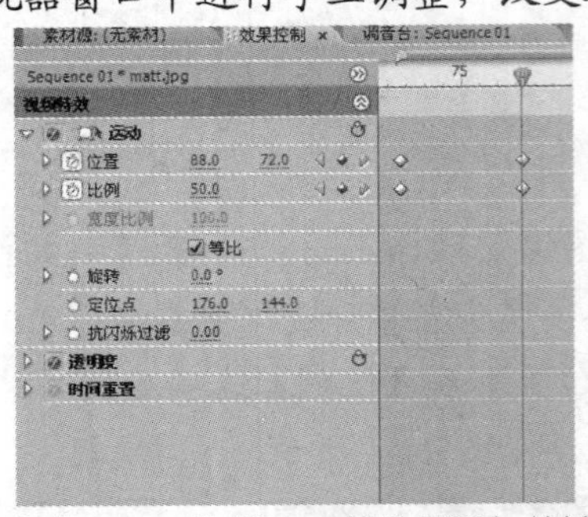

图 7-54 为【matt.jpg】第 100 帧位置添加关键帧控制点　　图 7-55 在【节目】监视器窗口中调整运动轨迹

(8) 在【时间线】窗口中使用【波纹编辑工具】将 matt.jpg 的长度与【视频 2】轨道的 02.wmv 素材对齐。打开【效果控制】面板，将时间线指针拖到第 150 帧的位置，单击【位置】和【比例】选项后的【添加/删除关键帧】按钮，为 matt.jpg 添加关键帧控制点，调整【位置】选项为【176.0, 144.0】，【比例】选项为 100.0，即初始时的数值，如图 7-56 所示。

(9) 在【时间线】窗口中选中视频 2 轨道的 02.wmv 素材，打开【效果控制】面板，展开【轨道蒙板键】选项，在【蒙板】选项的下拉菜单中选择【视频 3】，在【合成使用】选项的下拉菜单中选择【蒙板亮度】，如图 7-57 所示。

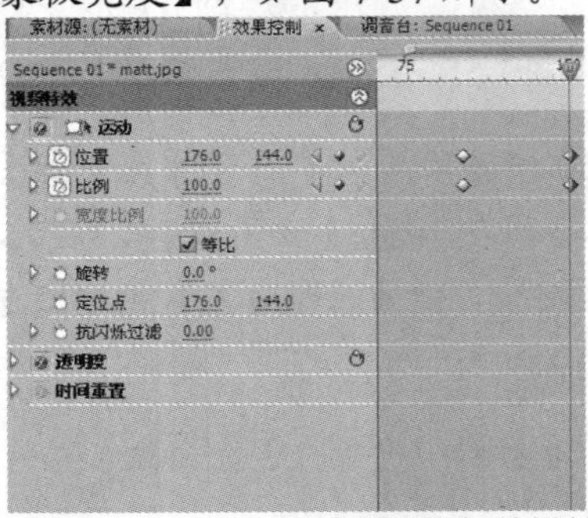

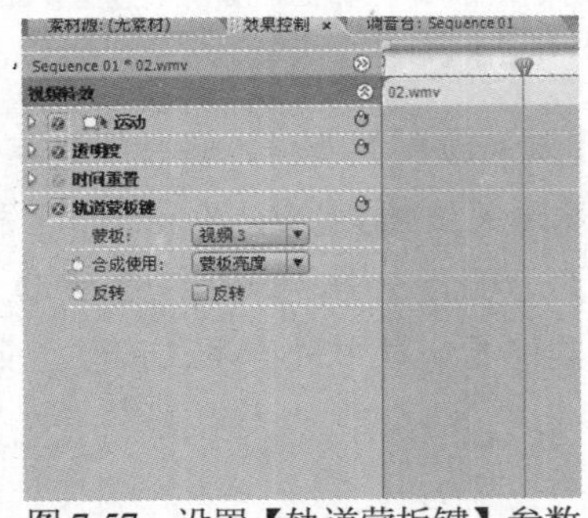

图 7-56 为 matt.jpg 第 150 帧位置添加关键帧控制点　　图 7-57 设置【轨道蒙板键】参数

(10) 将时间线指针拖到起始位置，单击【空格键】预演，如图 7-58 所示。

图 7-58　预演【轨道蒙板键】效果

7.4　上机练习

本章上机练习通过制作【综合抠像】和【粒子转场特效】两个实例，深入理解键控效果的应用，熟悉视频合成。

7.4.1　综合抠像

当运用一种键控效果无法完成所有抠像工作时，可以综合运用多种键控技术来达到想要的效果。

(1) 启动 Premiere Pro CS3，新建一个名为【综合抠像】的项目，打开【自定义设置】选项卡，将【编辑模式】设置为【桌面编辑模式】，【画幅大小】设置为【352 宽 288 高】，单击【确定】按钮，如图 7-59 所示。

(2) 选择【文件】|【导入】命令，打开【导入】对话框，选择 plane.bmp 和 sky.bmp 两段素材，单击【打开】按钮，将其导入【项目】窗口，如图 7-60 所示。

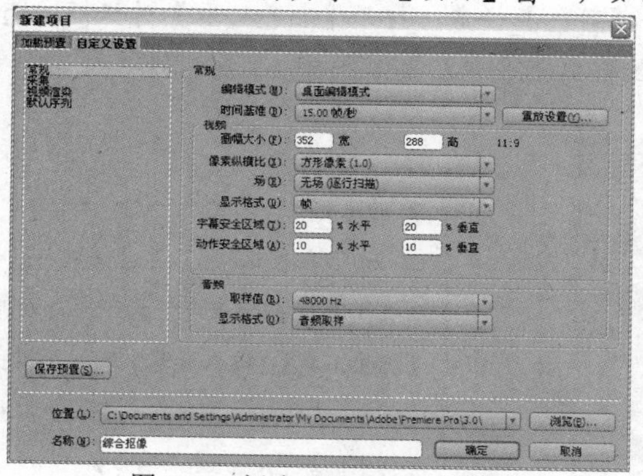

图 7-59　新建项目【综合抠像】

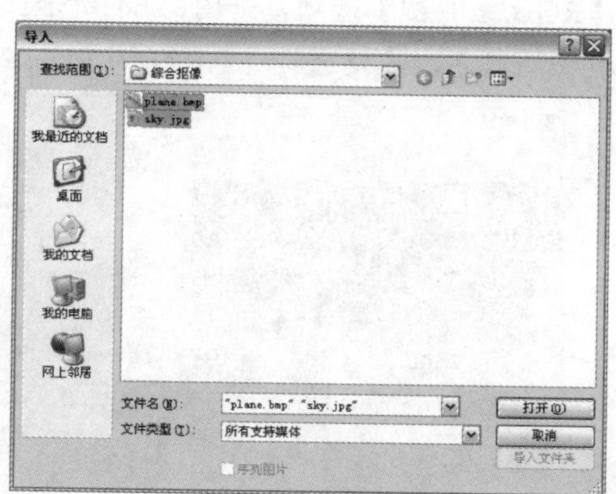

图 7-60　导入两段素材

(3) 从【项目】窗口中将 sky.bmp 文件拖入到【时间线】窗口的【视频 1】轨道上，将另一段素材 plane.bmp 拖入【视频 2】轨道上，如图 7-61 所示。

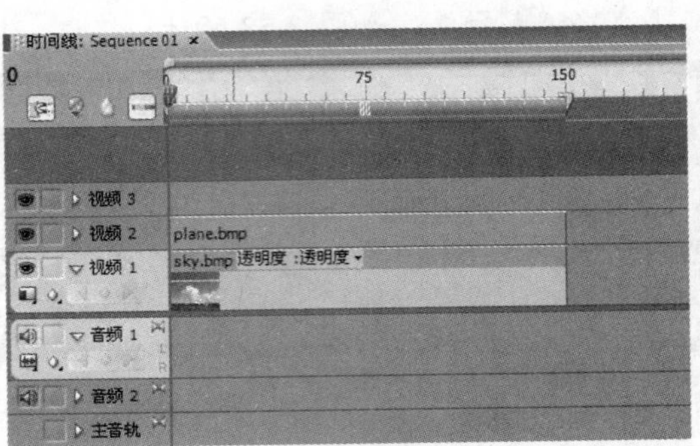

图 7-61　应用视频素材和蒙板图像到【时间线】窗口的视频轨道

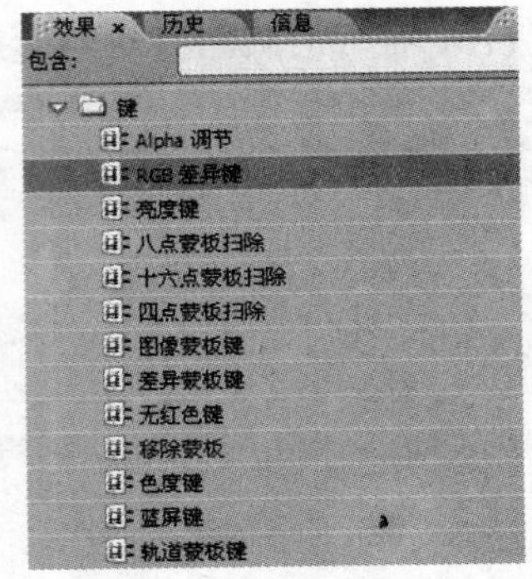

图 7-62　选择【RGB 差异键】效果

(4) 在【效果】面板中展开【视频特效】下的【键】分类夹，找到【RGB 差异键】效果，如图 7-62 所示。将该效果应用到【视频 2】轨道的 plane.bmp 素材上。如图 7-63 所示。

图 7-63　应用【RGB 差异键】效果到 plane.bmp 上

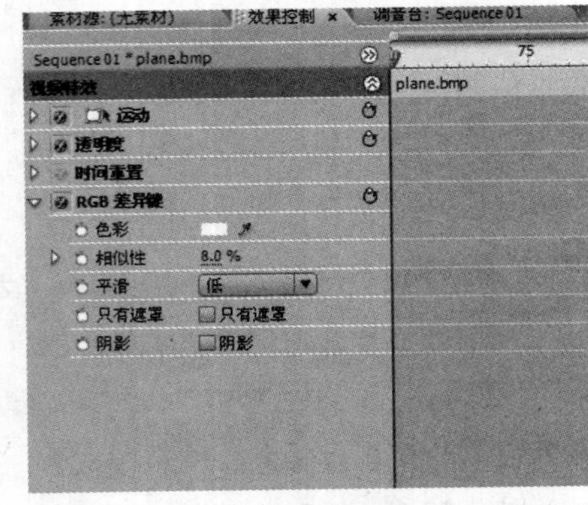

图 7-64　展开【RGB 差异键】效果设置参数

(5) 在【时间线】窗口中选中【视频 2】轨道的素材 plane.bmp，打开【效果控制】面板，展开【RGB 差异键】选项，如图 7-64 所示。单击【颜色】样本，打开【颜色拾取】对话框，选择要抠去的颜色，此处选择 RGB 值为 E8F1F1，如图 7-65 所示。

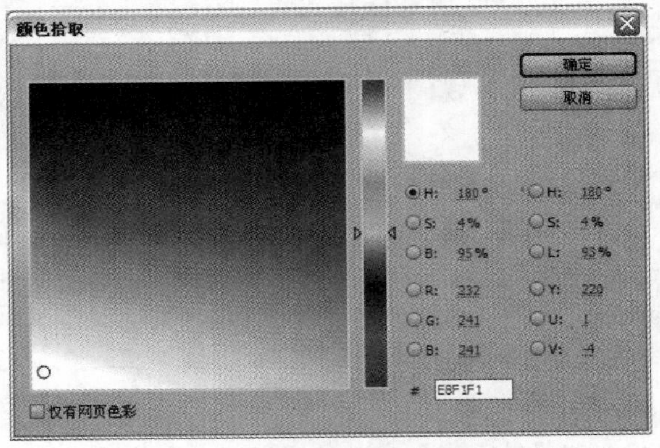

图 7-65　打开【颜色拾取】对话框选择颜色样本

提示

除了在【颜色拾取】对话框中，可以选择要抠去的颜色外，还可以使用【滴管工具】直接在屏幕上取得要键出的颜色。这样可以直接在监视器上取得素材中的颜色，快速而有效。

(6) 在【节目】监视器窗口中查看键控效果，在【效果控制】面板中的【RGB 差异键】下调

整【相似性】选项的数值，以使得主体图像完全键出，如图 7-66 所示。

(7) 在【效果】面板【视频特效】下的【键】分类夹中找到【八点蒙板扫除】效果，如图 7-67 所示。将该效果应用到【视频 2】轨道的 plane.bmp 素材上。

图 7-66 在节目监视器中查看【RGB 差异键】效果

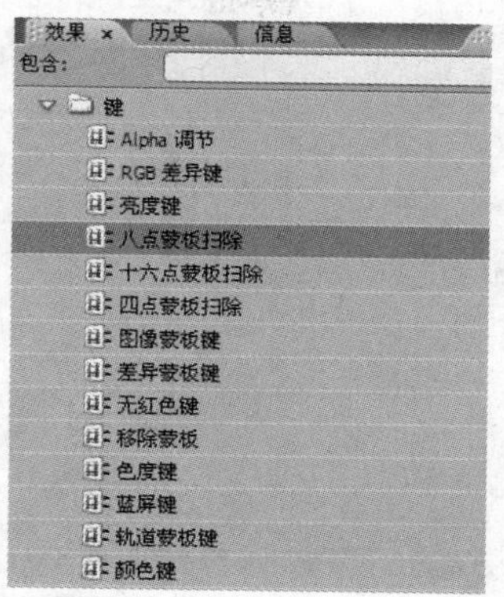

图 7-67 选择【八点蒙板扫除】效果

(8) 打开【效果控制】面板，展开【八点蒙板扫除】选项，可以调整 8 个蒙板扫除点的坐标值，如图 7-68 所示。

(9) 在【效果控制】面板中，选中【八点蒙板扫除】选项，可以在【节目】监视器窗口中手工调整 8 个蒙板扫除点的坐标值，以调整到满意的效果，如图 7-69 所示。

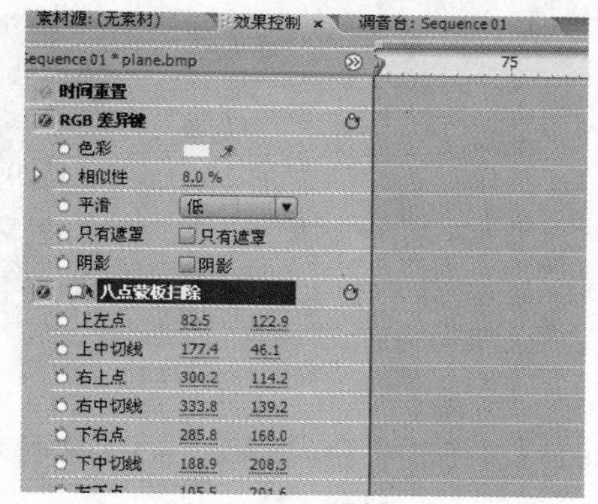

图 7-68 展开【八点蒙板扫除】效果设置参数

图 7-69 在节目监视器中调整蒙板扫除点

7.4.2 粒子转场特效

使用粒子效果的素材以及配套的蒙板，应用轨道蒙板效果，叠加几个素材，以实现富有个性的粒子转场效果。

(1) 启动 Premiere Pro CS3，新建一个名为【粒子转场特效】的项目，打开【加载预置】选项卡，展开 DV-PAL 文件夹，选择【标准 32kHz】，单击【确定】按钮，如图 7-70 所示。

(2) 选择【文件】|【导入】命令，打开【导入】对话框，选择 sunrise.jpg、sunset.jpg、【粒子.mov】、【遮罩蒙板.mov】和【转场蒙板.mov】5 段素材，单击【打开】按钮，将其导入【项目】窗口，如图 7-71 所示。

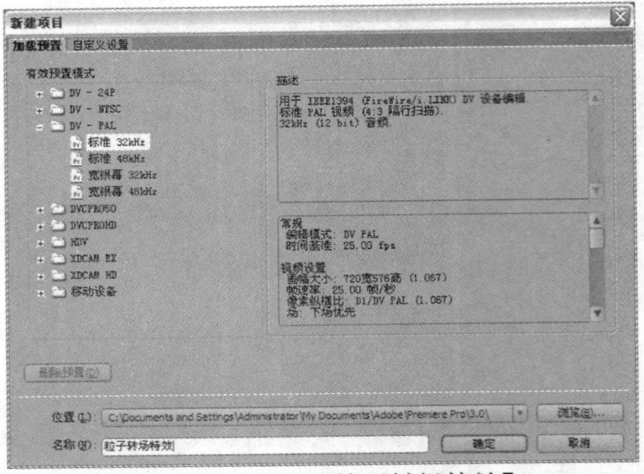

图 7-70　新建项目【粒子转场特效】

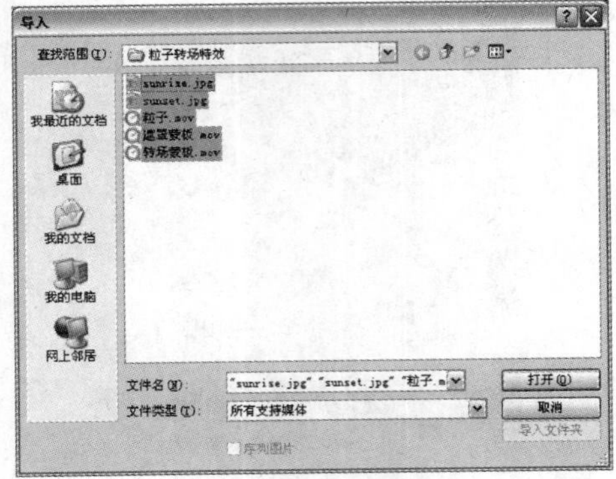

图 7-71　导入素材

(3) 从【项目】窗口中将 sunset.jpg 文件拖入到【时间线】窗口的【视频 1】轨道上，将另一段图片素材 sunrise.jpg 拖入【视频 2】轨道上，将另一段素材【转场蒙板.mov】素材文件拖到【视频 3】轨道上，如图 7-72 所示。

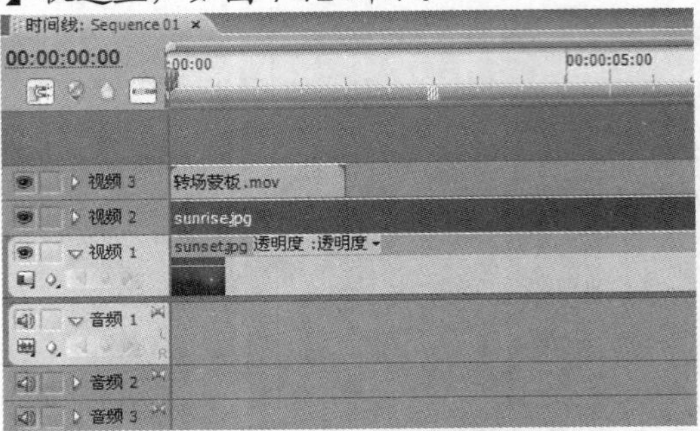

图 7-72　应用视频素材到【时间线】窗口的视频轨道

图 7-73　调整图片素材的持续时间

(4) 使用【波纹编辑工具】将 sunset.jpg 和 sunrise.jpg 调整到与【转场蒙板.mov】素材文件等长，如图 7-73 所示。

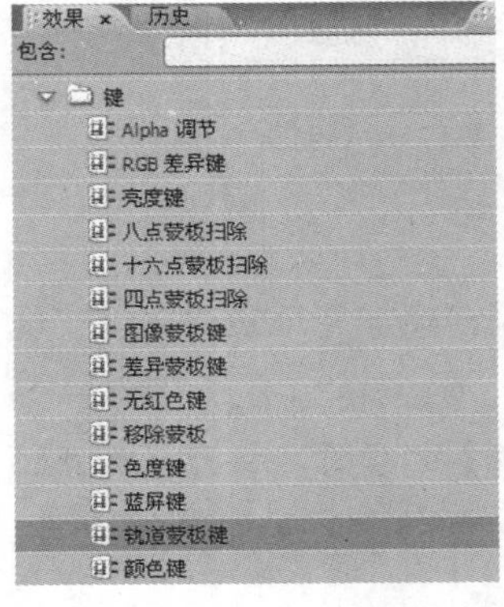

图 7-74　找到【轨道蒙板键】效果

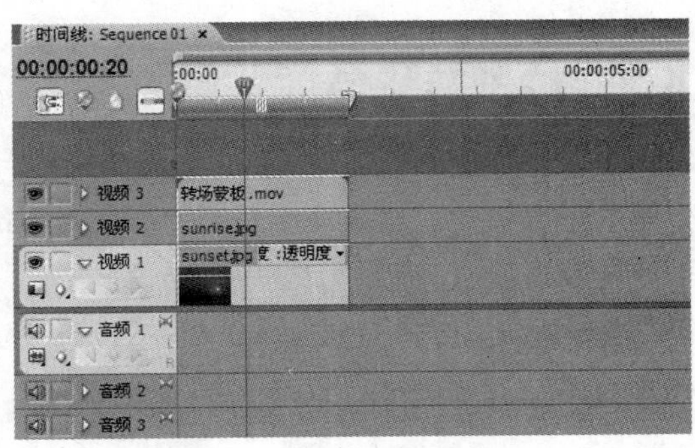

图 7-75　应用【轨道蒙板键】效果到 sunrise.jpg 上

(5) 在【效果】面板中展开【视频特效】下的【键】分类夹，找到【轨道蒙板键】效果，如图 7-74 所示。将该效果应用到【视频 2】轨道的 sunrise.jpg 素材上。如图 7-75 所示。

(6) 在【时间线】窗口中选中【视频 2】轨道的素材 sunrise.jpg，打开【效果控制】面板，展开【轨道蒙板键】选项，在【蒙板】选项的下拉菜单中选择【视频 3】，在【合成使用】选项的下拉菜单中选择【蒙板亮度】，如图 7-76 所示。

(7) 将时间指针移动到第 20 帧处，可以在【节目】监视器窗口中查看键控效果，如图 7-77 所示。

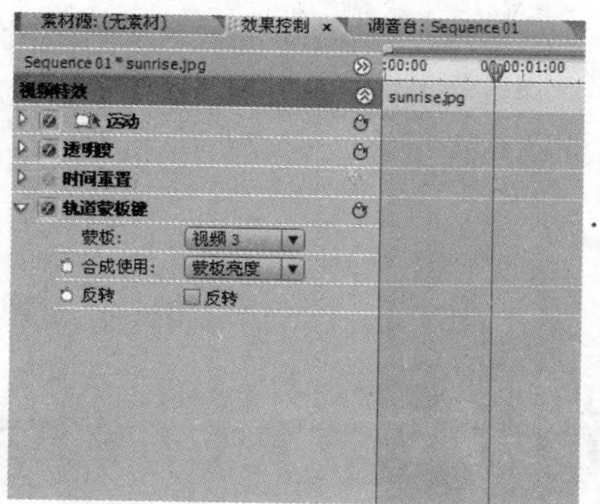

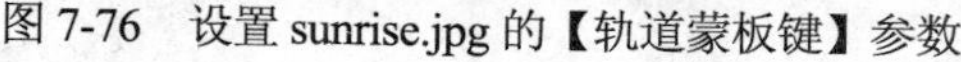
图 7-76 设置 sunrise.jpg 的【轨道蒙板键】参数

图 7-77 第 20 帧的叠加效果

(8) 选择【序列】|【添加轨道】命令，打开【添加视音轨】对话框，选择添加 2 条视频轨道，在【放置】下拉菜单中选择【最终轨之后】，其他轨道数设置为 0，单击【确定】按钮，如图 7-78 所示。

(9) 可以看到【时间线】窗口中增加了【视频 4】和【视频 5】轨道。从【项目】窗口中将【粒子.mov】文件拖入到【时间线】窗口的【视频 4 】轨道上，将【遮罩蒙板.mov】素材文件拖到【视频 5】轨道上，如图 7-79 所示。

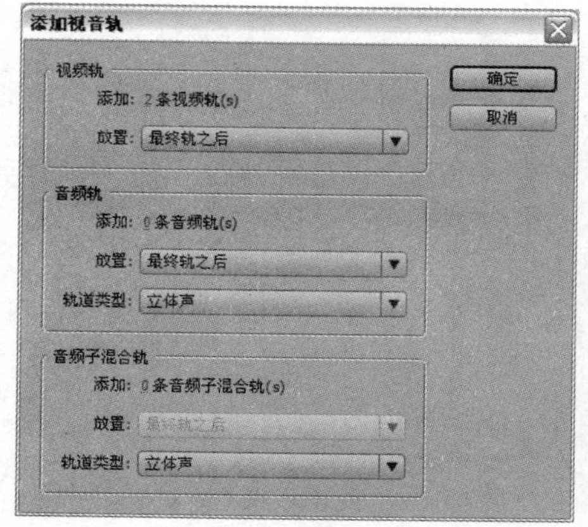

图 7-78 【添加视音轨】对话框

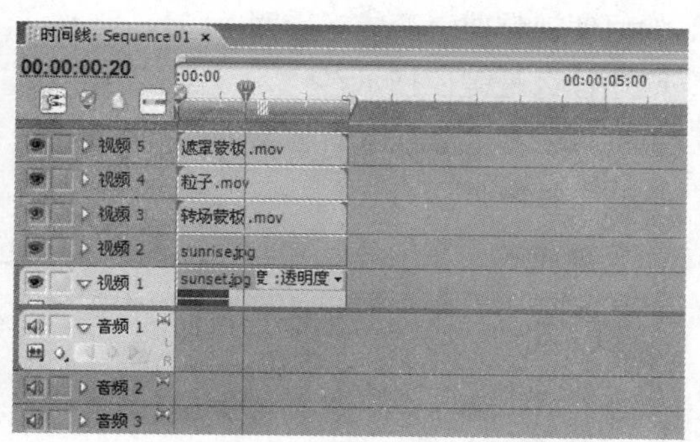

图 7-79 应用视频素材到新增的视频轨道

(10) 在【效果】面板中展开【视频特效】下的【键】分类夹，找到【轨道蒙板键】效果，将该效果应用到【视频 4】轨道的【粒子.mov】素材上。如图 7-80 所示。

(11) 在【时间线】窗口中选中【视频 5】轨道的素材【粒子.mov】，打开【效果控制】面板，展开【轨道蒙板键】选项，在【蒙板】选项的下拉菜单中选择【视频 5】，在【合成使用】选项的下拉菜单中选择【蒙板亮度】，如图 7-81 所示。

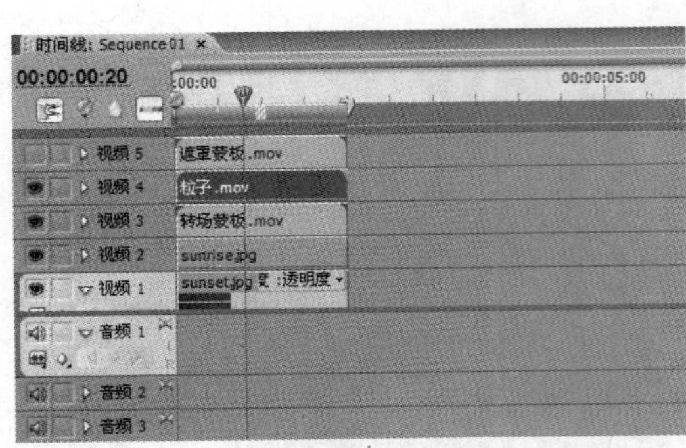

图 7-80　应用【轨道蒙板键】效果到【粒子.mov】上

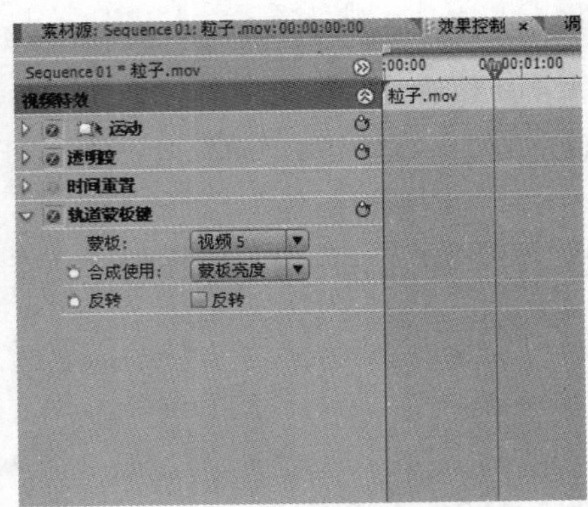

图 7-81　设置【粒子.mov】的【轨道蒙板键】参数

(12) 将时间线指针拖到起始位置，单击【空格键】预演，如图 7-82 所示。

图 7-82　预演【粒子转场特效】

7.5　习题

1. 剪辑素材的透明信息保存在哪里？
2. 如何使视频剪辑变成半透明？
3. 简述什么是键控技术？
4. 色键透明和蒙板技术有何异同？
5. 创建蒙板有哪些方式？
6. 简要描述如何应用【差异蒙板键】和【轨道蒙板键】。
7. 利用配套光盘中的素材实现 7.2 节中的各个效果。

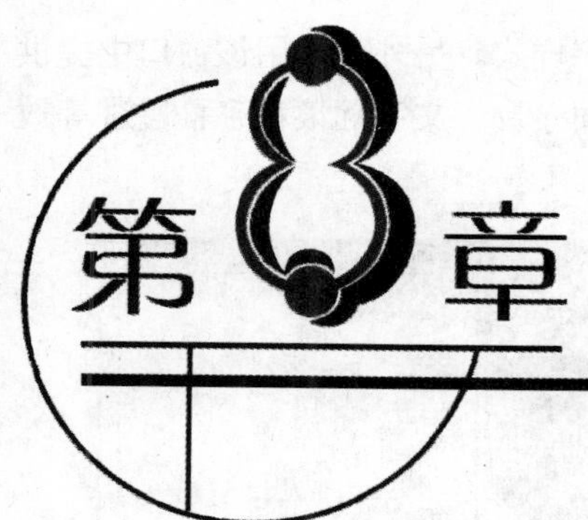

第8章 制作字幕

学习目标

在制作影片的过程中，用户经常会接触到一些制作字幕的工作。有时候需要为影片画面添加文字说明，有时候要为影片中的歌曲、对白和解说等添加字幕，有时候要为影片添加片头片尾的标题或工作人员表等。特别是在科技题材的影片中，字幕的地位尤为重要。字幕包括文字、线条和几何图像等元素，Premiere 中的字幕不仅仅是静止形态的，通过对其应用视频编辑的方法，还可以制作出动态效果。本章通过对字幕制作的详细介绍，使读者熟悉 Premiere Pro CS3 中的【字幕编辑器】窗口并掌握设计字幕的整个过程。

本章重点

- 字幕编辑器窗口
- 设置字幕的文本属性
- 字幕样式效果
- 字幕路径
- 添加几何图形
- 字幕模板

8.1 字幕编辑器窗口

在过去的影视节目制作中，字幕的叠加是通过字幕机来完成的，这种方法要依靠硬件支持。而在非线性编辑系统中，则没有这一限制。只要是系统支持的字体，都能够把该字体制作成影视字幕，并叠加在影视节目中。

在 Premiere 中，字幕制作有单独的系统——【字幕编辑器】窗口，如图 8-1 所示。在这个窗口里，不但可以制作普通的文本字幕，还可以制作简单图形字幕，如常见的方形、圆形以及多边形等。通过【字幕编辑器】窗口，用户可以编辑文字的各种属性，如文字的轮廓、行距、字符的间距和基线位移等，也可以根据自己喜好制作出多姿多彩的文字样式。另外，使用该窗口中提供的多种预设模板，用户可以很轻松地创建出不同风格的文字画面布局、文字翻滚和字幕慢进等效果。

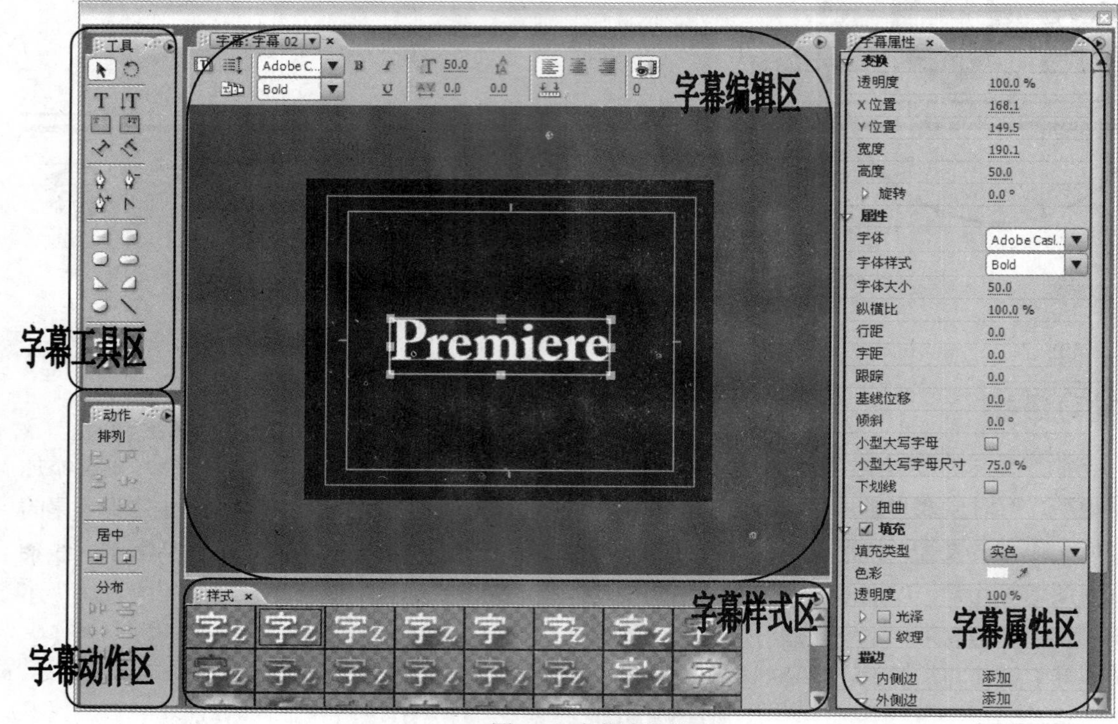

图 8-1　字幕编辑器

字幕编辑窗口主要分为 5 个区域：字幕工具区、字幕动作区、字幕编辑区、字幕样式区和字幕属性区，如图 8-1 所示。

8.1.1　字幕工具区

在 Premiere Pro CS3 中，字幕工具的设计已经非常完备，通过字幕工具可以制作形式多样的字幕和图形。对 Adobe Illustrator 比较熟悉的用户应该会发现这里的工具与 Adobe Illustrator 已经几乎可以相抗衡。

字幕工具区中有 20 个工具按钮。这些工具按钮的用途如下。

- 【选择】工具：使用该工具可以选中编辑区域的文字或图形，按住 Shift 键可以选择多个对象。当选中一个对象时，可以使用鼠标移动该对象，或者改变对象的大小与形状。该工具的快捷键是 V。
- 【旋转】工具：使用该工具可以使得选中的对象能绕其中心点转动，从而改变对象的倾斜角度，该工具的快捷方式是 O。

- 【文字】工具T：使用该工具可以在字幕编辑区域内输入水平方向的文本。单击该按钮后，将鼠标移动到编辑区域的安全区内，按下鼠标左键，在按下位置会出现一个矩形框，松开鼠标左键后即可在矩形区域内输入文本。该工具的快捷键是T。
- 【垂直文字】工具：使用该工具可以在字幕编辑区域内输入垂直方向的文本。单击该按钮后，将鼠标移动到编辑区域内，按下鼠标左键，在按下位置会出现一个矩形框，松开鼠标左键后即可在矩形区域内垂直输入文本。该工具的快捷键是C。
- 【文本框】工具：使用该工具可以在字幕编辑区域内输入水平方向的多行文本。单击该按钮后，将鼠标移动到编辑区域内，按下鼠标左键，拖动鼠标到另一点，松开鼠标左键后，在编辑区域内以此两点为对角点的矩形，然后可在矩形区域内输入文本。在输入矩形区域内单行文本时，该按钮自动弹起，【文字】工具按钮自动按下。
- 【垂直文本框】工具：使用该工具可以在字幕编辑区域内输入垂直方向的多行文本。单击该按钮后，将鼠标移动到编辑区域的安全区内，按下鼠标左键，拖动鼠标到另一点，松开鼠标左键后，在编辑区域内以此两点为对角点的矩形，然后可在矩形区域内垂直输入文本。在输入矩形区域内单行文本时，该按钮自动弹起，【垂直文字】工具按钮自动按下。

- 【路径输入】工具：使用该工具可以在编辑区域内输入弯曲路径的文本。单击该按钮后，把鼠标移动到编辑区域内，鼠标形状会变成【钢笔】工具，在编辑区域内画出路径后，即可输入沿着该路径走向的文字。
- 【垂直路径输入】工具：使用该工具可以在编辑区域内输入弯曲路径的文本。单击该按钮后，把鼠标移动到编辑区域内，鼠标形状会变成【钢笔】工具，在编辑区域内画出路径后，即可输入垂直于该路径的文字。
- 【钢笔】工具：使用该工具可以为【路径输入】工具和【垂直路径输入】工具提供输入文字的路径，也可以修改这些路径。单击该按钮后，把鼠标移动到需修改路径的节点上，拖动鼠标即可修改调整文本路径。该工具的快捷键是P。
- 【添加定位点】工具：使用该工具可以增加文本路径上的定位点，该工具通常与【钢笔】工具一起使用。
- 【删除定位点】工具：使用该工具可以删除文本路径上的定位点，该工具通常与【钢笔】工具一起使用。
- 【转换定位点】工具：使用该工具可以调整路径的平滑度，使用该工具按钮单击路径上的定位点，在定位点上出现两个控制句柄，拖动控制句柄可以调整路径的平滑度。该工具常与【钢笔】工具一起使用。
- 【矩形】工具：使用该工具可以在编辑区域内绘制矩形。默认的填充颜色是白色，用户可以自己指定填充色以及其他属性。该工具的快捷键是R。
- 【切角矩形】工具：使用该工具可以在编辑区域内绘制切角矩形。默认的填充颜色是白色，用户可以自己指定填充色以及其他属性。

- 【圆角矩形】工具：使用该工具可以在编辑区域内绘制圆角矩形。默认的填充颜色是白色，用户可以自己指定填充色以及其他属性。
- 【圆矩形】工具：使用该工具可以在编辑区域内绘制圆矩形。默认的填充颜色是白色，用户可以自己指定填充色以及其他属性。
- 【三角形】工具：使用该工具可以在编辑区域内绘制三角形。默认的填充颜色是白色，用户可以自己指定填充色以及其他属性。该工具的快捷键是 W。
- 【圆弧】工具：使用该工具可以在编辑区域内绘制圆弧图形。默认的填充颜色是白色，用户可以自己指定填充色以及其他属性。该工具的快捷键是 A。
- 【椭圆】工具：利用该工具可以在编辑区域内绘制椭圆。默认的填充颜色是白色，用户可以自己指定填充色以及其他属性。该工具的快捷键是 E。
- 【直线】工具：利用该工具可以在编辑区域内绘制直线。在画直线时，按住 Shift 键，画出的直线在 0º、45º 等，以间隔为 45º 的方向上。使用该工具画出的直线可以利用钢笔工具进行调整。该工具的快捷键是 L。

8.1.2 字幕动作区

字幕动作区提供了【排列】、【居中】、【分布】三栏工具，可以设置字幕或者图形的排列分布方式，如图 8-2 所示。

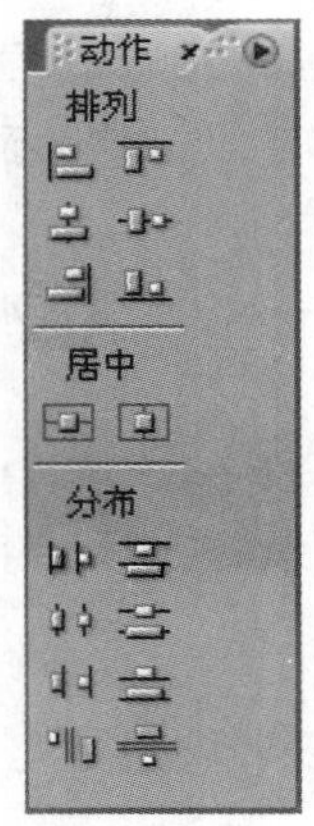

图 8-2 字幕动作区

图 8-3 字幕编辑区

- 【排列】工具区域：该区域中的工具用于在画面中按照水平右对齐、水平居中、垂直顶对齐、垂直居中等方式对齐排列选择的两个或两个以上的文字或图形对象。
- 【居中】工具区域：该区域中的工具用于按照画面的水平中心或垂直中心位置对齐选择的文字或图形对象。

⊙ 【分布】工具区域：该区域中的工具用于在画面中按照水平平均间隔、垂直平均间隔等方式分布排列选择的 3 个或 3 个以上的文字或图形对象。

8.1.3　字幕编辑区

字幕编辑区由【字幕预览】窗口和文本属性面板组成。在【字幕预览】窗口可以看到文字或图形的最后效果。在文本属性面板中，可以设置文字的大小、字体、字距、行距、对齐方式等属性。如图 8-3 所示。单击按钮会新建一个字幕，单击按钮可以设置字幕的滚动/游动选项，单击按钮可以调用字幕模板，单击可以显示/隐藏视频背景。

8.1.4　字幕样式区

当用户在字幕编辑区输入文字以后，可以在【字幕样式】区域选择字体样式，用户也可以用鼠标拖动文字边框，改变文字的大小及高度等。打开右上角的按钮可以在其弹出菜单中选择新建、删除风格，或从风格库中载入风格。【字幕样式】面板中放置了系统预置的几十种字幕样式效果，如图 8-4 所示。制作字幕时，只需在该面板中选择需要的样式，然后就可以在【字幕编辑】区域的预览窗口中创建出该样式效果的字幕。

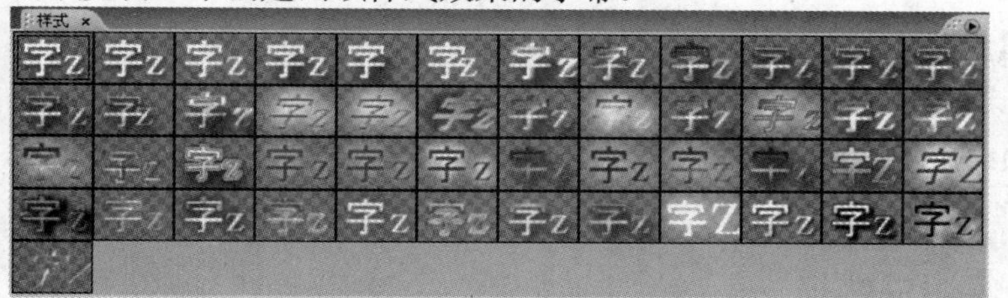

图 8-4　字幕样式

单击【字幕样式】面板右侧的小三角形按钮，可以打开该面板的控制菜单，如图 8-5 所示。通过使用该菜单中的命令，可以实现以下主要功能。

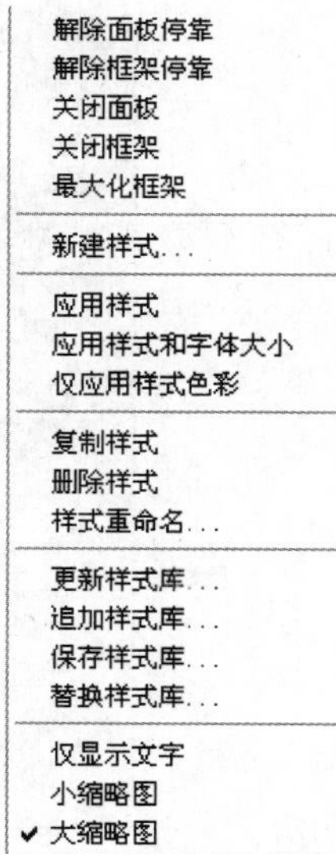

图 8-5 【字幕样式】菜单

⊙ 将【字幕编辑】区域的预览窗口中创建的对象效果设置为【字幕样式】面板中的样式。

⊙ 复制、删除选择的样式效果。

⊙ 设置选择的样式为字幕编辑区默认的创建对象样式效果。

⊙ 恢复【字幕样式】面板当前使用的样式库的默认状态。

⊙ 添加其他样式库中的样式至当前使用的样式库。

⊙ 保存当前使用的样式库。

⊙ 使用其他样式库替换当前使用的样式库。

◉ 在【字幕样式】面板中以名称方式或效果缩略图方式来显示样式。

8.1.5　字幕属性区

字幕属性区主要由 5 个部分组成，分别是：【变换】选项组、【属性】选项组、【填充】选项组、【描边】选项组和【阴影】选项组。

◉ 【变换】选项组：可以对图形或者文字进行变形设置，可以改变文字的【透明度】、【X 位置】、【Y 位置】、【宽度】、【高度】和【旋转】角度，如图 8-6 所示。

◉ 【属性】选项组：在【字幕编辑】区域选中图形，在该选项组下面共有两个选项，分别为【绘图类型】和【扭曲】，如图 8-7 所示。

变换
透明度 100.0 %
X 位置 180.0
Y 位置 120.0
宽度 100.0
高度 100.0
旋转 0.0 °

图 8-6　【变换】选项组

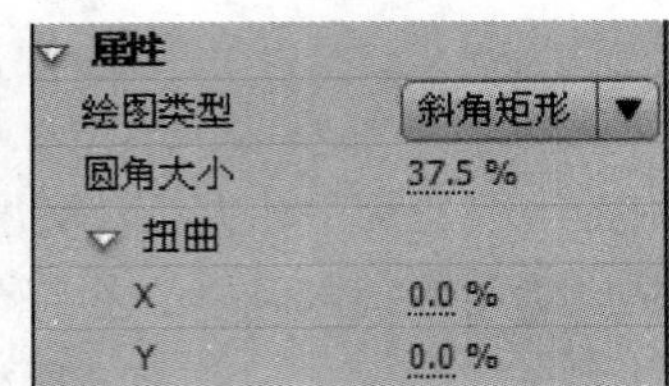

图 8-7　图形【属性】选项组

如果选中的是文字，【属性】选项组中会显示不同的选项，如图 8-8 所示。这些选项会在以后的制作中逐步介绍。

◉ 【填充】选项组：该选项组用于设置文字字幕或者图形字幕的填充属性，如图 8-9 所示。

属性
字体 Adobe C...
字体样式 Regular
字体大小 100.0
纵横比 100.0 %
行距 0.0
字距 0.0
跟踪 0.0
基线位移 0.0
倾斜 0.0 °
小型大写字母
小型大写字母尺寸 75.0 %
下划线
扭曲
X 0.0 %
Y 0.0 %

图 8-8　文字【属性】选项组

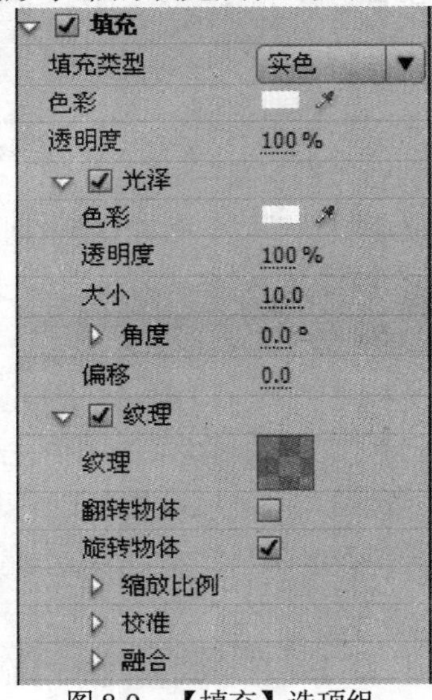

图 8-9　【填充】选项组

◉ 【描边】选项组：选项组为图形或者文本描绘边缘。该选项组共有两项，分别为【内侧边】和【外侧边】，如图 8-10 所示。

计算机　基础与实训教材系列

⊙ 【阴影】选项组：该选项组用于为图形或者文字添加阴影效果，如图 8-11 所示。

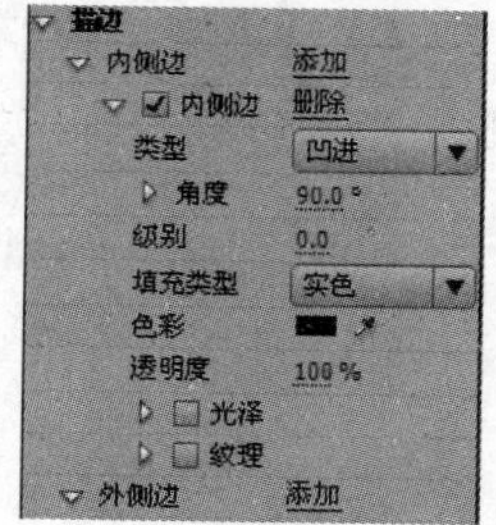

图 8-10 【描边】选项组

图 8-11 【阴影】选项组

8.2 简单字幕制作

在 Premiere 中，建立的字幕是一个独立的文件，可以像处理其他视频、音频片段那样处理它，但最终输出的时候它会成为节目的一部分。

在 Premiere 中建立字幕还可以通过其他途径实现，这其中有些技巧用户需要了解。目前在 Premiere 中建立字幕的方法主要有以下 3 种。

⊙ 直接在 Premiere 中利用【字幕编辑器】建立字幕。

⊙ 在 Photoshop 中建立含有文字的图片，当然其背景应为蓝色或者含有 Alpha 通道，然后再输入到 Premiere 中利用【蓝屏键】效果或者 Alpha 通道效果实现字幕叠加。

⊙ 在 3dsmax 等三维动画软件中生成三维动画字幕并保存为 TGA 等格式的图片序列，然后可以利用前面所讲的方法输入到 Premiere 中。

8.2.1 新建字幕

Premiere Pro CS3 中，新建一个字幕文件有以下几种方式。

⊙ 执行【文件】|【新建】|【字幕】命令。

⊙ 执行【字幕】|【新建字幕】|【默认静态字幕】命令。

⊙ 在【项目】窗口中空白处右击，在弹出的菜单中选择【新建分类】|【字幕】命令。

⊙ 在【项目】窗口单击【新建分类】按钮，在弹出的菜单中选择【字幕】命令。

⊙ 使用键盘快捷键 Ctrl + T。

【例 8-1】新建一个字幕文件，输入字幕文字，并为其应用一个系统预置的样式。

(1) 启动 Premiere Pro CS3，新建一个名为【简单字幕】的项目文件。单击【自定义设置】标签可以打开自定义设置选项卡，在【常规】栏目下，选择【编辑模式】为【桌面编辑模式】，【时间基准】为【25.00 帧/秒】，设置【画幅大小】为【352 宽 288 高】，【像素纵横比】为【方形像素(1.0)】，【场】为【无场(逐行扫描)】，【显示格式】为【帧】，其他设置不变，如图 8-12

所示。

(2) 选择【文件】|【导入】命令，打开【导入】对话框，导入【新建字幕】文件夹中的素材【字幕背景.mpg】，如图 8-13 所示。

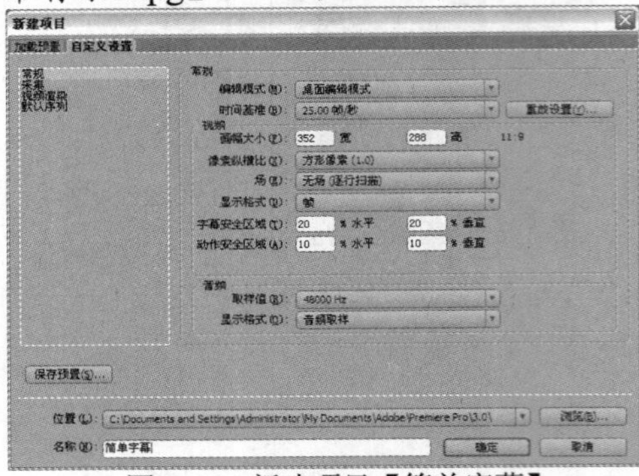

图 8-12　新建项目【简单字幕】

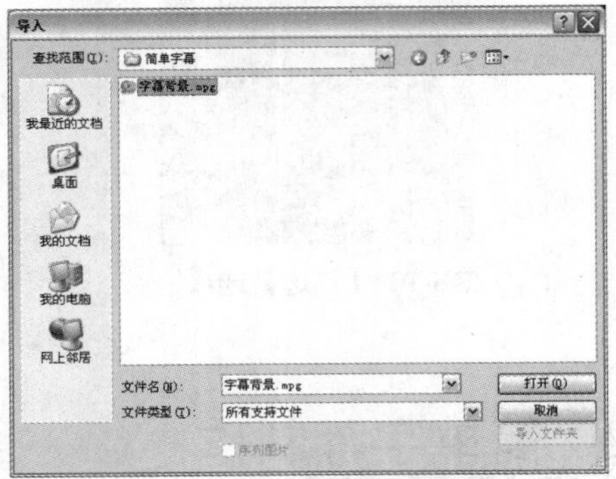

图 8-13　导入字幕背景素材

(3) 将【项目】窗口中的【字幕背景.mpg】素材文件拖拽到【时间线】窗口的【视频 1】轨道上去，调整【时间线】窗口显示，如图 8-14 所示。

(4) 执行【文件】|【新建】|【字幕】命令，弹出【新建字幕】对话框。在新建字幕窗口可以对新建的字幕命名。如图 8-15 所示。

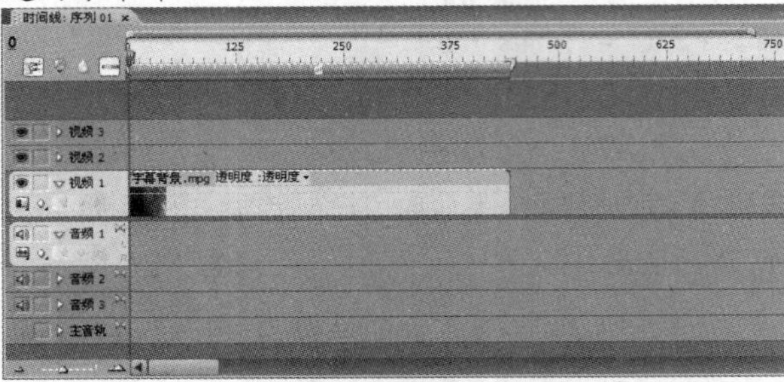

图 8-14　放置字幕背景到【时间线】窗口

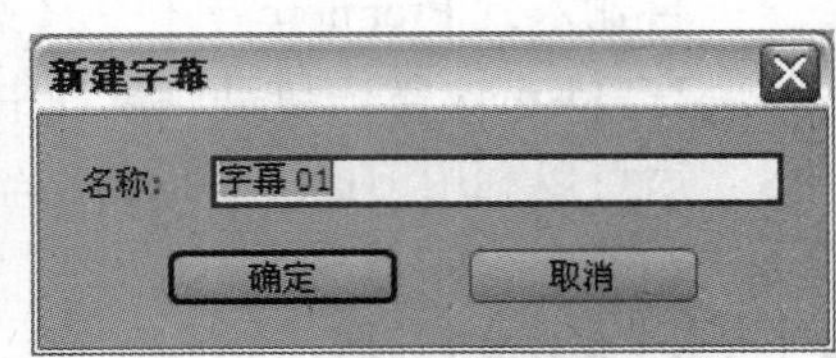

图 8-15　【新建字幕】对话框

(5) 命名完毕后，单击【确定】按钮，弹出【字幕编辑器】窗口，如图 8-16 所示。

(6) 在【工具栏】按下【文字工具】按钮T，然后将鼠标移动到【字幕预览】区域后单击。在出现的文本框内输入字幕文字 Premiere，如图 8-17 所示。

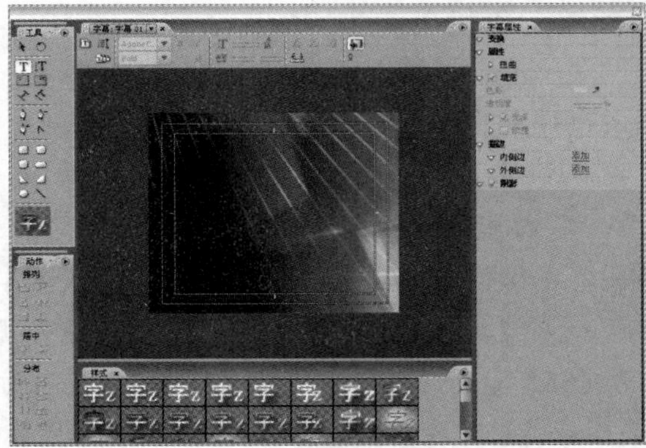

图 8-16　弹出【字幕编辑器】

图 8-17　输入字幕文字

(7) 在【字幕样式】区域选择一个系统预置的样式，然后单击，使字幕文字应用该样式，预览字幕，如图 8-18 所示。

(8) 关闭【字幕编辑器】窗口，可以看到【项目】窗口中出现了刚编辑完成的字幕，如图 8-19 所示。

图 8-18　应用系统预置的字幕样式

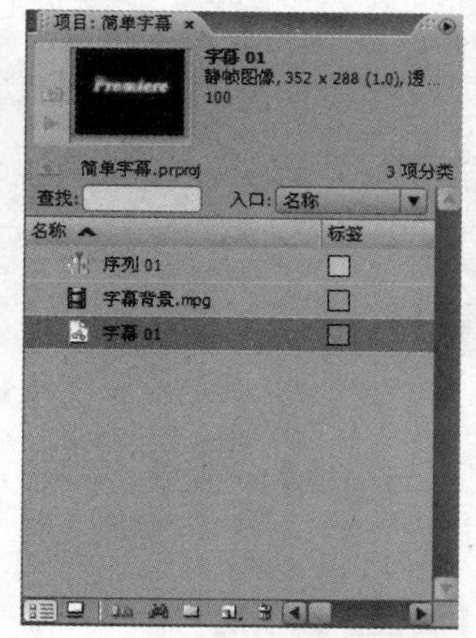

图 8-19　【项目】窗口上的字幕文件

(9) 可以像应用其他素材一样应用字幕，将字幕文件拖到【视频 2】轨道，调整大小。如图 8-20 所示。可以在节目窗口看到应用的效果，如图 8-21 所示。

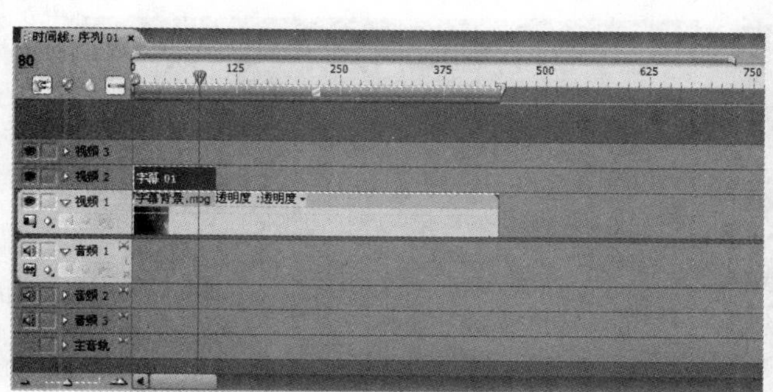

图 8-20　应用字幕到【时间线】窗口

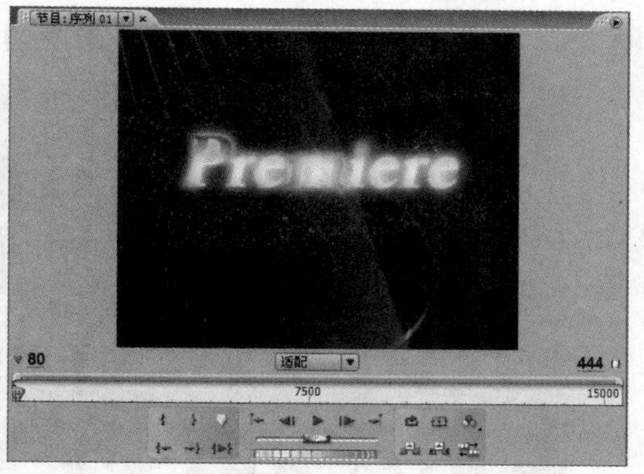

图 8-21　在【节目】监视器窗口预览

8.2.2　设置字幕文本属性

1. 【变换】选项组

字幕属性区的【变换】选项组，可以设置文字或图形对象的透明度、坐标位置、文字的文本框大小、图形的尺寸大小等参数属性。如图 8-22 所示为设置文字的【透明度】、【X 位置】、【Y 位置】、【高度】、【宽度】和【旋转】等参数属性的前后效果。

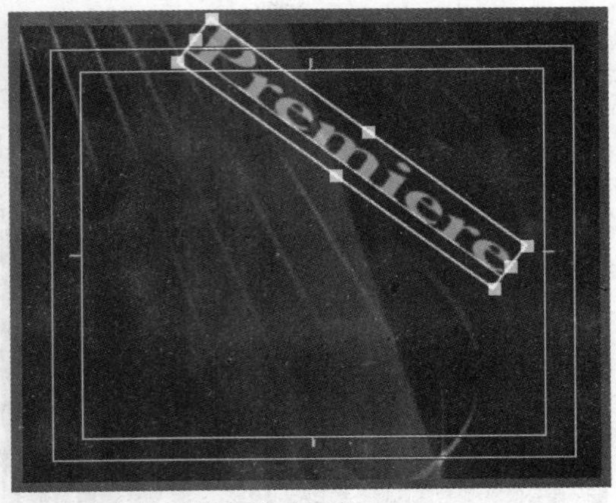

图 8-22　使用【变换】选项组设置文字参数属性的前后效果

除了【透明度】设置外，利用工具栏中的【选择】和【旋转】工具，可以更直观地设置【变换】选项组中的参数。

2. 【属性】选项组

在【属性】选项组中设置区域会随着选择的对象不同而显示不同的参数选项，用户可以设置文字的字体、字体样式、字体大小、行距、字距等，还可以调整输入英文的基线、设置文字倾斜度、添加下划线。如图 8-23 所示为设置文字的【字体】、【字体样式】、【字体大小】、【纵横比】、【行距】、【字距】、【基线位移】和【小型大写字母等】参数属性的前后效果。

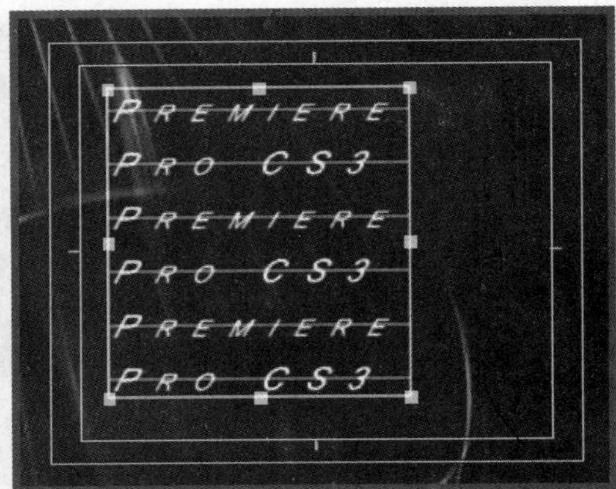

图 8-23　使用【属性】选项组设置文字参数属性的前后效果项设置区域

3. 【填充】选项组

【填充】选项组中用户可以改变字体的颜色、透明度、光效等。字幕素材中的文字往往根据需要设定为各种颜色，而文字的颜色又常受到影片背景颜色的限制。例如，如果影片画面背景为暗淡的夜景时，就不适合使用黑色或深灰色等阴暗的颜色，否则观众就看不清楚字幕。

【填充类型】中提供了 7 种填充模式，它们分别为【实色】、【线性渐变】、【放射渐变】、【4 色渐变】、【斜角边】、【消除】和【残像】。

【色彩】选项用于设置选择对象的填充颜色，用户可以单击颜色块打开【颜色拾取】对话框设置，也可以使用【吸管】工具设置。

【透明度】选项用于设置填充的透明度。

【光泽】选项用于为对象增加光泽效果，如图 8-24 所示。

【纹理】选项用于为对象制作纹理填充效果，如图 8-25 所示。

图 8-24　设置【光泽】参数选项的文字效果

图 8-25　设置【纹理】参数选项的文字效果

4. 【描边】选项组

在【描边】选项组中用户可以添加字体描边，有【内侧边】和【外侧边】两种，根据选项就可为对象添加描边的效果。

【内侧边】选项用于设置在文字和图形对象的轮廓内部添加的边框属性，单击【添加】选项即可添加内部边框效果，然后根据需要设置各项参数属性。

【外侧边】选项用于设置在文字和图形对象的轮廓外部添加的边框属性，单击【添加】选项即可添加外部边框效果，然后根据需要设置各项参数属性。如图 8-26 所示为添加【内侧边】和【外侧边】效果的前后对比。

图 8-26　添加【内侧边】和【外侧边】效果的前后对比

5. 【阴影】选项组

【阴影】选项组用于设置文字和图形对象的投影效果，从而增强它们的立体感和层次感，突出线条，更加醒目地显示字幕。如图 8-27 所示为文字应用【阴影】效果的前后对比。

图 8-27　文字应用【阴影】效果的前后对比

8.2.3　字幕样式效果

在【字幕样式】区，可以预览到为字幕添加的各种效果，如阴影、发光和倾斜等。在字幕设计时，选中需要添加效果的字幕，在预览区域中找到所需要的效果，单击便可为该字幕添加效果。

有时用户可能会利用各种工具设计出很多意想不到的效果，此时也可以将设计出的效果存储起来，以便于以后使用。

单击【字幕样式】面板右侧的小三角形按钮，可以打开该面板的控制菜单，选择【新建样式】命令，弹出如图 8-28 所示的【新建样式】对话框。

图 8-28 【新建样式】对话框

在该对话框中输入一个名称，单击【确定】按钮，以该名称命名的样式效果将被添加到字幕样式库中，以后可以随时调用。

对于样式库中一些不需要或重复的样式，可以在选中该样式后，选择控制菜单的【删除样式】命令，删除该样式。

此外，还可以对样式库中的样式进行重命名操作。

8.2.4 设置文字路径

使用【字幕编辑器】窗口提供的文字工具可以为文字字幕设置路径。

一般情况下，用户可以按照下面的方法设计图形字幕。

⊙ 水平路径文字

(1) 在工具栏中单击按钮，选择水平路径输入工具。

(2) 在字幕编辑区描绘出文字路径，如图 8-29 所示。

(3) 描绘路径完成后在文本框中输入文字。

(4) 应用样式，调整文字属性，就建立了沿着所描绘的路径水平延伸的字幕了，如图 8-30 所示。

图 8-29 描绘水平路径

图 8-30 水平路径效果

⊙ 垂直路径文字

(1) 在工具栏中单击按钮，选择垂直路径输入工具。

(2) 在字幕编辑区描绘出文字路径，如图 8-31 所示。

(3) 描绘路径完成后在文本框中输入文字。

(4) 应用样式，调整文字属性，就建立了沿着所描绘的路径垂直延伸的字幕了，如图 8-32 所示。

图 8-31　描绘垂直路径

图 8-32　垂直路径效果

8.2.5　添加几何图形

在【字幕编辑器】窗口中，用户不仅可以编辑文字字幕，还可以设计出各种各样的图形字幕。所谓图形字幕，就是指在影片字幕中出现的几何图形或者线条。用户可以通过添加一些图形而使编辑出来的影片画面活泼富于动感，但是在使用的时候也应注意，不要因为图形过于花哨而破坏影片画面的观赏性。

【字幕编辑器】窗口为图形的编辑提供了一些工具按钮，用户可以通过综合使用这些按钮，生成自己所需的图形。可以使用【颜色拾取】来设置图形字幕的颜色，还可以像设定文字字幕颜色渐变一样设定图形字幕的颜色渐变。图形字幕还可以用作文字字幕的底色，当背景画面的颜色比较琐碎，不易直接叠加字幕文字的时候，使用字幕图形做底色往往会有很好的效果。在一个字幕素材中可以既有图形部分又有文字部分，字幕素材是以分层的方法来对素材中各部分的关系进行组织的。

用户可以通过【字幕编辑器】窗口字幕工具区中提供的各种工具来绘制字幕中所需的图形，利用字幕工具区中的图形工具绘图的过程并不复杂，并不比使用 Windows 中的画板更难。用户只需单击相应的工具按钮，就可以进行相应的操作。

一般情况下，用户可以按照下面的方法设计图形字幕。

(1)选择要使用的绘图工具，选定工具后在字幕显示区中按住鼠标左键进行拖动就可以绘制出一个图形。

知识点

在拖动的同时按住 Shift 键，往往会获得不同的效果，如使用矩形工具画正方形，使用椭圆工具画出正圆形等。

(2) 在字幕属性区中设置图形字幕的属性，关于字幕图形属性各选项的意义已经在8.1节作了介绍，这里不再一一详述，只着重强调透明与调整图层位置这两种字幕设计的重要方面。

◉ 透明度设置

用户可以改变字幕素材中各部分的透明程度。就像视频素材一样。如果用户把字幕素材的强度降低，那么当字幕素材与视频素材叠加放映的时候，视频素材的画面就可以从文字或图形字幕的下面透射出来，这时的字幕就是半透明的。通过使用半透明字幕，影片制作者就可以在影片播放字幕的时候尽量给观众提供更多的影片信息。同时，对透明字幕的应用可以制作影片中的一些特别效果，例如，用户可以利用半透明的字幕来制作【幽灵效果】。影片制作中一些特技的生成往往也需要透明效果的辅助。

在【时间线】窗口中用户只能对整个字幕素材的强弱程度进行调整，整个字幕一透俱透。当用户要求素材中的各部分具有不同的强弱程度时，在不增加字幕素材的前提下，必须使用【字幕编辑器】对字幕素材中各层的强弱进行调整，设定不同的透明度。

对图形字幕透明度的设置可以通过【填充】选项组的【透明度】选项进行设置，对阴影的设置可以通过【阴影】选项组的【透明度】选项进行设置。

◉ 调整文字字幕与图形字幕的关系

【字幕编辑器】分层组织字幕素材中的各部分。使用过Photoshop的用户一定不会对【图层】的概念感到陌生。【字幕编辑器】中的层是与之类似的。每当用户输入一段文字或是画好了一幅图形，该字幕或者图形即成为当前字幕素材之中的一个层。说得形象些，这些层就好像是用户放到【字幕编辑器】窗口中的一些写有文字或者绘有图形的卡片。这些卡片可以分散摆放、互不干扰，也可以彼此叠加覆盖。在默认的情况下，分层的先后顺序就是各部分的制作顺序，即后制作的部分在叠加的时候会盖在先制作部分的上方。用户通常要根据需要来手工调整各部分之间的先后次序。有的时候，需要对某一部分做半透明处理以显露出被盖在其下方的字幕部分。

在【字幕编辑器】中对图层上下位置的调整是通过【字幕】菜单中的【选择】命令来进行的。

(3) 在【变换】选项组中对图形进行变形操作，通过变形可以绘制出形状复杂的图形，用户也可以通过【字幕】菜单中的【转换】命令来实现。

(4) 将设计好的图形字幕文件保存。

8.2.6 制作活动字幕

用户除了可以通过【字幕编辑器】窗口建立静止的字幕外，还可以建立活动的字幕，分为上下活动的【滚动字幕】和左右活动的【游动字幕】两种。

⊙ 制作滚动字幕的方法

(1) 执行【字幕】|【新建字幕】|【默认滚动字幕】命令，新建一个字幕文件。

(2) 输入文件名，打开字幕编辑器。在字幕编辑区输入文本，设置文本属性或者在字幕样式区选择一个样式后单击可应用该样式。

(3) 单击上方的按钮，打开【滚动/游动选项】对话框，如图 8-33 所示。在【时间】选项中设置字幕滚动的属性。

知识点

如果原先建立的是静态字幕或者游动字幕，也可在【滚动/游动选项】对话框中，将【字幕类型】选项设置为【滚动】，将其转换为滚动字幕。

⊙ 制作游动字幕的方法

(1) 执行【字幕】|【新建字幕】|【默认游动字幕】命令，新建一个字幕文件。

(2) 输入文件名，打开字幕编辑器。在字幕编辑区输入文本，设置文本属性或者在字幕样式区选择一个样式后单击可应用该样式。

(3) 单击上方的按钮，打开【滚动/游动选项】对话框。在【字幕类型】选项中根据需要选择【向左游动】或者【向右游动】，然后在【时间】选项中设置字幕游动的属性，如图 8-34 所示。

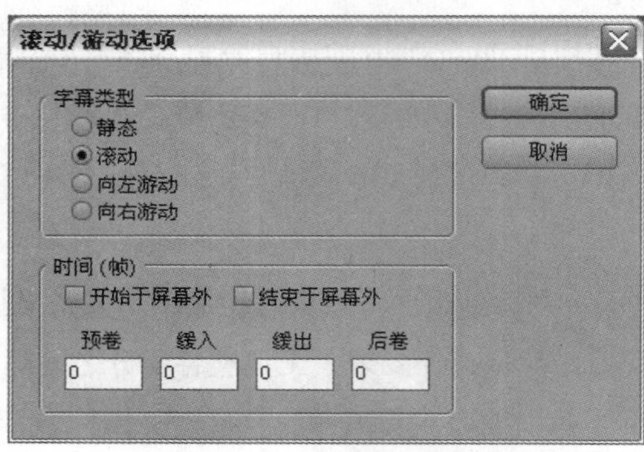

图 8-33　设置滚动字幕

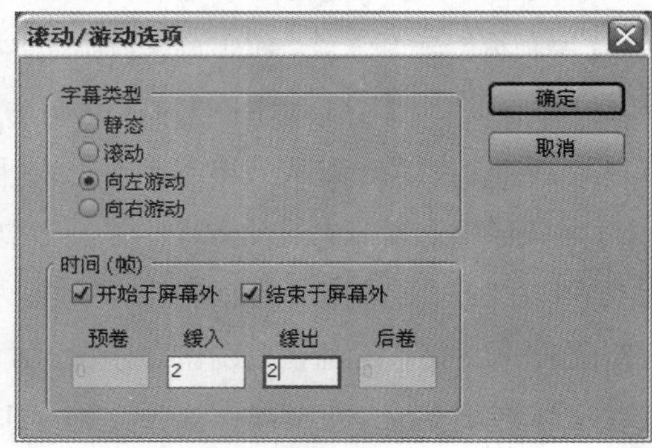

图 8-34　设置游动字幕

⊙ 应用活动字幕

(1) 编辑完成活动字幕后，单击【确定】按钮。关闭【字幕编辑器】窗口。

(2) 将编辑好的字幕文件拖到【时间线】窗口的合适位置上，调整持续时间。

(3) 在【节目】监视器窗口中预演字幕的滚动和游动的效果。滚动效果如图 8-35 所示。向左游动效果如图 8-36 所示。向右游动效果如图 8-37 所示。

图 8-35　滚动字幕效果

图 8-36　向左游动字幕效果

图 8-37　向右游动字幕效果

8.3　字幕模板

如同 Office 软件一样，Premiere 中也提供自己的模板用于字幕制作。在模板当中，提供了相应的字幕区域结构设置，如字幕的背景、文本的字体类型和字体大小。这样就可以直接利用模板的设置来添加文字。

当打开【字幕编辑器】窗口时，用户可以在当前绘图区创建新的字幕文件，也可以打开 Premiere 自带的模板来创建。【字幕编辑器】窗口的绘图区域尺寸与在创建项目时所设置的尺寸是一致的。

模板可以在不同的用户之间，也可以跨操作平台来使用。如果要共享模板，应确保所使用的系统中要带有所有在模板中用到的字体、材质、标志和图像。

利用模板创建字幕文件的一般过程如下。

(1) 打开【模板】对话框，在【字幕编辑器】窗口中可以通过单击字幕编辑区中的【字幕模板】按钮，或者执行【字幕】|【模板】命令，如图 8-38 所示，打开【模板】对话框。

知识点

如果未打开【字幕编辑器】窗口，可以执行【字幕】|【新建字幕】|【基于模板】命令新建一个基于模板的字幕文件。

(2) 在弹出的如图 8-39 所示的【模板】对话框中，单击【字幕设计预置】文件夹左侧的三角按钮，可以逐层展开该模板类，然后在不同的文件夹类别中找到所需要的模板样式，此时此模板样式将在右侧预览窗口中显示。

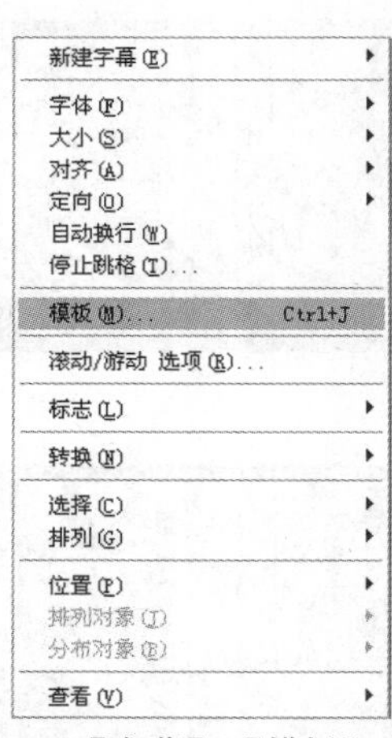

图 8-38 【字幕】|【模板】命令

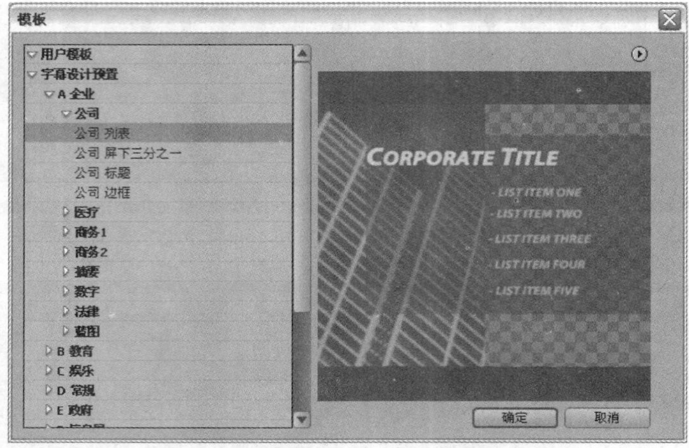

图 8-39 【模板】对话框

(3) 单击【确定】按钮，即可应用该模板。

(4) 单击预览窗口上面的三角按钮，弹出如图 8-40 所示的【模板】窗口菜单。

通过此菜单，还可以对模板进行相关设置。

选择【导入当前字幕为模板】命令，可以将当前【字幕编辑器】窗口中的文件作为模板存储起来。

选择【导入文件为模板】命令，可以导入字幕文件作为模板来使用。执行此操作后，将弹出如图 8-41 所示的【导入字幕为模板】对话框。在该对话框中找到文件的存储路径后，单击【打开】按钮，即可将此字幕文件作为模板导入。

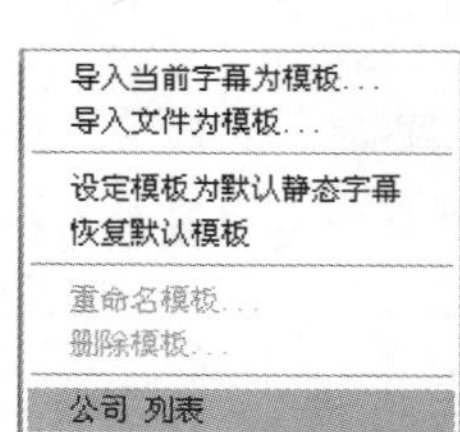

图 8-40 【模板】窗口菜单

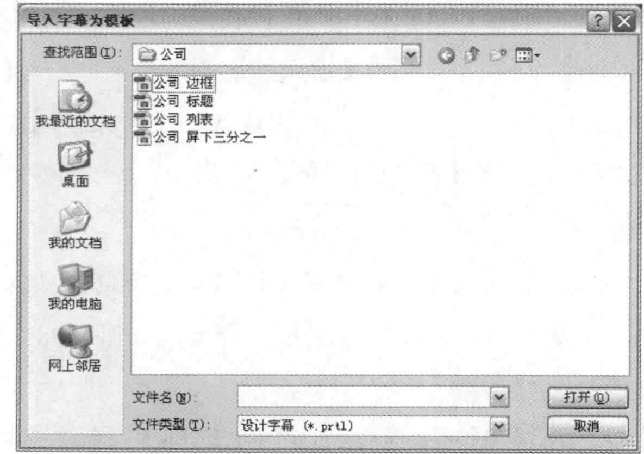

图 8-41 【模板】对话框

选择【设定模板为默认静态字幕】命令，可以将模板设置为默认设置。

选择【恢复默认模板】命令，可以将默认模板恢复为系统原来的默认设置。

选择【重命名模板】命令，可以更改所选择模板的名称。

选择【删除模板】命令，可以从硬盘删除选择的模板。

当用户选择好一个模板，在【字幕编辑器】窗口中可以看到刚才的模板已经调入，这时选择

文字工具，可以对模板中的文字进行修改，如图8-42所示。

修改完成后，关闭【字幕编辑器】窗口，就可以保存该字幕文件了。

用户可以在【项目】窗口中找到刚才制作的字幕文件，将它从【项目】窗口中拖动到时间线窗口中，还可以加入一段配合字幕的视频文件，然后按回车键预演并观看效果。如图8-43所示。

图8-42 编辑模板

图8-43 模板预演

8.4 上机练习

本章上机练习通过制作【运动字幕】和【3D 旋转字幕】两个实例，深入理解字幕的应用，熟悉字幕制作技巧。

8.4.1 运动字幕

通过设置字幕文件的运动特征实现旋转运动字幕的效果。

(1) 启动Premiere Pro CS3，新建一个名为【运动字幕】的项目，打开【自定义设置】选项卡，将【编辑模式】设置为【桌面编辑模式】，【画幅大小】设置为【352宽288高】，单击【确定】按钮，如图8-44所示。

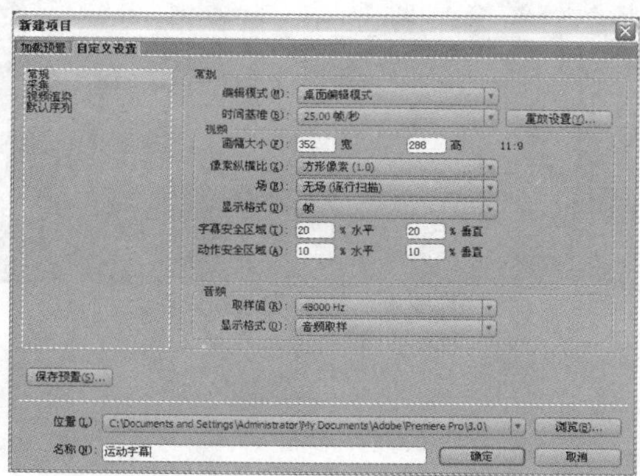

图8-44 新建项目【运动字幕】

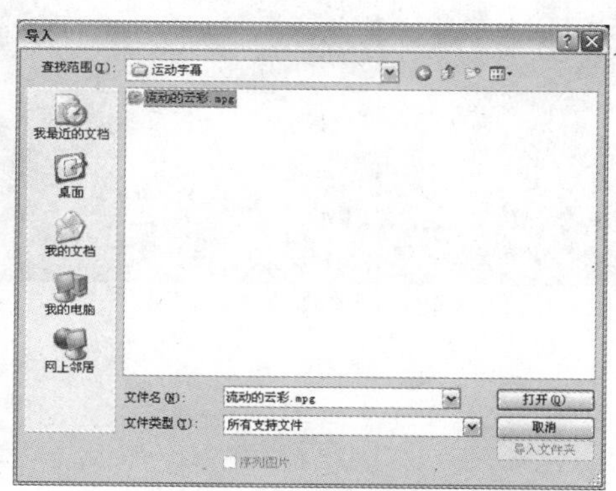

图8-45 导入视频素材

(2) 选择【文件】|【导入】命令，打开【导入】对话框，选择视频素材【流动的云彩.mpg】，单击【打开】按钮，将其导入【项目】窗口，如图 8-45 所示。

(3) 从【项目】窗口中将【流动的云彩.mpg】文件拖入到【时间线】窗口的【视频 1】轨道上，调整【时间线】窗口的显示比例，如图 8-46 所示。

(4) 选择【文件】|【新建】|【字幕】命令，打开【新建字幕】对话框。在该对话框中，设置新建的字幕名称为【流动】，如图 8-47 所示。

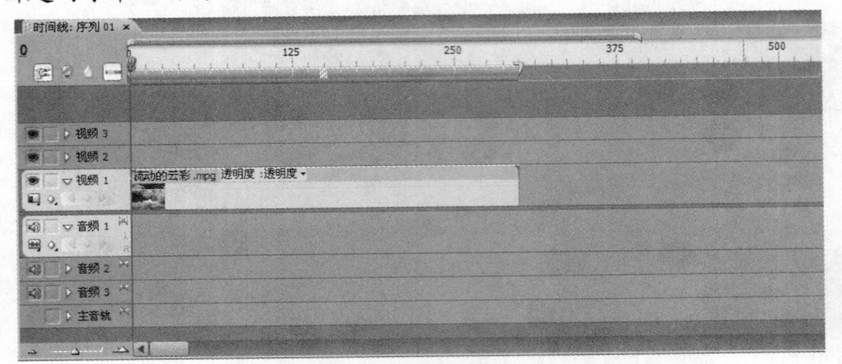

图 8-46　拖动【流动的云彩.mpg】视频素材至【视频 1】轨道上

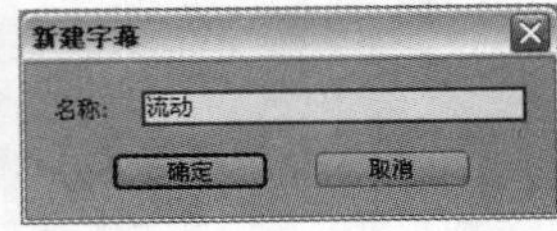

图 8-47　新建字幕【流动】

(5) 设置完成后单击【确定】按钮，打开【字幕编辑器】窗口。在该窗口的字幕预览窗口中输入“流动”，设置字体为【黑体】，字体大小为 50，字体颜色为黄色(R 为 246、G 为 234、B 为 41)，如图 8-48 所示。

(6) 使用与步骤(4)和步骤(5)相同的操作方法，创建【的】字幕，如图 8-49 所示。

(7) 使用与步骤(4)和步骤(5)相同的操作方法，创建【云彩】字幕，如图 8-50 所示。

图 8-48　创建【流动】字幕

图 8-49　创建【的】字幕

图 8-50　创建【云彩】字幕

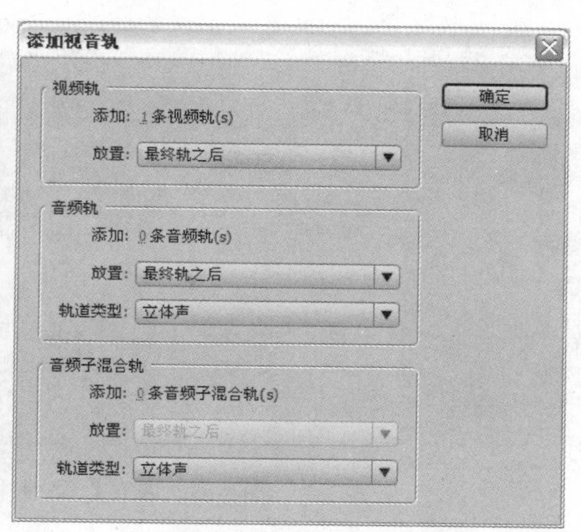

图 8-51　设置【添加视音轨】对话框中的参数选项

(8) 选择【序列】|【添加轨道】命令，打开【添加视音轨】对话框。在该对话框的【视频轨】选项区域中设置添加 1 条视频轨，选择【放置】下拉列表框中的【在最终轨之后】选项。设置【音频轨】选项区域和【音频子混合轨】中的添加轨道数值为 0，如图 8-51 所示。设置完成后单击【确定】按钮，即可在【视频 3】轨道后添加【视频 4】轨道。

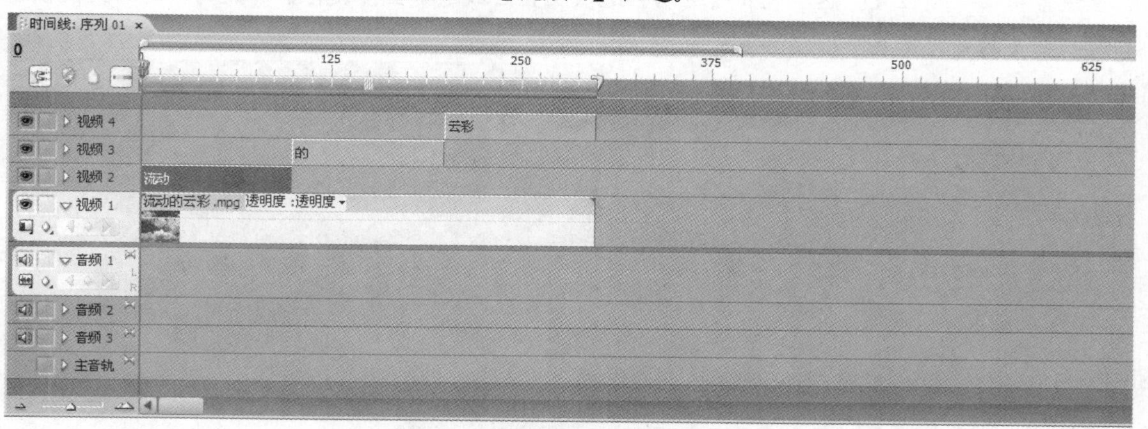

图 8-52　调整字幕素材的放置位置

(9) 选择【项目】窗口中的【流动】字幕素材，拖入到【时间线】窗口的【视频 2 】轨道上。

(10) 使用与步骤(9)相同的操作方法，分别拖动【的】和【云彩】字幕素材至【视频 3】和【视频 4】轨道中。调整【时间线】窗口中字幕素材的放置位置，如图 8-52 所示。

(11) 向右拖动【时间线】窗口面板中【流动】和【的】字幕素材的右边界，使其与【视频 1】轨道中素材的右边界对齐，如图 8-53 所示。

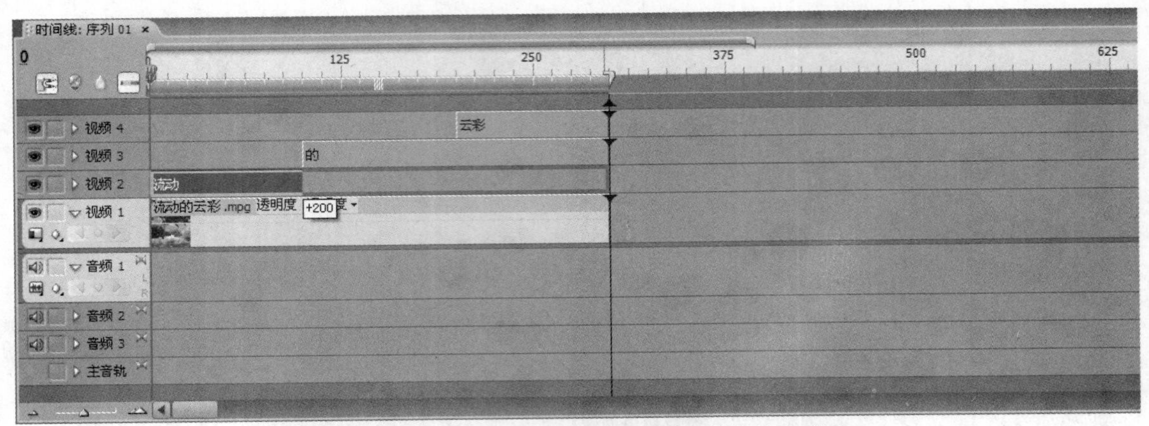

图 8-53　调整【流动】和【的】字幕素材的持续时间

(12) 分别选择【时间线】窗口中的【的】和【云彩】字幕素材。通过在【效果控制】面板的【运动】选项区域中设置【位置】选项的数值，调整【的】和【云彩】字幕素材在视频画面中位置，效果如图 8-54 所示。

(13) 选中【视频 2】轨道中的【流动】字幕素材，打开【效果控制】面板，并移动时间线指针至该素材第一帧位置。然后展开【运动】选项设置区域，单击【旋转】参数的左边的关键帧按钮，为素材片段添加关键帧，如图 8-55 所示。

图 8-54　调整【的】和【云彩】字幕素材的位置图

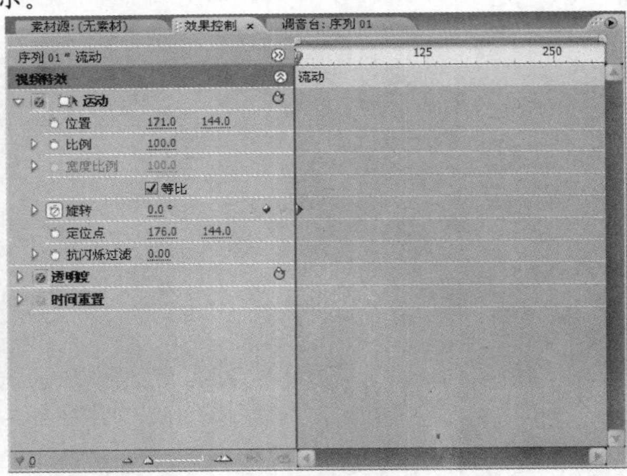

图 8-55　设置【流动】字幕的【旋转】效果第一个关键帧

(14) 在【效果控制】面板中向右移动时间线指针至该素材第 100 帧的位置(即【视频 3】轨道视频素材的开始时间位置)，单击【添加/删除关键帧】按钮并设置【旋转】选项数值为 1 × 0.0，如图 8-56 所示。

(15) 在【节目】监视器窗口中预览【流动】字幕素材的运动效果，发现其不是绕自身旋转，而是绕着屏幕的中心旋转的，如图 8-57 所示。所以还需要调整字幕的旋转中心。

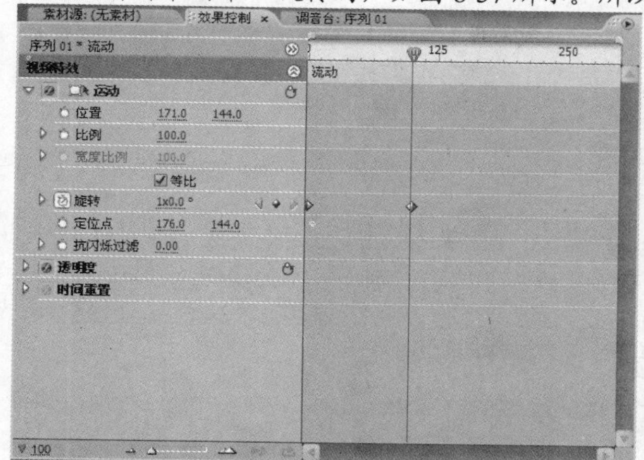

图 8-56　设置【流动】字幕第 100 帧处的【旋转】效果

图 8-57　预览【流动】字幕素材的运动效果

(16) 在【效果控制】面板中设置【定位点】选项数值为【117.0, 144.0】，调整字幕的中心位置。再设置【位置】选项数值为【117.0, 144.0】，调整字幕的画面位置，如图 8-58 所示。

(17) 使用与步骤(13)～步骤(16)相同的操作方法，设置【的】字幕素材的旋转效果，并调整它们的字幕中心点和画面位置，如图 8-59 所示。

(18) 使用与步骤(13)～步骤(16)相同的操作方法，设置【云彩】字幕素材的旋转效果，并调整它们的字幕中心点和画面位置，如图 8-60 所示。

图 8-58　调整【流动】字幕素材的字幕中心点和画面位置

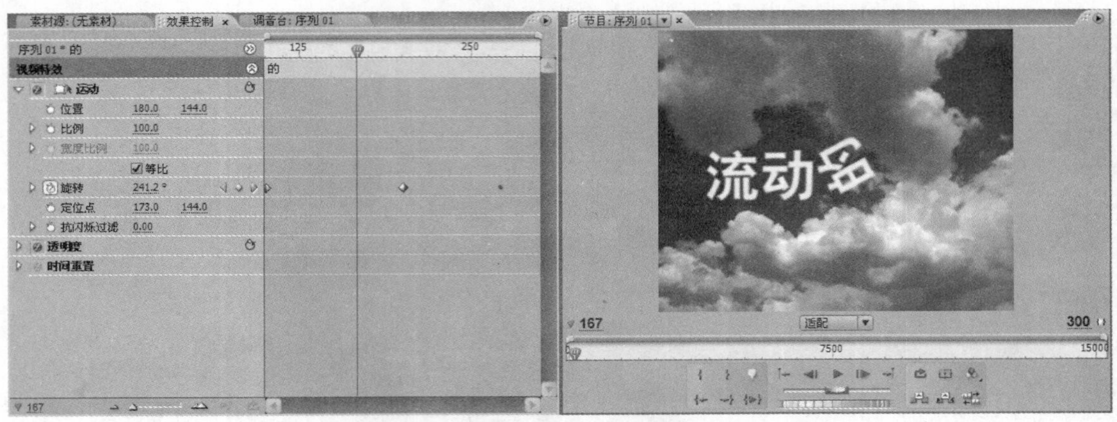

图 8-59　设置【的】字幕素材的旋转效果

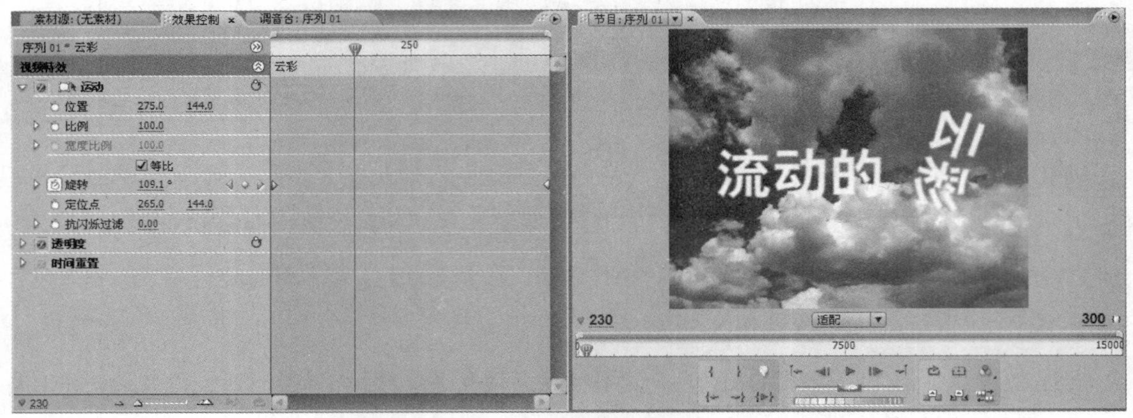

图 8-60　设置【云彩】字幕素材的旋转效果

(19) 完成设置后，按下【空格键】预览【运动字幕】效果，如图 8-61 所示。

图 8-61　预览影片的运动字幕效果

(20) 选择【文件】|【导出】|【影片】命令输出影片。

8.4.2　3D 旋转字幕

通过设置字幕文件的运动特征实现旋转运动字幕的效果。

(1) 启动 Premiere Pro CS3，新建一个名为【3D 旋转字幕】的项目，打开【自定义设置】选项卡，将【编辑模式】设置为【桌面编辑模式】，【画幅大小】设置为【352 宽 288 高】，单击【确定】按钮，如图 8-62 所示。

(2) 选择【文件】|【新建】|【字幕】命令，打开【新建字幕】对话框。在该对话框中，设置新建的字幕名称为【Premiere Pro CS3】，如图 8-63 所示。

(3) 设置完成后单击【确定】按钮，打开【字幕编辑器】窗口。在该窗口的字幕预览窗口中输入 Premiere 后按下回车键，继续输入 Pro CS3，设置字体为 Arial，字体样式为 Bold，大小为 50，字体颜色为绿色(R 为 78、G 为 210、B 为 78)，设置【动作】为【水平居中】和【垂直居中】，如图 8-64 所示。

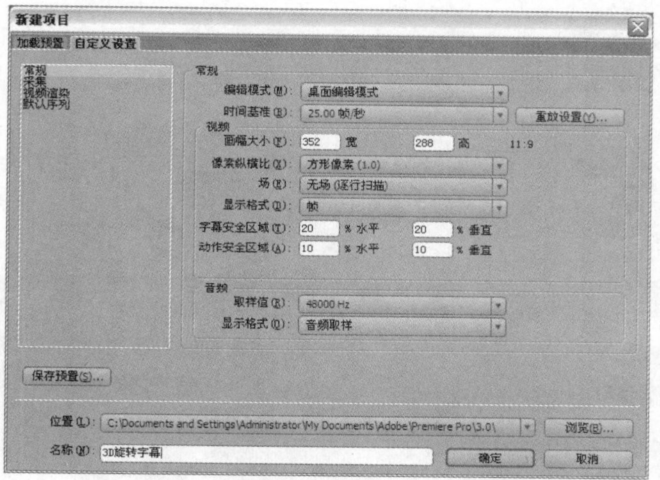

图 8-62 新建项目【3D 旋转字幕】

图 8-63 新建字幕【Premiere Pro CS3】

(4) 使用与步骤(2)和步骤(3)相同的操作方法，创建【字幕制作】字幕，设置字体为【黑体】，大小为 50，字体颜色为蓝色(R 为 57、G 为 133、B 为 246)，如图 8-65 所示。

图 8-64 编辑【Premiere Pro CS3】字幕

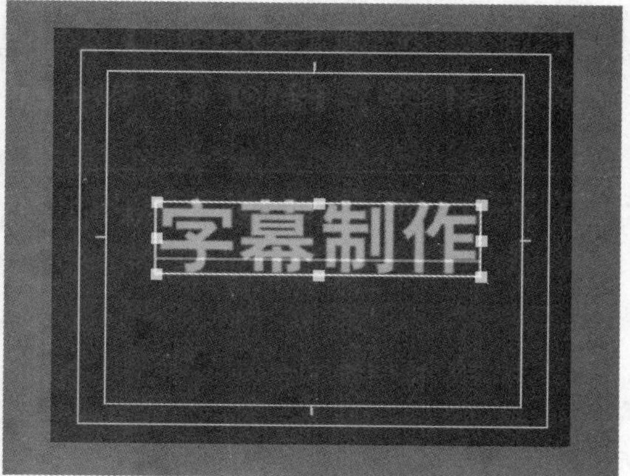

图 8-65 编辑【字幕制作】字幕

(5) 使用与步骤(2)和步骤(3)相同的操作方法，创建【3D 旋转效果】字幕，设置字体为【黑体】，大小为 50，并为其应用一个系统样式，如图 8-66 所示。

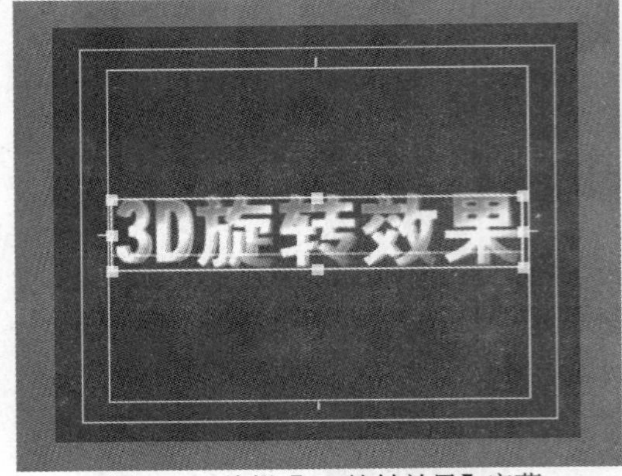

图 8-66 编辑【3D 旋转效果】字幕

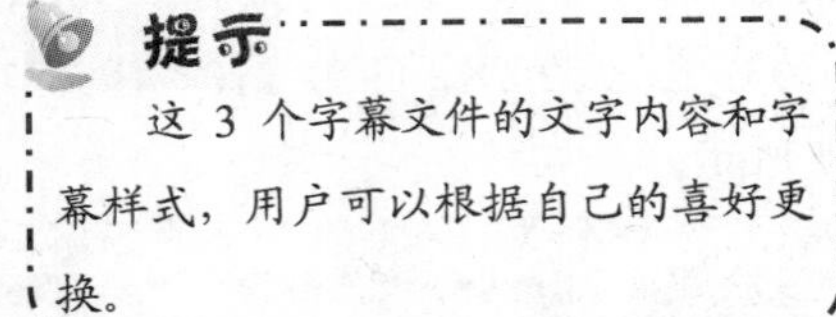

提示

这 3 个字幕文件的文字内容和字幕样式，用户可以根据自己的喜好更换。

(6) 在【项目】窗口中，按照【Premiere Pro CS3】、【字幕制作】、【3D 旋转效果】素材的选择顺序，分别拖动至【时间线】窗口的【视频 1】轨道上，调整【时间线】窗口的显示比例，如图 8-67 所示。

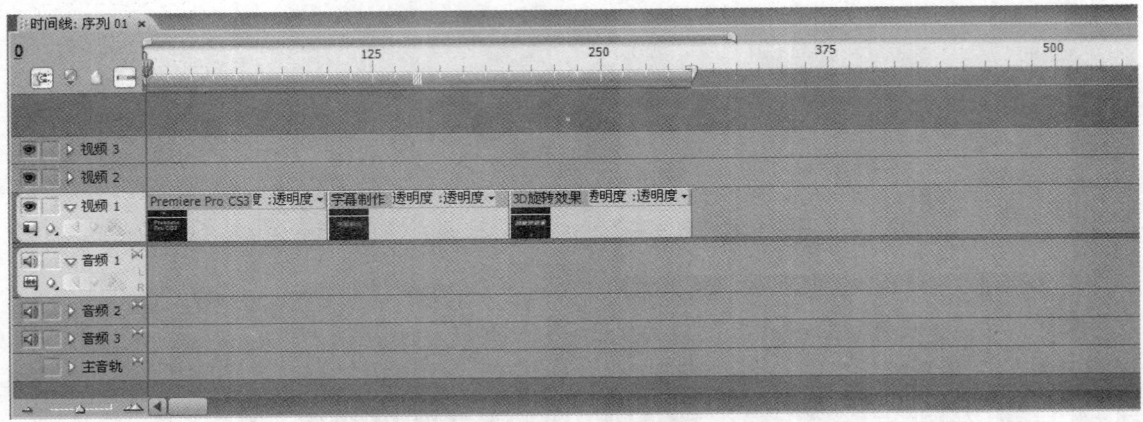

图 8-67 分别拖动字幕素材至【时间线】窗口的【视频 1 】轨道上

(7) 打开【效果】面板，选择【视频特效】|【透视】|【基本 3D】效果，如图 8-68 所示，将其应用至【视频 1】轨道中的所有字幕素材中。

(8) 选择【视频 1】轨道中的【Premiere Pro CS3】字幕素材，打开【效果控制】面板展开【基本 3D】选项，如图 8-69 所示。

(9) 在【效果控制】面板中，向右移动时间线指针至该素材第 0 帧位置。再单击【图像距离】参数的左边的关键帧按钮，为素材片段添加关键帧，设置【图像距离】参数为 500.0，如图 8-70 所示。

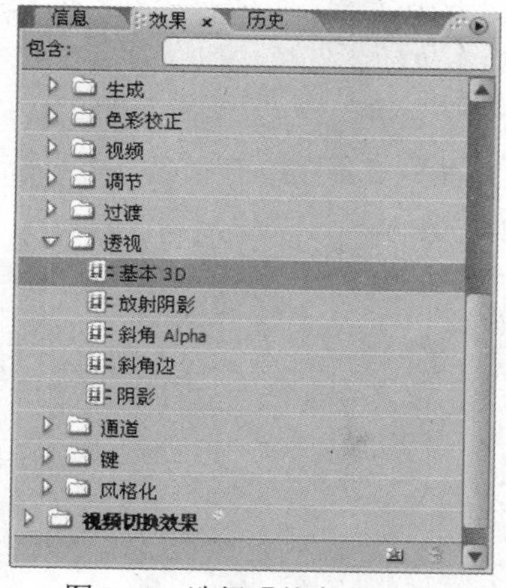

图 8-68　选择【基本 3D】效果

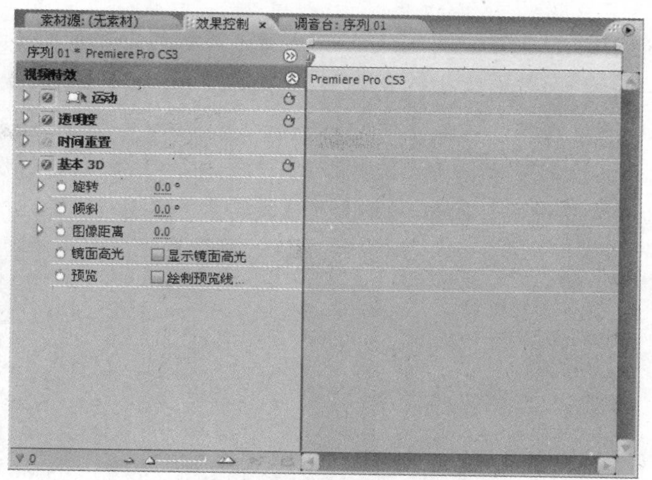

图 8-69　展开【基本 3D】选项

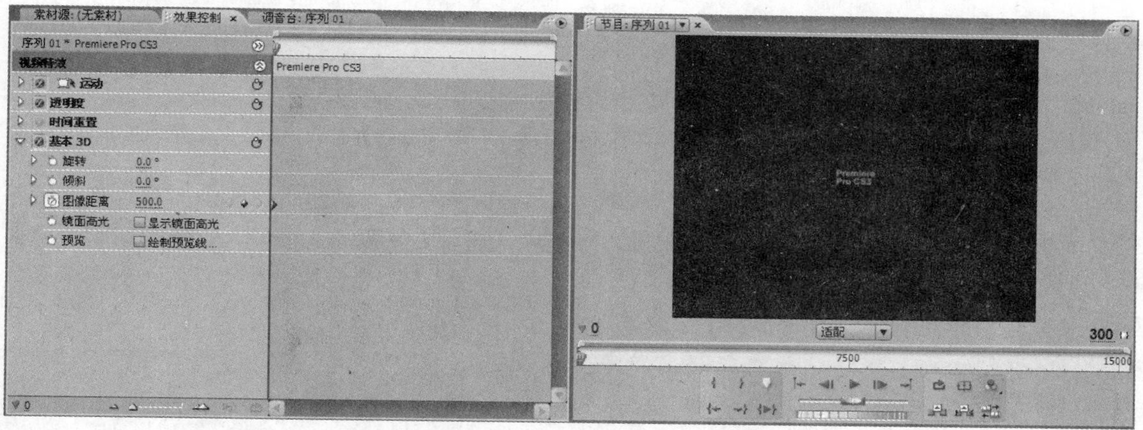

图 8-70　设置【Premiere Pro CS3】字幕的【图像距离】参数第一个关键帧

(10) 向右移动时间线指针至该素材第 80 帧位置。单击【添加/删除关键帧】按钮 并设置【图像距离】参数为-20.0，如图 8-71 所示。

图 8-71　设置【Premiere Pro CS3】字幕第 80 帧位置的【图像距离】参数

(11) 选择【视频 1】轨道中的【字幕制作】字幕素材，打开【效果控制】面板展开【基本 3D】选项，移动时间线指针至第 110 帧位置。再单击【旋转】参数的左边的关键帧按钮，为素材片段添加关键帧，设置【旋转】参数为 0.0。向右移动时间线指针至第 140 帧位置，单击【添加/删除关键帧】按钮并设置【旋转】参数为 1×0.0。向右移动时间线指针至第 180 帧位置，单击【添加/删除关键帧】按钮并设置【旋转】参数为 2×0.0。如图 8-72 所示。

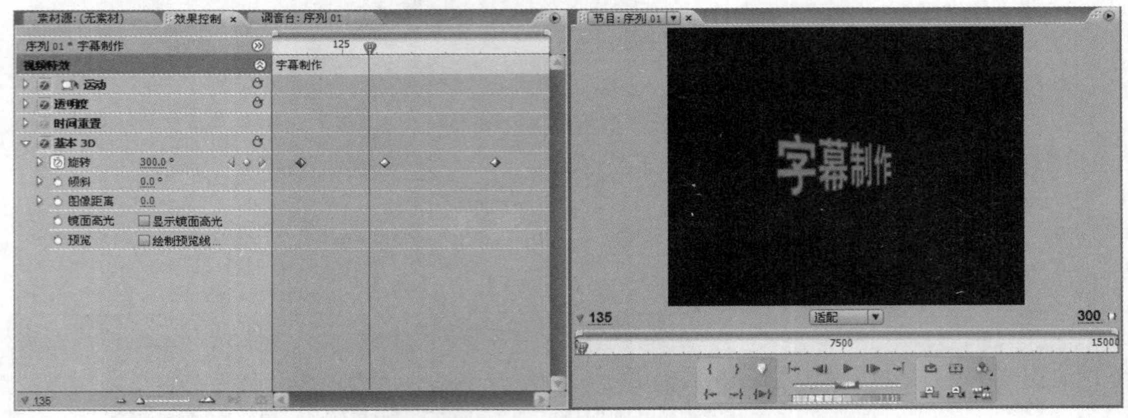

图 8-72 设置【字幕制作】字幕素材的【旋转】参数

(12) 选择【视频 1】轨道中的【3D 旋转效果】字幕素材，打开【效果控制】面板展开【基本 3D】选项，移动时间线指针至第 210 帧位置。再单击【倾斜】参数的左边的关键帧按钮，为素材片段添加关键帧，设置【倾斜】参数为 0.0。向右移动时间线指针至第 250 帧位置，单击【添加/删除关键帧】按钮并设置【倾斜】参数为 1×0.0。如图 8-73 所示。

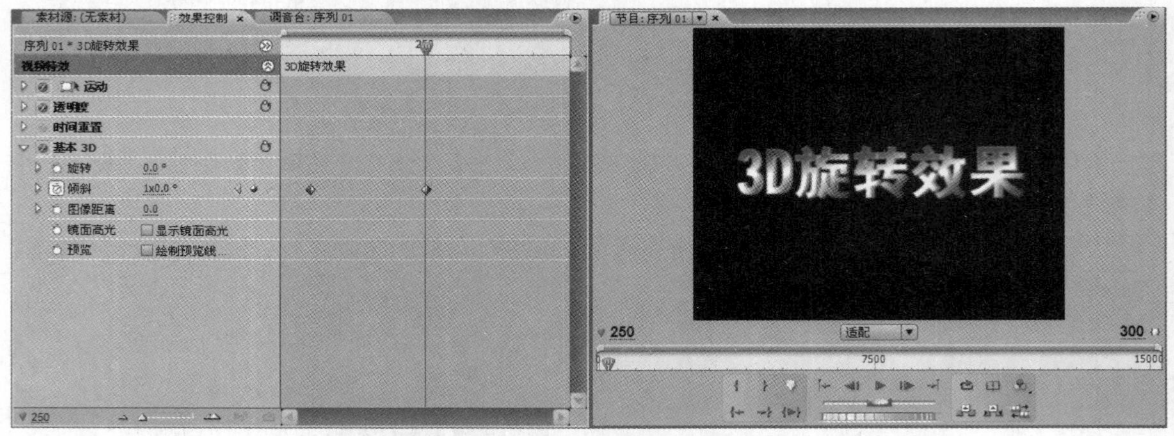

图 8-73 设置【3D 旋转效果】字幕素材的【倾斜】参数

(13) 在【效果】面板中选择【视频切换效果】|【叠化】|【附加叠化】效果，并应用其至【视频 1】轨道中的字幕素材之间，如图 8-74 所示。

图 8-74　应用【附加叠化】效果至【视频 1】轨道中的字幕素材之间

(14) 选择【Premiere Pro CS3】和【字幕制作】字幕素材之间的切换效果，在【效果控制】面板中设置持续时间为 30 帧，选择【校准】下拉列表框中的【居中于切点】选项，如图 8-75 所示。

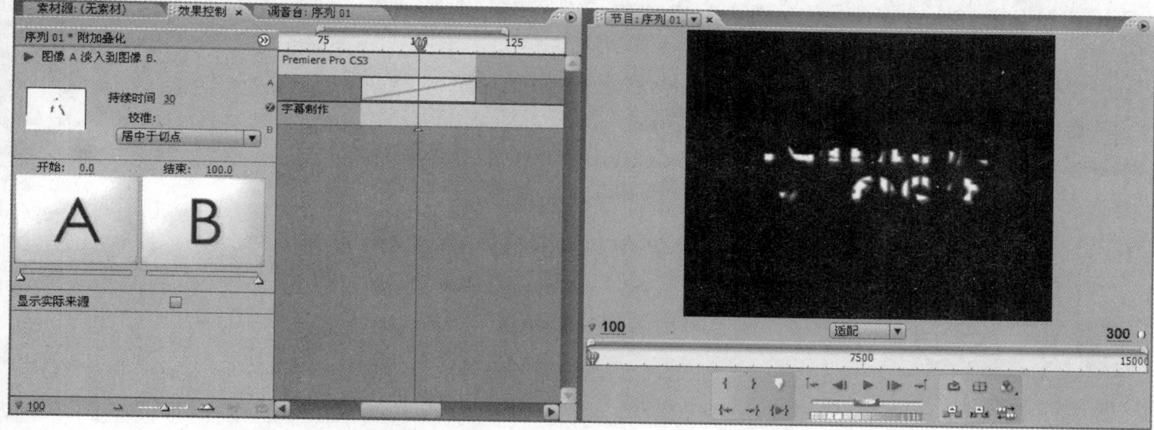

图 8-75　调整【附加叠化】效果的持续时间和校准其时间位置(一)

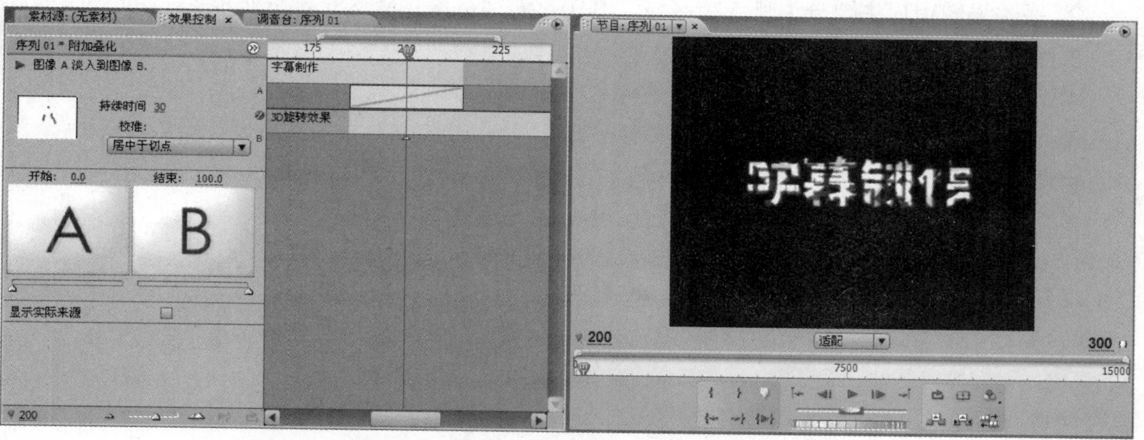

图 8-76　调整【附加叠化】效果的持续时间和校准其时间位置(二)

(15) 使用与步骤(14)相同的操作方法，设置【字幕制作】和【3D 旋转效果】字幕素材之间的转场效果的持续时间为 30 帧，选择【校准】下拉列表框中的【居中于切点】选项，如图 8-76 所示。

(16) 完成设置后，按下【空格键】预览【3D 旋转字幕】效果，如图 8-77 和图 8-78 所示。

图 8-77　预览【3D 旋转字幕】效果(一)

图 8-78　预览【3D 旋转字幕】效果(二)

(17) 选择【文件】|【导出】|【影片】命令输出影片。

8.5　习题

1. Premiere Pro CS3 中，创建一个字幕文件有哪几种方式？
2. 字幕编辑窗口主要分为哪 5 个区域，其中字幕属性区由哪 5 个部分组成？
3. 编辑字幕时，如何显示视频背景？
4. 如何创建一个新的字幕样式？
5. 如何添加几何图形？
6. 简要描述制作滚动字幕的一般方法。
7. 如何使用字幕模板？

混合音频

学习目标

音频是一部完整影片中不可或缺的组成部分。音乐和音响的效果给影像节目带来的作用是至关重要的。影片音频的添加操作常常是在影片编辑完成后才进行制作的。这时制作者可以很自如地根据制作完成的影片画面，适合地配上所需的音乐和音响效果，以组合成更具声色效果的影片。本章将向用户介绍在 Premiere Pro CS3 中处理音频的方法。

本章重点

- ⊙ 音频基本概念
- ⊙ 音频轨道
- ⊙ 调整音频持续时间和播放速度
- ⊙ 调整音频增益
- ⊙ 音频切换效果
- ⊙ 音频特效

9.1 音频基础

在进行影视编辑时，音频效果是不可或缺的。一般的节目都是视频和音频的合成，传统的节目在后期编辑的时候，根据剧情都要配上声音效果，叫做混合音频，生成的节目电影带叫做双带。胶片上有特定的声音轨道存储声音，当电影带在放映机上播放的时候，视频和声音以同样的速度播放，实现了画面和声音的同步。

在 Premiere Pro 中可以很方便地处理音频，同时它还提供了一些较好的声音处理方法，如声音渐变等。

9.1.1 音频基本概念

- 【音量】：音量标志声音的强弱程度，是声音的重要属性之一。音量大小，决定声波幅度(振幅)的大小。
- 【音调】：在音乐中也称为音高，是声音物理特性的一个重要因素。音调高低决定于声音频率的高低，频率越高，音调越高，反之亦然。
- 【音色】：音色是由混入基音所决定的，泛音越高谐波越丰富，音色就越有明亮感和穿透力。不同的谐波具有不同的幅值和相位偏移，由此产生各种音色。
- 【噪音】：噪音有 3 种基本含义。一是指不同频率和不同强度的声波无规律组成所形成的声音。二是指物体无规律振动产生的声音。三是指在某种情况下对人的生活和工作有妨碍的声音。
- 【分贝】：分贝是衡量声音音量变化的单位，符号是 dB。
- 【动态范围】：动态范围是录音或放音设备在不失真和高于该设备固有口音的情况下所能承受的最大音量范围。
- 【响度】：响度是人耳对于声音强弱的一种感受，它与音量、频率、早期反射声的大小和密度有关。
- 【静音】：静音也称无声，是一种具有积极意义的表现手段。
- 【失真】：声音录制加工后产生的畸变。
- 【电平】：电平是电子系统中对电压、电流、功率等物理量强弱的通称。
- 【增益】：增益是放大量的统称，是指音频信号的声调高低。

9.1.2 3 种音频类型

在 Premiere Pro CS3 中，可以使用 3 种类型的音频：【单声道】、【立体声】和【5.1 环绕立体声】。

- 【单声道】：只包含一个声音通道，是比较原始的声音复制形式。当通过两个扬声器回放单声道信息时，可以明显感觉到声音是从两个音箱中间传递到听众的耳朵里的。
- 【立体声】：包含左右两个声道，立体声技术彻底改变了单声道缺乏对声音的位置定位这一状况。声音在录制的过程中，就被分配到独立的两个声道，从而达到了很好的声音定位效果。这种技术在音乐欣赏中显得尤为重要，听众可以清晰地分辨出各种乐器来自不同的方向，从而使音乐更富想象力，更接近于临场感受。
- 【5.1 环绕立体声】：包含 3 个前置声道(左置、中置和右置)、2 个后置声道(或称为环绕声道，左环绕和右环绕)和低音效果通道(通过低音炮放出声音)。这种声道已广泛运用到各类传统影院和家庭影院中。

9.1.3 音频轨道

在【时间线】窗口的音频轨道，可以是【单声道】、【双声道】和【5.1 声道】的任意组合，音频轨道可以任意添加或删除。每个音频轨道都只能对应一种音频类型。一种类型的音频一般只能加入到相同类型的音轨中。音频轨道一旦创建就不能再改变它的音频类型了。

音频轨道按照用途可以分为 3 种：【主音轨】轨道、【子混合】轨道和普通的音频轨道。其中，【子混合】轨道和普通的音频轨道可以有多条(每种音频类型最多 99 条)，而【主音轨】只能有一条。只有普通的音频轨道可以用来添加音频素材，而【子混合】轨道是用于对部分音频轨道进行混合，它输出的是部分轨道混合的结果，而【主音轨】轨道用于对所有的音轨进行控制，它输出的是所有音轨混合的结果。

【例 9-1】 创建一个名为【音频轨道】的项目，设置默认序列的音频轨道数目。在【时间线】窗口中添加与删除音频轨道。

(1) 启动 Premiere Pro CS3，新建一个名为【音频轨道】的项目，打开【自定义设置】选项卡，进入【默认序列】设置界面，设置【主音轨】为【立体声】，【单声道】、【立体声】、【5.1】、【单声道子混合】、【立体声子混合】、【5.1 子混合】轨道各一条，然后单击【确定】按钮，如图 9-1 所示。

提示

在【时间线】窗口中，默认序列为【序列 01】，如图 9-2 所示。在每条轨道名称的右上角，单喇叭表示该轨道为【单声道】轨道，双喇叭表示该轨道为【立体声】轨道，5.1表示该轨道为【5.1 环绕立体声】轨道。

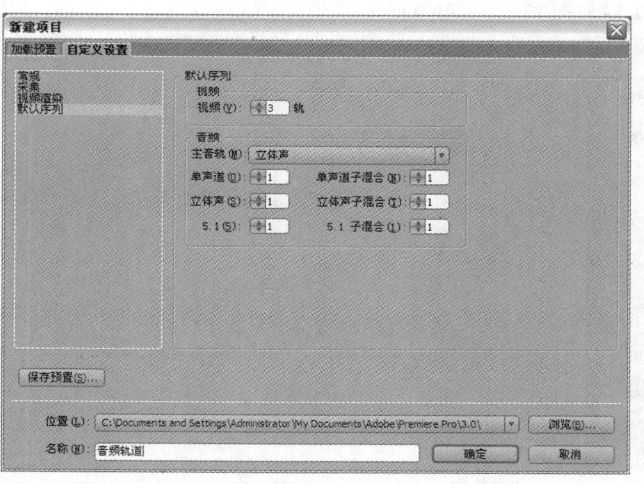

图 9-1 在【新建序列】对话框中设置音频轨道

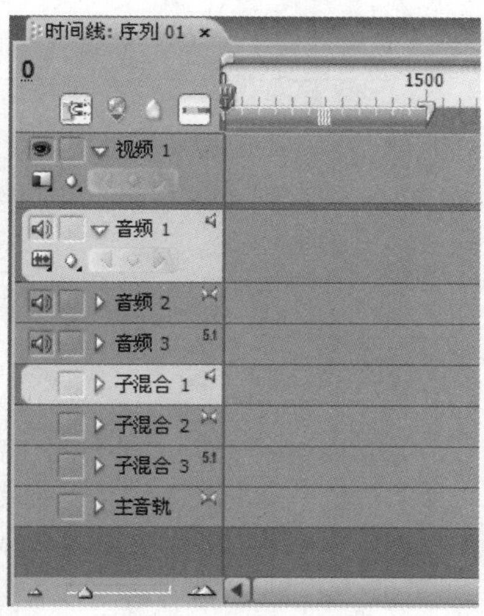

图 9-2 【时间线】窗口中的默认序列

(2) 在【时间线】窗口中左边面板的空白处单击，执行右键菜单中的【添加轨道】命令或者

执行 【序列】|【添加轨道】菜单命令，弹出【添加视音轨】对话框，如图 9-3 所示。

提示

在【添加视音轨】对话框中增加的音频轨道可以是普通的音频轨道，也可以是【音频子混合】轨道，可以指定放置的位置（第一轨之前、目标轨之后或是最终轨之后)和该轨道的类型（单声道、立体声还是 5.1 环绕立体声)。

(3) 设置完成添加 1 条音频轨道，【放置】到【最终轨之后】，【轨道类型】为【立体声】，单击【确定】按钮。可以看到【时间线】窗口中添加了【音频 4】轨道，如图 9-4 所示。

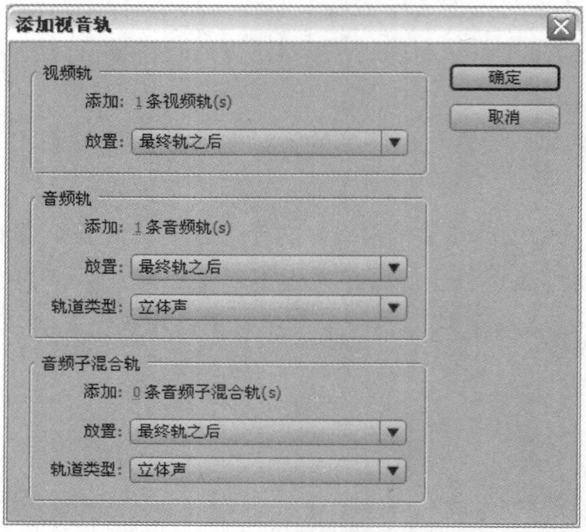

图 9-3 【添加视音轨】对话框

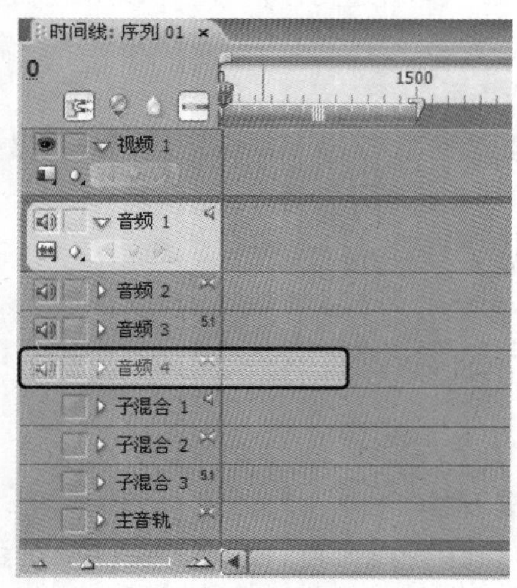

图 9-4 添加了【音频 4】轨道

(4) 在【时间线】窗口中选中【音频 2】轨道，右击左边面板的空白处，在弹出的快捷菜单中选择【删除轨道】命令，弹出【删除视音轨】对话框。如图 9-5 所示。

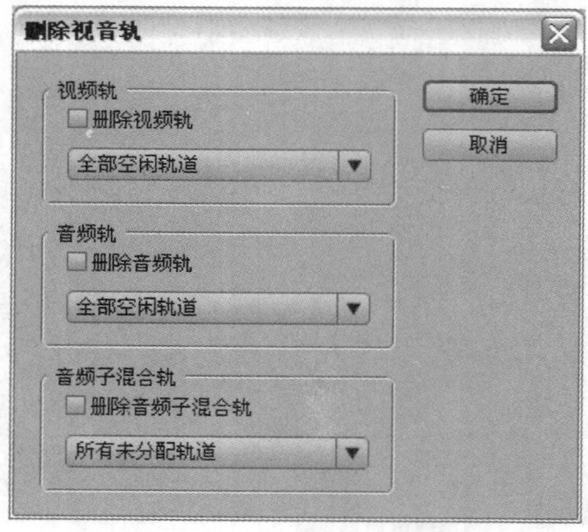

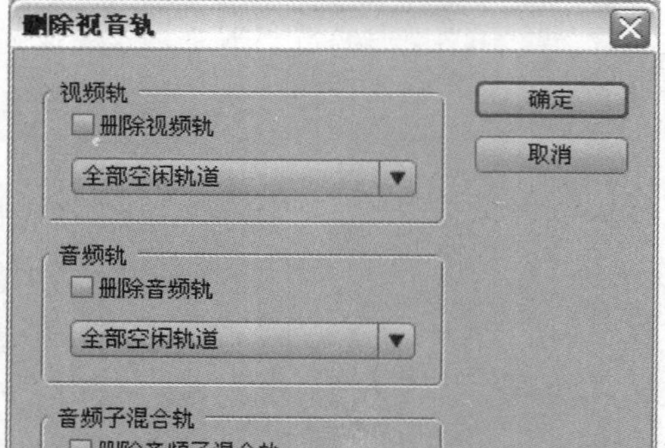

图 9-5 【删除视音轨】对话框

提示

在【删除视音轨】对话框中，可以删除普通的音频轨道，并选择是【目标轨】还是【全部空闲轨道】；也可以删除子混合轨道，并选择是【目标轨】还是【所有未分配轨道】。

(5) 在【删除视音轨】 对话框中，选中【删除音频轨】复选框，在下拉菜单中选择【目标轨】。

设置完成后，单击【确定】按钮。可以在【时间线】面板中看到【音频2】轨道已经被删除。

9.2 音频编辑

Premiere 的音频处理遵循一定的顺序，用户在编辑音频时需先处理音频转场效果，然后处理音频轨道中音轨的播放时间和播放速度，再调整添加的滤镜效果或增益。

9.2.1 添加音频

在制作影片过程中要编辑音频，需先将音频导入至【项目】窗口中，再添加至【时间线】窗口中编辑。另外，在编辑音频前，还需对其进行预听，以确定如何进行编辑处理。

【例9-2】创建一个名为【添加音频】的项目，添加音频和预听音频内容。

(1) 启动 Premiere Pro CS3，新建一个名为【添加音频】项目，打开【自定义设置】选项卡，进入【常规】设置界面。设置【音频】选项区域的【取样值】和【显示格式】下拉列表框中的参数选项如图 9-6 所示。设置项目文件名称后，单击【确定】按钮。

(2) 在【项目】窗口中单击其下方的【容器】按钮，创建一个自定义容器，并输入名称为“音频”，如图 9-7 所示。

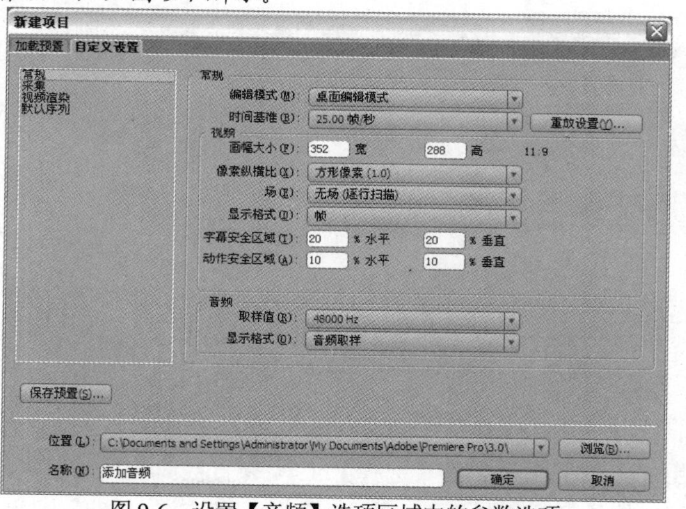

图 9-6 设置【音频】选项区域中的参数选项

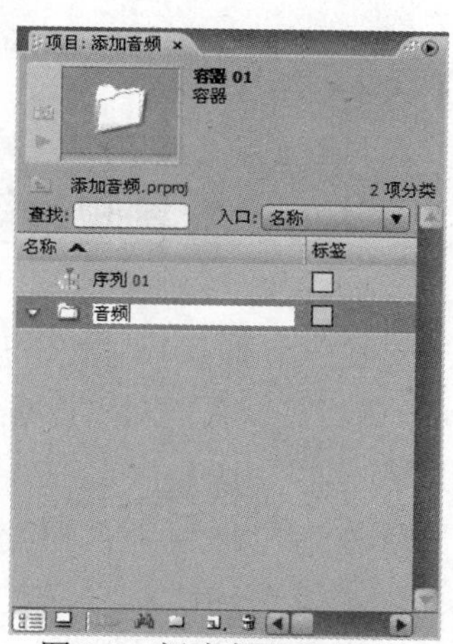

图 9-7 新建容器【音频】

(3) 在自定义容器【音频】上单击右键，从打开的快捷菜单中选择【导入】命令，打开【导入】对话框。在该对话框中选择要添加的音频文件，单击【打开】按钮，即可添加音频文件至该容器中，如图 9-8 所示。

(4) 在【项目】窗口中选择音频素材，拖动其至【时间线】窗口中的【音频 1】轨道上，如图 9-9 所示。

(5) 在【节目】监视器窗口中单击【播放/停止】按钮，即可预听选择的音频效果。

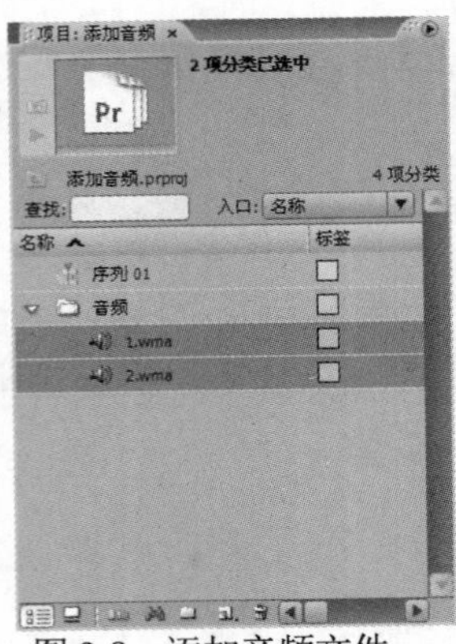

图 9-8　添加音频文件

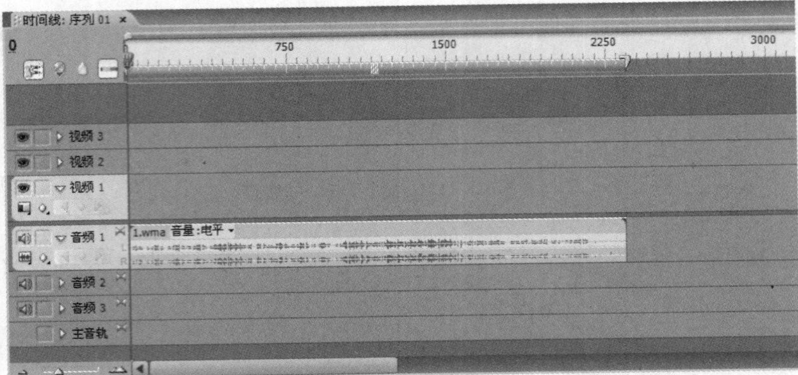

图 9-9　拖动音频素材至【时间线】窗口中的【音频 1】轨道上

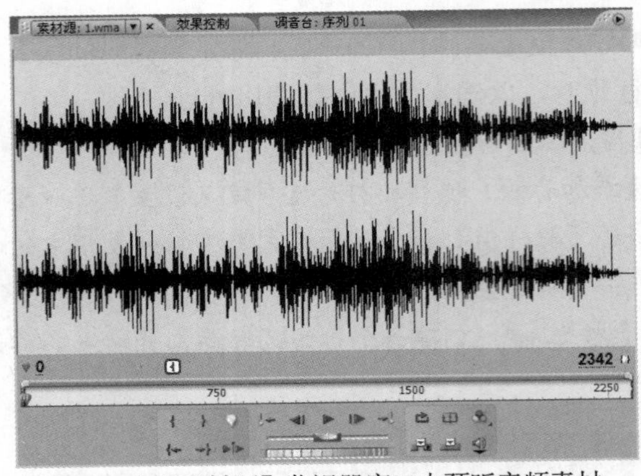

图 9-10　在【素材源】监视器窗口中预听音频素材

知识点

在 Premiere 中想要预听音频素材，还可以在【项目】窗口中或【时间线】窗口中双击要预听的音频素材，即可将该音频素材自动添加至【素材源】监视器窗口中，如图 9-10 所示，单击【播放/停止】按钮，即可听到选择的音频效果。

9.2.2　调整音频持续时间和播放速度

音频的持续时间是指音频的入点和出点之间素材的持续时间。因此，对于音频持续时间的调整可以通过设置入点和出点来进行。音频的播放速度是指播放音频的入点和出点之间的素材的音律快慢。

想要改变音频素材的持续时间，可以使用如下几种方法进行操作。

- 在【时间线】窗口中，使用【工具】面板中的【选择】工具直接向左拖动音频的边缘，缩短音频轨道上音频素材的长度，如图 9-11 所示。这种调节方法只能减少音频素材的持续时间，而不能增加音频素材的持续时间。
- 在【时间线】窗口中选中要编辑的音频素材后单击右键，从打开的快捷菜单中选择【速度/持续时间】命令，打开【素材速度/持续时间】对话框，如图 9-12 所示。在该对话框中设置【持续时间】选项中的数值，即可改变音频素材的持续时间。

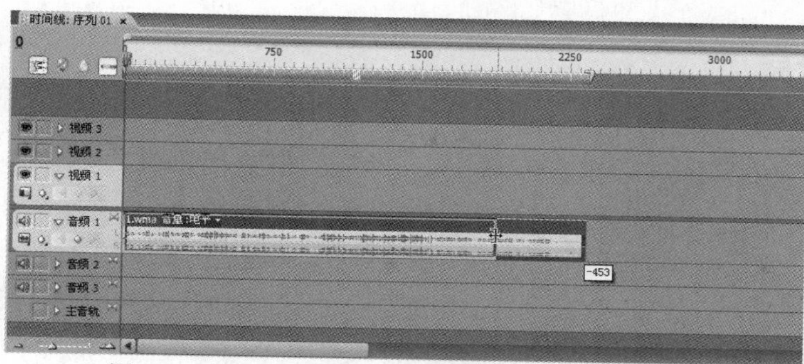

图 9-11 使用【选择】工具缩短音频素材的持续时间

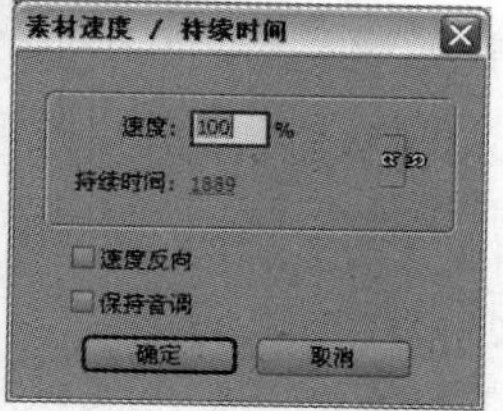

图 9-12 【素材速度/持续时间】对话框

⊙ 选择【工具】面板中的【比例缩放工具】，然后使用该工具拖动音频素材的末端，即可任意拉长或者缩短音频素材的长度。不过，这种调节方法同时会调整音频素材的播放速度。如图 9-13 所示为使用【比例缩放工具】调整音频素材持续时间的画面。

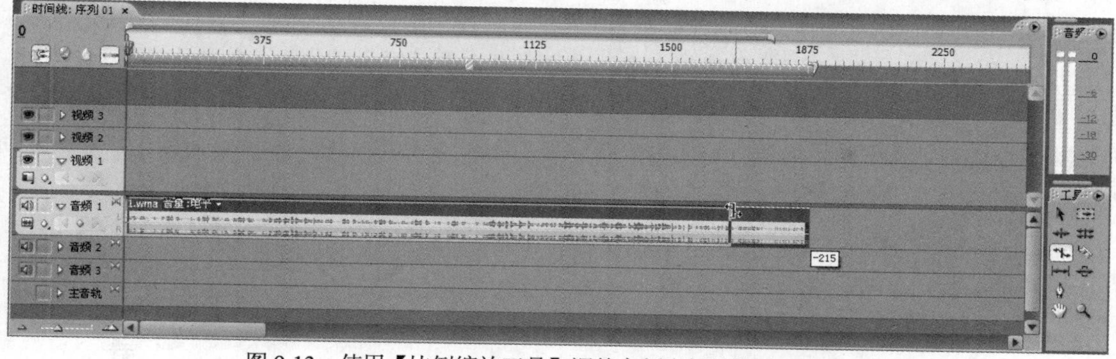

图 9-13 使用【比例缩放工具】调整音频素材的持续时间画面

想要调整音频的播放速度，可以按照如下步骤进行操作。

⊙ 选择【工具】面板中的【比例缩放工具】，然后使用该工具拖动音频素材的末端，即可任意拉长或者缩短音频素材的长度，长度调整的同时也调整了播放速度。

⊙ 在【时间线】窗口中选中要编辑的音频素材后单击右键，从打开的快捷菜单中选择【速度/持续时间】命令，打开【素材速度/持续时间】对话框。在该对话框中设置【速度】选项的比例数值，即可调整音频素材的音律播放速度。单击链接标志，可以使【速度】与【持续时间】选项断开。这样在改变播放速度的同时，不会改变音频素材的持续时间。

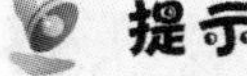

提示

改变音频的播放速度会影响音频播放的声音效果，音调会因速度提高而升高，因速度的降低而降低。同时，播放速度的变化，其播放的时间也会随着改变，但这种改变与单纯改变音频素材的入点、出点而改变持续时间是不一样的，主要是指其音频节奏上的速度变化。

9.2.3 调整音频增益

音频增益指的是音频信号的声调高低。在节目编辑中经常要处理声音的声调，特别是当同一段视频同时出现几段音频素材的时候，就要平衡几段素材的增益，否则一段素材的音频信号或低或高，将会影响欣赏。可为一段音频剪辑设置整体的增益。尽管音频增益的调整在音量、摇摆/平衡和音频效果调整之后，但它并不会删除这些设置。增益设置对于平衡几个剪辑的增益级别或者调节一段剪辑的过高或过低的音频信号是非常有用的。

同时，一段音频素材在数字化的时候，由于捕获的设置不当，也常常会造成增益过低，而用 Premiere 提高音频的增益，将有可能增大素材的噪音甚至造成失真。要使输出效果达到最好，就应按照标准步骤进行操作，以确保每次数字化音频剪辑时都有合适的增益级别。

【例 9-3】创建一个名为【音频增益】的项目，导入两段音频素材，并将其中一个立体声素材转换为单声道，将其应用到【时间线】窗口中并调整音频增益。

(1) 启动 Premiere Pro CS3，新建一个名为【音频增益】的项目，打开【自定义设置】选项卡，进入【默认序列】设置界面，设置【音频】选项区域的【主音轨】为【立体声】，【单声道】轨道数目为 2 条、【立体声】轨道为 1 条，其他音轨为 0 条，然后单击【确定】按钮，如图 9-14 所示。

(2) 执行【文件】|【导入】菜单命令，导入两段音频 1.wma 和 2.wma 到【项目】窗口中，如图 9-15 所示。

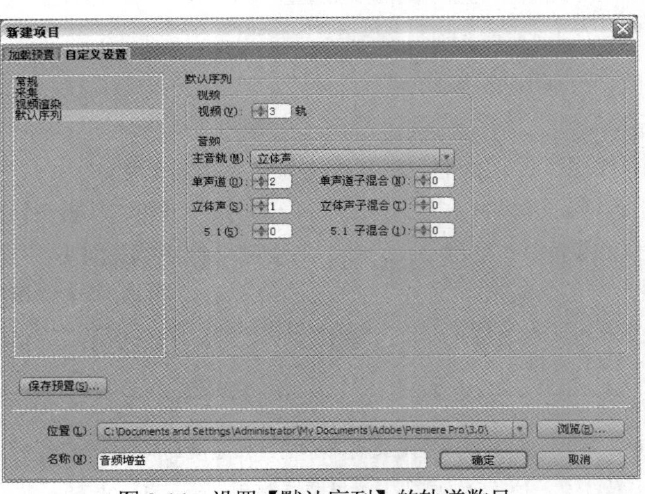

图 9-14 设置【默认序列】的轨道数目

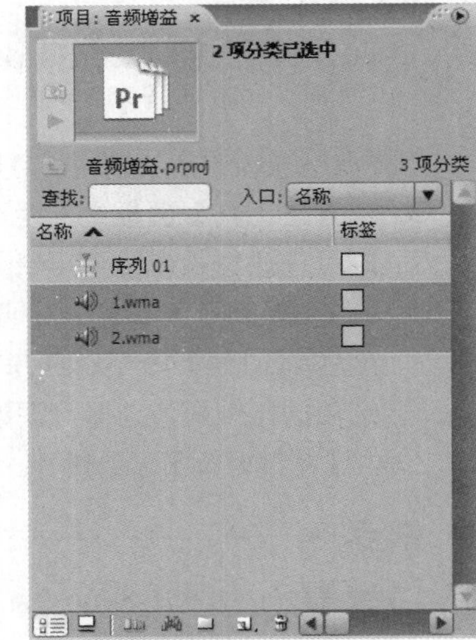

图 9-15 导入音频素材

(3) 在【项目】窗口中选中 2.wma 素材文件，执行【素材】|【音频选项】|【强制为单声道】菜单命令，如图 9-16 所示。可以看到【项目】窗口中出现了【2.wma 左声道】和【2.wma 右声道】两个单声道的素材文件，如图 9-17 所示。

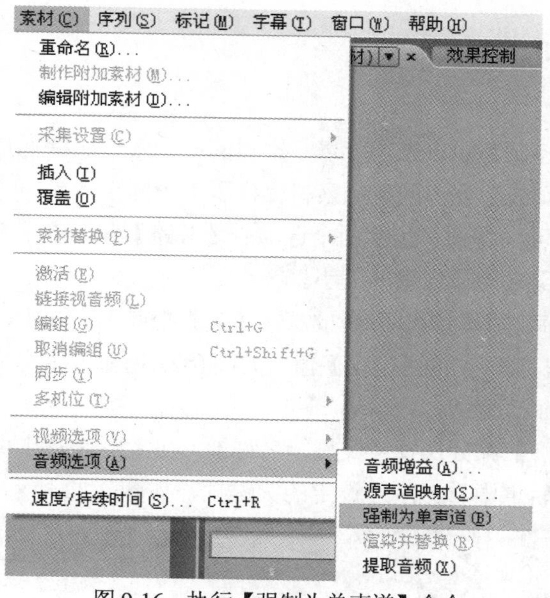

图 9-16 执行【强制为单声道】命令

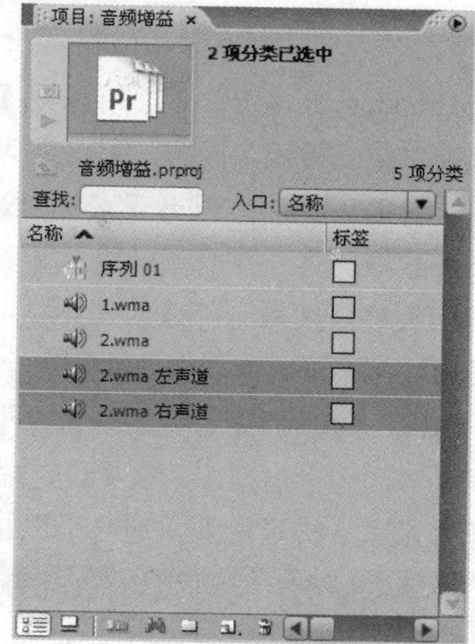

图 9-17 转换后的单声道文件

(4) 将【2.wma 左声道】和【2.wma 右声道】分别拖拽到时间线窗口的【音频 1】和【音频 2】单声道的音频轨道上，将 1.wma 拖拽到时间线窗口的【音频 3】立体声的音频轨道上，如图 9-18 所示。

(5) 右击 1.wma 音频素材片断，然后在弹出的菜单中选择【音频增益】命令打开【音频增益】对话框，如图 9-19 所示。

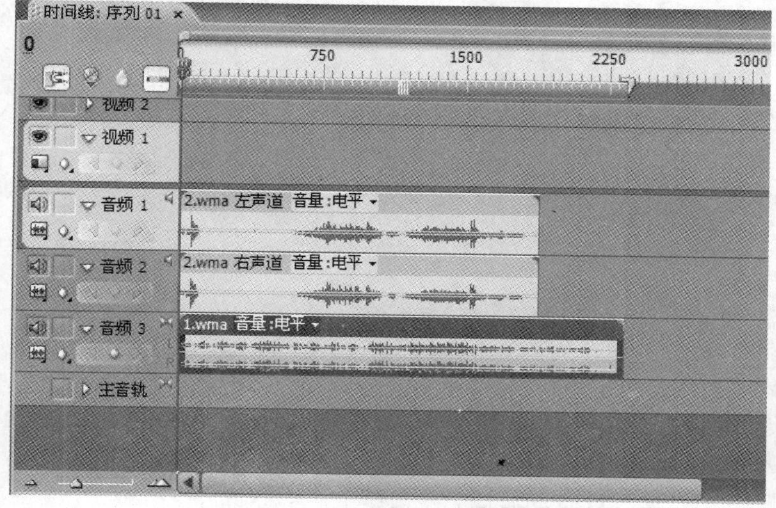

图 9-18 将音频素材拖拽到时间线窗口

图 9-19 【音频增益】对话框

(6) 直接在文本框中填入数值即可设置音频增益(输入正数表示放大)或者单击【标准化】按钮(自动判断素材的音质，提供最佳增益效果)。设置完成后单击【确定】按钮。

9.2.4 音量调节与关键帧技术

在 Premiere Pro CS3 中，可以用【效果控制】面板来调节声音素材的各种效果，特别是音频切换效果和滤镜特效。同时，系统还为【时间线】窗口的音频素材提供了 1 个固定效果——【音量】。如图 9-20 所示。展开【音量】效果，可以看到它包括两个选项：【旁路】和【电平】。选中【旁路】将忽略一些音频效果，【电平】用来调节音量的大小。

使用关键帧技术，可以使音频在不同时间以不同的音量播放。在【效果控制】面板中，移动时间线指针到不同时刻，添加关键帧，分别调节它们的【电平】值，如图 9-21 所示。按空格键预听一下音频，可以听到音频的音量大小发生了改变。

在【时间线】窗口中，在【设定显示风格】处选择【仅显示名称】，在【显示关键帧】处选择【显示素材音量】，这时可以在音频轨道中看见刚才设定的关键帧，如图 9-22 所示。

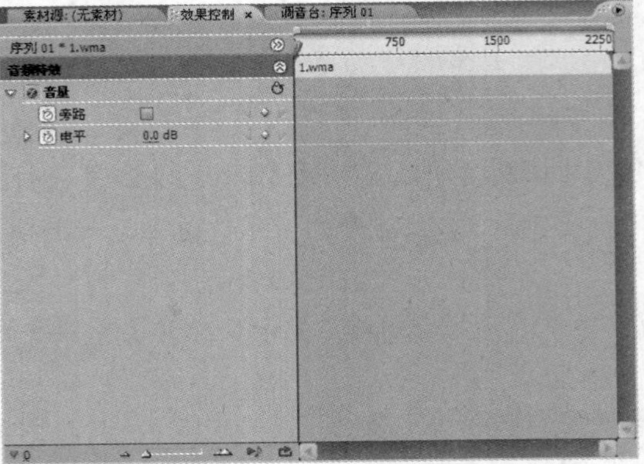

图 9-20 效果控制面板的【音量】选项

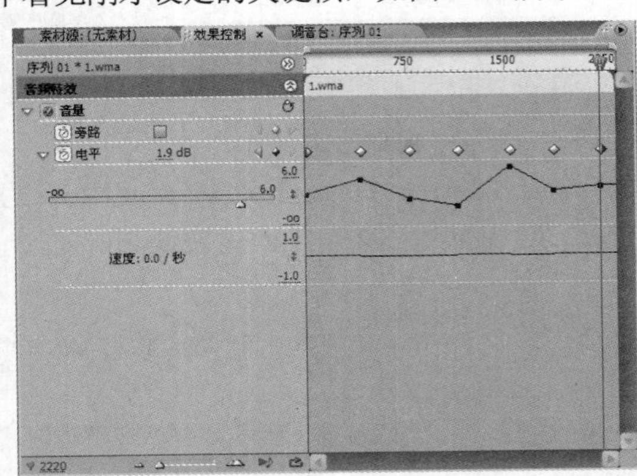

图 9-21 为音频设置关键帧

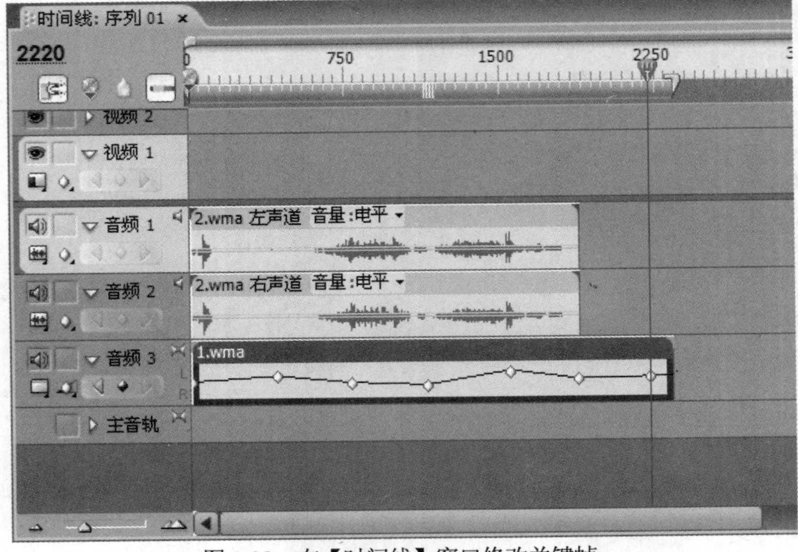

图 9-22 在【时间线】窗口修改关键帧

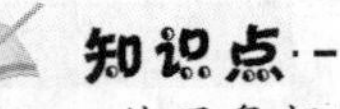
知识点

使用鼠标拖动关键帧控制点，可以改变关键帧的音量和关键帧在时间线上的位置。

9.2.5 【调音台】窗口

【调音台】窗口能在收听音频和观看视频的同时调整多条音频轨道的音量大小以及均衡度。Premiere 使用自动化过程来记录这些调整，然后在播放剪辑时再应用它们。【调音台】窗口就像一个音频合成控制台，为每一条音轨都提供了一套控制。每条音轨也根据【时间线】窗口中的相应音频轨道进行编号。使用鼠标拖动每条轨道的音量控制器可调整其音量。

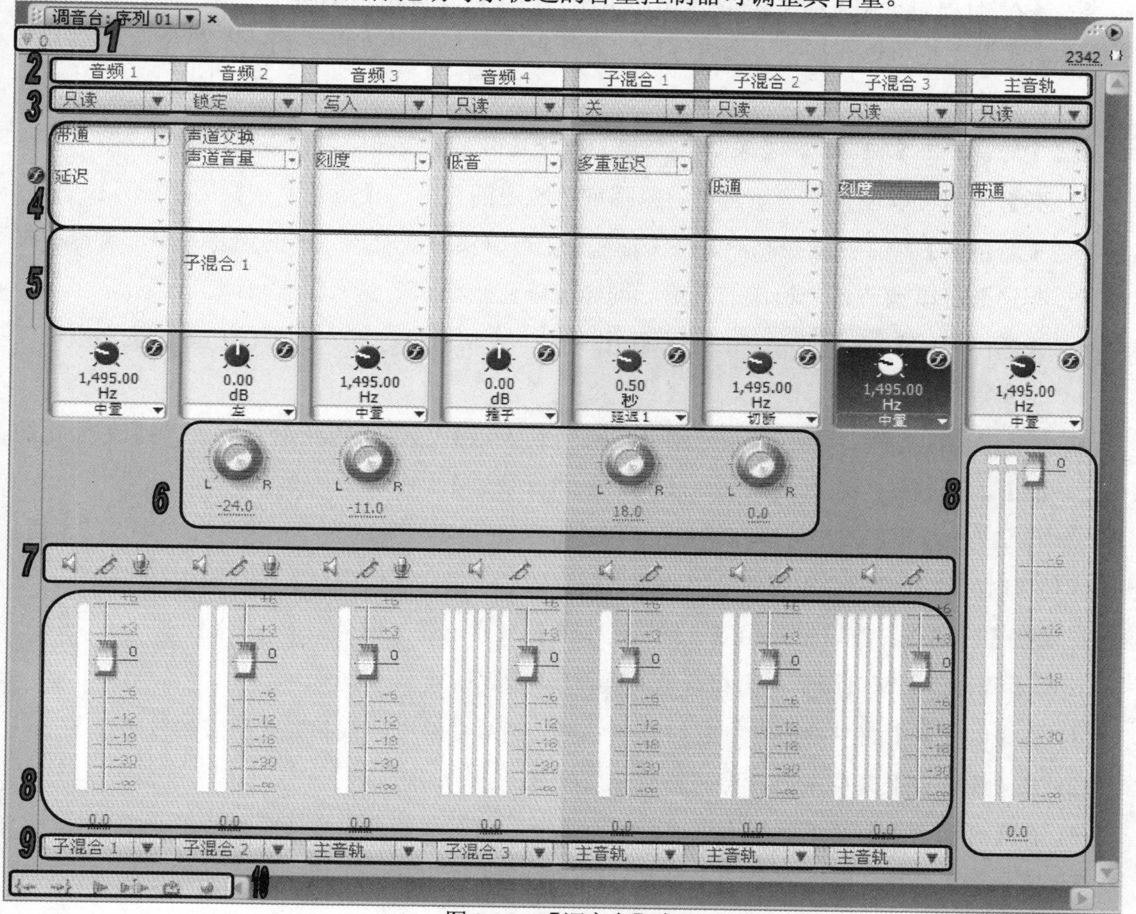

图 9-23　【调音台】窗口

在【调音台】窗口中，可以对音频文件实现混音效果，【调音台】窗口如图 9-23 所示。下面来认识一下【调音台】的各个部分。

- 【时间码】00:00:00:00：表示当前编辑线所在的位置。
- 【轨道名称】音频 1：对应着【时间线】窗口中的各个音频轨道。如果在【时间线】窗口中增加了一条音频轨道，则在【调音台】窗口中就会显示出相应的轨道名称。

- 【自动模式】只读▼：里面包括了【关】、【只读】、【锁定】、【触动】和【写入】5 种功能。
- 【效果】：单击自动化选项左边的三角按钮 只读 打开【效果和发送】区域，在【效果】区域中可以加入各式各样的音频效果，在【发送】区域下会出现相应效果的控制台。
- 【发送】：在【发送】区域中可以选择音频混合的目标轨道。
- 【左/右声道平衡】：将该按钮平衡左右声道，左旋用于偏向左声道，向右旋则偏向右声道；也可以在按钮下面直接输入数值来控制左右声道的平衡(负数值偏向左声道，正数值偏向右声道)。
- 【静音】、【独奏】、【录制】：按下【静音】按钮可以使该轨道静音；按下【独奏】按钮可以使其他音轨静音，只播放该轨道的声音；【录音】按钮用于录音控制。
- 【音量表】和【音量控制器】：【音量表】可以实时观看该轨道的声音大小，【音量控制器】可以调节各个轨道的音量，同样可以直接在底下输入数值来调节音量。
- 【输出模式】主音轨▼：表示输出到哪一个轨道进行混合，可以是主音轨，也可以是子混合轨道。
- ：分别是【跳转到入点】、【跳转到出点】、【播放/停止控制】、【播放入点到出点】、【循环】和【录音】。

使用【调音台】窗口用户可以在播放音频素材的同时设定音量的大小和设置左右声道的平衡。该操作与【时间线】窗口中相应部分的调整是同步的，一旦在【调音台】窗口中进行了操作，系统将自动在【时间线】窗口中为相应音频轨道中的音频素材添加属性。

使用【调音台】窗口调节平衡和音量的操作步骤如下。

(1) 在【时间线】窗口中打开相应的音频轨道，然后移动时间线指针至所需的时间位置。

(2) 在【调音台】窗口中选择要调整的音频轨道。

(3) 在【自动模式】的下拉列表中选择一个选项。该下拉列表中各选项的作用如下。

- 【只读】选项：在播放轨道音频素材的过程中，如果运用了自动控制功能，在该模式时会主动读取发生变化属性的自动控制设置。
- 【锁定】选项：用于记录光标拖动音量控制和平衡控制的每个控制参数，释放鼠标后，控制将保持在调整后的位置。
- 【触动】选项：用于仅当光标拖动音量控制和平衡控制停止时才开始记录混音参数，释放鼠标后，控制将返回原位置。
- 【写入】选项：用于从回放开始记录每个控制参数，而不是仅仅记录光标拖动时的控制参数。

(4) 单击【调音台】窗口底部的【播放/停止控制】按钮，回放音频素材，并开始记录混音操作。

(5) 拖动【音量控制器】滑块，改变该轨道中音频的音量大小。

(6) 拖动【左/右声道平衡】按钮，调节声道的平衡属性。

(7) 回放编辑完的音频素材，以检查编辑的效果。

9.3　音频切换效果

在 Premiere Pro CS3 中提供了两种音频切换效果。

- 【恒定增益】：使用此效果可以让声音素材以渐渐变弱的方式转换到下个声音素材。在效果控制面板中可以调整转场的持续时间。校准选项可以设置转场存在于两段素材的位置，分别是【居中于切点】、【开始于切点】、【结束于切点】和【自定义开始】。如图 9-24 所示。
- 【恒定放大】：使用此效果可以让声音素材以渐渐增强的方式转换到下个声音素材。它的效果控制面板如图 9-25 所示。

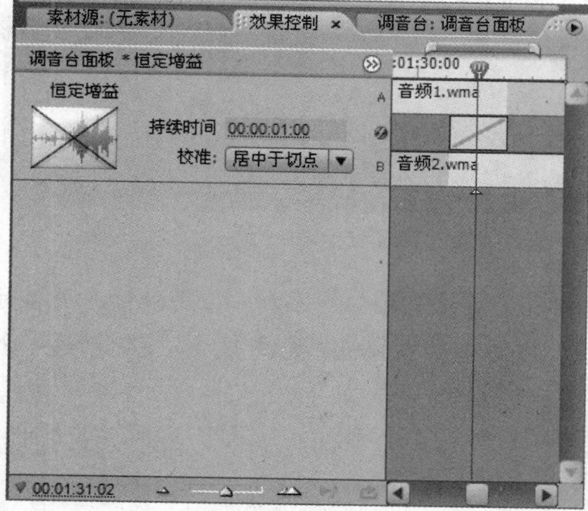

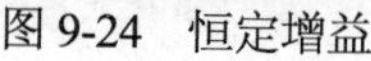
图 9-24　恒定增益

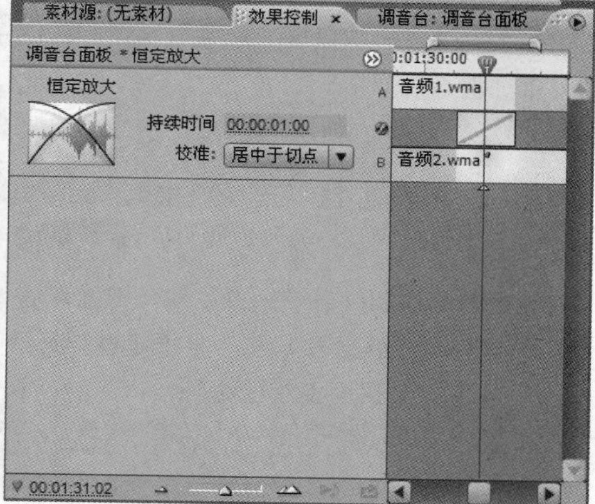

图 9-25　恒定放大

除了使用 Premiere 提供的切换效果制作淡入淡出效果外，还可以利用关键帧技术来制作淡入淡出效果。

【例 9-4】创建一个名为【音频淡出淡入】的项目，导入一段音频素材并应用到【时间线】窗口中，为其制作音频淡入淡出效果。

(1) 启动 Premiere Pro CS3，新建一个名为【音频淡出淡入】的项目。

(2) 执行【文件】|【导入】菜单命令，导入音频 1.wma。

(3) 将 1.wma 拖拽到【时间线】窗口的【音频 1】轨道上，调整窗口显示如图 9-26 所示。

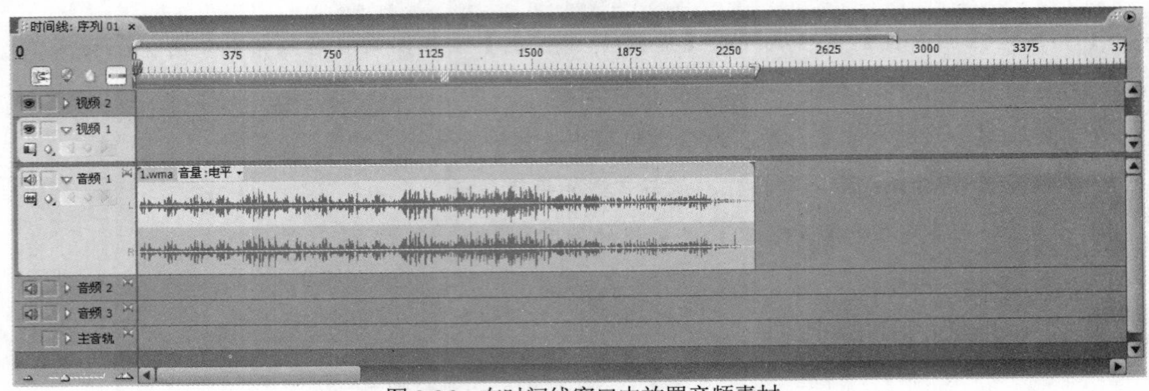

图 9-26　在时间线窗口中放置音频素材

(4) 单击【音频 1】轨道上的【设置显示风格】按钮，在弹出的菜单中选择【仅显示名称】，单击【显示关键帧】按钮，在弹出的菜单中选择【显示轨道关键帧】，如图 9-27 所示。

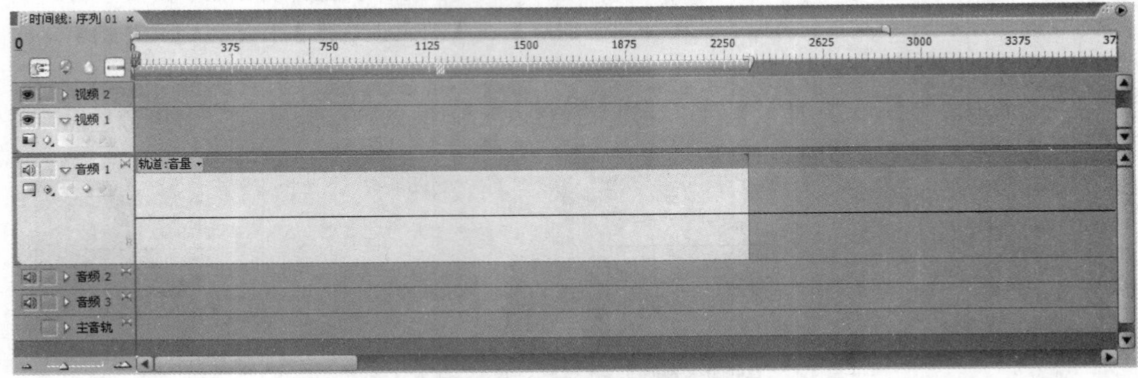

图 9-27　修改【时间线】窗口中轨道显示

(5) 将时间线指针移动到最左端，然后单击【添加关键帧】按钮添加一个关键帧，再将时间线指针移动到 124 帧处，然后单击【添加关键帧】按钮再添加一个关键帧。向下拖动第一个关键帧控制点，如图 9-28 所示。

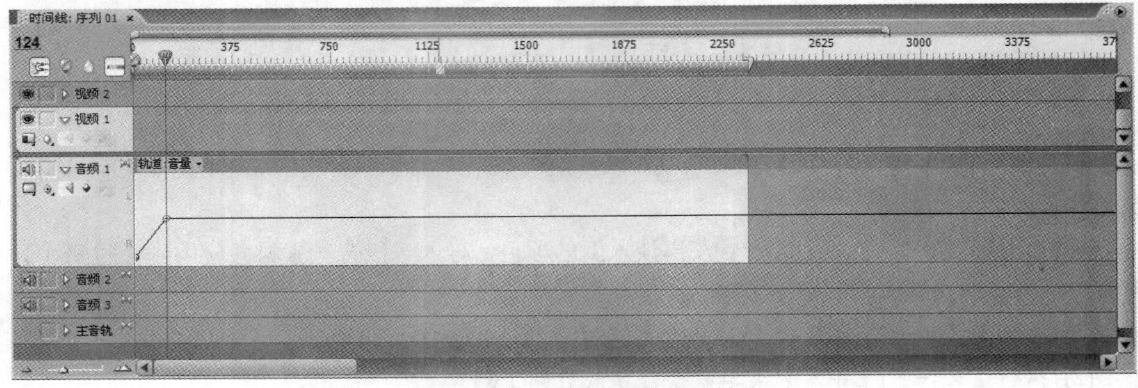

图 9-28　为音频轨道添加关键帧

(6) 使用与步骤(5)相同的方法继续添加关键帧，拖动关键帧控制点调整其位置，如图 9-29 所示。

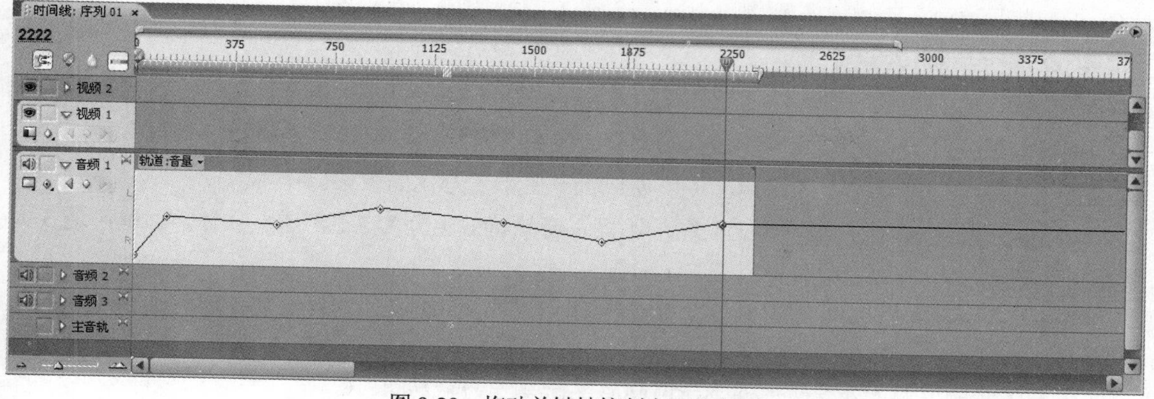

图 9-29　拖动关键帧控制点调整位置

(7) 右击关键帧控制点，在弹出的菜单中选择【淡出】命令，如图 9-30 所示。

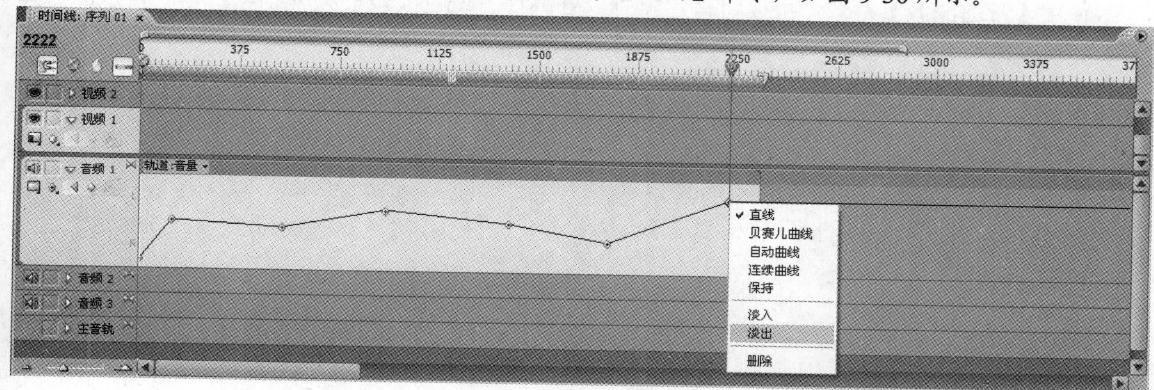

图 9-30　使用淡入淡出命令

(8) 为其他关键帧控制点选择其他控制命令，拖动关键帧控制点处的蓝色箭头，可以使淡入淡出效果曲线化，如图 9-31 所示。

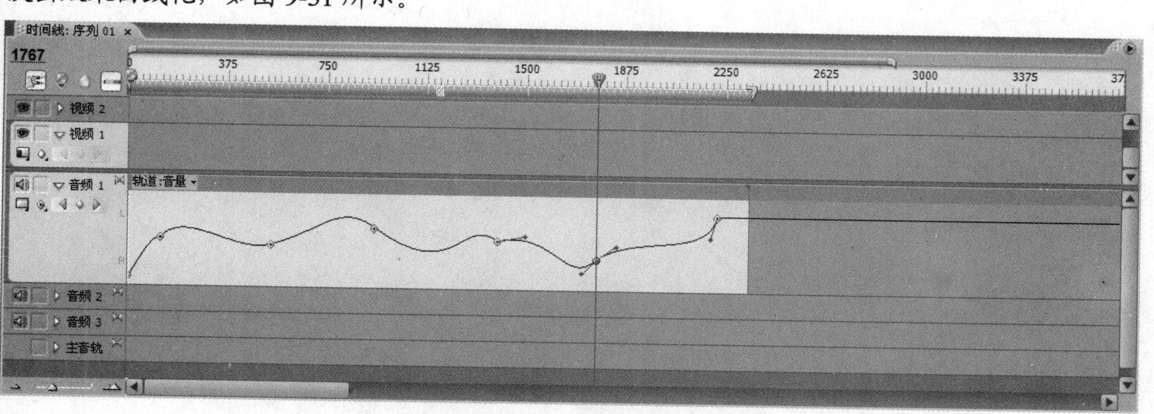

图 9-31　使淡入淡出效果曲线化

9.4 音频特效

声音处理的效果和方法很多，如音质调整、混响、延迟、变速等。音频特效有很多种，它的作用就如同图像处理软件中的滤镜，可以使声音产生千变万化的效果。

Premiere Pro CS3 中，根据声音类型的不同，音频特效也分为 5.1 声道、立体声、单声道 3 大类型，可以为音频添加多种效果。

Premiere Pro CS3 自带的大多数音频特效都适用于不同声道的素材，其使用方法是相同的。以下先介绍 3 个声道所共有的特效。

每个特效都包含一个旁路选项，可以随时关闭或者取消效果。

◉ 带通滤波(Bandpass)、低通滤波(Lowpass)、高通滤波(Highpass)

使用【带通滤波】特效，可以将指定范围以外的声音或者波段的频率删除，它的特效面板如图 9-32 所示。

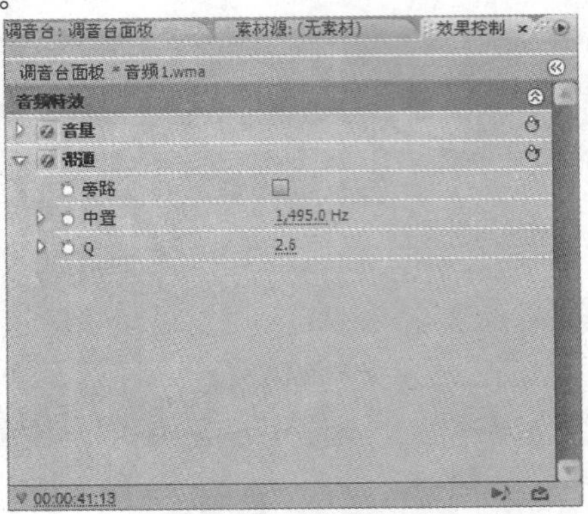

图 9-32 【带通滤波】特效控制面板

知识点

【中置（Centre)】：确定指定范围的中心频率。

【Q】：确定保留的频宽。数值小，频带宽；数值大，频宽窄。

【低通滤波】，也称为高切，低于某给定频率的信号可有效传输，而高于此频率(滤波器截止频率)的信号则受到很大的衰减，低通滤波器可以切去音响系统中不需要的高音成分。【低通滤波】的特效面板如图 9-33 所示。

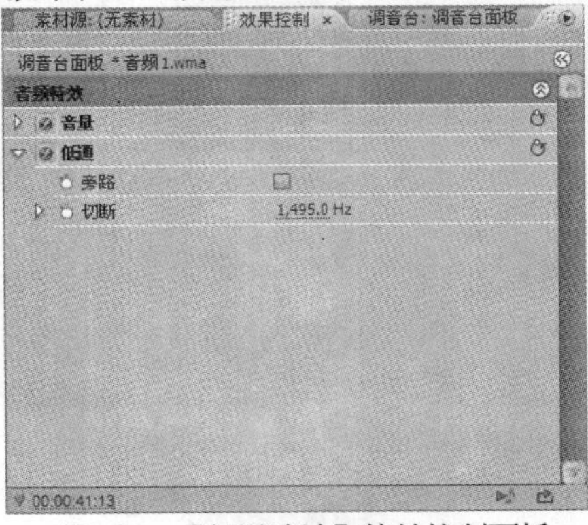

图 9-33 【低通滤波】特效控制面板

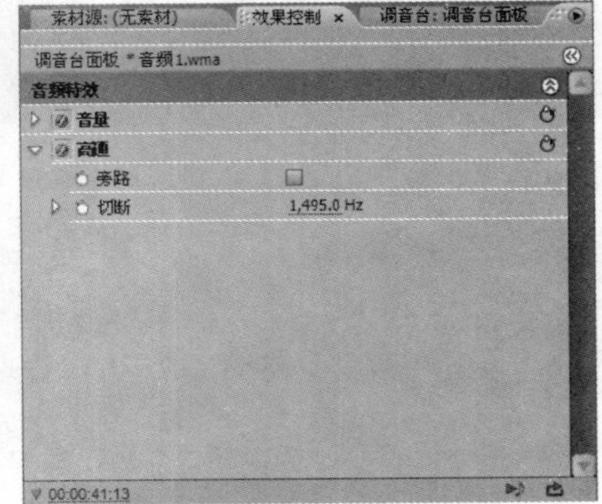

图 9-34 【高通滤波】特效控制面板

【高通滤波】，亦称低切，高于某给定频率的信号可有效传输，而低于此频率的信号受到很

大的衰减，这个给定频率称为滤波器的截止频率，高通滤波器可切去话筒近讲时的气息噗噗声、不需要的低音成分，还可以切去声音信号失真时产生的直流分量，防止烧毁低音音箱。【高通滤波】的特效面板如图 9-34 所示。

◎ 低音(Bass)、高音(Treble)

使用【低音】特效，可以增强或减少低音，200Hz 或者更低一些的频率，它的特效面板如图 9-35 所示。

知识点

【推子(Boost)】：设置对低音提升或者降低的数值，取值范围为-24.0 ~ 24.0dB。正值为提升低音，负值为降低低音。

使用【高音】特效，可以对 4000HZ 或者更高的音量提升或衰减，它的特效面板如图 9-36 所示。

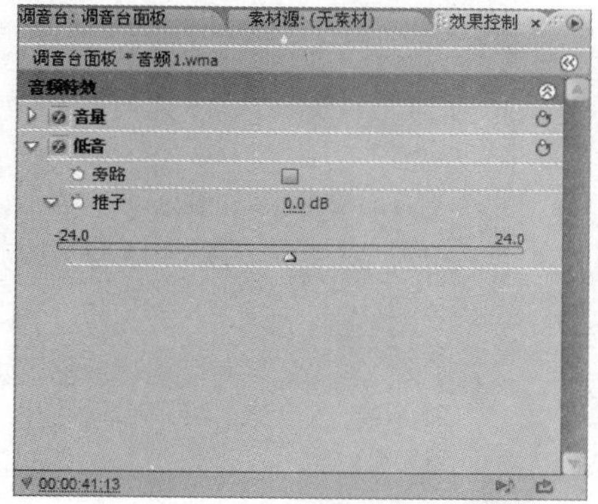

图 9-35　【低音】特效控制面板

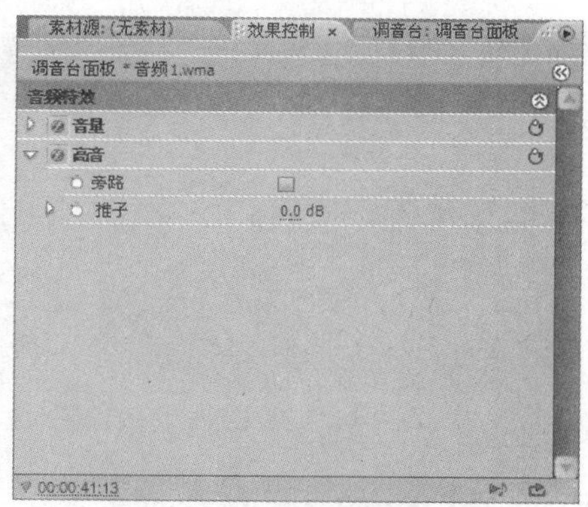

图 9-36 【高音】特效控制面板

◎ DeClicker、DeCrackler、DeEsser、DeHummer、DeNoiser

这几个特效都是用于消除噪声的，它们的特效面板如图 9-37~图 9-41 所示。

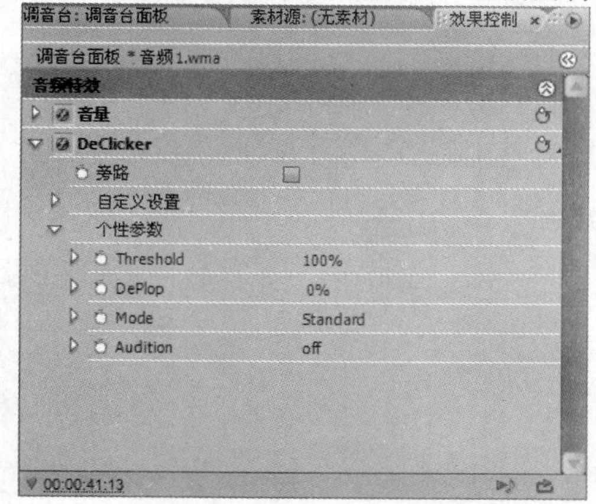

图 9-37　DeClicker 特效控制面板

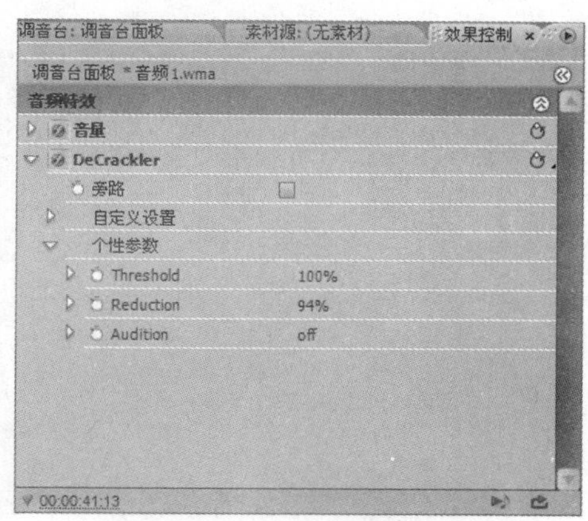

图 9-38　DeCrackler 特效控制面板

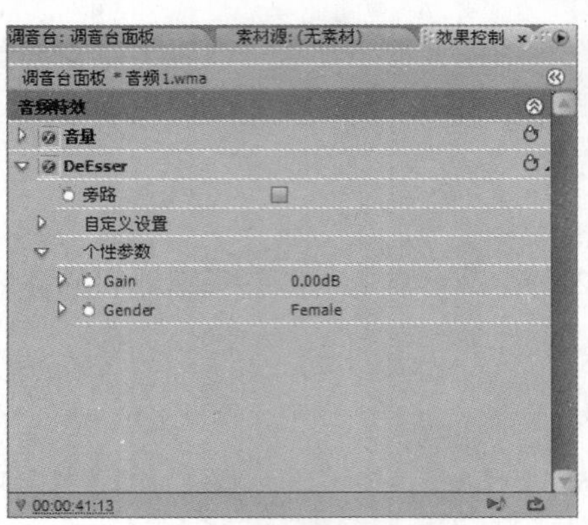

图 9-39　DeEsser 特效控制面板

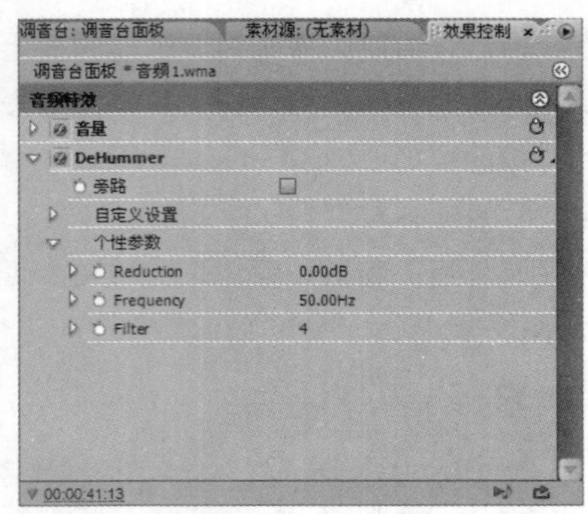

图 9-40　DeHummer 特效控制面板

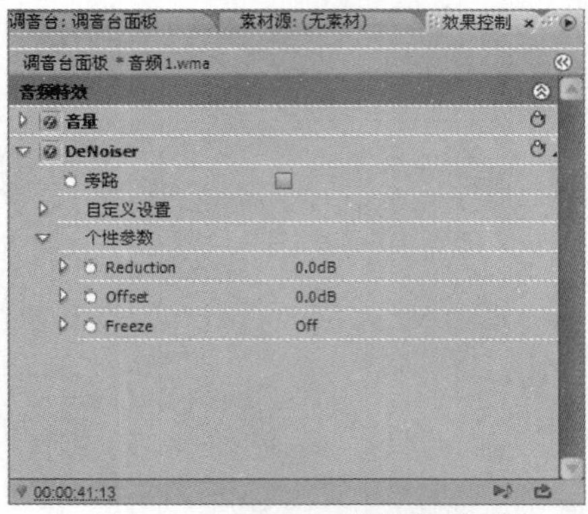

图 9-41　DeNoiser 特效控制面板

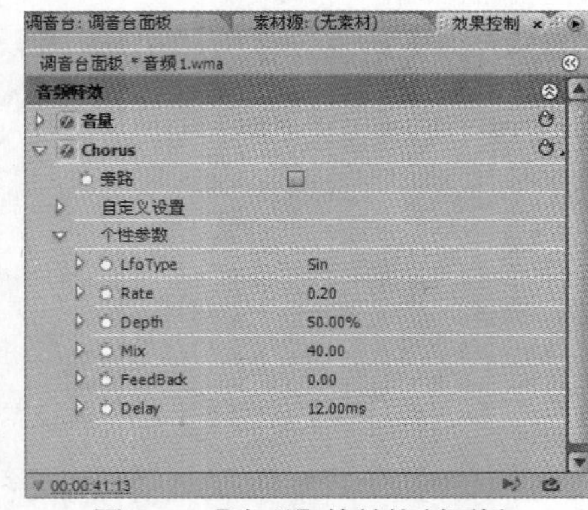

图 9-42　【合唱】特效控制面板

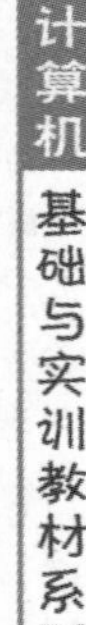

⊙　合唱(Chorus)、镶边(Flanger)

使用【合唱】特效，可以得到多个人合唱或者多种乐器合奏的效果。它的特效面板如图 9-42 所示。

使用【镶边】特效，通过改变声音的相位和延时来产生变音，可以得到时间短的延迟效果。它的特效面板如图 9-43 所示。

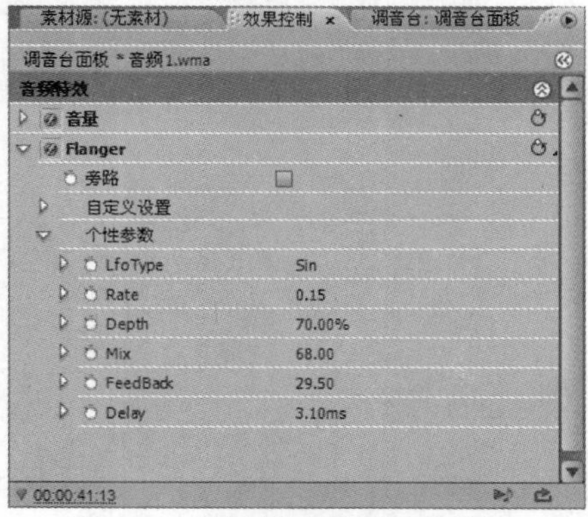

图 9-43　【镶边】特效控制面板

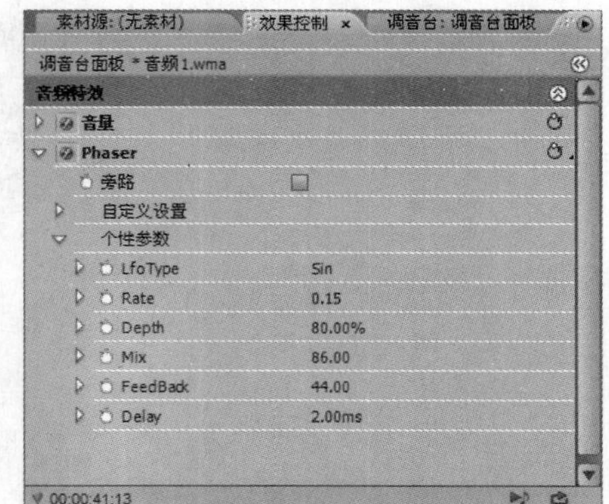

图 9-44　【相位】特效控制面板

◉　相位(Phaser)

【相位】特效通过改变声音的相位而营造效果，它的特效面板如图 9-44 所示。

◉　倒置(Invert)

应用【倒置】特效，可以翻转所有声道的相位。

◉　变速变调(PitchShifter)

【变速变调】可以改变音频素材的音调。它的特效面板如图 9-45 所示。

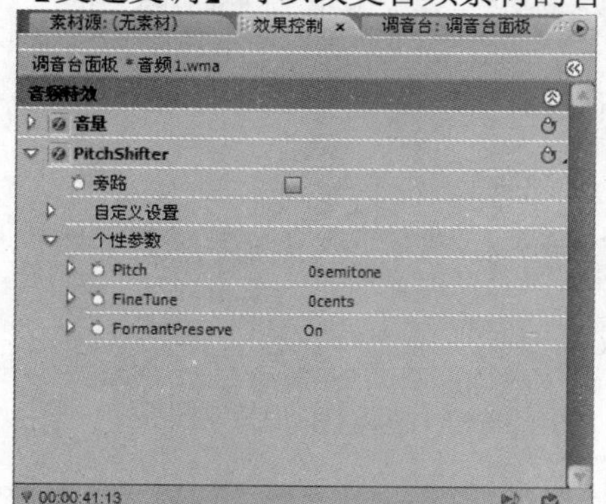

图 9-45　【变速变调】特效控制面板

> **知识点**
>
> Pitch：设定音调改变的半音程。
>
> FineTune：微调。
>
> FormantPreserve：控制变调时音频共振峰的变化。例如，对一个人声进行升调处理，使用该效果，防止出现类似卡通片人物的声音。

◉　延迟(Delay)、多重延迟(Multitap Delay)

【延迟】特效可以为音频素材在一定范围内添加回声效果，它的特效面板如图 9-46 所示。

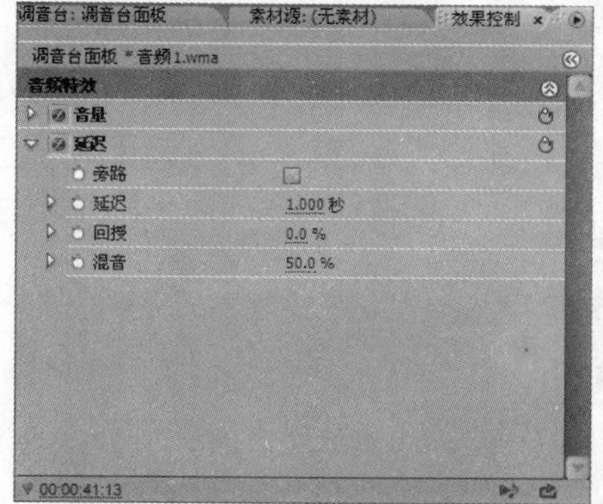

图 9-46　【延迟】特效控制面板

> **知识点**
>
> 延迟(Delay)：设定延迟时间，最大值为 2 秒。
>
> 回授(Feedback)：延迟信号回馈的百分比。
>
> 混音(Mix)：控制回声数量。

【多重延迟】特效可以对延迟效果进行更深层次的设置，它的特效面板如图 9-47 所示。

> **知识点**
>
> 延迟 1-4：设定原始信号和回声之间的时间，最大值为 2 秒。
>
> 回授 1-4：设定延迟信号返回后所占的百分比。
>
> 电平 1-4：控制每个回声的音量。
>
> 混合(Mix)：混合调节延迟与非延迟回声的数量。

◎ 动态(Dynamics)

动态范围是音响设备的最大声压级与可辨最小声压级之差。它的特效面板如图 9-48 所示。

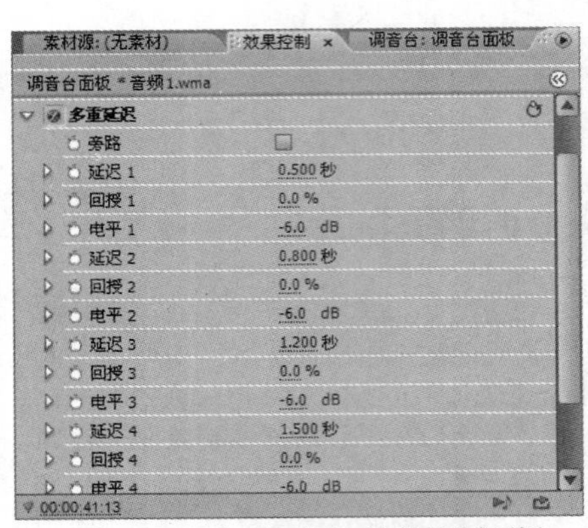

图 9-47 【多重延迟】特效控制面板

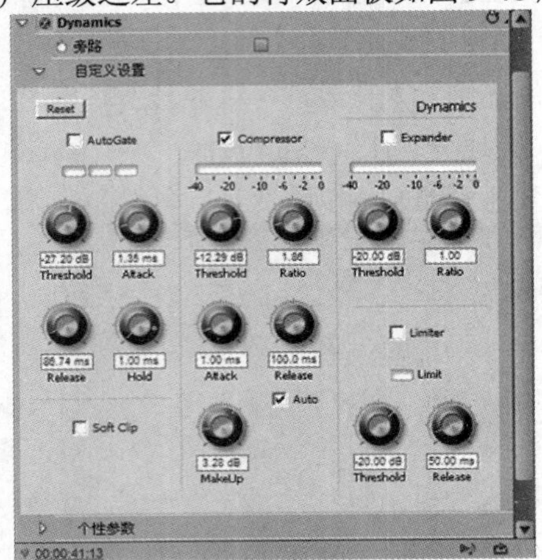

图 9-48 【动态】特效控制面板

动态范围越大，强声音信号就越不会发生过载失真，保证强声音有足够的震撼力，表现雷电交加等大幅度强烈变化的声音效果时能益发逼真，与此同时，弱信号声音也不会被各种噪声淹没，使纤弱的细节表现得淋漓尽致。一般来说，高保真音响系统的动态范围应该大于 90 分贝，太小时还原的音乐力度效果不良，感染力不足。

◎ 多频带压缩(MultibandCompressor)

多频带压缩器分为 3 段独立的压缩控制调节。它的特效面板如图 9-49 所示。

◎ 刻度(Notch)

使用【刻度】特效可以协调清除声音素材中的指定频率。它的特效面板如图 9-50 所示。

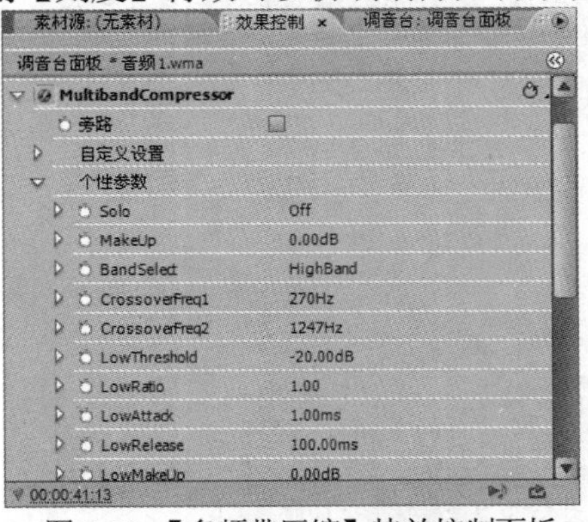

图 9-49 【多频带压缩】特效控制面板

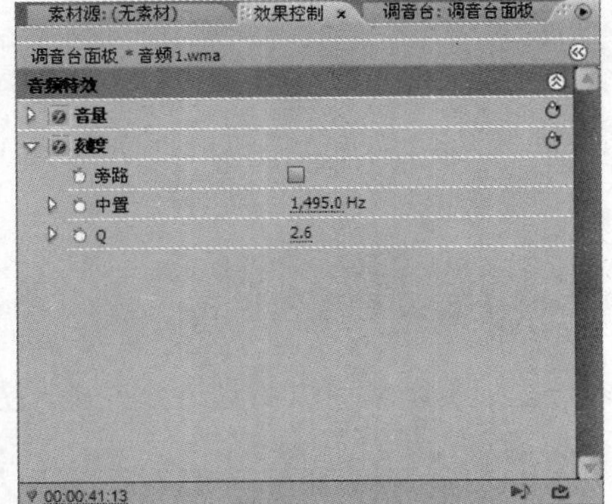

图 9-50 【刻度】特效控制面板

嗡嗡声、交流声，在电子学领域属于一种不希望发生的低频电流，它干扰所要求的信号，通常这种现象是由交流供电线路屏蔽不良引起的。例如，如果信号中带有交流声，可以在【中置】处设为 50Hz。

◉ 均衡(EQ)

人们听到的大多数声音并不完全由一个特定的频率构成，也就是说，人们录入的某段音频是由很多频率段组成的(基音的频率段和泛音的频率段)。

均衡的主要作用有：

(1) 改善房间、厅堂建筑结构上所产生的某些缺陷，使用均衡器调节，可以使频率特性曲线变得平滑。

(2) 根据不同风格的节目源进行频率提升和衰减，使各种不同风格的音乐发挥其独特的音响艺术效果。

(3) 根据自己对音乐的某些偏爱，可以对低频、中低频、中高频以及高频各频段和频点进行提升和衰减，调整某些频率的音色表现力，以达到某种特殊的艺术魅力。

EQ 效果，通过多段均衡调整音质。它的特效面板如图 9-51 所示。

效果包括三段中频、一段低频和一段高频。可以在图示中直接用鼠标拖拉绿色的点，很直观地观看调整后 Q 值和频率的变化。也可以用鼠标调节旋钮，改变参数值。频率范围 20~20000Hz。频段提升或衰减的程度-20~20dB。

◉ 参量均衡(Parametric EQ)

【参量均衡】特效，可以增强或衰减接近中心频率处的声音。它的特效面板如图 9-52 所示。

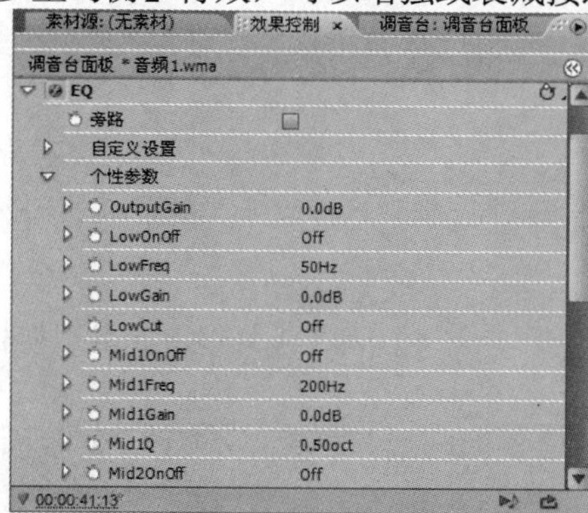

图 9-51 【均衡(EQ)】特效控制面板

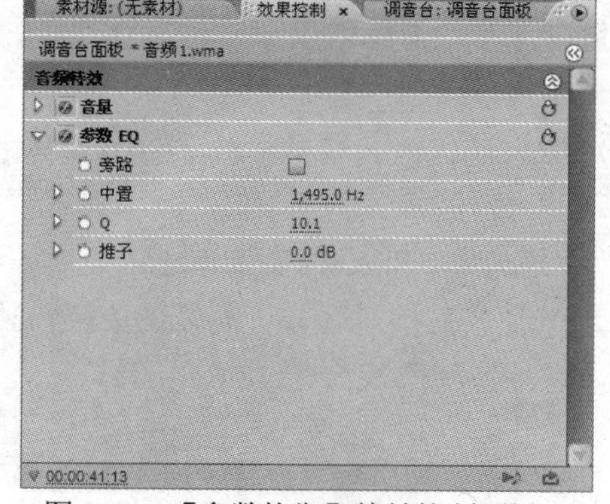

图 9-52 【参数均衡】特效控制面板

◉ 混响(Reverb)

【混响】特效通过模拟声音播放空间来增加环境感和音质的“温暖感”。它的特效面板如图 9-53 所示。

知识点

预延迟(PreDelay)：设定混响和信号之间的时间，声音从声源发射到墙面再反射回到听众的耳中。

吸收(Absorption)：设定声音被吸收的百分比。

尺寸(Size)：设定房间大小。

密度(Density)：设定混响结束的密度。房间大小决定了密度设置的范围。

设定低频(Lo Damp)：(单位：分贝)，防止混响出现“隆隆声”或者听上去很混浊。

设置高频(Hi Damp)：(单位：分贝)，数值低，混响效果听上去比较柔和。

混合(Mix)：控制混响程度。

◉ 谱降噪(SpectralNoiseReduction)

【谱降噪】特效利用 3 个陷波滤波器(notch filter)，以消除音频信号中的干扰。它可从如吹口哨声音中消除噪音。它的特效面板如图 9-54 所示。

图 9-53 【混响】特效控制面板

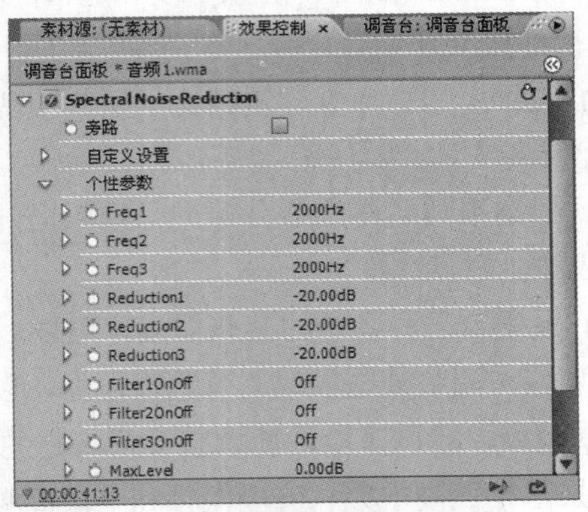

图 9-54 【谱降噪】特效控制面板

◉ 音量(Volume)

当电平峰值超过系统硬件可以接纳的动态范围时，声音就会过载、失真。

【音量】特效为素材建立音频包络线，可以调节素材电平不至于过载。正值增加音量，负值降低音量。【音量】特效仅对素材有效。它的特效面板如图 9-55 所示。

提示

以下的特效是【立体声】和【5.1】声道所特有的，即【单声道】没有的。

◉ 声道音量(Channel Volume)

【声道音量】特效以分贝为计量单位，独立调整【立体声】或者【5.1 环绕声】素材或者音轨音量。它的特效面板如图 9-56 所示。

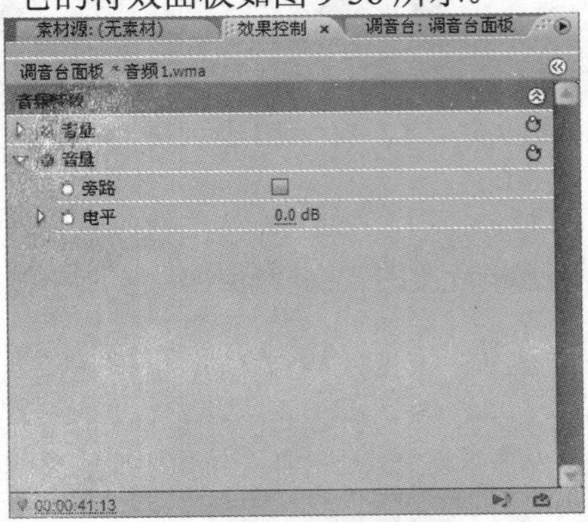

图 9-55 【音量】特效控制面板

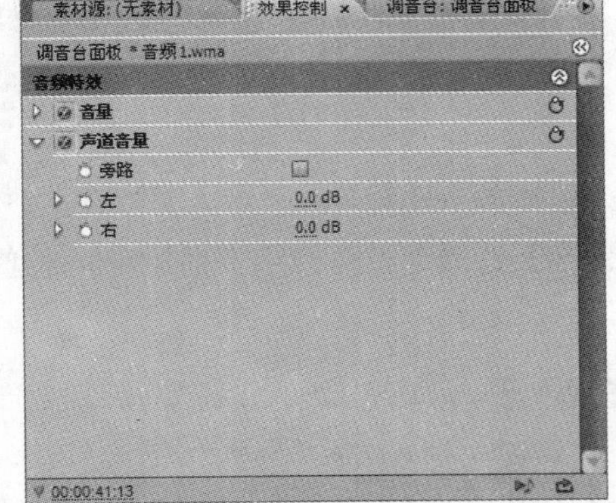

图 9-56 【声道音量】特效控制面板

◉ 平衡(Balance)

【平衡】特效，用于控制左右声道音量。正值则增加左声道音量比例，负值则增加右声道音量比例。它的特效面板如图 9-57 所示。

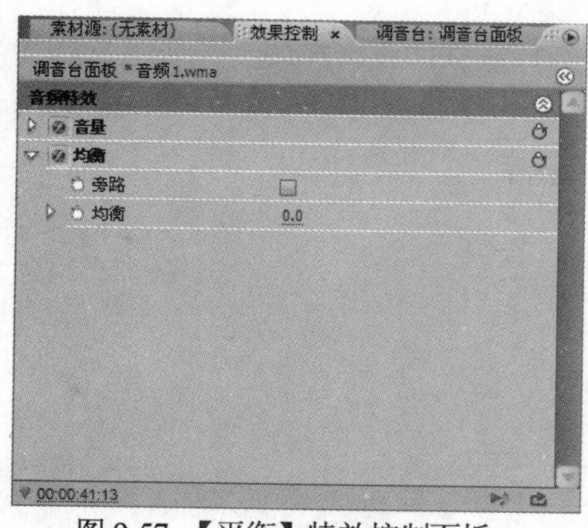

图 9-57 【平衡】特效控制面板

提示

【声道音量】和【平衡】特效是【立体声】和【5.1】声道所共有的，而【填充左声道】、【填充右声道】和【声道交换】特效则是【立体声】所独有的。

◎ 填充左声道(Fill Left)或填充右声道(Fill Right)

【填充左声道】或【填充右声道】特效，只对立体声素材有效。它的特效面板如图 9-58 所示。例如，填充左声道，复制右声道内容“放入”左声道，而原来左声道的内容被覆盖。

◎ 声道交换(Swap Channels)

【声道交换】特效使左右声道对调，仅对立体声有效。它的特效面板如图 9-59 所示。

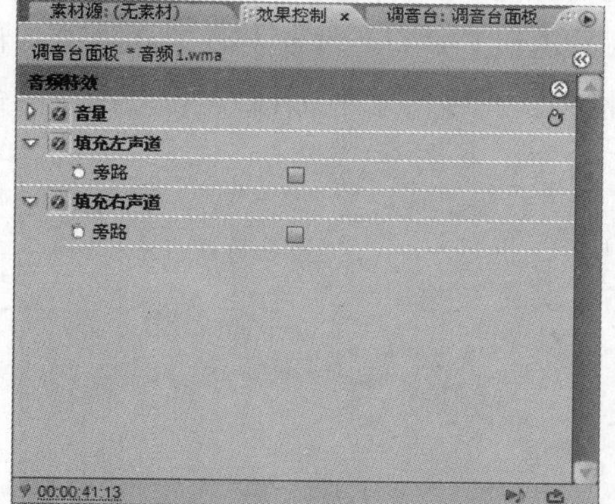

图 9-58 【填充左声道/填充右声道】特效控制面板

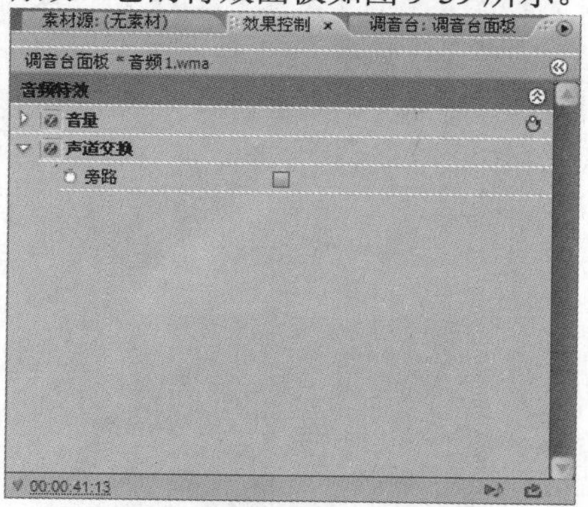

图 9-59 【声道交换】特效控制面板

9.5 上机练习

本章上机实验主要通过运用 Premiere Pro CS3 的音频工具，制作一部有小朋友配音的漫画故事，熟悉混合音频的技巧。

(1) 启动 Premiere Pro CS3，新建一个名为【漫画配音】的项目，打开【自定义设置】选项卡，选择【编辑模式】为【桌面编辑模式】，【时间基准】为【25.00 帧/秒】，设置【画幅大小】为【352 宽 288 高】，【像素纵横比】为【方形像素(1.0)】，【场】为【无场(逐行扫描)】，【显示格式】为【帧】，音频【取样值】为【48000Hz】，单击【确定】按钮，如图 9-60 所示。

(2) 在【时间线】窗口的【音频 1】轨道名字上单击鼠标右键，在出现的下拉菜单中选择【重命名】命令，将名字改为“配音”，如图 9-61 所示。

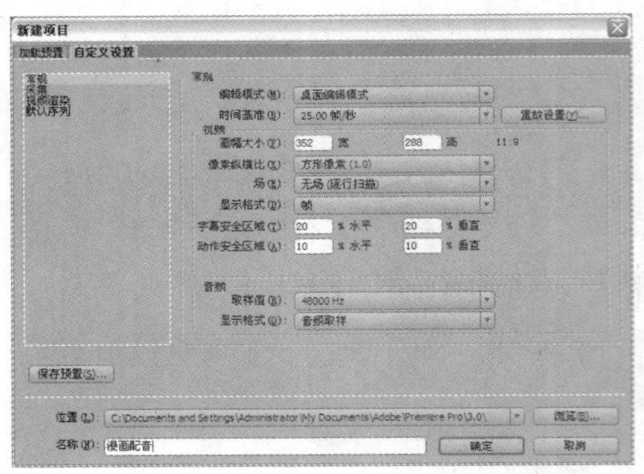
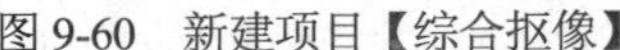

图 9-60 新建项目【综合抠像】

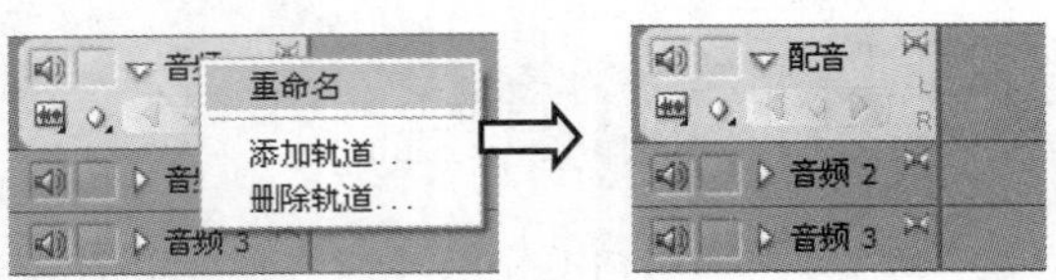

图 9-61 重命名音频轨道

(3) 按与步骤(2)同样的方法将【音频 2】轨道的名字改为“录音”。

(4) 在【项目】窗口空白处双击鼠标左键，打开【导入】对话框。在该对话框中，选择【漫画配音】文件夹中的【讲故事.avi】素材文件。单击打开，导入到【项目】窗口中。如图 9-62 所示。

(5) 选中【讲故事.avi】素材文件，并将其拖拽到【时间线】窗口的【视频 1】轨道上。按快捷键【+】，使【时间线】窗口中的文件能显示更多的信息。在【讲故事.avi】素材文件上单击鼠标右键，在出现的下拉菜单中选择【解除视音频链接】命令，如图 9-63 所示。

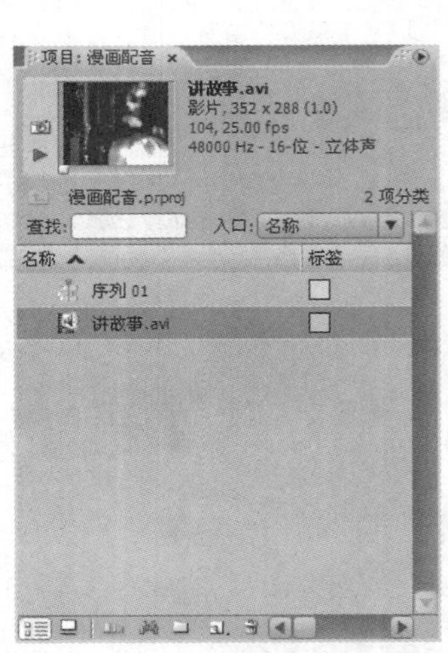

图 9-62 导入【讲故事.wav】

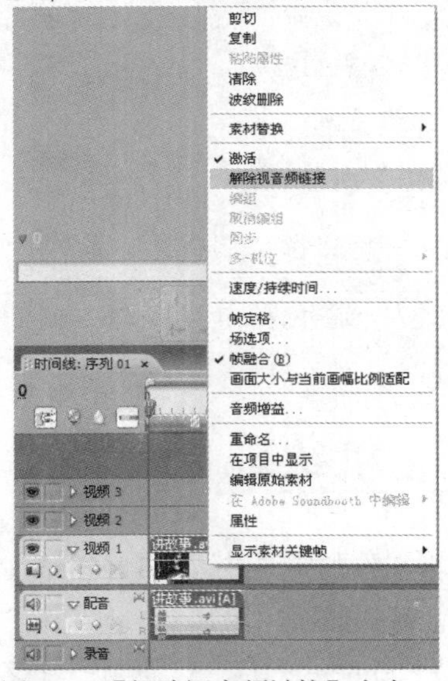

图 9-63 【解除视音频链接】命令

(6) 单独选择【视频 1】轨道上的视频素材文件，按 Delete 键将其删除，如图 9-64 所示。

(7) 选择【配音】轨上的音频文件，把鼠标靠近音频文件尾部，当鼠标变为形状时，按住鼠标左键不动，并同时向左边拖动，注意鼠标右下角显示的标码，当显示向左拖进了 20 帧的时候，松开鼠标左键，这时，音频文件就被缩短了 20 帧，如图 9-65 所示。

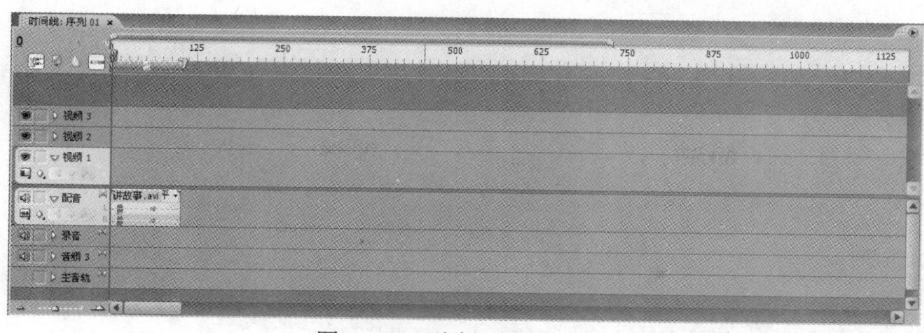

图 9-64 删除视频素材文件

(8) 接下来，用户要录制一段配音，为了不让已存在的音频文件影响录制工作，要将【配音】轨设置为静音。用鼠标点击轨道左上角的【开关轨道输出】按钮，点击之后，小喇叭图标消失，【配音】轨即被设为静音，如图 9-66 所示。

图 9-65 缩短音频文件

图 9-66 单击【开关轨道输出】按钮

(9) 单击选中【录音】轨，使其高亮显示，如图 9-67 所示。

图 9-67 选中【录音】轨

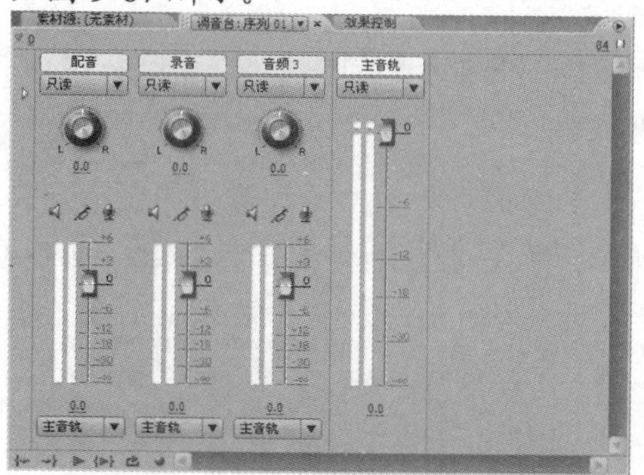

图 9-68 打开【调音台】窗口

(10) 执行【窗口】|【调音台】|【序列 1】菜单命令，打开【调音台】窗口，或者直接选择位于【素材源】窗口标签旁的【调音台】标签，可以直接打开【调音台】窗口，如图 9-68 所示。

(11) 单击左数第二轨【录音】轨的【激活录制轨道】按钮，此时，原先灰暗的按钮，会显示红色，如图 9-69 所示。

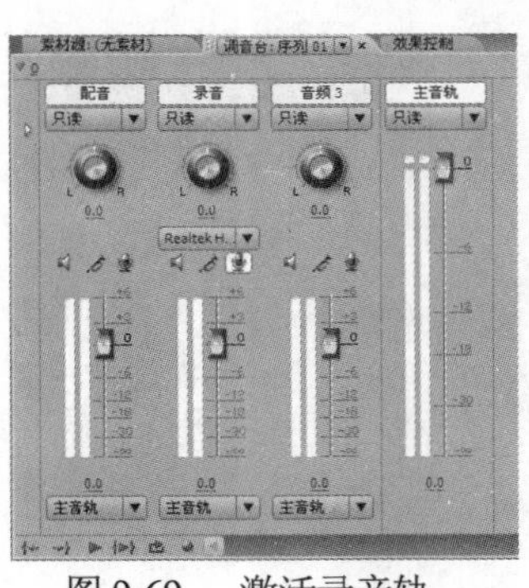
图 9-69　激活录音轨

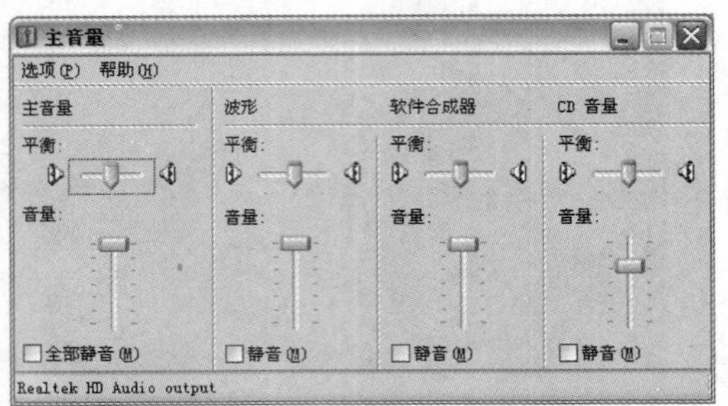

图 9-70 打开 Windows 的音量控制面板

(12) 这一步开始之前，请确保麦克风已经与电脑连接好。打开 Windows 的音量控制面板，如图 9-70 所示。选择【选项】|【属性】命令，打开【属性】对话框，选择【混音器】为 Creative Sound Bluster PCI(此处会因使用的声卡不同而呈现不同名称)，选中【录音】单选按钮，确认【麦克风音量】为选中状态，如图 9-71 所示。单击【确定】，打开【录音控制】面板，选择【麦克风音量】，如图 9-72 所示。

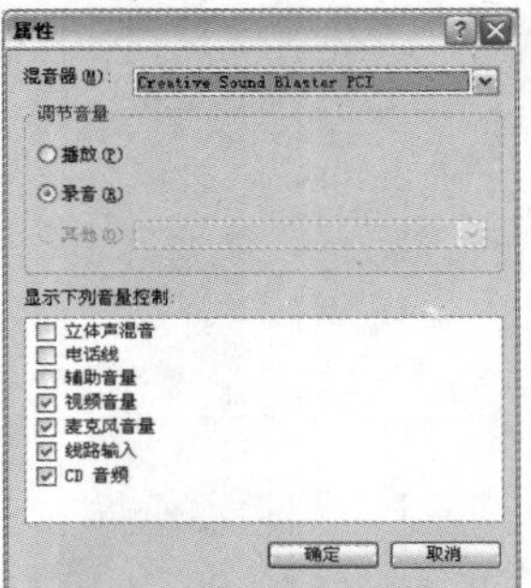

图 9-71　打开【属性】对话框

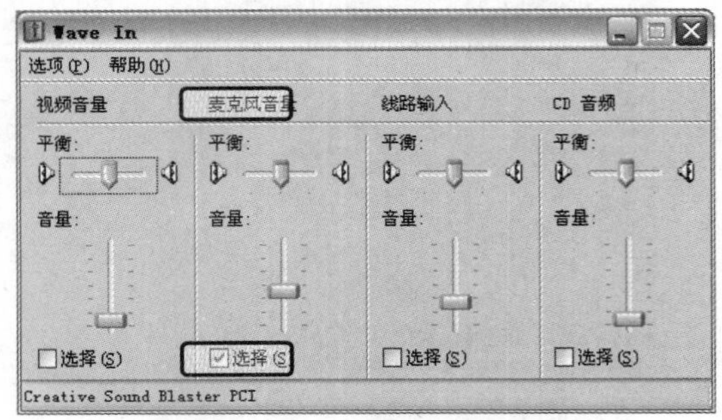

图 9-72　【录音控制】面板

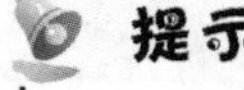

提示

Windows 的音量控制面板的设置会因声卡的不同而略有不同，用户可根据自身情况进行设置，保证音频可以顺利录制。

(13) 单击【调音台】下方功能键中最右边的录制键，按下之后，录制键会出现闪烁，如图 9-73 所示。单击【播放/停止开关】，如图 9-74 所示。激活之后，即开始录制，此时对着麦克风说话，用户所说的一切将会被录制下来。

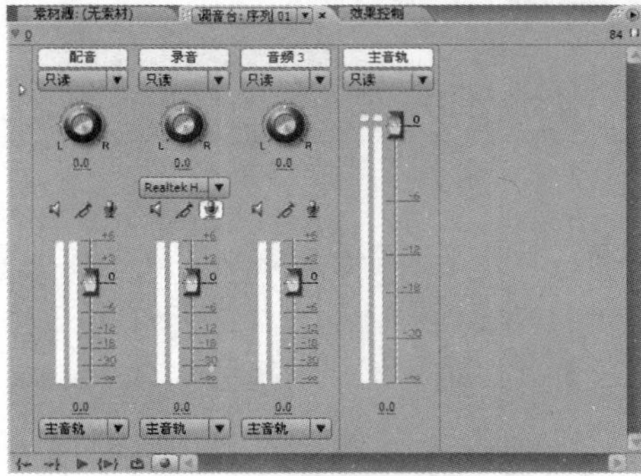
图 9-73　激活录制键

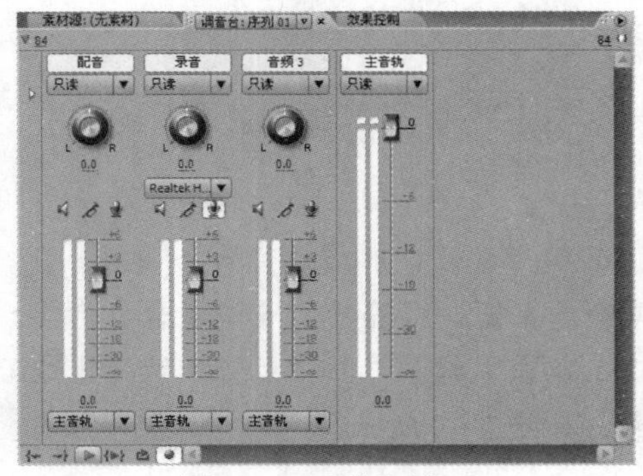
图 9-74　开始录制

(14) 再次单击【播放/停止开关】即停止录制，此时，【录音】轨上多了一个名为【录音.wav】的音频素材文件，如图 9-75 所示。同时在【项目】窗口中也多了一个【录音.wav】的文件，如图 9-76 所示。这个文件就是刚刚录制完成的录音文件。录音文件的默认存放路径为项目文件的根目录。

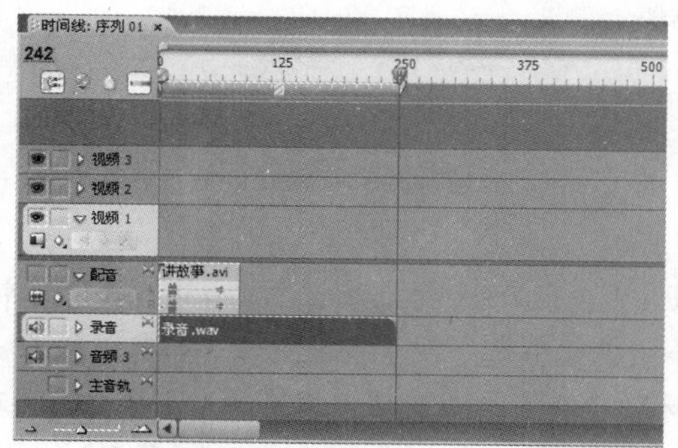

图 9-75 【录音】轨上的【录音.wav】音频素材文件

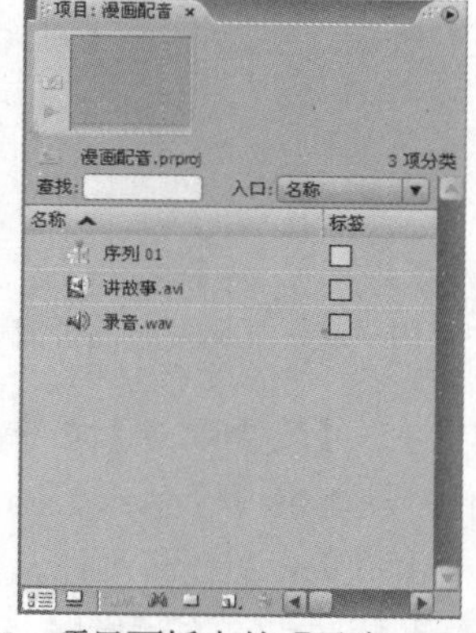

图 9-76 项目面板中的【录音.wav】文件

(15) 在接下来的练习中，将使用事先录制好的一段音频文件。在【录音】轨上右击，在下拉菜单中选择【删除轨道】命令，打开【删除视音轨】对话框，如图 9-77 所示。在该对话框中，选中【删除音频轨】复选框，并在下拉列表中选择【目标轨】，如图 9-78 所示。

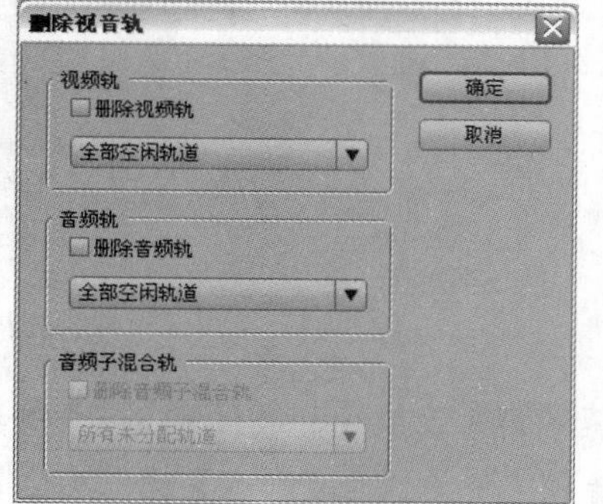

图 9-77 【删除视音轨】对话框

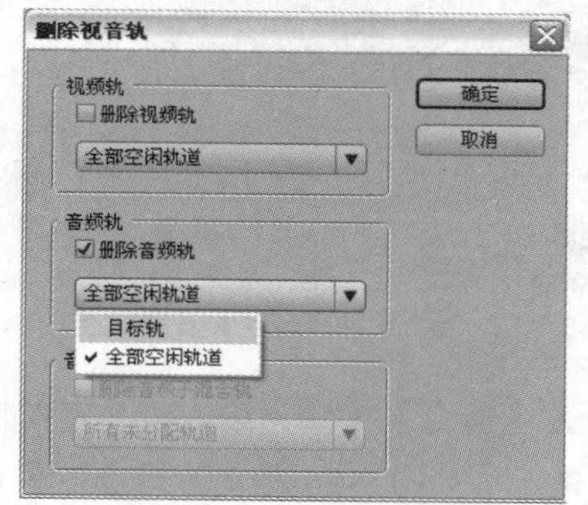

图 9-78 选择删除音频轨

(16) 导入【漫画配音】文件夹中的【配音.wav】音频文件，并将其拖拽至【配音】轨，紧贴【讲故事.avi】素材文件，如图 9-79 所示。

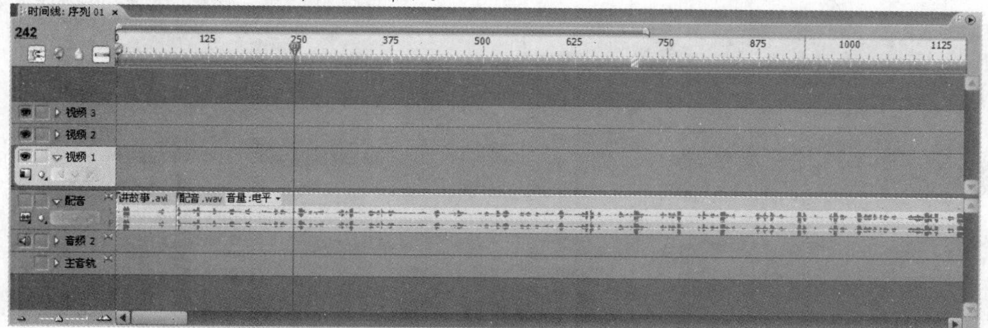

图 9-79 放置【配音.wav】音频文件

(17) 单击显示【配音】轨前面的小喇叭，激活输出，播放【配音】轨，在【音频主控电平表】中会显示红色的警戒信息，如图 9-80 所示。这是因为音频文件的最大音量已经超过了一定的限度。在配音文件上单击右键，从出现的下拉菜单中选择【音频增益】，如图 9-81 所示。在显示的对话框中，单击右边的【标准化】按钮(也可以选择输入适当的“负值”，以降低最高的音量)，如图 9-81 所示。然后单击【确定】按钮，再次播放时就不会出现红色的警戒信息。

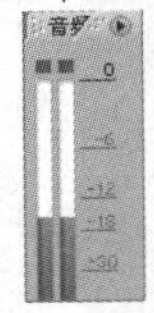

图 9-80 显示红色的警戒信息

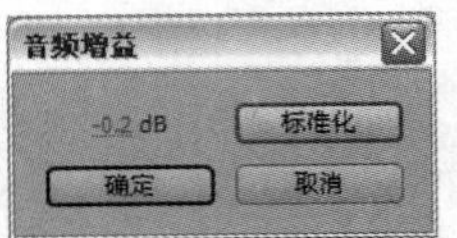

图 9-81 标准化音频

(18) 导入【漫画配音】文件夹中的【鼓掌.wav】音频文件，在【项目】窗口中双击【鼓掌.wav】音频文件，使其在【素材源】窗口中显示，这个音频文件是一个单声道文件，如图 9-82 所示。确认选择【鼓掌.wav】音频文件，然后选择【素材】|【音频选项】|【源声道映射】命令，出现【源声道映射】对话框，在该对话框中，选择【单声道模拟为立体声】，如图 9-83 所示。

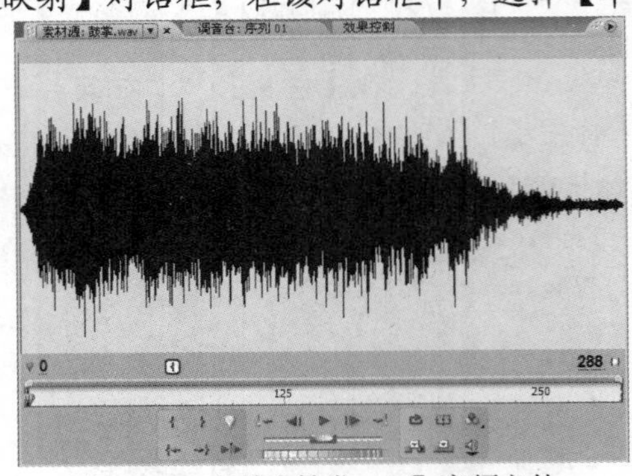

图 9-82 查看【鼓掌.wav】音频文件

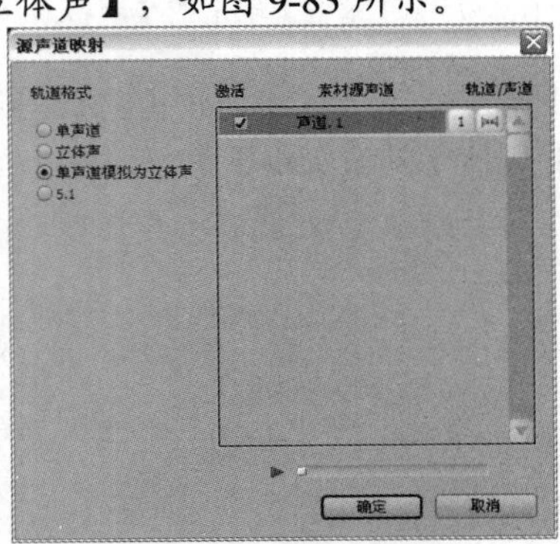

图 9-83 单声道模拟为立体声

(19) 单击【确定】按钮，这时用户可以发现【素材源】窗口中的【鼓掌.wav】音频文件已经显示为双声道了。如图 9-84 所示。将【鼓掌.wav】音频文件拖拽至【配音】轨，紧贴【配音.wav】文件。

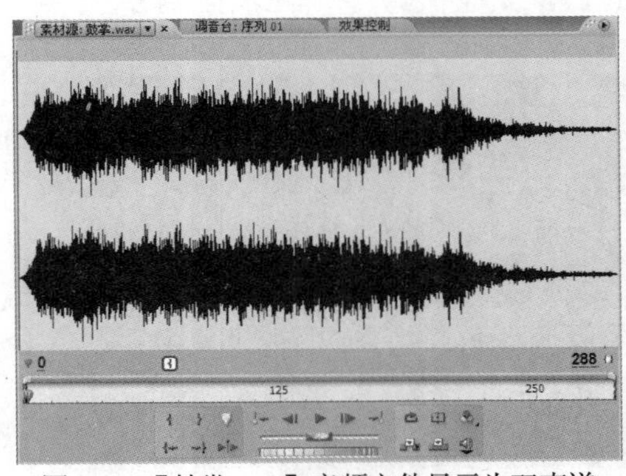

图 9-84 【鼓掌.wav】音频文件显示为双声道

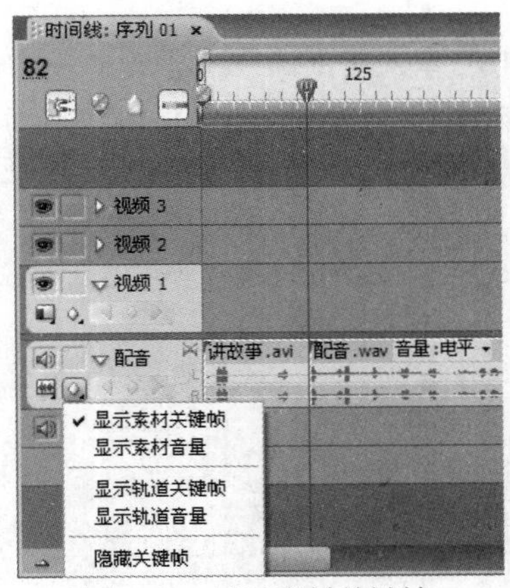

图 9-85 显示素材关键帧

(20) 选择【配音】轨上的【配音.wav】文件，按键盘上的Page Up键，使时间线指针位于文件开始的第一帧。单击【显示关键帧】按钮，选择【显示素材关键帧】，如图9-85所示。单击【添加/删除关键帧】按钮，添加一个关键帧，如图9-86所示。将时标拖至00:00:05:09处，按同样的方法，再添加一个关键帧。单击【跳转到前一个关键帧】按钮，回到第一个关键帧，如图9-87所示。

图9-86　添加一个关键帧

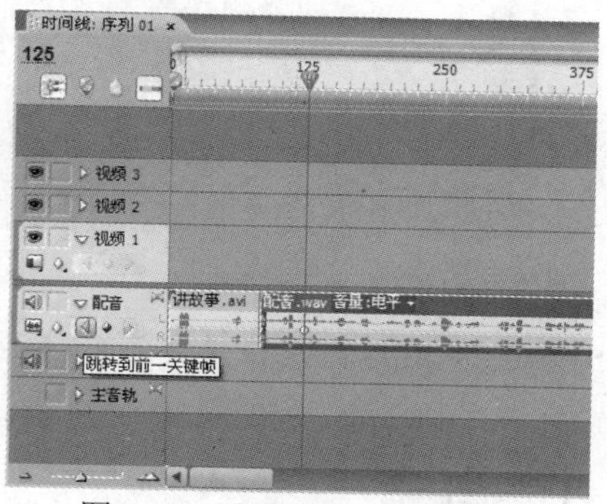

图9-87　跳转到前一个关键帧

(21) 按住鼠标左键将关键帧控制点往下拉至最低端，使这个音频文件的开头，形成一个淡入的效果，如图9-88所示。

(22) 打开【效果】面板，展开【音频切换效果】下的【交叉淡化】选项，如图9-89所示。

图9-88　编辑关键帧

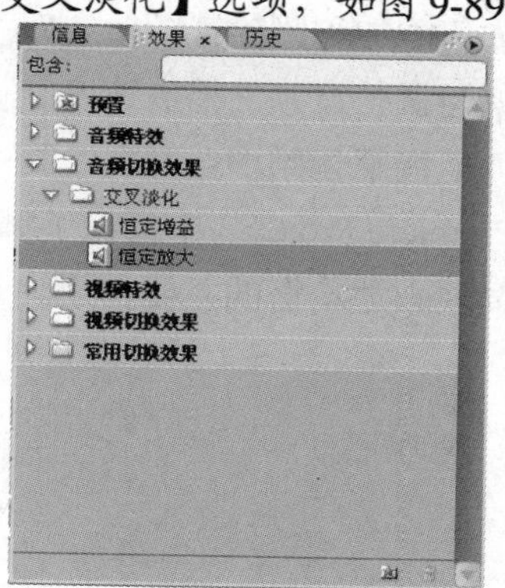

图9-89　展开【音频切换效果】

(23) 在【交叉淡化】选项中，选择【恒定放大】效果，将其拖拽到【配音.wav】尾部或【鼓掌.wav】首部后释放。如图9-90所示。

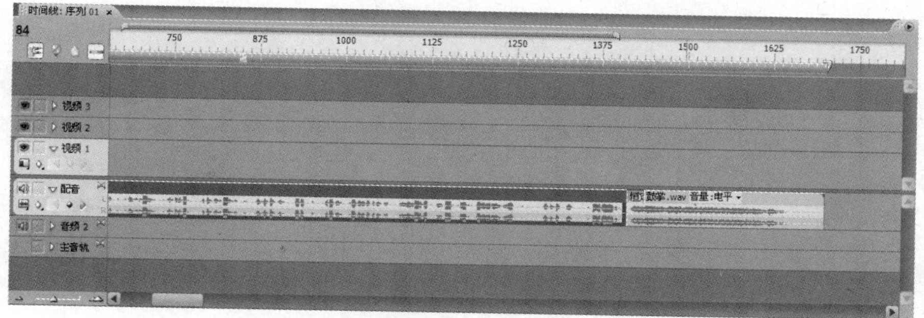

图9-90　添加切换效果到【鼓掌.wav】首部

(24) 导入【漫画配音】文件夹中的【图画的局限 1.jpg】~【图画的局限 6.jpg】图片素材文件，并将它们拖拽至【视频 1】轨道，根据配音调整图片显示时间。如图 9-91 所示。

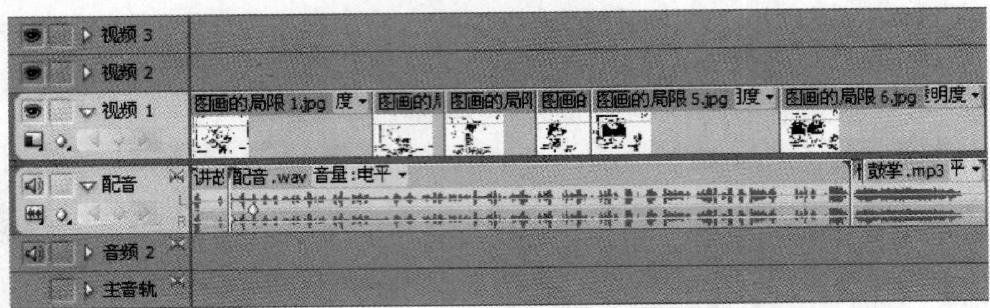

图 9-91　添加图片

(25) 调整完成后，执行【文件】|【导出】命令输出影片。

9.6　习题

1. 简要描述【音量】、【音调】和【音色】的概念。
2. Premiere Pro CS3 里可以使用哪 3 种音频类型？
3. 如何添加和删除音频轨道？
4. 如何调整音频的播放速度？
5. 如何调整音频增益？
6. Premiere Pro CS3 中提供了哪些音频切换效果？
7. 简要叙述均衡的主要作用。

第10章 影片输出

学习目标

Premiere 操作过程都是以【导入】开始至【导出】结束的。在 Premiere 中，通过【导出影片】对话框和【导出影片设置】对话框，可以将【时间线】窗口中设置的入点和出点范围输出成影片格式文件或序列图像文件，也可以按照【时间线】窗口中选择的时间位置输出该位置的静帧画面为图像文件，还可以直接输出【时间线】窗口中的编辑内容至 DVD、录像带等媒体介质中。本章详细介绍如何利用 Premiere Pro CS3 进行作品输出，讲解如何根据不同需求进行作品输出的设置。

本章重点

- ◉ 导出影片设置
- ◉ 导出单帧画面
- ◉ 导出区域视频片段为序列图像
- ◉ 使用 Adobe Media Encoder

10.1 导出影片简介

在【时间线】窗口中完成影片的编辑后，就要进行正式的节目输出。Premiere Pro CS3 中的编辑内容都可以保存为独立的文件。使用【保存】命令，只是用于保存当前操作中的项目文件而非输出影片。通过使用【导出】命令，用户可以将制作的影片生成文件，然后在其他程序当中导入使用，或是在媒体播放工具中播放使用。对于媒体来说，影片的输出有着相当广泛的意义，最终生成和输出的影片必须能够在不同的媒体上播放，也就是说，最后的文件必须有很大的兼容性。

最终的节目输出可以分为两大类，一类用于广播电视播出，另一类用于计算机的数码格式。因此，在 Premiere Pro CS3 中，最终的输出分成了两种截然不同的压缩方式，硬件压缩和软件压缩。广播电视节目需要硬件压缩，而计算机上的媒体播放，一般采用软件压缩的方式，最终的效果与计算机本身的视频卡有着非常重要的关系。

Premiere 中的输出功能一般是在制作影片成品时进行使用的。用户可以在【时间线】窗口中设置入点和出点范围，然后以导出方式将该范围内的编辑内容输出为文件，如传统的 AVI 文件、采用不同编码的其他格式电影文件(如 Mpeg 编码的 VCD 文件)，或者为一系列的图像文件、在网络上可以传播的文件。也可以输出至媒体介质中，如录像带、mini DV 带等。除了可以输出常用的影片格式外，在 Premiere Pro CS3 中，还可以在不使用外部程序的情况下直接录制至 DVD 中。

Premiere Pro CS3 中有关影片输出的命令都放置在【文件】|【导出】命令的级联菜单中，如图 10-1 所示。通过这些命令可以很轻松地输出所需的影音格式文件。

该级联菜单的各选项含义功能如下。

- 【影片】：用于把节目输出为电影文件。
- 【单帧】：输出节目中的帧。
- 【音频】：输出节目中的音频。
- 【字幕】：输出单独的字幕文件。
- 【输出到磁带】：把节目导出到外部的录音带上。
- 【输出到 Encore】：使用 Encore，DVD 刻录机，把当前节目刻录成 DVD。
- 【输出到 EDL】：输出到脱机剪辑表 EDL(Edit Decision List)。
- 【Adobe Clip Notes】：输出 Adobe 剪辑注释。
- 【Adobe Media Encoder】：输出为多种格式的文件。

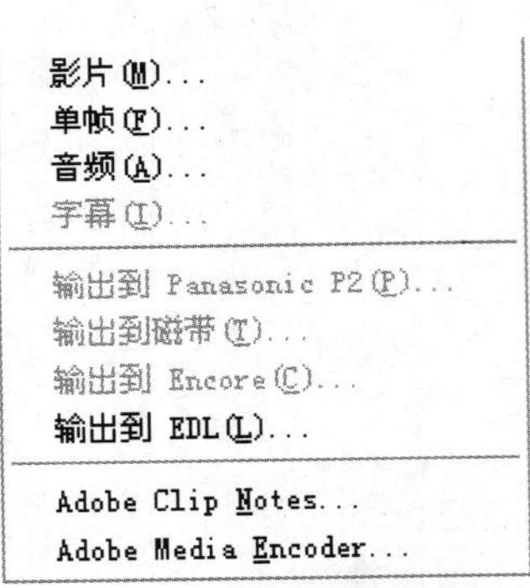

图 10-1 【导出】子菜单选项

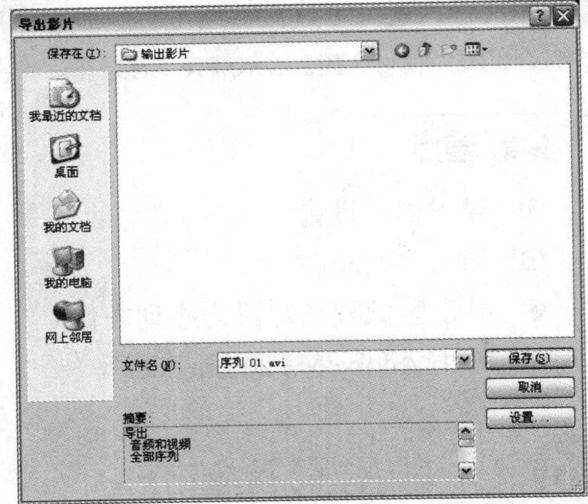

图 10-2 【导出影片】对话框

10.2 导出影片设置

执行【文件】|【导出】|【影片】命令，可以打开如图 10-2 所示的【导出影片】对话框。

该对话框中的【摘要】显示区域显示了当前设置的参数信息，如果没有可修改的内容则输入文件名，单击【保存】按钮，即可进行渲染输出。

【导出影片】对话框中的【设置】按钮用于修改导出选项。单击该按钮，可以打开【导出影片设置】对话框，如图 10-3 所示。在当中可以看到它分为【常规】、【视频】、【关键帧和渲染】

以及【音频】4 项设置。下面就分别简要介绍该对话框中各设置界面的作用和功能。

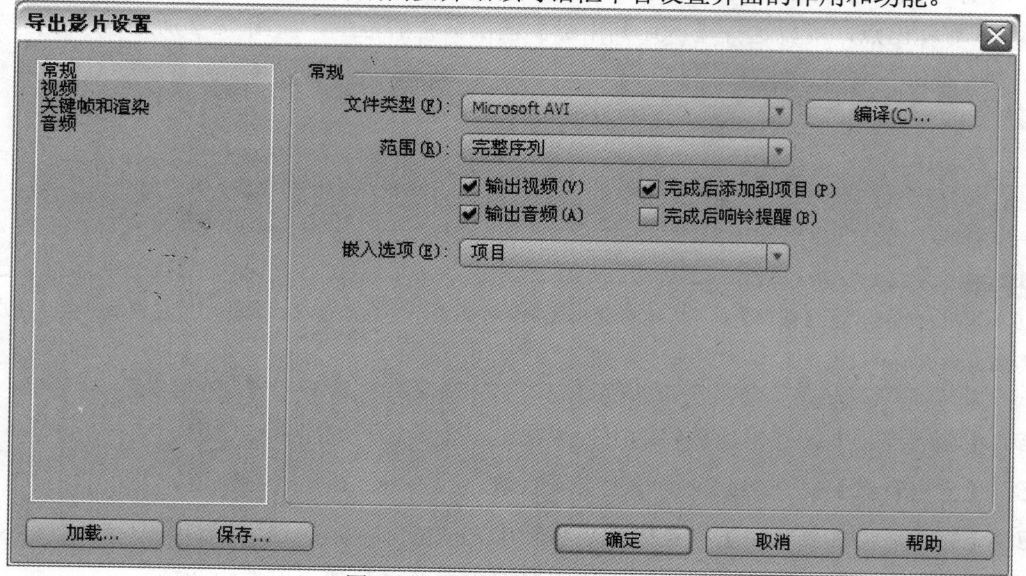

图 10-3 【导出影片设置】对话框

10.2.1 【常规】选项

首先打开的是【常规】输出设置。在该设置界面中各主要参数选项的作用如下。

- 【文件类型】：打开下拉菜单，如图 10-4 所示，可以在其中选择要输出文件的种类。
- 【编译(C)...】：在可用的情况下单击按钮，这些选项会根据选择输出的文件的不同有所改变。比如输出 Microsoft AVI 的编译选项如图 10-5 所示。

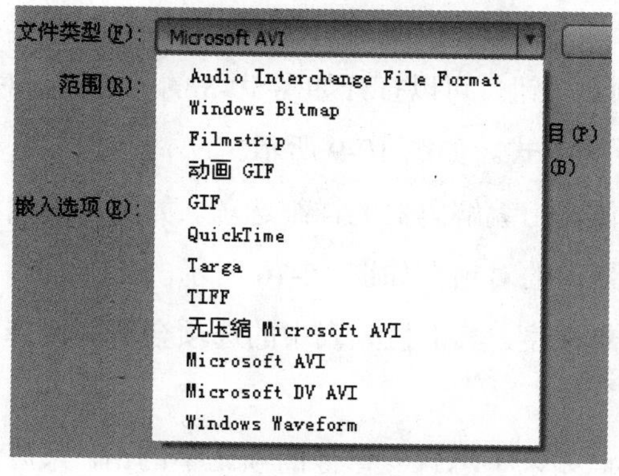

图 10-4 【文件类型】

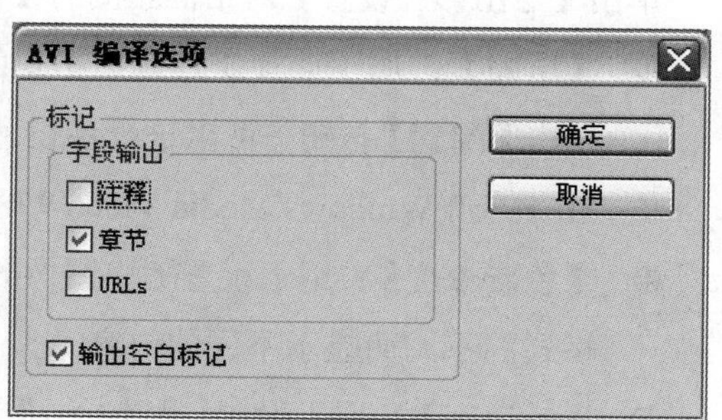

图 10-5 AVI 编译选项

- 【范围】：选择输出的时间范围，如图 10-6 所示。选择【完整序列】选项，可以导出【时间线】窗口中剪辑的所有区域，而选择【工作区】将输出工作区域标记指定范围的帧；如果是从【素材源】窗口或者【项目】窗口的一个素材窗口输出，而且已经标记了入点和出点，可以选择【入点到出点】输出标记的范围，如图 10-7 所示。

图 10-6 【范围】菜单 1

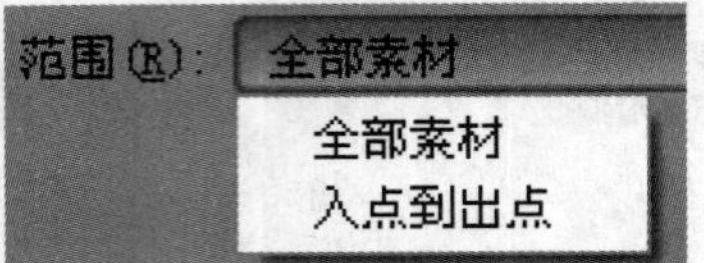

图 10-7 【范围】菜单 2

提示

如果用户忽略设置【范围】选项，有时会出现默认导出整个序列的情况。因此，用户在输出影片前应多加留意该选项的设置信息。

- 【输出视频】：选中此项将输出视频轨道，否则将不输出视频轨道。
- 【输出音频】：选中此项将输出音频轨道，否则将不输出音频轨道。
- 【完成后添加到项目】：选中此项将输出完成的文件添加到项目面板中。
- 【完成后响铃提醒】：如果要在完成时发出响铃提醒就可以选中此项。
- 【嵌入选项】：相当于原文件的编辑功能，就是菜单栏中的【编辑】|【编辑原始素材】命令。

  在【嵌入选项】下拉菜单中选择【项目】选项输出影片，会在导出的文件中包含链接当前项目的信息内容。在导出文件后，使用【文件】|【获取信息自】命令选择导出的文件，可以查看该输出影片信息以及其项目链接的素材信息内容。

10.2.2 【视频】选项

单击【导出影片设置】对话框左侧的【视频】按钮，可以打开如图 10-8 的【视频】对话框。

- 【压缩】：用于选择媒体输出格式的压缩方式。如图 10-9 所示。

  单击【配置】按钮，可以进一步设置媒体输出编解码器的详细选项。如选择压缩格式为 Microsoft Windows Media Video 9 时，弹出的对话框如图 10-10 所示。
- 【色彩深度】：用于设置输出图像的色彩深度。其下拉列表中的选项会随所选择的压缩格式的不同而显示不同的内容。
- 【帧速率】：用于设置每秒钟的帧比率。如果不想改变影像的帧比率的话，最好还是与项目文件的设置相同。用户可以设置 1fps~29.97fps 之间的各帧速率。

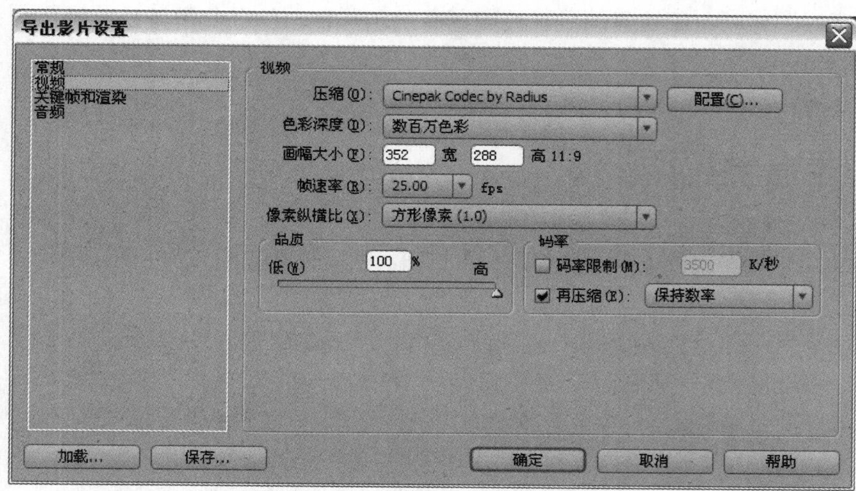

图 10-8 【视频】设置

提示

由于使用的系统不同、或者使用的多媒体数字信号编解码器不同、或者安装了第三方插件，会使下拉列表中的选项显示不同。

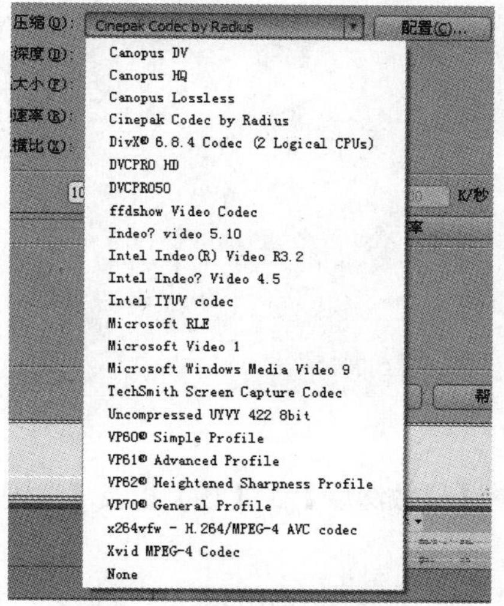

图 10-9 【压缩】菜单

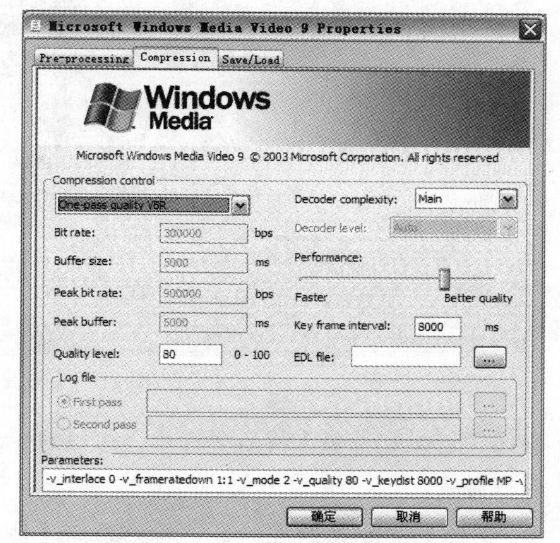

图 10-10 Microsoft Windows Media Video 9 压缩选项

◎ 【品质】：用于调整媒体输出格式的编解码器品质。
如果设置成【高】可以制作高品质的影像，但是有可能在速度较慢的计算机上无法正常播放，而且还会占用更大的硬盘空间。

◎ 【码率】：选中【码率限制】复选框，可以按照输入的数值来限制压缩比。Premiere 会将压缩比率维持在限制的数值范围内。如果高于系统允许的数据传送量，那么有可能会导致帧的不规则遗漏现象。在未选中【再压缩】复选框的情况下，系统会根据【码率限制】文本框中的数值采用平均压缩率。所以要是不想使影片中使用的素材采用当前的压缩设置，就应取消选中【再压缩】复选框。
选中【再压缩】复选框后，如果选择该选项下拉列表中的【始终】选项，可以和影片中使用的素材的压缩率无关，总是根据压缩限制重新压缩每个帧；选择该选项下拉列表中的【保持数率】选项，可以在压缩限制以下按照固有的压缩比，并以此维持每个帧，且只压缩超过压缩限制的帧。

10.2.3 【关键帧与渲染】选项

单击【导出影片设置】对话框左侧的【关键帧和渲染】按钮，可以打开如图 10-11 所示的【关键帧和渲染】设置界面。

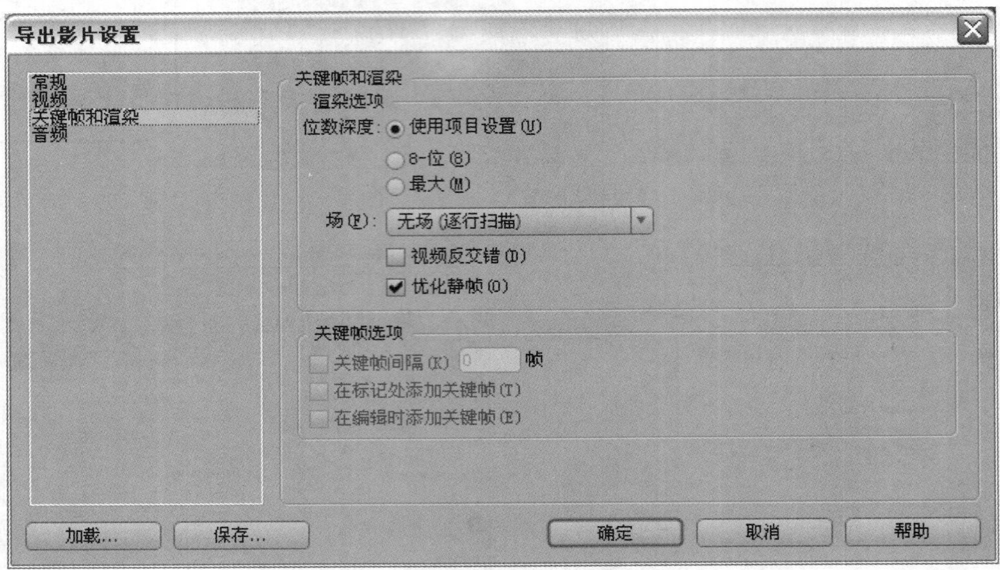

图 10-11 【关键帧和渲染】设置

在【关键帧和渲染】设置界面中，可以对输出影片的【位数深度】、【场】以及【关键帧选项】进行设置。

- 【场】：此处的【场】下拉列表与【新建项目】对话框中的作用相同。
- 【视频反交错】复选框：启用【视频反交错】复选框，就不能使用【场】选项，并自动转变为【逐行扫描】模式，如图 10-12 所示。

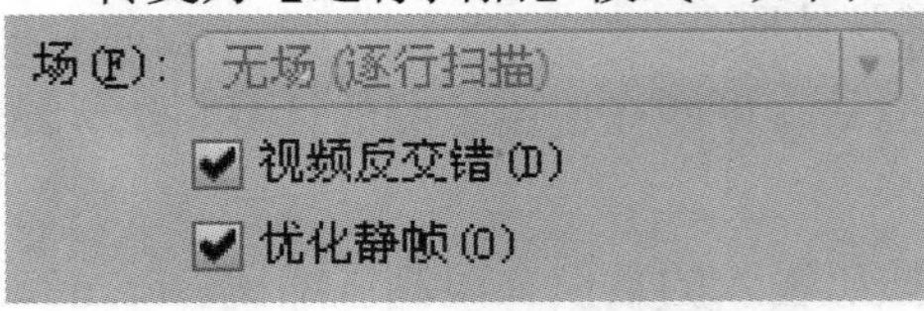

图 10-12 选中【视频反交错】复选框

提示

该复选框用于消除场，如果想要输出为【逐行扫描】格式的影像，那么可以选中该复选框。

如果是在计算机显示器上输出 RGB 画面，或者是制作电影胶片，那么在导出时就不需要设置视频交错，因此应该选中该复选框。需要注意的是，如果想要制作 NTSC、PAL、SECAM 等影像时就不能选中【视频反交错】复选框了。

- 【优化静帧】：有时静帧图片会根据持续时间重复配置一个帧，因此为了创建有效的静帧图片就需选中【优化静帧】复选框。
- 【关键帧间隔】：选中该复选框后，可以按照媒体输出格式的编解码器以数字的方式，设置所需的关键帧的数值。
- 【在标记处添加关键帧】：如果在【时间线】窗口的时间标尺上制作了序列标记，那么为了给每个标记赋予一个关键帧，则需要选中该复选框。
- 【在编辑时添加关键帧】：如果想在每个素材和素材之间创建关键帧，可以选中该复选框。

10.2.4　【音频】选项

单击【导出影片设置】对话框左侧的【音频】按钮，可以打开如图 10-13 所示的【音频】设置界面。

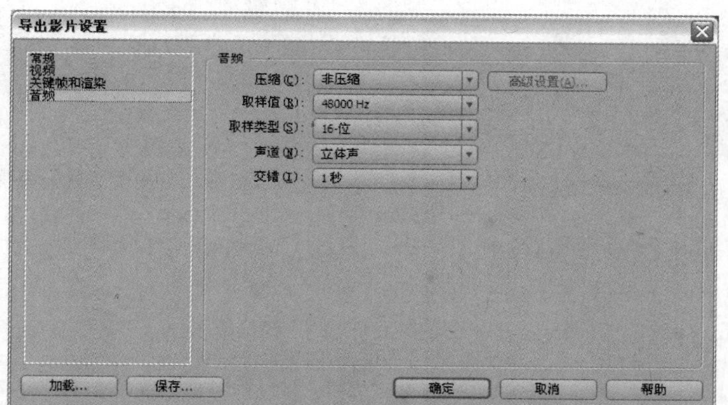

图 10-13　【音频】设置

在【音频】设置界面中，可以设置输出影片中的音频的压缩器、取样值、取样类型、声道以及交错等属性。

10.3　导出视频画面为图像

Premiere Pro CS3 中，可以导出单帧视频画面为图像，也可以导出一段视频画面为序列图像，导出单帧和导出序列在设置上有所差别。

10.3.1　导出单帧画面

想要在【时间线】窗口的视频素材中将特定的帧导出为静止图片，可以选择【文件】|【导出】

【单帧】命令实现。该操作不仅可以从素材当中将特定的帧导出为静帧图片，同时还可以把多个轨道上运用各种效果合成的一个帧制作成静帧图片。用户可以将静帧导出为 GIF、TIFF、BMP、TGA 这 4 种图像文件格式。

【例 10-1】打开一个已编辑完成的项目文件，从中选择一帧视频画面，并将其导出成单个图像。

(1) 启动 Premiere Pro CS3，打开第 7 章【上机练习】中编辑完成的【粒子转场特效】项目文件。

(2) 在【时间线】窗口中，移动时间线指针至所需的时间位置上，如图 10-14 所示。通过【节目】监视器窗口查看显示的静帧画面，以确定所需导出静帧的画面位置，如图 10-15 所示。

图 10-14 确定导出静帧的画面位置

图 10-15 在【节目】监视器窗口查看

(3) 执行【文件】|【导出】|【单帧】命令，或按 Ctrl+Shift+M 快捷键，打开【输出单帧】对话框。在该对话框中单击【设置】按钮，打开【导出单帧设置】对话框，如图 10-16 所示。

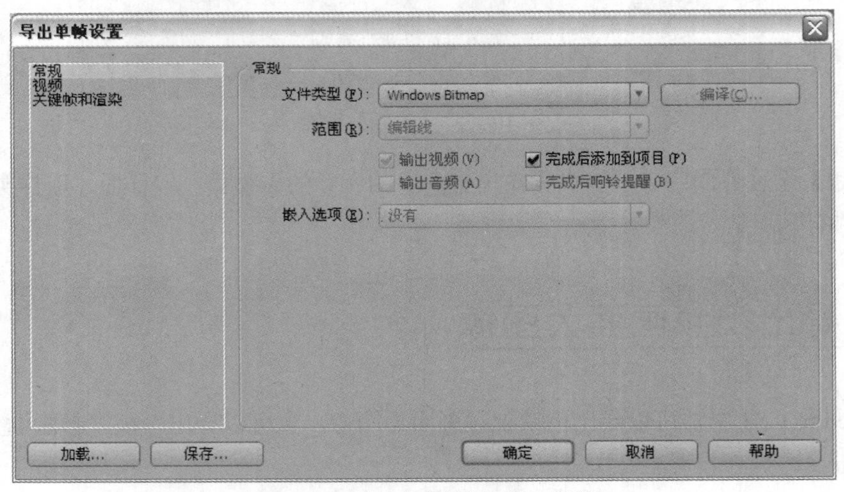

图 10-16 【导出单帧设置】对话框

(4) 在该对话框的【常规】设置界面中选择【文件类型】下拉列表框中的【TIFF】文件格式，选中【完成后添加到项目】复选框，如图 10-17 所示。

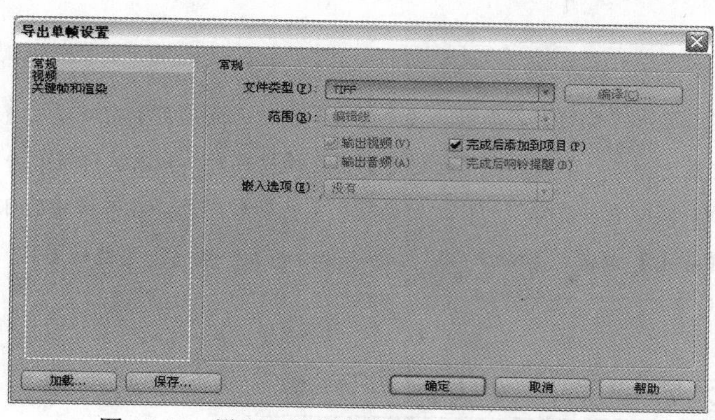

图 10-17 设置【常规】设置界面中的参数选项

(5) 在【导出单帧设置】对话框中选择【关键帧与渲染】选项，打开该设置界面。然后选中【视频反交错】复选框，如图 10-18 所示。

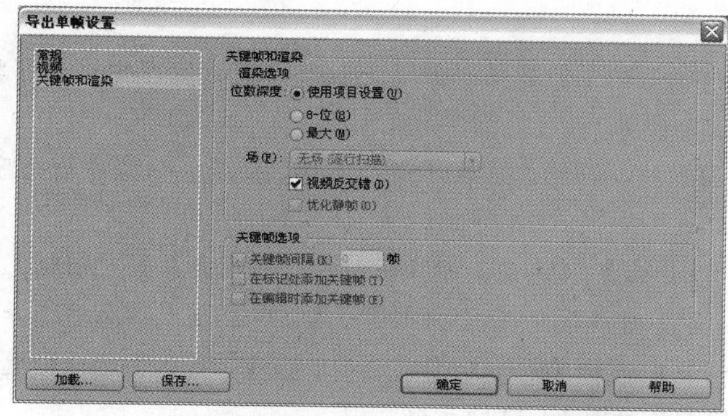

图 10-18 设置【关键帧与渲染】设置界面中的参数选项

(6) 设置完成后，单击【确定】按钮，返回【输出单帧】对话框。然后在该对话框的【文件名】文本框中输入文件名为“夕阳.tif”，如图 10-19 所示。再单击【保存】按钮，即可按照设置的参数选项导出静帧画面为图像文件，并会在【项目】面板中自动导入刚刚导出的图像文件，如图 10-20 所示。

图 10-19 输入文件名“夕阳.tif”

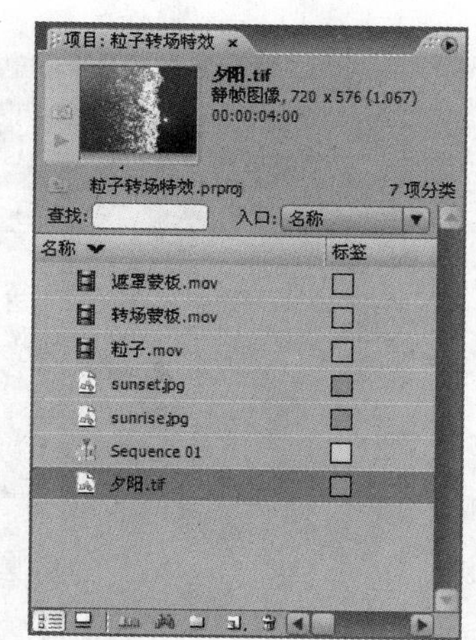

图 10-20 导出静帧画面并导入到【项目】窗口

知识点

和导出影片一样，导出【单帧】命令根据【素材源】窗口和【项目】窗口以及【时间线】窗口的选择状态不同，导出的内容也会有所不同。在【素材源】窗口的情况时，如果执行【文件】|【导出】|【单帧】命令，会把【素材源】窗口中当前时间的标记处的帧导出为静帧图片；在选择【项目】窗口中的素材时，如果执行【文件】|【导出】|【单帧】命令，那么会将素材的第一帧导出为静帧图片。

10.3.2 导出区域视频片段为序列图像

导出区域视频片段为序列图像是通过使用【文件】|【导出】|【影片】命令实现的。

【例 10-2】打开一个已编辑完成的项目文件，从中选择一段视频区域，并将其导出成序列图像。

(1) 启动 Premiere Pro CS3，打开第 7 章【上机练习】中编辑完成的【粒子转场特效】项目文件。

(2) 在【时间线】窗口中，移动工作区域标识两侧的边界，设置导出为序列图像的工作区域，如图 10-21 所示。

(3) 执行【文件】|【导出】|【影片】命令，打开【导出影片】对话框，然后单击【设置】按钮，打开【导出影片设置】对话框。在该对话框的【常规】设置界面中选择【文件类型】下拉列表中的【Targa】文件格式；选择【范围】下拉列表中的【工作区】选项，选中【完成后添加到项目】复选框。设置后的结果如图 10-22 所示。

知识点

如果在【文件类型】下拉列表框中选择图像格式的文件类型，那么就不能在【导出影片设置】对话框中设置与音频相关的参数选项了。

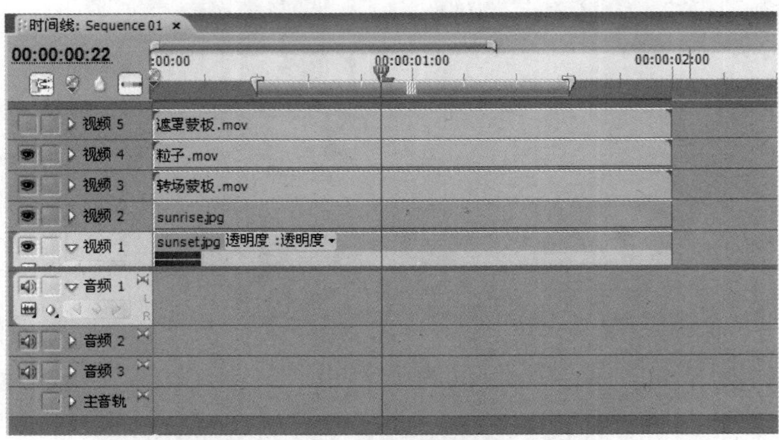

图 10-21 设置导出为序列图像的工作区域

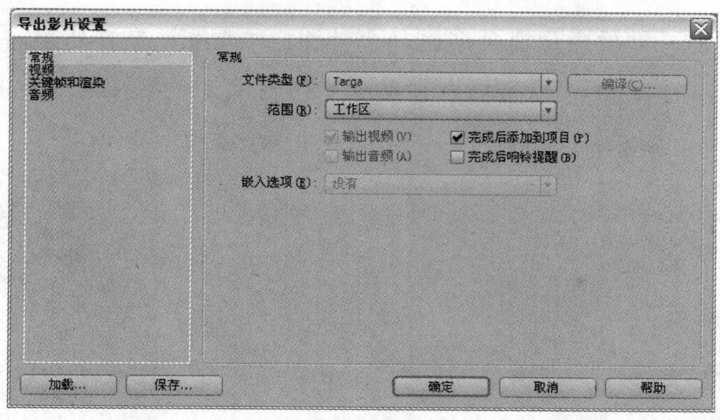

图 10-22 设置【常规】设置界面中的参数选项

(4) 在【导出影片设置】对话框中选择【关键帧与渲染】选项，打开【关键帧与渲染】设置界面。在该设置界面中选中【视频反交错】复选框，如图 10-23 所示。

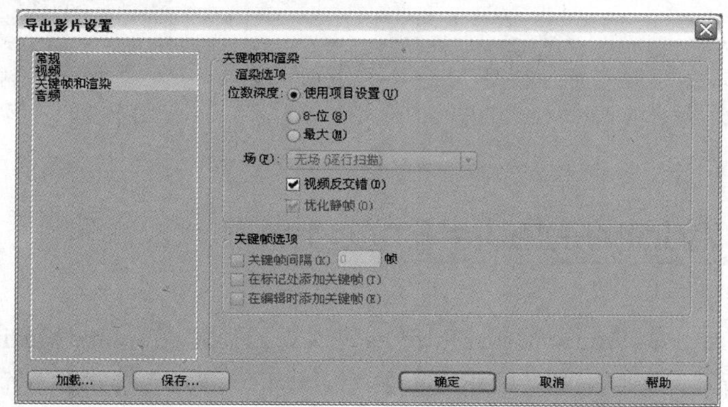

图 10-23 设置【关键帧与渲染】设置界面中的参数选项

(5) 设置完成后，单击【确定】按钮，返回【导出影片】对话框。在该对话框中设置【文件名】文本框中的文件名称“转场.tga”，以及存储序列图像文件的磁盘位置。如图 10-24 所示。然后单击【保存】按钮，即可打开【渲染】对话框显示渲染进度，如图 10-25 所示。

图 10-24 输入文件名“转场.tga”

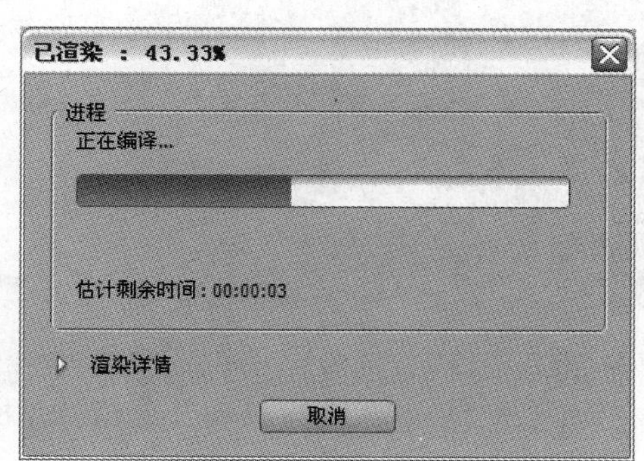

图 10-25 渲染区域视频片段

(6) 渲染完成后，打开存储图像文件所在的文件夹，可以看见保存的 Targa 格式的序列图像文件，如图 10-26 所示。同时在【项目】窗口中自动以序列图像方式导入刚刚导出的文件，如图 10-27 所示。

图 10-26 保存的 Targa 格式的序列图像文件

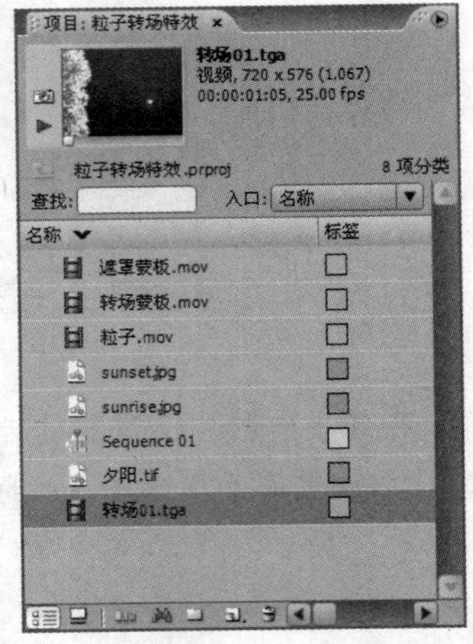

图 10-27 自动导入序列图像

10.4 使用 Adobe Media Encoder

执行【文件】|【导出】| Adobe Media Encoder 命令，可以使用 Adobe Media Encoder 工具导出影片，如图 10-28 所示。在弹出的【输出设置】对话框里，打开【格式】下拉菜单，用户可以从中选择多种文件格式的输出方式，有 MPEG1、MPEG1-VCD、MPEG2、MPEG2 Blu-ray、MPEG2-DVD、MPEG 2-SVCD、H.264、H.264 Blu-ray、Adobe Flash Video、QuickTime、RealMedia 和 Windows Media，如图 10-29 所示。

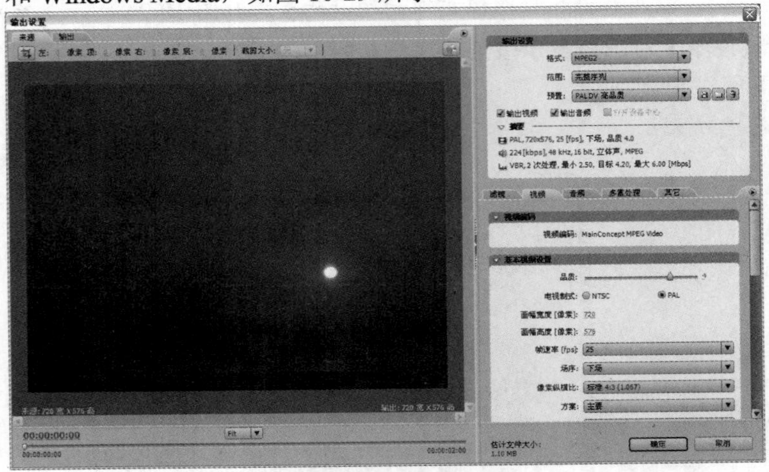

图 10-28 【输出设置】对话框

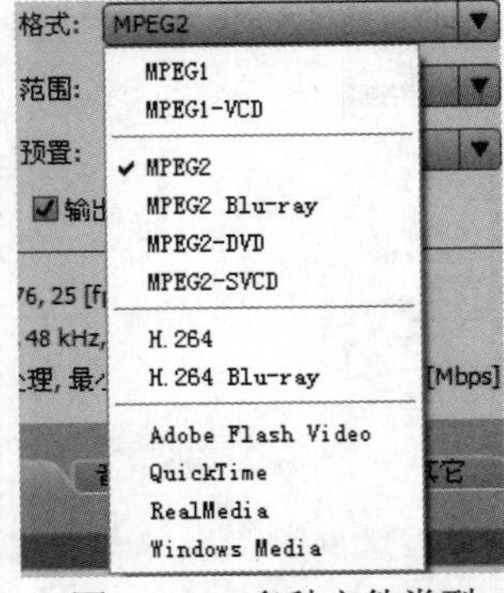

图 10-29 多种文件类型

如果选择 Adobe Flash Video、 QuickTime、RealMedia 或者 Windows Media，可以输出在互

联网上传播的媒体文件。这些类型的媒体文件采用流媒体技术在网络上传播，可以根据网络速度来决定输出的媒体的播放速率。

在该对话框左侧的【来源】窗口中，按下【裁剪】按钮，可以激活【裁剪】属性，对视频来源进行裁剪，如图 10-30 所示。

裁剪完成后，切换到【输出】窗口，选择【比例适配】复选框，可以查看即将输出的视频画面，如图 10-31 所示。

图 10-30 裁剪【来源】窗口

图 10-31 【输出】窗口中比例适配

【输出设置】对话框右侧用于对输出的影片进行各种参数设置，【输出设置】选项中包含了最终影片的主要参数。除了【格式】选项外，还有用于设置输出范围的【范围】选项。

对于【素材源】窗口和【项目】窗口中的素材的输出，其选项为【全部素材】或【入点到出点】，而对于【时间线】窗口中序列的输出，其选项为【完整序列】或【工作区】。

【预置】选项是系统中提供的默认设置，其选项根据选择格式的不同而不同。比如选择输出格式为 MPEG2-DVD，如图 10-32 所示，其【预置】下拉菜单如图 10-33 所示。

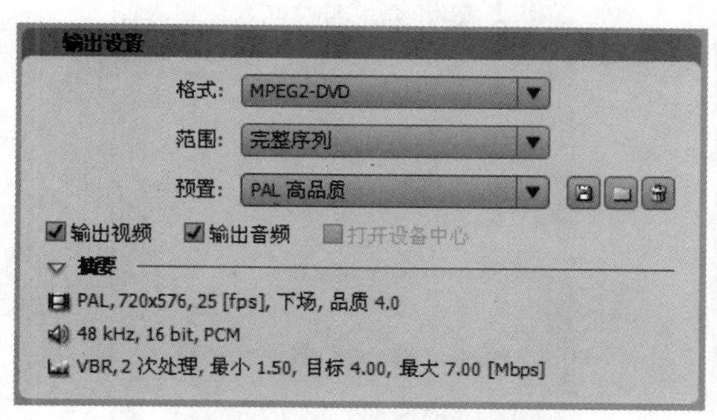

图 10-32 【输出设置】选项

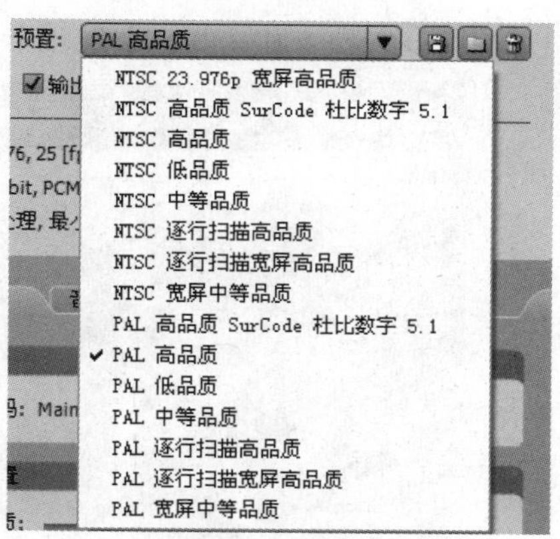

图 10-33 【预置】下拉菜单

在【预置】选项右侧有 3 个按钮。【保存设置】按钮可以保存用户自定义的设置，【导入设置】按钮可以导入用户自定义的设置，【删除设置】按钮可以删除用户自定义的设置。

【输出视频】、【输出音频】和【打开设备中心】这 3 个复选框，它们被选中后表示输出的影片将包含这些选项。

【摘要】区域下显示了输出的信息概要。

除了使用【预置】选项中的设置外，用户也可以根据自己的需要，修改相应的设置。进行自定义设置。自定义设置中一般有 5 个选项，其内容会因输出的格式不同而略有差异。

例如输出格式为 MPEG2-DVD，其选项则分别是【视频】、【音频】、【滤镜】、【多重处理】和【其它】。

【视频】选项卡如图 10-34 所示，在其中可以对视频的编码解码器进行设置、指定编码的质量、输出符合 NTSC 或者 PAL 标准、帧尺寸、帧率、场顺序、比特率等等。

【音频】选项卡如图 10-35 所示，在其中可以对音频的编码解码器、采样位数、音频频率等进行设置。

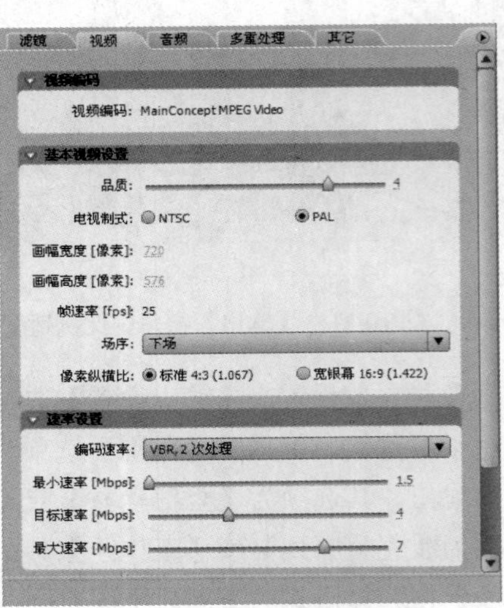

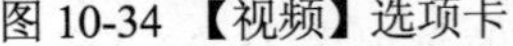

图 10-34 【视频】选项卡

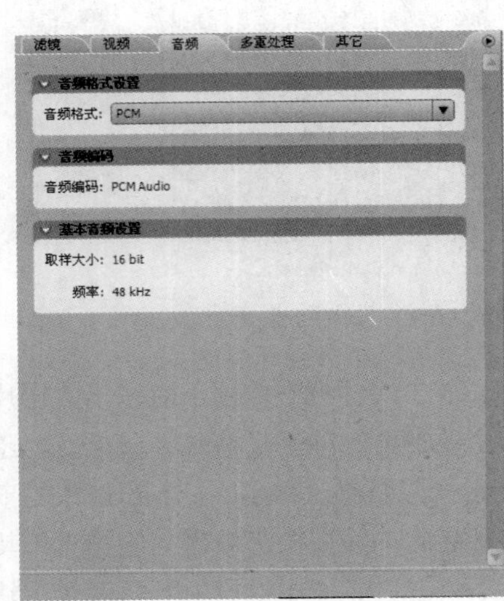

图 10-35 【音频】选项卡

【滤镜】选项卡和【其它】选项卡，如图 10-36 和图 10-37 所示。

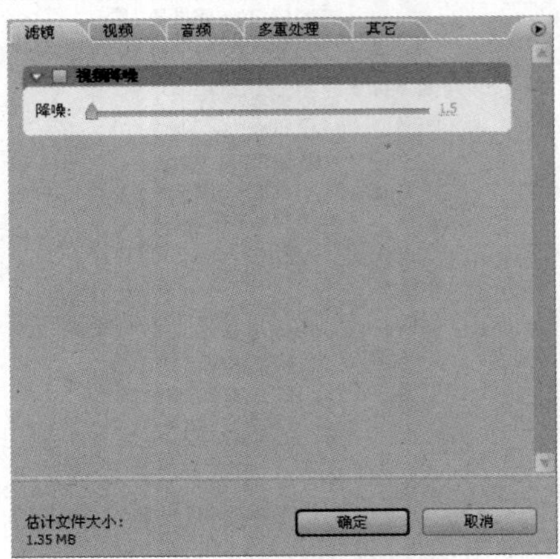

图 10-36 【滤镜】选项卡

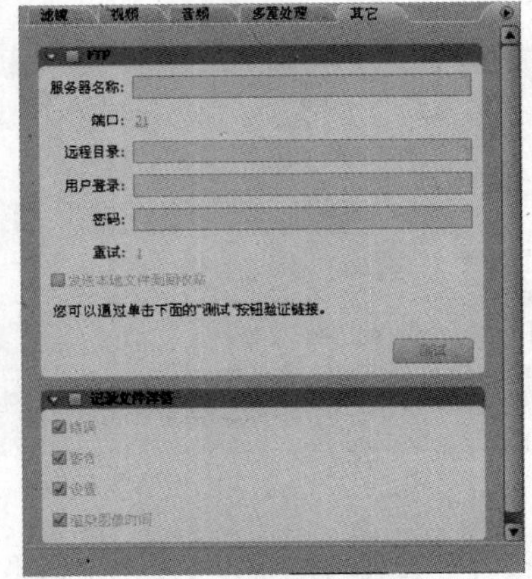

图 10-37 【其它】选项卡

【多重处理】用于设置视频和音频轨道的合成方式。该选项卡的选项内容也取决于输出格式，如输出格式为 MPEG2-DVD，【多重处理】类型则包含【DVD】选项或者【无】选项，如图 10-38 所示。一般选择默认的即可。

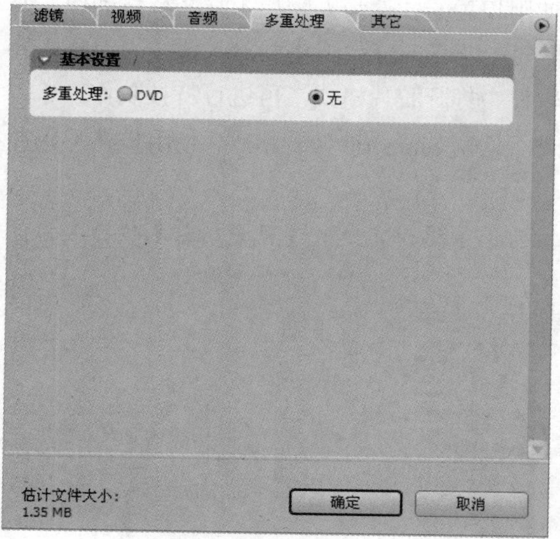

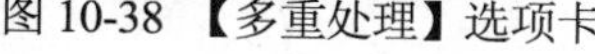
图 10-38 【多重处理】选项卡

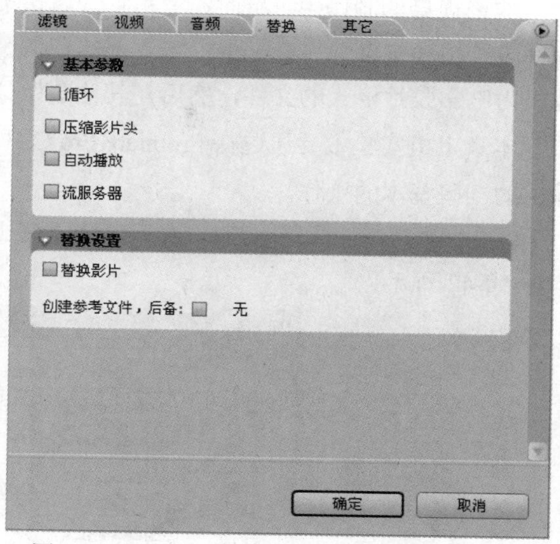

图 10-39 QuickTime 格式下的【替换】选项卡

【多重处理】不是所有格式都有的，当输出的格式为 QuickTime、RealMedia 和 Windows Media 等视频流媒体时，取而代之的是【替换】或【观众】选项卡。它们为不同的网络速度或设备配置提供多样的输出，如图 10-39 所示为 QuickTime 格式下的【替换】选项卡，如图 10-40 和图 10-41 所示的分别为 RealMedia 和 Windows Media 格式下的【观众】选项卡。

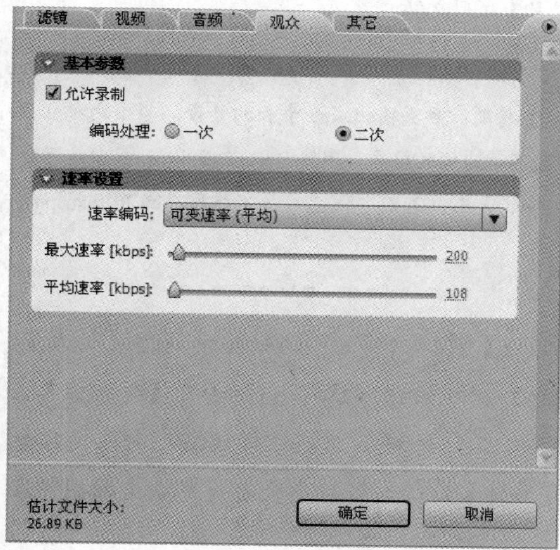

图 10-40 RealMedia 格式下的【观众】选项卡

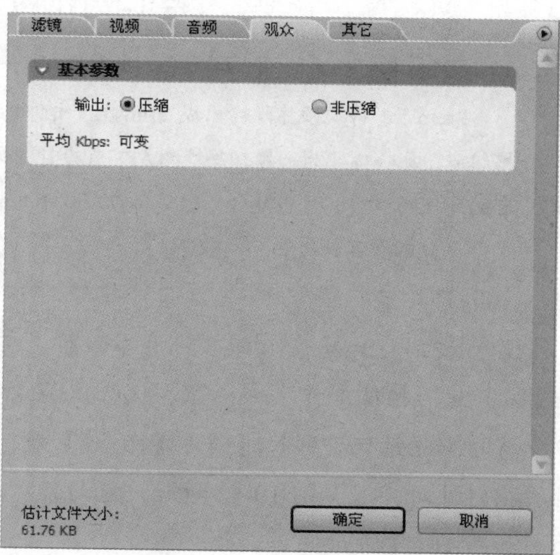

图 10-41 Windows Media 格式下的【观众】选项卡

10.5 上机练习

在影视后期制作中，有时需要根据故事情节，使用相关的软件为人物加入某些特技动作，而有许多特技动作仅仅靠 Premiere 是不能实现的，还需要在 Premiere 中将需要加入特技的部分影片输出为电影胶片格式的文件，然后在其他图像处理软件中打开胶片格式，再进行特技制作。

本章上机实验主要通过在 Premiere Pro CS3 中进行输出 Filmstrip 胶片格式，使用户熟悉影片输出的一些基本的操作。

(1) 启动 Premiere Pro CS3，打开第 3 章【上机练习】中编辑完成的【风光短片】项目文件。如图 10-42 所示。

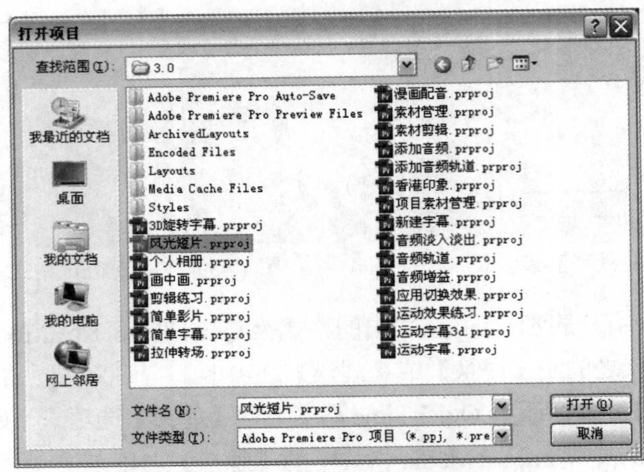

图 10-42　打开【风光短片】项目文件

知识点

Premiere 将视频片段输出成 Filmstrip 文件格式时，会将所有画面输出成一个长的竖条，竖条由独立方格组成。每一格即为一帧。每帧的左下角为时间编码，右下角为帧的编号。用户可以在 Photoshop 中应用特有的处理功能对其进行处理。但是不可改变 Filmstrip 文件的大小，否则这幅图片就不能再存回 Filmstrip 格式，也就不能再返回 Premiere 了。

(2) 进入 Premiere Pro CS3 程序界面后，在【时间线】窗口中将时间指针拖动到时间码为【5 帧】处，然后按住工作区域标识左侧标识，向右拖动到时间指针处对齐，接着在【时间线】窗口中将时间指针拖动到时间码为【15 帧】处，然后按住工作区域标识右侧标识，向左拖动到时间指针处对齐，如图 10-43 所示。拖动的同时在【节目】监视器窗口中查看将要输出的视频画面，如图 10-44 所示。

图 10-43 选择准备输出的工作区域　　图 10-44 查看将要输出的画面

(3) 执行【文件】|【导出】|【影片】命令，打开【导出影片】对话框。然后单击【设置】按钮，打开【导出影片设置】对话框，在【常规】设置界面中设置【文件类型】为 Filmstrip 格式，【范围】为【工作区】，取消选中【完成后添加到项目】复选框，如图 10-45 所示。

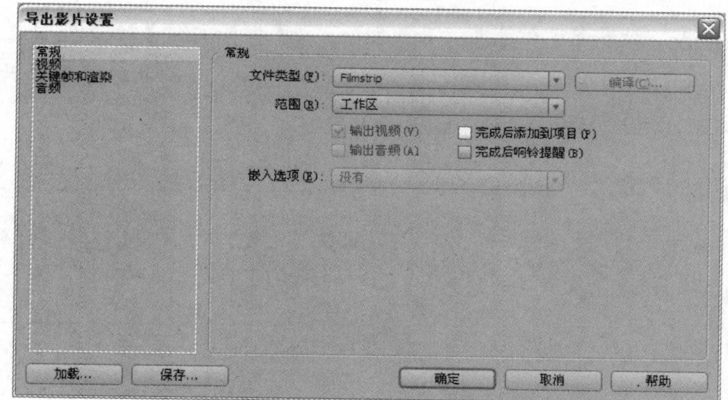

图 10-45 设置【常规】设置界面中的参数选项

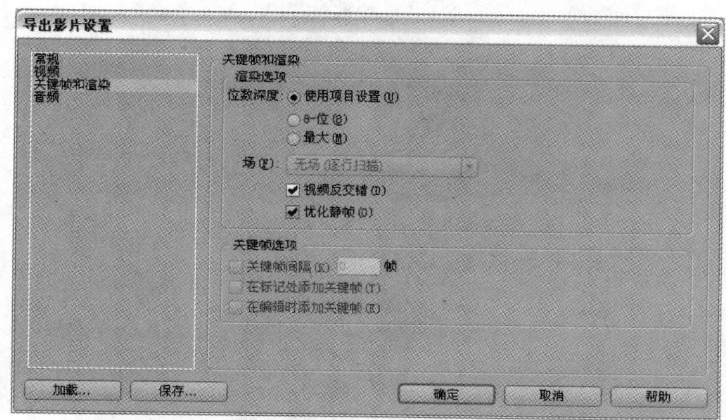

图 10-46 设置【关键帧和渲染】设置界面中的参数选项

(4) 在【导出影片设置】对话框中选择【关键帧和渲染】选项，打开该设置界面。然后选中【视频反交错】复选框，如图 10-46 所示。

(5) 设置完成后，单击【确定】按钮，回到【导出影片】对话框，修改文件名为“修改片段.flm”，如图 10-47 所示。然后单击【保存】按钮，即可打开【渲染】对话框显示渲染进度，如图 10-48 所示。

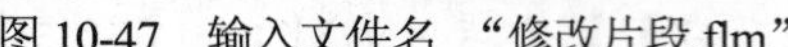
图 10-47　输入文件名 “修改片段.flm”

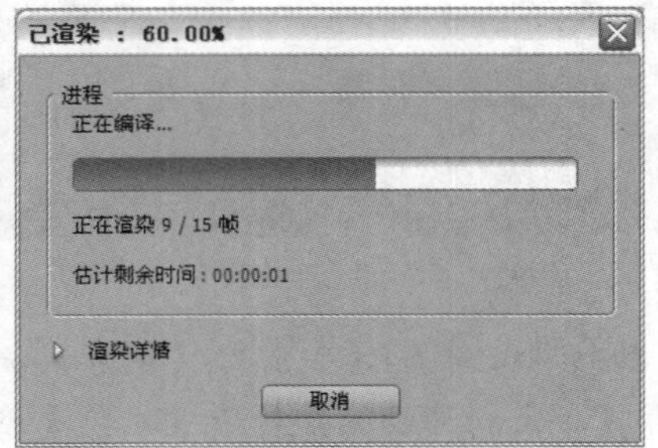

图 10-48　渲染片段

(6) 运行 Photoshop，执行【文件】|【打开】命令，在【打开文件】对话框中选择刚刚由 Premiere 导出的【修改片段.flm】的胶片格式文件。然后即可在 Photoshop 中对【修改片段.flm】胶片格式文件进行处理，如图 10-49 所示。

知识点

在 Photoshop 中对电影胶片文件进行修改时，不要调整它的尺寸或对它进行剪裁。如果在帧与帧之间的间隔线上绘画，那么将电影胶片文件导入到 Premiere 中时那些绘画将不起作用。

图 10-49　在 Photoshop 中对【修改片段.flm】进行修改

(7) 修改完成后，将其保存为【修改片段(OK).flm】在 Premiere Pro CS3 中执行【文件】|【导入】命令，打开【导入】对话框，选中【修改片段(OK).flm】，如图 10-50 所示，将其导入【项目】窗口。

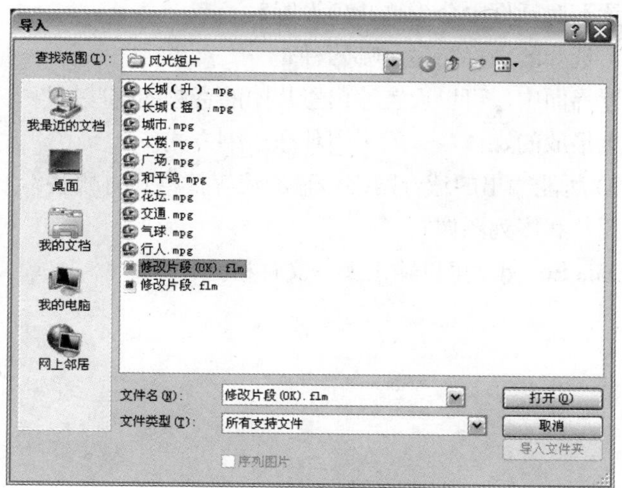

图 10-50 导入【修改片段(Ok).flm】

(8) 在【项目】窗口中选中【修改片段(OK).flm】，将其拖到【时间线】窗口中【视频 5】轨道的上方，与工作区对齐，如图 10-51 所示。

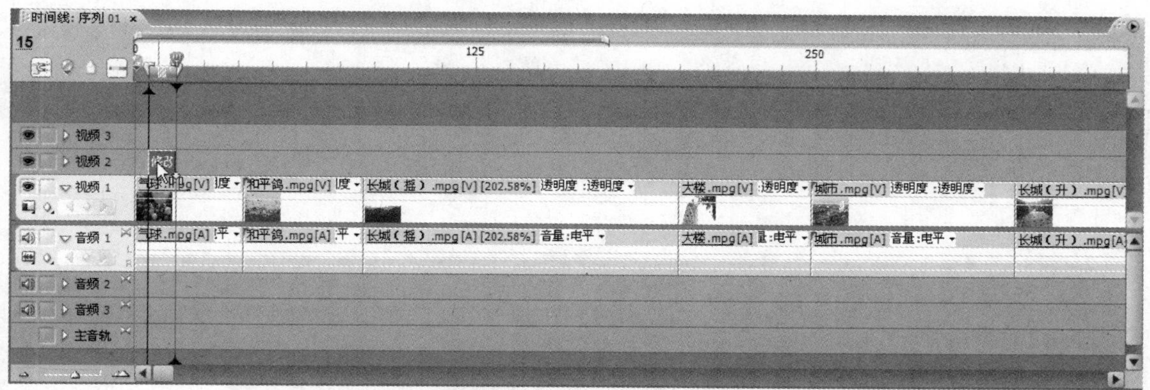

图 10-51 将修改完成的【修改片段(OK).flm】应用到【时间线】窗口

(9) 在【节目】监视器窗口中预览修改的结果，如图 10-52 所示。

(10) 另存为项目文件名【风光短片(修改)】，输出修改后的影片。

图 10-52 预览修改结果

10.6 习题

1. 【导出影片设置】对话框中分为哪几项设置？
2. 输出单帧图片可选择的文件类型有哪四种？
3. 在【音频】设置界面中，可以设置输出影片中的音频的哪些属性？
4. 输出在计算机上播放的媒体，一般采用什么压缩方式？
5. Premiere Pro CS3 所能输出的适合网络传输的流媒体格式有哪些？
6. 如何输出单帧图片和序列图像？
7. 使用 Adobe Media Encoder 可以输出哪些文件格式？

参 考 文 献

[1] 赖亚非、李萍.Premiere Pro 实用教程.北京：清华大学出版社，2005

[2] 龙马工作室. Premiere Pro 2.0 完全自学手册. 北京：人民邮电出版社，2007

[3] 王志新等. 影视编辑高手：Premiere Pro 2 自学通典. 北京：清华大学出版社，2007

[4] 吴建业、魏蓉、王洁. 中文版 Premiere Pro 2.0 入门必练. 北京：清华大学出版社，2007

[5] 曾燕、王明庆等. 新手互动学 中文版 Premiere Pro 2.0 影视编辑. 北京：机械工业出版社，2007

参考文献

[1] [illegible]
[2] [illegible]
[3] [illegible]
[4] [illegible]
[5] [illegible]
[6] [illegible]